实战从入门到精通(视频教学版)

Windows 10+Office 2016
高效办公

刘春茂　刘荣英　张金伟　编著

清华大学出版社

北京

内 容 提 要

本书以零基础讲解为宗旨，用实例引导读者学习，深入浅出地讲解Windows 10系统和Office办公操作及实战技能。

第1篇主要讲解认识Windows 10操作系统、管理系统用户账户、轻松使用Windows 10附件、管理电脑中的文件资源、安装与管理应用程序等；第2篇主要讲解Word 2016的基本操作、文档格式的设置与美化、Word 2016的高级应用、文档的审核与打印等；第3篇主要讲解Excel 2016的基本操作、工作表数据的输入与编辑、工作表格式的设置与美化、工作表数据的管理与分析、使用公式与函数计算数据等；第4篇主要讲解PowerPoint 2016的基本操作、让演示文稿有声有色、放映、打包与发布演示文稿等；第5篇主要讲解办公局域网的连接与设置、网络辅助办公、网上沟通与交流、Office 组件之间的协作办公等；第6篇主要讲解办公数据的安全与共享、办公电脑的优化与维护等；

本书适合任何想学习Windows 10和Office 2016办公技能的人员，无论您从事何种行业，无论您是否接触过Office 2016，通过学习本书内容均可快速掌握Office的方法和技巧。

图书在版编目(CIP)数据

Windows 10+Office 2016高效办公 / 刘春茂，刘荣英，张金伟编著.—北京：清华大学出版社，2018（2020.10重印）
(实战从入门到精通：视频教学版)

ISBN 978-7-302-48191-1

Ⅰ．①W… Ⅱ．①刘… ②刘… ③张… Ⅲ．①Windows操作系统 ②办公自动化—应用软件 Ⅳ．①TP316.7 ②TP317.1

中国版本图书馆CIP数据核字(2017)第209658号

责任编辑：张彦青
封面设计：李 坤
责任校对：王明明
责任印制：沈 露
出版发行：清华大学出版社
　　　　　网　　址：http://www.tup.com.cn，http://www.wqbook.com
　　　　　地　　址：北京清华大学学研大厦A座　　　　　邮　　编：100084
　　　　　社 总 机：010-62770175　　　　　　　　　　邮　　购：010-62786544
　　　　　投稿与读者服务：010-62776969，c-service@tup.tsinghua.edu.cn
　　　　　质量反馈：010-62772015，zhiliang@tup.tsinghua.edu.cn
印 装 者：北京九州迅驰传媒文化有限公司
经　　销：全国新华书店
开　　本：190mm×260mm　　　印　　张：36.25　　　字　　数：878千字
　　　　　（附DVD 1张）
版　　次：2018年1月第1版　　　印　　次：2020 年 10 月第 4 次印刷
定　　价：78.00元

产品编号：075807-01

前　言
PREFACE

"实战从入门到精通（视频教学版）"系列图书是专门为职场办公初学者量身定做的一套学习用书，涵盖办公、网页设计等方面。整套书具有以下特点：

前沿科技

无论是 Office 办公，还是 Dreamweaver CC、Photoshop CC，我们都精选较为前沿或者用户群最大的领域推进，帮助大家认识和了解最新动态。

权威的作者团队

组织国家重点实验室和资深应用专家联手编著该套图书，融合丰富的教学经验与优秀的管理理念。

学习型案例设计

以技术的实际应用过程为主线，全程采用图解和多媒体结合的教学方式，生动、直观、全面地剖析各种应用技能，降低难度，提升学习效率。

为什么要写这样一本书

Office 在办公中的应用非常普遍，正确熟练地操作 Office 已成为信息时代对每个人的基本要求。为满足广大读者的学习需要，我们针对不同学习对象的接受能力，精心编写了这套"实战从入门到精通（视频教学版）"丛书，主要目的是提高办公的效率，让读者不再加班，轻松完成任务。

通过本书能精通哪些办公技能

◇ 精通 Windows 10 操作系统的应用技能

◇ 精通 Word 2016 办公文档的应用技能

◇ 精通 Excel 2016 电子表格的应用技能

◇ 精通 PowerPoint 2016 演示文稿的应用技能

◇ 精通 Outlook 2016 收发信件应用技能

◇ 精通 Office 2016 组件之间协作办公的应用技能

◇ 精通现代网络化协同办公的应用技能

◇ 精通办公数据的安全与共享的技能

◇ 精通办公电脑的优化与维护的技能

本书特色

▶ 零基础、入门级的讲解

无论您从事何种行业，无论您是否接触过 Windows 10 操作系统和 Office 办公，都能从本书中找到最佳起点。

▶ 超多、实用、专业的范例和项目

本书在编排上紧密结合学习 Office 办公技术的先后过程，从 Office 软件的基本操作开始，逐步深入地讲解各种应用技巧，侧重实战技能，使用简单易懂的实际案例进行分析和操作指导，让读者读起来简明轻松，操作起来有章可循。

▶ 职业范例为主，一步一图，图文并茂

在讲解过程中，每一个技能点均配有行业案例，每一步操作均配有操作图，使读者在学习的过程中能直观、清晰地看到每一步操作过程和效果，加深理解，易于掌握。

▶ 职业技能训练，更切合办公实际

各章最后均设置有"高效办公技能实战"，无论是案例的选择还是实训策略均吻合行业应用技能的需求，便于读者通过学习后能更好地应用到办公之中。

▶ 随时检测自己的学习成果

各章首页均提供了学习目标，以指导读者重点学习。

各章最后的"疑难问题解答"板块，均根据实战操作中遇到的经典问题作详细解答，以解决学者的疑惑。

▶ 细致入微、贴心提示

在讲解过程中，各章使用了"注意"、"提示"、"技巧"等小栏目，使读者能更清楚地了解相关操作、理解相关概念，轻松掌握各种操作技巧。

▶ 专业创作团队和技术支持

您在学习过程中遇到任何问题，可加入智慧学习乐园 QQ 群：221376441 进行提问，随时有资深实战型讲师解答，并精选难点、重点在腾讯课堂直播讲授。

〰 超值光盘

▶ 全程同步教学录像

涵盖本书所有知识点，详细讲解每个实例的技术关键。轻松掌握书中所有 Office 2016 的相关技能，而且扩展的讲解部分使您得到比书中更多的收获。

▶ 王牌资源大放送

赠送大量王牌资源，包括本书实例完整素材和教学幻灯片、教学视频、600 套涵盖各个办公领域的实用模板、Office 2016 快捷键速查手册、Excel 常用办公函数 180 例、电脑故障维修案例大全、常用的办公辅助软件使用技巧、办公好助手——英语课堂、做个办公室的文字达人、打印机 / 扫描仪等常用办公设备使用与维护、快速掌握必需的办公礼仪。

〰 读者对象

◇ 没有任何 Windows 10 操作系统和 Office 2016 办公基础的初学者。

◇ 有一定的 Office 2016 办公基础，想实现 Office 2016 高效办公的人员。

◇ 大专院校及培训学校的老师和学生。

〰 创作团队

本书由刘春茂、刘荣英、张金伟编著，参加编写的人员还有刘玉萍、周佳、付红、李园、王攀登、郭广新、侯永岗、蒲娟、刘海松、孙若淞、王月娇、包慧利、陈伟光、胡同夫、梁云梁和周浩浩。

在编写过程中，我们尽所能地将最好的讲解呈现给读者，但也难免有疏漏和不妥之处，敬请读者不吝指正。若您在学习中遇到困难或疑问，或有何建议，请写信至邮箱：357975357@qq.com。

编　者

目 录

第1篇　Windows 10系统应用

第1章　从零开始——认识Windows 10操作系统

第2章　快速入门——掌握Windows 10操作系统

第3章 个性定制——个性化Windows 10操作系统

第4章 账户管理——管理系统用户账户

第5章 附件管理——轻松使用Windows 10附件

第6章 文件管理——管理电脑中的文件资源

第7章 程序管理——软件的安装与管理

第2篇　Word高效办公

第8章　办公基础——Word 2016的基本操作

第9章　美化文档——文档样式的设置与美化

第10章　排版文档——长文档的高级排版

第11章　审阅文档——办公文档的审阅与修订

第3篇 Excel高效办公

第12章 制作基础——Excel 2016的基本操作

第13章 编辑报表——工作表数据的输入与编辑

第14章　丰富报表——使用图表与图形丰富报表内容

第15章　计算报表——使用公式与函数计算数据

第16章 分析报表——工作表数据的管理与分析

Power Point高效办公

第17章 制作幻灯片——PowerPoint 2016的基本操作

第18章　编辑幻灯片——丰富演示文稿的内容

第19章　美化幻灯片——让演示文稿有声有色

第20章　放映输出——放映、打包和发布演示文稿

第 5 篇　高效信息化办公

第21章　电脑上网——办公局域网的连接与设置

第22章　走进网络——网络协同化办公

第23章 办公通信——网络沟通和交流

第24章 协同办公——Office组件之间的协作办公

 高手秘笈篇

第25章 保护数据——办公数据的安全与共享

第26章 安全优化——办公电脑的优化与维护

第 **1** 篇

Windows 10 系统应用

电脑办公是目前最常用的办公方式，使用电脑可以轻松步入无纸化办公时代，节约能源提高效率。本篇学习最新的 Windows 10 系统的应用技巧和技能。

第1章

从零开始——认识 Windows 10 操作系统

● 本章导读

　　Windows 10 是由微软公司开发的新一代操作系统，该系统旨在让人们的日常电脑操作更加简单和快捷，为人们提供高效易用的办公环境。本章将为读者介绍 Windows 10 操作系统的版本、新功能、安装、启动与关闭 Windows 10 操作系统等内容。

● 学习目标

◎ 了解 Windows 10 的版本内容

◎ 熟悉 Windows 10 新功能

◎ 掌握 Windows 10 的安装方法

◎ 掌握启用 Windows 10 的方法

◎ 掌握关闭 Windows 10 的方法

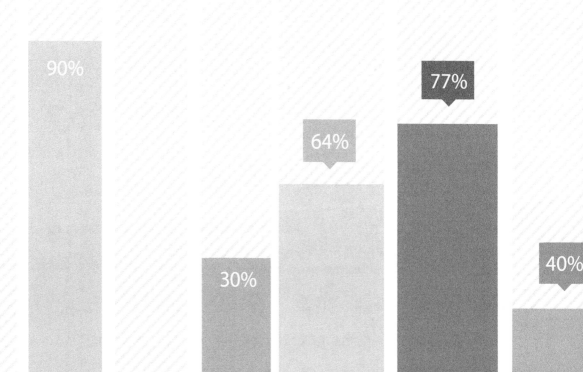

1.1 Windows 10版本介绍

与以往的操作系统不同，Windows 10 是一款跨平台的操作系统，它能够同时运行在台式机、平板电脑、智能手机和 Xbox 等平台，为用户带来统一的体验。图 1-1 为 Windows 10 专业版的桌面显示效果。

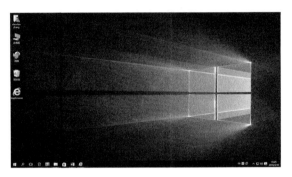

图 1-1　Windows 10 系统桌面

根据微软的正式公布，Windows 10 有 7 个版本，分别如下：

☆ Windows 10 家庭版（Windows 10 Home）：主要面向个人用户的电脑系统版本，适合个人或者家庭电脑使用。

☆ Windows 10 专业版（Windows 10 Pro）：面向个人电脑用户，相比家庭版其功能要多一些，并且 Windows 10 专业版还可用于大屏平板电脑、笔记本、个人平板二合一变形本等桌面设备。

☆ Windows 10 企业版（Windows 10 Enterprise）：在专业版的基础上，增加了专门给大中型企业开发高级功能的需求，适合企业用户使用。

☆ Windows 10 教育版（Windows 10 Education）：主要基于企业版进行开发，专门为了符合学校教职工、管理人员、老师和学生的需求。

☆ Windows 10 移动版（Windows 10 Mobile）：主要面向小尺寸的触摸设备，主要针对智能手机、平板电脑等移动设备。

☆ Windows 10 企业移动版（Windows 10 Mobile Enterprise）：主要面向使用智能手机和小尺寸平板的企业用户，提供最佳的操作体验。

☆ Windows 10 IoT Core（主要针对物联网设备）：该版本主要面向低成本的物联网设备。

1.2 Windows 10新功能

Windows 10 操作系统结合了 Windows 7 和 Windows 8 操作系统的优点，更符合用户的操作体验，下面简单介绍一下 Windows 10 操作系统的新功能。

1.2.1 进化的"开始"菜单

Windows 8 系统中，用户熟悉的【开始】菜单被取消，因此，很多用户拒绝从 Windows 7 升级到 Windows 8，而在 Windows 10 中，用户熟悉的【开始】菜单又回来了，而且还可以任意调整它的大小，甚至让它占满整个屏幕，同时又保留了磁贴界面，因此，用户将它视为 Windows 7【开始】菜单与 Windows 8【开始】菜单的结合体。图 1-2 为 Windows 10 的【开始】菜单。

图 1-2　Windows 10【开始】菜单

1.2.2　微软"小娜"

Windows 10 与以前的操作系统相比新增了炫酷的语音系统，其中文名为微软"小娜"。它无处不在，通过"小娜"用户可以看照片、放音乐、发邮件、浏览器搜索等。它是微软发布的全球第一款个人智能助理，可以说 Cortana（小娜）是 Windows 10 操作系统的私人助理，其设置界面如图 1-3 所示。

图 1-3　微软"小娜"的设置界面

1.2.3　任务视图

Windows 10 操作系统的任务视图（Task View）是其新增的虚拟桌面软件。该软件的按钮位于任务栏上，单击该按钮可查看当前运行的多任务程序。图 1-4 为 Task View 的视图界面。

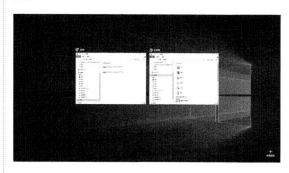

图 1-4　Task View 的视图界面

1.2.4　全新的通知中心

通过 Windows 10 操作系统中的通知中心，用户可以自由开启或关闭通知。除此之外，通知中心还有各种开关和快捷功能，例如切换平板模式、打开便签等。单击任务栏右下角的【通知】按钮，可以打开通知面板，在面板上方会显示来自不同应用的通知信息。图 1-5 为 Windows 10 操作系统的通知中心面板。

图 1-5　通知中心面板

1.2.5　全新的 Edge 浏览器

Microsoft Edge 浏览器是 Windows 10 操作系统内置的浏览器，Edge 浏览器的一些功能细节包括：支持内置 Cortana 语音功能；内置了阅读器、笔记和分享功能；设计注重实用和极简主义。图 1-6 为 Microsoft Edge 浏览器的工作界面。

图 1-6　Microsoft Edge 浏览器的工作界面

1.2.6　多桌面功能

Windows 10 比较有特色的多桌面功能可以把程序放在不同的桌面上，让用户的工作更加有条理，例如将桌面分为办公桌面和娱乐桌面，对于办公室人员来讲比较实用。图 1-7 为用户创建的两个桌面效果。

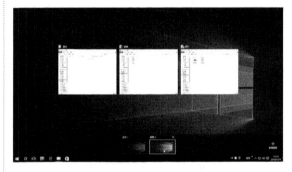

图 1-7　多桌面效果

1.3 Windows 10操作系统的安装

下面具体介绍一下如何安装 Windows 10 专业版操作系统。

1.3.1　Windows 10 系统的配置要求

微软的每一个操作系统都有一个最低的硬件配置要求，安装 Windows 10 系统的计算机硬件要求如表 1-1 所示。

表 1-1 安装 Windows 10 系统的计算机硬件要求

要求	最低	推荐
处理器	1GHz 或更快（支持 PAE/NX 和 SSE2）	2GHz 或更快的处理器
内存	1GB（32 位版）	2MB 内存或更大内存空间
硬盘空间	至少大于 16GB	50GB 可用磁盘空间或更大磁盘空间
显示设备	分辨率为 1024×768 或分辨率更高的视频适配器和监视器	分辨率为 1600×900 的显示适配器和即插即用显示器
定位设备	键盘和微软鼠标或兼容的定位设备	键盘和微软鼠标或兼容的定位设备

1.3.2 Windows 10 系统的安装

电脑硬件达标之后就可以安装 Windows 10 操作系统了，具体的操作步骤如下。

步骤 **1** 将 Windows 10 操作系统的光盘放入光驱，直接运行目录中的 setup.exe 文件，在许可条款界面，选中【我接受许可条款】复选框，然后单击【接受】按钮，如图 1-8 所示。

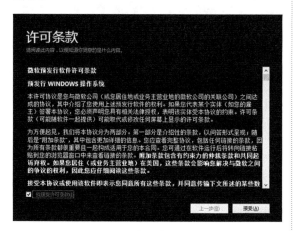

图 1-8 许可条款界面

步骤 **2** 进入【正在确保你已准备好进行安装】界面，检查安装环境，检测完成后，单击【下一步】按钮，如图 1-9 所示。

步骤 **3** 进入【你需要关注的事项】界面，即可看到注意事项，单击【确认】按钮，如图 1-10 所示。

图 1-9 检查安装环境

图 1-10 注意事项界面

步骤 **4** 如果没有需要注意的事项则会出现安装界面，单击【安装】按钮即可，如图 1-11 所示。

图 1-11　准备就绪界面

步骤 5 如果要更改升级后需要保留的内容，可以单击【更改要保留的内容】链接，在如图 1-12 所示的界面中进行设置。

图 1-12　选中要保留的内容

步骤 6 设置完成后单击【下一步】按钮，

显示【安装 Windows 10】界面，此时开始安装 Windows 10，如图 1-13 所示。

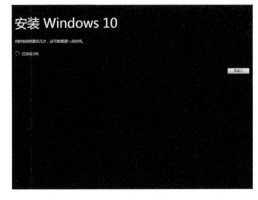

图 1-13　开始安装 Windows 10

步骤 7 安装完成后重启电脑，即可进入 Windows 10 界面，表示安装成功，如图 1-14 所示。

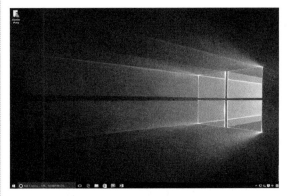

图 1-14　Windows 10 界面

1.4　启动和关闭Windows 10

安装好 Windows 10 操作系统之后，通过启动和关闭电脑，就可以启动和关闭 Windows 10 操作系统了。

1.4.1　启动 Windows 10

启动 Windows 10 操作系统是指启动安装有 Windows 10 操作系统的电脑。电脑的正常启动是指启动尚未开启的电脑。通过启动电脑来启动 Windows 10 的具体操作步骤如下。

步骤 1 按下显示器的电源按钮，打开电脑的显示器，如图 1-15 所示。

图 1-15 显示器

步骤 2 打开主机的电源开关，如图 1-16 所示。

图 1-16 主机

步骤 3 显示器上将显示启动信息，并自动完成检测和准备工作，如图 1-17 所示。

图 1-17 准备就绪界面

步骤 4 自检成功后会进入启动界面，在其中显示正在启动的电脑的进度。启动完毕后将进入欢迎界面，电脑会显示用户名和登录密码文本框。单击需要登录的用户名，然

后在用户名下的文本框中输入登录密码，按 Enter 键，如图 1-18 所示。

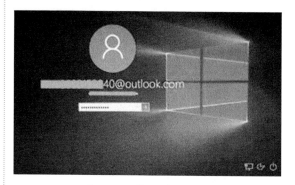

图 1-18 输入登录密码

步骤 5 输入完成后，经过几秒钟，系统会成功进入 Windows 10 系统桌面，这就表明已启动 Windows 10 操作系统了，如图 1-19 所示。

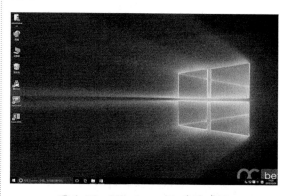

图 1-19 Windows 10 系统桌面

1.4.2 重启 Windows 10

在使用 Windows 10 的过程中，如果安装了某些应用软件或对系统进行了新的配置，经常会被要求重新启动。

重新启动 Windows 10 操作系统的具体操作步骤如下。

步骤 1 单击所有打开的应用程序窗口右上角的【关闭】按钮，退出正在运行的程序。如图 1-20 所示。

图 1-20　单击【关闭】按钮

步骤 2 单击 Windows 10 桌面左下角的【开始】按钮，在弹出的【开始】菜单中选择【电源】命令，在弹出的子菜单中选择【重启】命令，如图 1-21 所示。

图 1-21　选择【重启】命令

1.4.3　睡眠与唤醒模式

在使用电脑的过程中，如果用户暂时不使用电脑，在不关机的情况下又不希望其他人在自己的电脑上任意操作，那么可以将操作系统设置为睡眠模式。这样系统既能保持当前的运行，又能将电脑转入低功耗

状态，当用户再次使用电脑时，可以将系统唤醒。

切换系统睡眠与唤醒模式的操作步骤如下。

步骤 1 单击 Windows 10 桌面左下角的【开始】按钮，在弹出的【开始】菜单中选择【电源】命令，在弹出的子菜单中选择【睡眠】命令，如图 1-22 所示。

图 1-22　选择【睡眠】命令

步骤 2 此时电脑进入睡眠状态，如果想唤醒电脑，双击鼠标左键，即可重新唤醒电脑，并进入 Windows 10 操作系统的锁屏桌面，然后按 Enter 键，即可进入系统桌面。图 1-23 为 Windows 10 操作系统的锁屏桌面。

图 1-23　Windows 10 操作系统锁屏界面

1.4.4　关闭 Windows 10

关闭 Windows 10 操作系统就是关闭电脑，关闭电脑的正确顺序为：先确保关闭电脑中的所有应用程序，然后通过【开始】菜单退出 Windows 10 操作系统，最后关闭显示器电脑。

常见的关机方法有以下几种：

▶ 方法 1：通过【开始】按钮关机

步骤 **1**　单击所有打开的应用程序窗口右上角的【关闭】按钮 ⊠，退出正在运行的程序。图 1-24 为关闭正在运行的 Edge 浏览器窗口。

图 1-24　关闭正在运行的 Edge 浏览器窗口

步骤 **2**　单击 Windows 10 桌面左下角的【开始】按钮，在弹出的【开始】菜单中选择【电源】命令，在弹出的子菜单中选择【关机】命令，如图 1-25 所示。

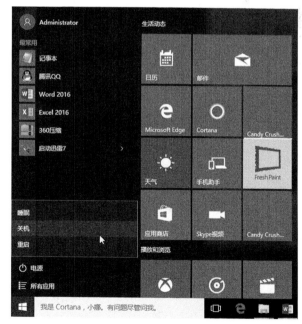

图 1-25　选择【关机】命令

步骤 **3**　此时系统将停止运行，屏幕上会出现"正在关机"的文字提示信息，稍等片刻，系统将自动关闭主机电源。待主机电源关闭后，按下显示器上的显示按钮，完成关闭电脑的操作。

▶ 方法 2：通过右击【开始】按钮关机

右击【开始】按钮，在弹出的快捷菜单中选择【关机或注销】命令，在弹出的子菜单中选择【关机】命令，即可关闭 Windows 10 操作系统，如图 1-26 所示。

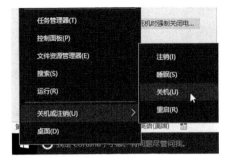

图 1-26　选择【关机】命令

▶ 方法 3：通过 Alt+F4 组合键关机

在关机前关闭所有的程序，然后按 Alt+F4 组合键，弹出【关闭 Windows】对话框，单击【确定】按钮，即可进行关机，如图 1-27 所示。

图 1-27　【关闭 Windows】对话框

▶ 方法 4：死机时关闭系统

当电脑在使用的过程中出现了蓝屏、花屏、死机等非正常现象时，就不能按照正常关闭系统的方法来关闭电脑了。这时应该先用前面介绍的方法重新启动电脑。若仍然死机则应再进行复位启动，如果复位启动还是不行，则只能进行手动关机。按住主机机箱上的电源按钮 3~5 秒，待主机电源关闭后，再关闭显示器的电源开关，从而完成手动关机操作。

1.5　高效办公技能实战

1.5.1　开启个人电脑的平板模式

Windows 10 新增了一种使用模式——平板模式，它可以使用户的计算机像平板电脑那样使用。开启平板模式的操作如下。

步骤 1 单击桌面右下角通知区域中的【通知】图标，在弹出的面板中单击【平板模式】图标，如图 1-28 所示。

步骤 2 返回桌面，即可看到系统桌面变为平板模式，拖曳鼠标可进行体验，如图 1-29 所示。如果电脑支持触屏操作，则体验效果更佳。若要退出平板模式，则再次单击【平板模式】图标即可。

图 1-28　单击【平板模式】图标

图 1-29　平板模式界面

1.5.2　通过滑动鼠标关闭电脑

在 Windows 10 操作系统中，除了 1.4.4 节介绍的关机方法外，还可以通过滑动鼠标来关机，具体的操作方法如下。

步骤 1 按 Win+R 组合键，打开【运行】对话框，在文本框中输入 "C:\Windows\System32\SlideToShutDown.exe" 命令，单击【确定】按钮，如图 1-30 所示。

步骤 2 此时界面如图 1-31 所示。使用鼠标向下滑动则可关闭电脑，向上滑动则取消操作。如果用户使用的是支持触屏操作的电脑，则可以直接用手指向下滑动进行关机操作。

图 1-30　【运行】对话框

图 1-31　【滑动以关闭电脑】界面

> **注意**　输入的命令中，执行 C 盘 Windows\System32 文件夹下 SlideToShutDown.exe 应用程序，如果 Windows 10 没有分出 C 盘，则可将 C 修改为对应的盘符即可，如 D、E 等。另外，也可以进入对应的路径，找到 SlideToShutDown.exe 应用，将其发送到桌面以备使用。

1.6　疑难问题解答

问题 1：安装 Windows 10 操作系统后，电脑出现了 Edge 浏览器，但是无法上网，这是什么原因？

解答：单击【开始】按钮，在弹出的【开始】菜单中选择【命令提示符】命令，进入管理员命令符操作窗口，在其中输入 "netsh winsock reset" 命令，按 Enter 键即可。

问题 2：将低版本操作系统升级到 Windows 10 操作系统后，还能恢复到以前的版本吗？

解答：可以。将电脑的操作系统恢复到以前版本的具体方法为：单击【开始】按钮，在弹出的菜单中选择【设置】命令，打开【设置】窗口，然后单击【更新和安全】图标，打开【更新和安全】窗口，在其中选择【恢复】选项，然后单击【恢复】按钮，即可将电脑系统恢复到以前 Windows 的版本。

第 2 章

快速入门——掌握 Windows 10 操作系统

● **本章导读**

    Windows 10 是一款跨平台及设备应用的操作系统，涵盖台式电脑、平板电脑、手机和服务器端等。本章将为读者介绍 Windows10 操作系统的桌面组成、【开始】菜单和窗口的基本操作等。

● **学习目标**

◎ 了解桌面的组成元素

◎ 掌握桌面图标的基本操作

◎ 掌握窗口的基本操作

◎ 掌握管理【开始】屏幕的方法

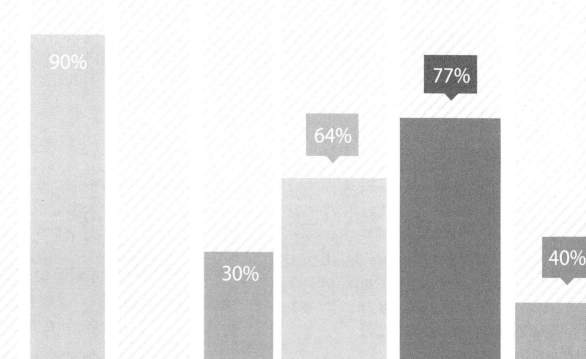

2.1 桌面的组成

进入 Windows 10 操作系统后，用户首先看到的是桌面。桌面的组成元素主要包括桌面背景、图标、【开始】按钮、任务栏等，如图 2-1 所示。

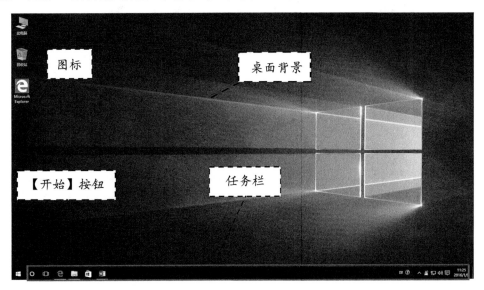

图 2-1　Windows 10 的桌面组成元素

2.1.1 桌面图标

在 Windows 10 操作系统中，所有的文件、文件夹和应用程序等都用相应的图标表示。桌面图标一般由文字和图片组成，文字用来说明图标的名称或功能、图片作为它的标识，如图 2-2 所示。

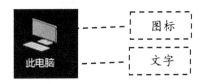

图 2-2　桌面图标

用户双击桌面上的图标，可以快速地打开相应的文件、文件夹或者应用程序，例如双击桌面上的【回收站】图标，即可打开【回收站】窗口，如图 2-3 所示。

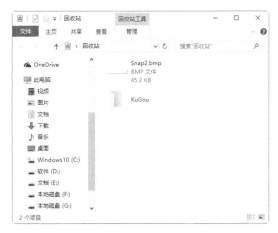

图 2-3　【回收站】窗口

2.1.2 桌面背景

桌面背景是指 Windows 10 桌面系统背景图案，也称为墙纸，用户可以根据需要设置桌面的背景图案。图 2-4 为 Windows 10 操作系统的默认桌面背景。

图 2-4 默认桌面背景

2.1.3 任务栏

任务栏是位于桌面最底部的长条，主要由【程序】区域、【通知】区域和【显示桌面】按钮组成。和以前的系统相比，Windows 10 中的任务栏设计更加人性化，使用更加方便、功能和灵活性更强大，用户按 Alt+Tab 组合键可以在不同的窗口之间进行切换，如图 2-5 所示。

图 2-5 任务栏

2.2 桌面图标

在 Windows 10 操作系统中，所有的文件、文件夹以及应用程序都有形象化的图标，在桌面上的图标被称为桌面图标。双击桌面图标可以快速打开相应的文件、文件夹或应用程序。

2.2.1 调出常用桌面图标

刚装好的 Windows 10 操作系统的桌面上只有【回收站】和【此电脑】两个图标，用户要想调出其他桌面图标可按以下步骤操作。

步骤 1 在桌面空白处单击鼠标右键，在弹出的快捷菜单中选择【个性化】命令，如图 2-6 所示。

步骤 2 在弹出的【设置】窗口中选择【主题】选项，如图 2-7 所示。

步骤 3 单击右侧窗格中的【桌面图标设置】链接，弹出【桌面图标设置】对话框，在其中选中需要添加的系统图标复选框，如

图 2-8 所示。

图 2-6 选择【个性化】命令

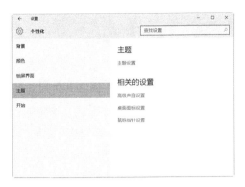

图 2-7 【设置】窗口

图 2-8 【桌面图标设置】对话框

步骤 4 单击【确定】按钮，选中的图标即可被添加到桌面上，如图 2-9 所示。

图 2-9 添加桌面图标

2.2.2 添加桌面快捷图标

为方便使用，用户可以将文件、文件夹和应用程序的图标添加到桌面上，被添加的桌面图标被称为快捷图标。

1. 添加文件或文件夹图标

步骤 1 右击需要添加的文件夹，在弹出的快捷菜单中选择【发送到】→【桌面快捷方式】命令，如图 2-10 所示。

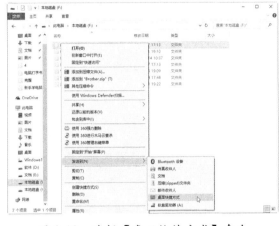

图 2-10 选择【桌面快捷方式】命令

步骤 2 此时该文件夹的图标就被添加到了桌面上，如图 2-11 所示。

图 2-11 添加到桌面上的快捷方式

2. 添加应用程序桌面图标

用户可以将程序的快捷方式放置在桌面上。下面以添加【记事本】图标为例进行讲解。

步骤 1 单击【开始】按钮，在弹出的快捷菜单中选择【所有应用】→【Windows 附件】→【记事本】命令，如图 2-12 所示。

图 2-12 选择【记事本】命令

步骤 2 选中【记事本】命令，按住鼠标左键不放，将其拖曳到桌面上，如图 2-13 所示。

图 2-13 拖曳【记事本】图标

步骤 3 返回到桌面，可以看到桌面上已经添加了一个【记事本】图标，如图 2-14 所示。

图 2-14 添加到桌面上的图标

2.2.3 删除桌面不用图标

对于不常用的桌面图标，可以将其删除，使桌面看起来简洁美观。删除桌面图标的方法有两种，下面分别进行介绍。

1. 使用【删除】命令删除

下面以删除【记事本】图标为例进行讲解，具体操作步骤如下。

步骤 1 在桌面上选中【记事本】图标，右击，在弹出的快捷菜单中选择【删除】命令，如图 2-15 所示。

图 2-15 选择【删除】命令

步骤 2 此时桌面上的【记事本】图标已被删除。删除的图标被放在回收站中，只要不清空回收站，用户可以随时将其还原，如图 2-16 所示。

图 2-16 选择【还原】命令

2. 利用快捷键删除

选中需要删除的桌面图标，按 Delete 键，即可将图标删除。如果想彻底删除桌面图标，在按 Delete 键的同时按下 Shift 键，此时会弹出【删除快捷方式】对话框，提示"你确定要永久删除此快捷方式吗？"，单击【是】按钮，即可删除桌面图标，如图 2-17 所示。

图 2-17　【删除快捷方式】对话框

2.2.4　将图标固定到任务栏

Windows 10 取消了快速启动工具栏，若要快速打开程序，可以将程序锁定到任务栏。具体方法如下。

▶方法 1：

如果程序已经打开，那么在任务栏选中程序并右击，从弹出的快捷菜单中选择【固定到任务栏】命令，则任务栏将会一直存在添加的应用程序，用户可以随时打开程序，如图 2-18 所示。

图 2-18　选择【固定到任务栏】命令

▶方法 2：

如果程序没有打开，那么选择【开始】→【所有应用】命令，在弹出的列表中选中需要添加的任务栏中的应用程序，右击，在

弹出的快捷菜单中选择【固定到任务栏】命令，即可将该应用程序添加到任务栏中，如图 2-19 所示。

图 2-19　添加程序到任务栏

2.2.5　设置图标的大小及排列

当桌面上的图标比较多时，会显得很乱，这时可以通过对桌面图标的大小和排列方式等进行设置来整理桌面。具体操作步骤如下。

步骤 1 在桌面空白处右击，在弹出的快捷菜单中选择【查看】命令。在弹出的子菜单中包括【大图标】、【中等图标】和【小图标】命令。本实例选择【小图标】命令，如图 2-20 所示。

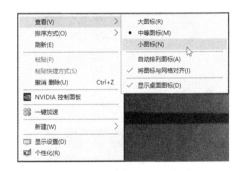

图 2-20　选择【小图标】命令

步骤 2 返回到桌面，此时桌面图标已经以小图标的方式显示，如图 2-21 所示。

步骤 3 在桌面的空白处右击，然后在弹出的快捷菜单中选择【排列方式】命令，弹出的子菜单中有【名称】、【大小】、【项目类型】和【修改日期】命令。本例选择【名称】命令，如图 2-22 所示。

步骤　4 返回到桌面，图标的排列方式将按名称进行排列，如图 2-23 所示。

　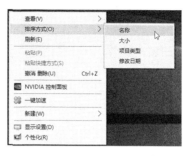　

图 2-21　以小图标方式显示　　图 2-22　选择【名称】命令　图 2-23　以名称方式排列图标

2.3　窗口

在 Windows 10 操作系统中，窗口是用户界面最重要的组成部分，每个窗口负责显示和处理某一类信息。用户可在任意窗口上工作，并在各窗口间交换信息。

2.3.1　窗口的组成元素

窗口是屏幕上与一个应用程序相对应的矩形区域，是用户与产生该窗口的应用程序之间的可视界面。当用户开始运行一个应用程序时，应用程序就创建并显示一个窗口；当用户操作窗口中的对象时，应用程序会做出相应的反应。用户可通过关闭一个窗口来终止一个程序的运行。

图 2-24 是【此电脑】窗口，由菜单栏、标题栏、地址栏、快速访问工具栏、导航窗格、内容窗格、搜索框、控制按钮区、状态栏、视图按钮组成。

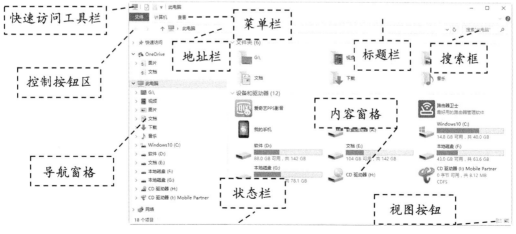

图 2-24　【此电脑】窗口

1. 标题栏

标题栏位于窗口的最上方，显示了当前的目录位置。标题栏右侧分别为【最小化】、【最大化】/【还原】、【关闭】三个按钮，单击相应的按钮可以执行相应的窗口操作。

2. 快速访问工具栏

快速访问工具栏位于标题栏的左侧，显示了当前窗口图标和查看属性、新建文件夹、自定义快速访问工具栏三个按钮。单击【自定义快速访问工具栏】按钮，弹出下拉菜单，用户可以选择列表中的【恢复】命令，将其添加到快速访问工具栏中，如图 2-25 所示。

图 2-25　选择【恢复】命令

3. 菜单栏

菜单栏位于标题栏下方，包含了当前窗口或窗口内容的一些常用操作菜单。在菜单栏的右侧为【展开功能区】/【最小化功能区】和【帮助】按钮 ❷，如图 2-26 所示。

图 2-26　菜单栏

4. 地址栏

地址栏位于菜单栏的下方，主要反映了从根目录开始到现在所在目录的路径，单击地址栏即可看到具体的路径，如图 2-27 所示为 D 盘下【财务报表】文件夹目录。

图 2-27　地址栏

在地址栏中直接输入访问路径，单击【前进】按钮➔或按 Enter 键，可以快速到达要访问的位置。

5. 控制按钮区

控制按钮区位于地址栏的左侧，主要用于返回、前进、上移到前一个目录位置。单击该按钮，打开下拉菜单，可以查看最近访问的位置信息。单击下拉菜单中的位置信息，可以实现快速进入该位置目录的操作，如图 2-28 所示。

图 2-28　控制按钮区

6. 搜索框

搜索框位于地址栏的右侧，通过在搜索框中输入要查看信息的关键字，可以快速查找当前目录中相关的文件、文件夹。

7. 导航窗格

导航窗格位于控制按钮区下方，显示了电脑中包含的文件的具体位置，如快速访问、OneDrive、此电脑、网络等。用户通过左侧的导航窗格，可以快速访问相应的目录。另外，用户也可以单击导航窗格中的【展开】按钮 ˅ 和【收缩】按钮 ›，显示或隐藏详细的子目录。

8. 内容窗口

内容窗口位于导航窗格右侧，是显示当前目录的内容区域，也叫工作区域。

9. 状态栏

状态栏位于导航窗格下方，既会显示当前目录文件中的项目数量，也会根据用户选择的内容，显示所选文件或文件夹的数量、容量等属性信息。

10. 视图按钮

视图按钮位于状态栏右侧，包含了在窗口中显示每一项的相关信息和使用大缩略图显示项两个按钮，用户可以通过单击选择视图方式。

2.3.2 打开与关闭窗口

打开与关闭窗口是窗口的基本操作，下面介绍打开与关闭窗口的方法。

1. 打开窗口

在 Windows 10 中，双击应用程序图标，即可打开窗口。在【开始】菜单列表、桌面快捷方式、快速启动工具栏中都可以打开程序的窗口，如图 2-29 所示。另外，右击程序图标，在弹出的快捷菜单中选择【打开】命令，也可以打开窗口，如图 2-30所示。

图 2-29　选择【画图】命令

图 2-30　选择【打开】命令

2. 关闭窗口

窗口使用完后，用户可以将其关闭，常见的关闭窗口的方法有以下几种。

▶**方法 1：使用【关闭】按钮**

单击窗口右上角的【关闭】按钮，即可关闭当前窗口，如图 2-31 所示。

图 2-31　单击【关闭】按钮

▶方法 2：使用快速访问工具栏

单击快速访问工具栏最左侧的窗口图标，在弹出的快捷菜单中选择【关闭】命令，即可关闭当前窗口，如图 2-32 所示。

图 2-32　选择【关闭】命令

▶方法 3：使用标题栏

在标题栏上右击，在弹出的快捷菜单中选择【关闭】命令，即可关闭窗口，如图 2-33 所示。

图 2-33　选择【关闭】命令

▶方法 4：使用任务栏

在任务栏上选中需要关闭的程序，右击，在弹出的快捷菜单中选择【关闭窗口】命令，如图 2-34 所示。

图 2-34　选择【关闭窗口】命令

▶方法 5：使用快捷键

在当前窗口按 Alt+F4 组合键，即可关闭窗口。

2.3.3　移动窗口的位置

默认情况下，在 Windows 10 操作系统中，窗口有一定的透明性，如果打开多个窗口，就会出现多个窗口重叠的现象。对此，用户可以将窗口移动到合适的位置。具体操作步骤如下。

步骤 1 将鼠标放在需要移动位置的窗口的标题栏上，待鼠标变为 状，如图 2-35 所示。

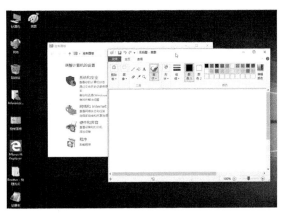

图 2-35　选中要移动的窗口

步骤 2 按住鼠标左键不放，将窗口拖曳到需要的位置，松开鼠标，即可完成窗口位置的移动，如图 2-36 所示。

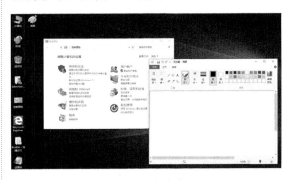

图 2-36　移动窗口

如果桌面上的窗口很多，运用上述移动方法就会很麻烦，此时用户可以通过设置窗口的显示方式对窗口进行排列，如图 2-37 所示。

在【任务栏】的空白处右击，在弹出的快捷菜单中有 3 种排列形式，分别为【层叠窗口】、【堆叠显示窗口】和【并排显示窗口】几种，用户可以根据需要选择一种排列方式。图2-38为选择【堆叠显示窗口】命令的显示效果。

图 2-37　选择【层叠窗口】命令

图 2-38　以堆叠方式显示的窗口

 2.3.4　调整窗口的大小

　　默认情况下，打开的窗口大小和上次关闭时的大小一样，用户可以根据需要调整窗口的大小。下面以设置画图软件的窗口为例，讲述设置窗口大小的方法。

1.　利用窗口按钮设置窗口大小

　　【画图】窗口右上角包括【最大化】、【最小化】和【还原】三个按钮。单击【最大化】按钮，则【画图】窗口将扩展到整个屏幕，显示所有的窗口内容。此时最大化窗口变成【还原】按钮，单击该按钮，即可将窗口还原到原来的大小，如图2-39所示。

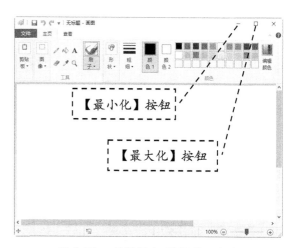

图 2-39　利用按钮调整窗口大小

　　单击【最小化】按钮，则【画图】窗口会最小化到任务栏上，用户若想显示窗口，需要单击任务栏上的程序图标。

2.　手动调整窗口的大小

　　当窗口处于非最小化和最大化状态时，用户可以手动调整窗口的大小。具体的方法是：

将鼠标指针移动到窗口的边缘，使鼠标指针
变为↕或⟷状时，可上下或左右移动边框改
变窗口大小。当指针移动到窗口的四个角时，
鼠标指针将变为↖或↗状，此时沿水平或垂
直方向拖曳鼠标可等比例放大或缩小窗口，
如图 2-40 所示。

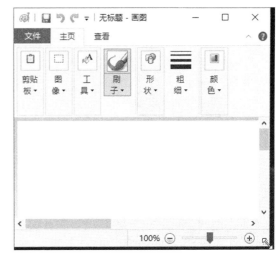

图 2-40　手动调整窗口大小

2.3.5　切换当前活动窗口

虽然在 Windows 10 操作系统中可以同时打开多个窗口，但是当前窗口只能有一个，这意
味着用户需要在各个窗口之间进行切换操作。切换当前活动窗口的方法有以下几种。

1. 利用程序按钮

每个打开的程序在任务栏都有一个相对应的程序按钮，将鼠标放在程序按钮区域上，即
可弹出打开软件的预览窗口，单击该预览窗口即可打开该窗口，如图 2-41 所示。

图 2-41　利用程序按钮切换窗口

2. 利用 Alt+Tab 组合键

利用 Alt+Tab 组合键可以快速实现各个窗口的切换。弹出窗口缩略图图标，按住 Alt 键不

放，然后按 Tab 键可以在不同的窗口之间进行切换。选中需要打开的窗口，松开按键，即可将其打开，如图 2-42 所示。

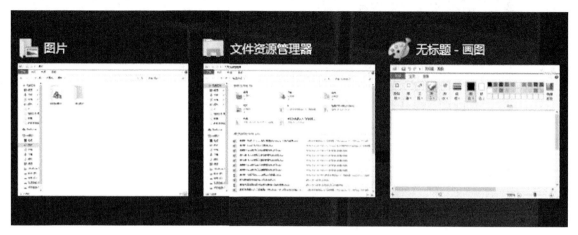

图 2-42　利用 Alt+Tab 组合键切换窗口

3.　利用 Win+Tab 组合键

在 Windows 10 操作系统中，按主键盘区中的 Win+Tab 组合键或单击【任务视图】按钮，可显示当前桌面环境中所有窗口的缩略图，在需要切换的窗口上单击，即可快速切换，如图 2-43 所示。

图 2-43　利用【任务视图】按钮切换窗口

2.3.6　分屏显示窗口

使用 Windows 10 的分屏功能可以将多个不同桌面的应用窗口展示在一个屏幕中，从而自由组合成多个任务模式。使用分屏功能展示多个应用窗口的操作很简单：按住鼠标左键，将桌面上的应用程序窗口向左拖动，当屏幕出现分屏提示框（灰色透明蒙版）时，松开鼠标，即可实现分屏显示窗口，如图 2-44 所示。

图 2-44　分屏显示的窗口

> **注意**　将键盘的 Win 键与上下左右方向键配合使用，更易实现多任务分屏，简单、
> 方便、实用。

2.3.7　贴边显示窗口

在 Windows 10 操作系统中，当需要同时处理两个窗口时，可以按住一个窗口的标题栏，将其拖曳至屏幕边缘，此时窗口会出现气泡，松开鼠标，窗口即会贴边显示，如图 2-45 所示。

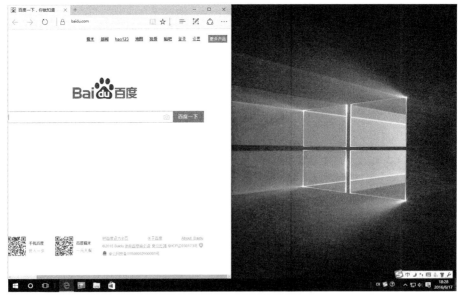

图 2-45　贴边显示的窗口

2.4 【开始】屏幕

在 Windows 10 操作系统中，【开始】屏幕（Start Screen）取代了原来的【开始】菜单，在实际操作中，【开始】屏幕相对【开始】菜单具有很大的优势，因为【开始】屏幕照顾到了桌面和平板电脑用户。

2.4.1 认识【开始】屏幕

单击桌面左下角的【开始】按钮，即可弹出【开始】屏幕工作界面。它主要由【最常用】程序列表、用户名、固定程序列表和动态磁贴面板等组成，如图 2-46 所示。

图 2-46 【开始】屏幕工作界面

1. 用户名

在用户名区域显示了当前登录系统的用户，一般情况下用户名为 Administrator，该用户为系统的管理员用户，如图 2-47 所示。

2. 【最常用】程序列表

【最常用】程序列表中显示了【开始】菜单中的常用程序，通过不同的程序，可以快速地打开应用，如图 2-48 所示。

3. 固定程序列表

固定程序列表包含了所有应用按钮、电源按钮、设置按钮和文件资源管理器按钮，如

图 2-49 所示。

图 2-47 用户名

图 2-48 【最常用】程序列表

图 2-49 固定程序列表

选择【文件资源管理器】选项，打开【文件资源管理器】窗口，在其中可以查看本台电脑的所有文件，如图 2-50 所示。

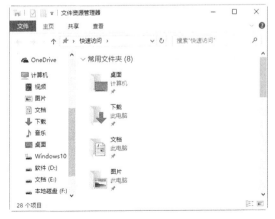

图 2-50 【文件资源管理器】窗口

选择【设置】选项，打开【设置】窗口，在其中可以选择相关的功能，对系统的设置、账户、时间和语言等内容进行设置，如图 2-51 所示。

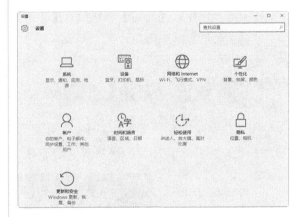

图 2-51 【设置】窗口

选择【所有应用】选项，打开【所有应用】程序列表，用户在【所有应用】列表中可以查看所有系统中安装的软件程序。单击列表中的文件夹的图标，可以继续展开相应的程序。单击【返回】按钮可隐藏所有程序列表，如图 2-52 所示。

图 2-52 【所有应用】程序列表

【电源】选项主要用来关闭操作系统，它包括【关机】、【重启】、【睡眠】三个选项，如图 2-53 所示。

图 2-53　【电源】选项

4. 动态磁贴面板

Windows 10 的磁贴面板有图片有文字，而且是动态的。当应用程序有更新时，通过这些磁贴可以直接将其反映出来，而无须运行它们，如图 2-54 所示。

图 2-54　动态磁贴面板

2.4.2　将应用程序固定到【开始】屏幕

在 Windows 10 操作系统当中，用户可以将常用的应用程序或文档固定到【开始】屏幕当中，以方便快速查找与打开。将应用程序固定到【开始】屏幕的操作步骤如下。

步骤 1 打开程序列表，选中需要固定到【开始】屏幕之中的程序图标，然后右击该图标，在弹出的快捷菜单中选择【固定到"开

始"屏幕】选项，如图 2-55 所示。

图 2-55　选择【固定到"开始"屏幕】选项

步骤 2 此时已将该程序固定到【开始】屏幕当中，如图 2-56 所示。

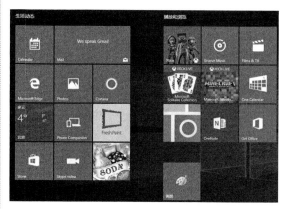

图 2-56　固定选中的程序

提示

如果想要将某个程序从【开始】屏幕中删除，那么需要先选中该程序图标，然后右击，在弹出的快捷菜单中选择【从"开始"屏幕取消固定】命令即可，如图 2-57 所示。

图 2-57　取消程序的固定状态

2.4.3 动态磁贴的应用

动态磁贴（Live Tile）是【开始】屏幕中的图形方块，也叫"磁贴"。它是 Windows 10 操作系统的一大亮点，通过它可以快速打开应用程序。如果将应用程序的动态磁贴功能开启，还可以及时了解应用的更新信息与最新动态。

1. 调整磁贴大小

在磁贴上右击，在弹出的快捷菜单中选择【调整大小】命令，在弹出的子菜单中有【小】、【中】、【宽】和【大】4 种显示方式，选择对应的命令，即可调整磁贴的大小，如图 2-58 所示。

图 2-58　调整磁贴大小

2. 打开／关闭磁贴

在磁贴上右击，在弹出的快捷菜单中选择【更多】→【关闭动态磁贴】或【打开动态磁贴】命令，即可关闭或打开磁贴的动态显示，如图 2-59 所示。

图 2-59　打开／关闭磁贴

3. 调整磁贴位置

选中要调整位置的磁贴，按住鼠标左键

不放，将磁贴拖曳至任意位置，松开鼠标即可完成位置调整，如图 2-60 所示。

图 2-60　调整磁贴位置

2.4.4 管理【开始】屏幕的分类

在 Windows 10 操作系统当中，用户可以对【开始】屏幕进行分类管理，具体的操作步骤如下。

步骤 **1** 单击【开始】按钮，打开【开始】屏幕，将鼠标放置在【生活动态】右侧，激活右侧的 ▆ 按钮，可以对屏幕分类进行重命名操作，如图 2-61 所示。

图 2-61　激活 ▆ 按钮

步骤 **2** 选中【开始】屏幕中的应用程序

图标，按住鼠标左键不放进行拖曳，可以将其拖曳到其他的分类模块当中，如图 2-62 所示。

图 2-62　调整磁贴的位置

步骤 3　松开鼠标，可以看到【画图】工具放置到【播放和浏览】模块当中，如图 2-63 所示。

图 2-63　调整程序图标位置

步骤 4　将其他应用图标固定到【开始】屏幕当中，将其放置在一个模块当中。移动鼠标至该模块的顶部，可以看到【命名组】信息提示，如图 2-64 所示。

图 2-64　命名组

步骤 5　单击【命名组】右侧的█按钮，可以为其进行命名操作。例如输入"应用程序"，完成后的操作如图 2-65 所示。

图 2-65　重命名组

2.4.5　将【开始】菜单全屏幕显示

默认情况下，Windows 10 操作系统的【开始】屏幕是和【开始】菜单一起显示的，那么如何才能将【开始】菜单全屏显示呢？下面介绍其操作步骤。

步骤 1　在系统桌面上右击，在弹出的快捷菜单中选择【个性化】命令，如图 2-66 所示。

图 2-66　选择【个性化】命令

步骤 2　打开【设置】窗口，在其中选择【开始】选项，在右侧的窗格中将【使用全屏幕"开始"菜单】下方的按钮设置为【开】，然后单击【关闭】按钮关闭【设置】窗口，如图 2-67 所示。

图 2-67　设置【开】状态

步骤 3 单击【开始】按钮，此时【开始】

菜单全屏幕显示，如图 2-68 所示。

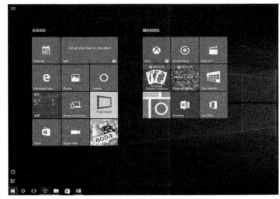

图 2-68　全屏幕显示的【开始】菜单

2.5 高效办公技能实战

2.5.1 使用虚拟桌面创建多桌面

通过虚拟桌面功能，可以为一台电脑创建多个桌面。下面以创建一个办公桌面和一个娱乐桌面为例介绍多桌面的使用方法与技巧。

步骤 1 单击系统桌面上的【任务视图】按钮，进入虚拟桌面操作界面，如图 2-69 所示。

图 2-69　虚拟桌面操作界面

步骤 2 单击【新建桌面】按钮，即可新建一个桌面，系统会自动将其命名为"桌面2"，如图 2-70 所示。

图 2-70　新建桌面效果

步骤 3 进入"桌面 1"操作界面，右击任意一个窗口图标，在弹出的快捷菜单中选择【移动至】→【桌面 2】命令，即可将"桌面 1"的内容移动到"桌面 2"之中，如图 2-71 所示。

步骤 4 使用相同的方法，将其他的文件夹窗口图标移至"桌面 2"之中，此时"桌面 1"中只剩下一个文件窗口，如图 2-72 所示。

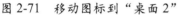

图 2-71 移动图标到"桌面 2"

图 2-72 移动程序窗口到"桌面 2"

步骤 5 选择"桌面 2"，进入"桌面 2"操作界面当中，可以看到移动之后的文件窗口，这样即可将办公与娱乐分在两个桌面之中，如图 2-73 所示。

步骤 6 如果想要删除桌面，就单击桌面右上角的【删除】按钮，可将选中的桌面删除，如图 2-74 所示。

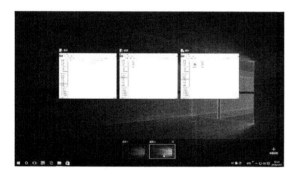

图 2-73 分类显示不同的桌面

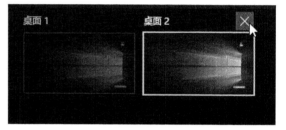

图 2-74 删除桌面

2.5.2 添加【桌面】图标到工具栏

将"桌面"图标添加到工具栏的操作步骤如下。

步骤 1 右击 Windows 10 操作系统的任务栏，在弹出的快捷菜单中选择【工具栏】→【桌面】命令，如图 2-75 所示。

步骤 2 完成操作后即可将【桌面】图标添加到工具栏当中，如图 2-76 所示。

步骤 3 单击【桌面】图标右上方的 >> 按钮，在弹出的下拉列表中选择相关选项，可以快速打开桌面上的功能，如图 2-77 所示。

图 2-75 选择【桌面】命令

图 2-76　添加【桌面】图标到工具栏　　　　图 2-77　　【桌面】列表

2.6 疑难问题解答

问题 1：Windows 10【开始】屏幕上的磁贴不见了，该怎么办？

解答：通常来说，Windows 10【开始】屏幕上的磁贴丢失是因为操作不当导致，也就是说将磁贴从【开始】屏幕取消固定了。解决办法是：单击【开始】按钮，选择【所有应用】命令，然后在列表里选中丢失的应用，右击，在弹出的快捷菜单中选择【固定到开始屏幕】命令，即可将其重新添加到【开始】屏幕中。

问题 2：桌面上的【桌面】图标与任务栏都不见了，怎么办？

解答：如果【桌面】图标和任务栏都不见了，这种情况一般是因为 Windows 资源管理器崩溃了，重新开启它就可以了。具体的方法是：按 Ctrl+Alt+Delete 组合键，在打开的界面中单击【任务管理器】选项，打开【任务管理器】对话框，然后选择【文件】→【运行新任务】命令，在打开的【新建任务】对话框中输入 "explorer"，单击【确定】按钮，即可显示出【桌面】图标和任务栏。

第3章

个性定制——个性化 Windows 10 操作系统

● **本章导读**

　　作为新一代的操作系统，Windows 10 进行了重大的变革，它不仅延续了 Windows 家族的传统，而且带来了更多新的体验，例如用户可以根据需要设置个性化的操作系统。本章将为读者介绍桌面与主题的个性化设置、日期和时间的设置、鼠标与键盘的设置、显示字体的设置和电脑显示的个性化设置等。

● **学习目标**

◎ 掌握个性化桌面的方法
◎ 掌握个性化主题的方法
◎ 掌握个性化电脑显示设置的方法
◎ 掌握个性化电脑字体的方法
◎ 掌握设置日期和时间的方法
◎ 掌握设置键盘和鼠标的方法

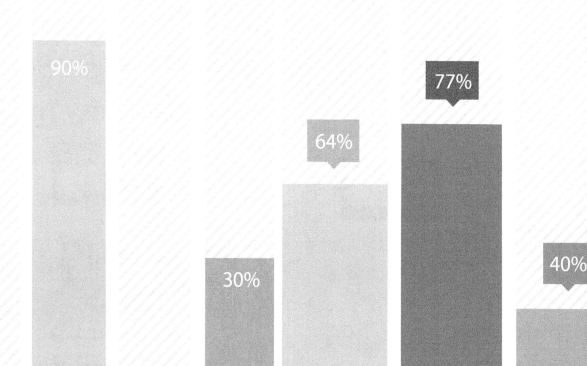

3.1 个性化桌面

Windows 10 操作系统桌面的个性化设置主要包括桌面背景和桌面图标，下面分别进行介绍。

3.1.1 自定义桌面背景

桌面背景可以是个人收集的数字图片、Windows 提供的图片、纯色或带有颜色框架的图片，也可以是幻灯片图片。

自定义桌面背景的具体操作步骤如下。

步骤 1 在桌面的空白处鼠标右击，在弹出的快捷菜单中选择【个性化】命令，如图 3-1 所示。

图 3-1　选择【个性化】命令

步骤 2 打开【设置】窗口，在其中选择【背景】选项，如图 3-2 所示。

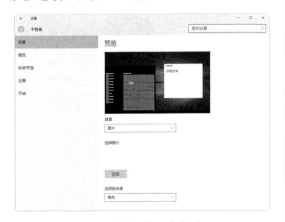

图 3-2　选择【背景】选项

步骤 3 单击【背景】下方右侧的下三角按钮，在弹出的下拉列表中对背景的样式进行设置，包括图片、纯色和幻灯片放映，如图 3-3 所示。

图 3-3　背景样式的设置

步骤 4 如果选择【纯色】选项，可以在下方的界面中选择相关的颜色，选择完毕后，可以在【预览】区域查看背景效果，如图 3-4 所示。

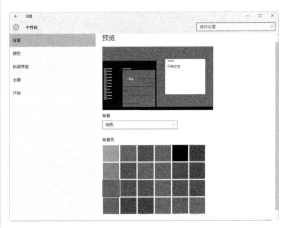

图 3-4　选择【纯色】样式

步骤 5 如果选择【幻灯片放映】选项，那么可以在其下方的界面中设置幻灯片图片的播放频率、播放顺序等信息，如图 3-5 所示。

图 3-5　选择【幻灯片放映】选项

步骤 6 如果选择【图片】选项，那么可以单击其下方界面中的【选择契合度】右侧的下拉三角按钮，在弹出的下拉列表中选择图片契合度，包括填充、适应、拉伸等选项，如图 3-6 所示。

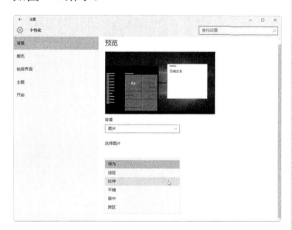

图 3-6　选择【图片】选项

步骤 7 单击【选择图片】下方的【浏览】按钮，打开【打开】对话框，在其中可以选择某张图片作为桌面的背景，如图 3-7 所示。

步骤 8 单击【选择图片】按钮，返回到【设置】窗口，在【预览】区域可以预览效果，如图 3-8 所示。

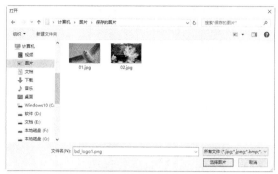

图 3-7　【打开】对话框

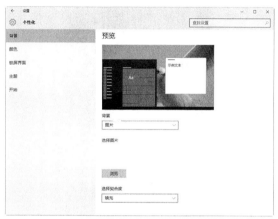

图 3-8　选择图片作为背景

3.1.2　自定义桌面图标

根据需要，用户通过更改桌面图标的名称和标识可以自定义桌面图标，具体操作步骤如下。

步骤 1 选择需要修改名称的桌面图标，单击鼠标右键，在弹出的快捷菜单中选择【重命名】命令，如图 3-9 所示。

步骤 2 进入图标的编辑状态，直接输入名称，如图 3-10 所示。

步骤 3 按 Enter 键确认名称，如图 3-11 所示。

步骤 4 在桌面上空白处右击，在弹出的快捷菜单中选择【个性化】命令，如图 3-12 所示。

图 3-9　选择【重命名】命令

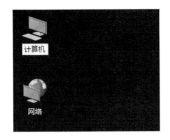

图 3-10　重命名图标

图 3-11　完成图标的重命名

图 3-12　选择【个性化】命令

步骤 5 在弹出的【设置】窗口中选择【主

题】选项，如图 3-13 所示。

图 3-13　选择【主题】选项

步骤 6 单击右侧窗格中的【桌面图标设置】链接，弹出【桌面图标设置】对话框，在【桌面图标】选项卡中选中要更改标识的桌面图标。例如选中【计算机】复选框，然后单击【更改图标】按钮，如图 3-14 所示。

图 3-14　【桌面图标设置】对话框

步骤 7 弹出【更改图标】对话框，在【从以下列表中选择一个图标】列表框中选择一个自己喜欢的图标，然后单击【确定】按钮，如图 3-15 所示。

图 3-15 【更改图标】对话框

图 3-16 【桌面图标设置】对话框

步骤 8 返回到【桌面图标设置】对话框，此时【计算机】的图标已经更改，单击【确定】按钮，如图 3-16 所示。

步骤 9 返回到桌面，此时【计算机】的图标已经发生了变化，如图 3-17 所示。

图 3-17 自定义效果

3.2 个性化主题

Windows 10 操作系统的主题采用了新的主题方案，该主题方案具有无边框设计的窗口、扁平化设计的图标等，使其更具现代科技感。对主题进行个性化设置，可以使主题符合自己的要求与使用习惯。

3.2.1 设置背景主题色

Windows 10 默认的背景主题色为黑色，如果用户不喜欢，那么可以对其进行修改，具体的操作步骤如下。

步骤 1 单击【开始】按钮，在弹出的开始菜单中选择【设置】选项，如图 3-18 所示。

图 3-18 选择【设置】选项

步骤 2 打开【设置】窗口，在其中选择【个性化】图标，如图 3-19 所示。

图 3-19 【设置】窗口

步骤 3 打开【个性化】窗口，在其中选择【颜色】选项，在右边可以看到预览、选择一种颜色等参数，如图 3-20 所示。

图 3-20 选择【颜色】选项

步骤 4 将【选择一种颜色】下方的【从我的背景自动选取一种主题色】由【开】设置为【关】，这时系统会给出建议的颜色，然后根据需要自行选择主题颜色即可，如图 3-21 所示。

图 3-21 选择颜色

步骤 5 这里选择【红色】色块，然后在【预览】区域查看预览效果，如图 3-22 所示。

图 3-22 预览效果

步骤 6 将【显示"开始"菜单、任务栏、操作中心和标题栏的颜色】由【关】设置为【开】，如图 3-23 所示。

步骤 7 返回到系统当中，至此就完成了 Windows 10 主题色的设置，如图 3-24 所示。

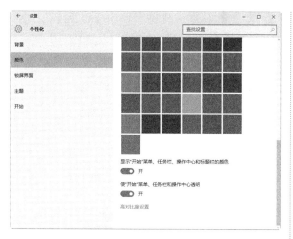

图 3-23　设置【开】状态

图 3-24　主题的设置

图 3-25　选择【锁屏界面】选项

步骤 2　在【锁屏界面】中单击【屏幕超时设置】超链接，打开【电源和睡眠】设置界面，设置屏幕和睡眠的时间，如图 3-26 所示。

> **注意**
>
> 若【显示"开始"菜单、任务栏、操作中心和标题栏的颜色】为【关】状态，则任务栏开始菜单的颜色不会随用户选择的颜色而改变。

3.2.2　设置屏幕保护程序

如果用户在一段时间内没有使用鼠标或键盘，屏幕保护程序就会开始运行，在计算机的屏幕上出现移动的图片或图案。设置屏幕保护程序的具体操作步骤如下。

步骤 1　在桌面的空白处右击鼠标，在弹出的快捷菜单中选择【个性化】命令，打开【个性化】窗口，选择【锁屏界面】选项，如图 3-25 所示。

图 3-26　设置屏幕和睡眠时间

步骤 3　在【锁屏界面】中单击【屏幕保护程序设置】超链接，打开【屏幕保护程序设置】对话框，选中【在恢复时显示登录屏幕】复选框，如图 3-27 所示。

步骤 4　在【屏幕保护程序】下拉列表中选择系统自带的屏幕保护程序。例如选择【气泡】选项，此时在上方的预览框中可以看到设置后的效果，如图 3-28 所示。

图 3-27　【屏幕保护程序设置】对话框

图 3-28　选择屏幕保护程序

步骤 5 在【等待】微调框中设置等待的时间。例如设置为 5 分钟，如图 3-29 所示。

步骤 6 设置完成后，单击【确定】按钮，返回到【设置】窗口。这样，如果用户在 5 分钟内没有对电脑进行任何操作，系统就会自动启动屏幕保护程序。

图 3-29　设置等待时间

3.2.3　设置电脑主题

电脑主题可以是桌面背景图片、窗口颜色和声音的组合。设置电脑主题的具体步骤如下。

步骤 1 打开【个性化】窗口，在其中选择【主题】选项，单击【主题设置】超链接，随即进入【个性化】窗口主题的设置界面，单击某个主题可一次性同时更改桌面背景、彩色、声音和屏幕保护程序，如图 3-30 所示。

步骤 2 选择 Windows 默认的 Windows 10 主题样式，在下方将显示该主题的桌面背景、彩色、声音和屏幕保护程序等信息，如图 3-31 所示。

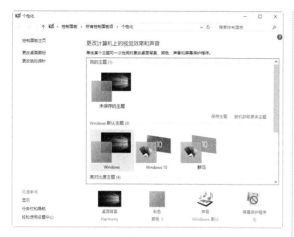

图 3-30　【个性化】窗口

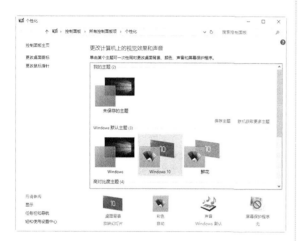

图 3-31　设置 Windows 主题样式

步骤 3 单击主题下方的【桌面背景】超链接，在打开的【设置】窗口中选择【背景】选项，设置主题的桌面背景，如图 3-32 所示。

图 3-32　选择【背景】选项

步骤 4 单击【彩色】超链接，在打开的【设置】窗口中选择【颜色】选项，即可设置主题的颜色，如图 3-33 所示。

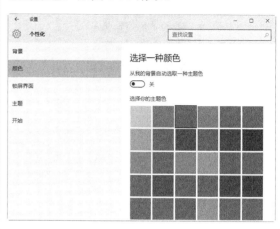

图 3-33　选择【颜色】选项

步骤 5 单击【声音】超链接，打开【声音】对话框，即可设置主题的声音效果，如图 3-34 所示。

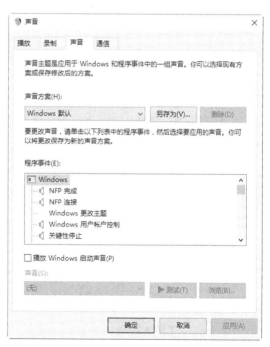

图 3-34　【声音】对话框

步骤 6 单击【屏幕保护程序】超链接，打开【屏幕保护程序设置】对话框，即可设置主题的保护程序，如图 3-35 所示。

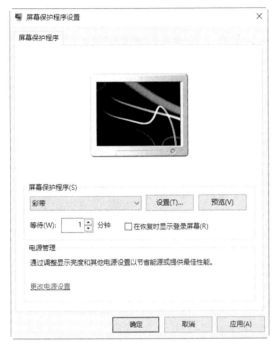

图 3-35 【屏幕保护程序设置】对话框

3.2.4 保存与删除主题

对于设置好的电脑主题，用户可以将其保存起来，以方便今后使用。对于不需要的电脑主题，可以将其删除。

保存与删除主题的操作步骤如下。

步骤 1 在【个性化】窗口主题的设置界面中，单击【保护主题】超链接，打开【将主题另存为】对话框，在【主题名称】文本框中输入"常用主题"，如图 3-36 所示。

图 3-36 【将主题另存为】对话框

步骤 2 单击【保存】按钮，即可将正在使用的电脑主题保存到本台电脑当中，如图 3-37 所示。

步骤 3 在【个性化】窗口主题的设置界

面中，在想要删除的主题上鼠标右键单击，在弹出的快捷菜单中选择【删除主题】选项，即可将选中的主题删除，如图 3-38 所示。

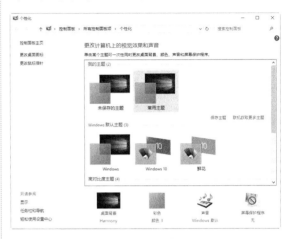

图 3-37 查看保存的主题

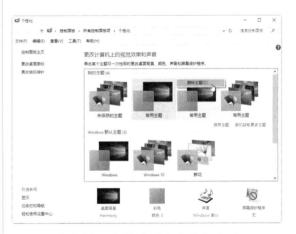

图 3-38 选择【删除主题】选项

注意 此方法只对"我的主题"有效，不能删除 Windows 默认主题。另外，对于正在使用的主题，是不能删除的。如果想要删除 Windows 默认主题，则需要找到 Windows 10 系统主题文件夹的路径，一般为 X\Windows\Resources\Themes（X 为 Windows 10 系统盘符），然后在该文件夹内删除对应的主题文件即可。图 3-39 是当前电脑的主题文件夹的路径窗口。

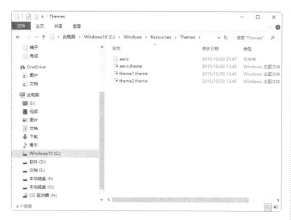

图 3-39　当前电脑主题文件夹的路径窗口

3.2.5　设置锁屏界面

Windows 10 操作系统的锁屏功能主要作用是保护电脑的隐私安全，并保证在不关机的情况下省电。锁屏所用的图片被称为锁屏界面。设置锁屏界面的操作步骤如下。

步骤 1　在桌面的空白处右击鼠标，在弹出的快捷菜单中选择【个性化】命令，打开【个性化】窗口，选择【锁屏界面】选项，如图 3-40 所示。

图 3-40　选择【锁屏界面】选项

步骤 2　单击【背景】下方【图片】右侧的下三角按钮，在弹出的下拉列表中设置用于锁屏的背景，包括图片、Windows 聚焦和幻灯片放映三种类型，如图 3-41 所示。

图 3-41　选择【图片】选项

步骤 3　选择【Windows 聚焦】选项，在【预览】区域查看设置的锁屏图片样式，如图 3-42 所示。

图 3-42　预览锁屏界面

步骤 4　按 Win+L 快捷键进入系统锁屏状态，如图 3-43 所示。

图 3-43　进入锁屏状态

3.3 个性化电脑的显示设置

对于电脑的显示效果，用户可以进行个性化操作，如设置电脑屏幕的分辨率、添加或删除通知区域显示的图标类型、启动或关闭系统图标等。

3.3.1 设置合适的屏幕分辨率

屏幕分辨率指的是屏幕上显示的文本和图像的清晰度。分辨率越高，文本和图像越清楚，文本和图像的尺寸就越小，屏幕就可以容纳越多的文本和图像。分辨率越低，在屏幕上的文本和图像的尺寸越大，显示的数量也就越少。

设置适当的分辨率，有助于提高屏幕上的图像的清晰度，具体操作步骤如下。

步骤 1 在桌面上的空白处右击，在弹出的快捷菜单中选择【显示设置】命令，如图3-44所示。

图 3-44 选择【显示设置】命令

步骤 2 弹出【设置】窗口，在左侧列表中选择【显示】选项，进入显示设置界面，如图3-45所示。

步骤 3 单击【高级显示设置】超链接，弹出【高级显示设置】窗口，用户可以看到系统默认的分辨率，如图3-46所示。

图 3-45 选择【显示】选项

图 3-46 【高级显示设置】窗口

步骤 4 单击【分辨率】右下方的下拉按钮，在弹出的列表中选择需要设置的分辨率，如图3-47所示。

> ▶ **提示**
>
> 更改屏幕分辨率会影响登录该计算机的用户。如果将屏幕分辨率设置为监视器不支持的分辨率，那么该屏幕在几秒钟内将会变为黑色，监视器会将分辨率还原至原始分辨率。

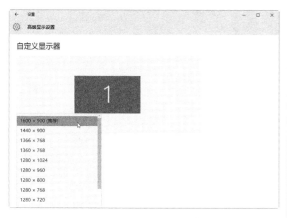

图 3-47　选择分辨率

3.3.2 设置通知区域显示的图标

在任务栏上显示的图标，用户可以根据自己的需要对其进行显示或隐藏操作，具体的操作步骤如下。

步骤 1 在桌面上的空白处右击，在弹出的快捷菜单中选择【显示设置】命令，打开【设置】窗口，选择【通知和操作】选项，如图 3-48 所示。

图 3-48　选择【通知和操作】选项

步骤 2 单击【选择在任务栏上显示哪些图标】超链接，打开【选择在任务栏上显示哪些图标】窗口，如图 3-49 所示。

步骤 3 单击要显示图标右侧的【开 / 关】

按钮，即可将该图标显示 隐藏在通知区域中。例如单击【360 安全卫士安全防护中心模块】右侧的【开 / 关】按钮，将其设置为【开】状态，如图 3-50 所示。

图 3-49　设置通知区域图标的显示状态

图 3-50　设置图标的状态为"开"

步骤 4 返回到系统桌面当中，此时可以看到通知区域中显示出了 360 安全卫士的图标，如图 3-51 所示。

图 3-51　通知区域显示的图标

提示
如果想删除通知区域的某个图标，只须将其显示状态设置为【关】就可以了。

3.3.3 启动或关闭系统图标

用户可以根据自己的需要启动或关闭任务栏中显示的系统图标，具体的操作步骤如下。

步骤 1 在【设置 - 系统】窗口中选择【通知和操作】选项，如图 3-52 所示。

图 3-52　选择【通知和操作】选项

步骤 2 单击【启用或关闭系统图标】超链接，进入【启用或关闭系统图标】窗口，如图 3-53 所示。

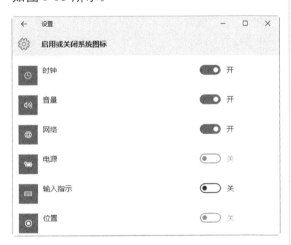

图 3-53　【启用或关闭系统图标】窗口

步骤 3 如果想关闭某个系统图标，只须将其状态设置为【关】。例如这里单击【时钟】右侧的【开 / 关】按钮，将其状态设置为【关】，如图 3-54 所示。

图 3-54　设置图标的显示状态为【关】

步骤 4 返回到系统桌面，此时可以看到时钟系统图标在通知区域中不显示了，如图 3-55 所示。

图 3-55　通知区域的图标消失

步骤 5 如果想启动某个系统图标，那么可以将其状态设置为【开】。例如这里单击【输入指示】图标右侧的【开 / 关】按钮，将其状态设置为【开】，如图 3-56 所示。

图 3-56　设置图标的显示状态为"开"

步骤 6 返回到系统桌面，可以看到通知区域显示出了输入指示的图标，如图 3-57 所示。

图 3-57　图标显示在通知区域

3.3.4　设置显示的应用通知

Windows 10 的显示应用通知功能主要用于显示应用的通知信息，若将其关闭就不会显示任何应用的通知。设置显示应用通知的操作步骤如下。

步骤 1 在【设置】→【系统】窗口中选择【通知和操作】选项，在下方可以看到【通知】设置区域，如图 3-58 所示。

图 3-58　【通知】设置区域

步骤 2 默认情况下，显示应用通知的功能处于【开】状态。单击系统桌面通知区域中的【应用通知】图标，在打开的【操作中心】界面可以查看相关的通知，如图 3-59 所示。

步骤 3 如果想关闭【显示应用通知】功能，只须单击其下方的【开／关】按钮，将其状态设置为【关】即可，如图 3-60 所示。

步骤 4 返回系统桌面，将鼠标放到【应

用通知】图标上，可以看到关于关闭的相关提示信息，如图 3-61 所示。

图 3-59　【操作中心】界面

图 3-60　设置显示应用通知的状态为【关】

图 3-61　关闭通知的信息提示

步骤 5 用户还可以将其他通知的信息设置为【开】状态，这样不管电脑处于什么状态，都可以显示相关的通知信息，如图 3-62 所示。

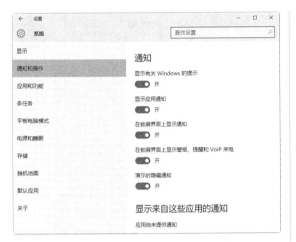

图 3-62　设置通知区域的全部功能状态为【开】

【通知】区域中 5 个选项的功能如下。

☆　【显示有关 Windows 的提示】：用于显示系统的通知，若关闭就不会显示系统的通知。

☆　【显示应用通知】：用于显示应用的相

关通知，若关闭就不会显示任何应用的通知。

☆　【在锁屏界面上显示通知】：用于在锁屏界面上显示通知，若关闭该选项，那么在锁屏界面上就不会显示通知。该功能主要用于 Windows phone 手机和平板电脑。

☆　【在锁屏界面上显示警报、提醒和 VoIP 来电】：若关闭该选项，那么在锁屏界面上就不会显示警告、提醒和 VoIP 来电。

☆　【演示时隐藏通知】：演示模式用于向用户展示 Windows 10 功能，若开启这个功能，在演示模式下会隐藏通知信息。

3.4　电脑字体的个性化

在 Windows 10 操作系统中，有多种字体样式可供用户选择，而且用户还可以根据自己的需要对字体进行添加、删除、隐藏与显示操作。

3.4.1　字体设置

通过字体设置，用户可以隐藏字体，还可以选择安装字体文件的快捷方式而不是安装该字体文件本身。字体设置的操作步骤如下。

步骤 **1**　在系统桌面上单击【开始】按钮，在弹出的【开始屏幕】中选择【控制面板】命令，如图 3-63 所示。

步骤 **2**　打开【控制面板】窗口，单击【字体】超链接，如图 3-64 所示。

步骤 **3**　打开【字体】窗口，单击窗口左

侧的【字体设置】超链接，如图 3-65 所示。

图 3-63　选择【控制面板】命令

步骤 **4**　打开【字体设置】窗口，选中相应的复选框对字体进行设置。设置完毕后，

单击【确定】按钮，即可保存设置，如图 3-66
所示。

图 3-64　【所有控制面板项】窗口

图 3-65　【字体】窗口

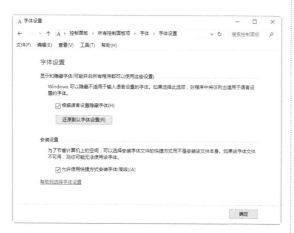

图 3-66　【字体设置】窗口

3.4.2　隐藏与显示字体

对于不经常使用的字体，用户可以将其
隐藏，当需要该字体时，可以再次将其显示
出来。隐藏与显示字体的操作步骤如下。

步骤 1　在【字体】窗口选中需要隐藏的
字体图标，单击【隐藏】按钮，即可将该字
体隐藏起来。隐藏起来的字体图标以透明状
态显示，如图 3-67 所示。

图 3-67　隐藏字体图标

步骤 2　在【字体】窗口选中需要显示的
字体图标，单击【显示】按钮，即可将隐藏
的字体显示出来，如图 3-68 所示。

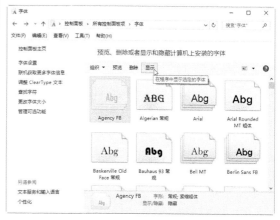

图 3-68　显示字体图标

3.4.3　添加与删除字体

Windows 10 操作系统自带的字体是有限的，如果用户想显示比较个性化的字体，就需要在系统中添加字体了；而对于不常用的字体，可以将其删除。添加与删除字体的操作步骤如下。

步骤 1 从网络中下载自己需要的字体，然后选中需要添加到系统中的字体列表，鼠标右键单击,在弹出的快捷菜单中选择【复制】命令，如图 3-69 所示。

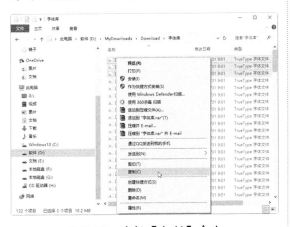

图 3-69　选择【复制】命令

步骤 2 打开【字体】窗口，在【组织】下方的窗格中鼠标右键单击，在弹出的快捷菜单中选择【粘贴】命令，如图 3-70 所示。

图 3-70　选择【粘贴】命令

步骤 3 此时开始安装需要添加的字体文件，并弹出显示安装的进度条的【正在安装字体】对话框，如图 3-71 所示。

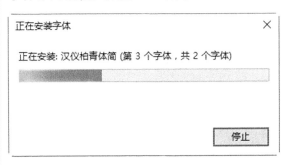

图 3-71　安装字体

步骤 4 安装完毕后，在【字体】窗口的【组织】下方窗格中可以查看添加的字体，如图 3-72 所示。

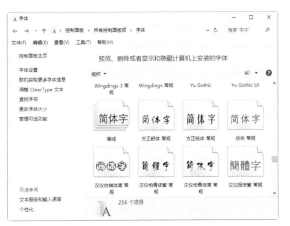

图 3-72　显示安装的字体

> **提示**　除上述通过复制的方法添加字体外，用户还可以通过直接安装字体文件的方法添加字体。双击下载的字体文件，打开字体文件介绍窗口（见图 3-73），或选中字体文件，然后鼠标右键单击，在弹出的快捷菜单中选择【安装】命令（如图 3-74 所示），均可打开【正在安装字体】对话框添加字体，如图 3-75 所示。

图 3-73　字体文件介绍窗口

图 3-74　选择【安装】命令

图 3-75　【正在安装字体】对话框

步骤 5　选中需要删除的字体，单击【删除】按钮，即可打开【删除字体】信息提示对话框，单击【是】按钮，即可将选中的字体删除，如图 3-76 所示。

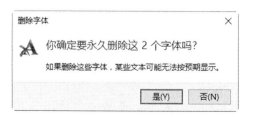

图 3-76　【删除字体】对话框

3.4.4　调整显示字号大小

通过对显示的设置，可以让桌面字号变得更大，具体操作步骤如下。

步骤 1　在系统桌面上鼠标右键单击，在弹出的快捷菜单中选择【显示设置】选项，打开【设置】窗口，选择【显示】选项，如图 3-77 所示。

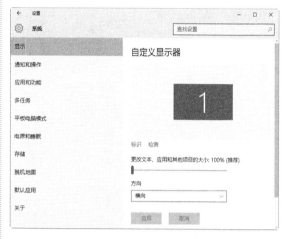

图 3-77　选择【显示】选项

步骤 2　单击【更改文本、应用和其他项目的大小：100（推荐）】下方的滑动条，通过增大其百分比，可以更改桌面文字字号的大小，如图 3-78 所示。

图 3-78　更改文本、应用和其他项目的
字号大小

3.4.5 调整 ClearType 文本

ClearType 是 Windows 10 系统中的一种字体显示技术，可提高 LCD 显示器字体的清晰及平滑度，使计算机屏幕上的文字看起来和纸上打印的一样清晰。微调 ClearType 设置的具体操作步骤如下。

步骤 1 打开【设置】窗口，选择【显示】选项，单击【高级显示设置】超链接，如图 3-79 所示。

步骤 2 打开【高级显示设置】窗口，单击【ClearType 文本】超链接，如图 3-80 所示。

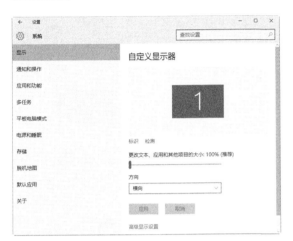

图 3-79 选择【显示】选项

图 3-80 【高级显示设置】窗口

步骤 3 打开【ClearType 文本调谐器】窗口，选中【启用 ClearType】复选框，如图 3-81 所示。

步骤 4 单击【下一步】按钮，打开【ClearType 文本调谐器】窗口，提示用户 Windows 正在确保将你的监视器设置为其本机分辨率，如图 3-82 所示。

图 3-81 【ClearType 文本调谐器】窗口

图 3-82 设置本机分辨率

步骤 5 单击【下一步】按钮，打开【ClearType 文本调谐器】窗口，选择看起来最清晰的文本示例，如图 3-83 所示。

步骤 6 单击【下一步】按钮，打开【ClearType 文本调谐器】窗口，选择看起来最清晰的文本示例，如图 3-84 所示。

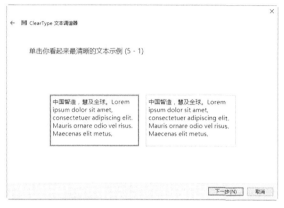

图 3-83　选择清晰的文本示例

图 3-84　选择清晰的文本示例

步骤 7 单击【下一步】按钮，打开【ClearType 文本调谐器】窗口，选择看起来最清晰的文本示例，如图 3-85 所示。

步骤 8 单击【下一步】按钮，打开【ClearType 文本调谐器】窗口，选择看起来最清晰的文本示例，如图 3-86 所示。

图 3-85　选择清晰的文本示例

图 3-86　选择清晰的文本示例

步骤 9 单击【下一步】按钮，打开【ClearType 文本调谐器】窗口，选择看起来最清晰的文本示例，如图 3-87 所示。

步骤 10 单击【下一步】按钮，打开【ClearType 文本调谐器】窗口，提示用户已经完成对监视器中文本的调谐，如图 3-88 所示。最后单击【完成】按钮，完成对 ClearType 文本的调整。

图 3-87　选择清晰的文本示例

图 3-88　完成 ClearType 文本的调整

3.5 设置日期和时间

对于电脑系统的日期和时间，用户可以根据需要对其进行调整或校准。

3.5.1 设置系统日期和时间

如果系统时间不准确，用户可以设置 Windows 10 中显示的日期和时间，具体的操作步骤如下。

步骤 1 单击时间通知区域，在弹出的对话框中单击【改日期和时间设置】选项，如图 3-89 所示。

图 3-89　【时间与日期设置】对话框

步骤 2 打开【设置】窗口，在【日期和时间】界面中单击【自动设置时间】下方的按钮，将其设置为【开】，如图 3-90 所示。

图 3-90　【设置】窗口

步骤 3 如果电脑联网，系统就会自动更新日期和时间，如图 3-91 所示。

步骤 4 另外，【自动设置时间】下方按钮默认为【开】，用户也可以将其设置为【关】。单击【更改】按钮，在弹出的【更改日期和时间】对话框，手动校准时间，如图 3-92 所示。

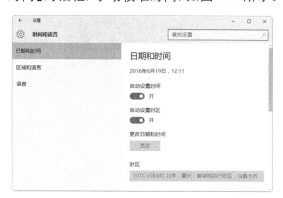

图 3-91　自动更新日期和时间

图 3-92　更改日期和时间

步骤 5 返回【日期和时间】界面，单击【格式】区域中的【更改日期和时间格式】超链接，如图 3-93 所示。

图 3-93　设置时间格式

步骤 6 弹出【设置 - 更改日期和时间格式】窗口，用户可以根据使用习惯设置日期和时

间的格式，即可在通知区域中显示修改后的效果，如图 3-94 所示。

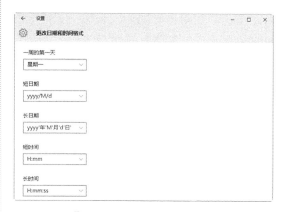

图 3-94　【设置 - 更改日期和时间格式】窗口

3.5.2 添加系统附加时钟

在 Windows 10 系统中，为系统添加不同时钟的具体操作步骤如下。

步骤 1 在【日期和时间】界面中，单击【相关设置】区域中的【添加不同时期的时钟】超链接，弹出【日期和时间】对话框，在【附加时钟】选项卡下，选中【显示此时钟】复选框，即可在【选择时区】列表中选择要显示的时区，也可设置"输入显示名称"，如图 3-95 所示。

图 3-95　【日期和时间】对话框

步骤 2 设置完成后，单击【确定】按钮，关闭【日期和时间】对话框，再关闭【设置】对话框，然后单击时间通知区域，弹出日期和时间信息，即可看到添加的不同时区的时钟，如图 3-96 所示。

图 3-96　添加时钟

> **注意** 取消不同时区时钟显示的方法是：打开【日期和时间】对话框，在【附加时钟】选项卡下取消选中【显示此时钟】复选框，然后单击【确定】按钮即可。

3.6 设置鼠标和键盘

键盘和鼠标是电脑办公常用的输入设备，通过对键盘和鼠标的个性化设置，可以使电脑符合自己的使用习惯，从而提高办公效率。

3.6.1 鼠标的设置

对鼠标的自定义内容，主要包括鼠标键配置、双击速度、鼠标指针和移动速度等方面的设置，具体的操作步骤如下。

步骤 1 打开【所有控制面板项】窗口，单击【鼠标】超链接，如图 3-97 所示。

图 3-97　单击【鼠标】超链接

步骤 2 打开【鼠标 属性】对话框，在【鼠标键】选项卡对鼠标键的配置、双击的速度等属性进行设置，如图 3-98 所示。

图 3-98　【鼠标 属性】对话框

步骤 3 切换到【指针】选项卡，对鼠标指针的方案和鼠标指针样式进行设置，如图 3-99 所示。

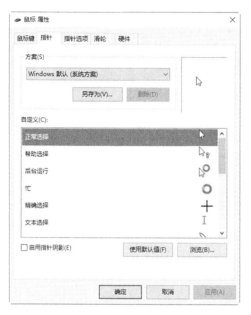

图 3-99　设置鼠标指针方案

步骤 4 切换到【指针选项】选项卡，对鼠标移动的速度、鼠标的可见性等属性进行设置，如图 3-100 所示。

图 3-100　设置鼠标指针选项

步骤 5 切换到【滑轮】选项卡，对鼠标的垂直滚动行数和水平滚动字符进行设置，

如图 3-101 所示。

图 3-101　设置鼠标滑轮参数

3.6.2　键盘的设置

对键盘的设置，主要从光标闪烁速度和字符重复速度两个方面进行，具体的操作步骤如下。

步骤 1 在【所有控制面板项】窗口中单击【键盘】超链接，如图 3-102 所示。

图 3-102　单击【键盘】超链接

步骤 2 打开【键盘 属性】对话框，对字

符重复速度和光标闪烁速度进行设置，如图
3-103 所示。

图 3-103 【键盘 属性】对话框

3.7 高效办公技能实战

3.7.1 打造左撇子使用的鼠标

通过对鼠标键的设置，可以使鼠标适应左
撇子用户的使用习惯，具体的操作步骤如下。

步骤 1 单击【开始】按钮，在弹出的菜
单中选择【设置】命令，如图 3-104 所示。

图 3-104 选择【设置】命令

步骤 2 弹出【设置】窗口，选择【设备】
选项，如图 3-105 所示。

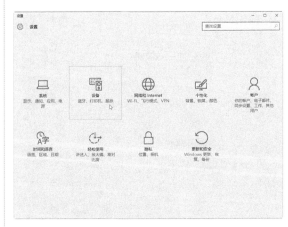

图 3-105 【设置】窗口

步骤 3 弹出【设置 - 设备】窗口，在左侧
的列表中选择【鼠标和触摸板】选项，然后

在右侧窗口中选择【其他鼠标选项】选项，如图 3-106 所示。

图 3-106　选择【鼠标和触摸板】选项

步骤 4 弹出【鼠标 - 属性】对话框，切换到【鼠标键】选项卡，然后选中【切换主要和次要的按钮】复选框，单击【确定】按钮即可完成设置，如图 3-107 所示。

图 3-107　【鼠标 - 属性】对话框

3.7.2　取消开机锁屏界面

电脑的开机锁屏界面会给人以绚丽的视觉效果，但会影响开机的时间和速度，用户可以根据需要取消系统启动后的锁屏界面，具体步骤如下。

步骤 1 按 Win+R 组合键，打开【运行】对话框，输入"gpedit.msc"命令，按 Enter 键或单击【确定】按钮，如图 3-108 所示。

图 3-108　【运行】对话框

步骤 2 打开【本地组策略编辑器】窗口，选择【计算机配置】→【管理模板】→【控制面板】→【个性化】选项，在【设置】列表中双击【不显示锁屏】选项，如图 3-109 所示。

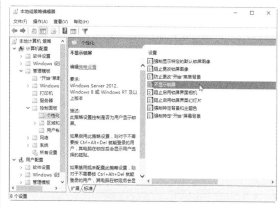

图 3-109　【本地组策略编辑器】窗口

步骤 **3** 打开【不显示锁屏】窗口，选中【已启用】单选按钮，单击【确定】按钮，即可取消开机锁屏界面的显示，如图 3-110 所示。

图 3-110　【不显示锁屏】窗口

3.8　疑难问题解答

问题 1：Windows 10 更新后，有时 QQ 等软件中的文字会出现虚化，这是为什么？

解答：之所以会出现文字虚化，是因为在 Windows 7 时代，很多网友习惯将字体调整为 125% 甚至 130%；但当系统升级到 Windows 10 后，这些设置就被默认沿用，由于兼容性的问题，导致字体虚化。具体的解决方法是：

单击屏幕右下角【通知中心】图标，进入【所有控制面板项】窗口单击【系统】图标，进入【设置 - 系统】窗口，将【更改文本、应用和其他项目的大小】下方的滑动条拉到最左端，即可将字体调回至 100%，从而解决字体虚化的问题。

问题 2：如何关闭 Windows 10 的通知提示？

解答：若要隐藏 Windows 10 的通知提示，需要将通知相关项目的状态设置为【关】，具体的方法为：在任务栏上鼠标右键单击，在弹出的快捷菜单中选择【属性】命令，打开【任务栏和"开始"菜单属性】对话框，单击【自定义】按钮，打开【通知和操作】界面，将其中的相关通知项目的状态设置为【关】即可。

账户管理——管理系统用户账户

第 4 章

● **本章导读**

　　管理 Windows 用户账户是使用 Windows 10 系统的第一步，注册并登录 Microsoft 账户，才能使用 Windows 10 的许多功能。本章主要讲述本地账户与 Microsoft 账户的个性化设置、设置家庭成员、添加账户和同步账户设置等内容。

● **学习目标**

◎ 了解 Windows 的账户类型
◎ 掌握本地账户设置与应用的方法
◎ 掌握 Microsoft 账户设置与应用的方法
◎ 掌握本地账户与 Microsoft 账户相互切换的方法
◎ 掌握添加家庭成员与其他用户的方法

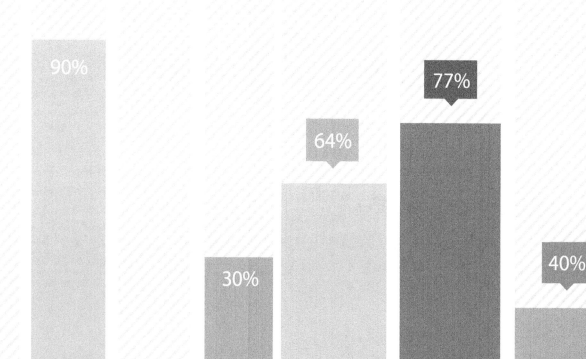

4.1 了解Windows 10的账户

Windows 10 操作系统具有两种账户类型，一种是本地账户，一种是 Microsoft 账户。使用这两种账户类型，都可以登录操作系统。

4.1.1 认识本地账户

在 Windows 7 及其之前的操作系统中，Windows 的安装和登录只有一种以用户名为标识符的账户，这个账户就是 Administrator 账户。这种账户类型就是本地账户，对于不需要网络功能，而又对数据安全比较在乎的用户来说，使用本地账户登录 Windows 10 操作系统是更安全的选择。

另外，对于本地账户来说，用户可以不用设置登录密码，就能登录系统。当然，不设置密码的操作，对系统安全是没有保障的。因此，不管是本地账户，还是 Microsoft 账户，都需要为账户添加密码。

4.1.2 认识 Microsoft 账户

Microsoft 账户是免费的且易于设置的系统账户，用户可以使用自己的任何电子邮件地址完成该账户的注册。

当用户使用 Microsoft 账户登录自己的电脑时，可从 Windows 应用商店中获取应用，使用免费的云存储备份自己的所有数据和文件，并使其与自己的其他设备保持同步更新。

4.2 本地账户的设置与应用

对本地账户的设置主要内容包括启用本地账户、创建新用户、更改账户类型、设置账户密码等。本节介绍本地账户的设置与相关应用。

4.2.1 启用本地账户

在安装 Windows10 系统的过程中，需要用户在微软注册的账户来激活系统，用户可以启用本地账户登录 Windows 10 系统。启用 Administrator 账户的操作步骤如下。

步骤 1 在 Windows 10 系统桌面中，单击【开始】按钮，鼠标右键单击，在弹出的快捷菜单中选择【计算机管理】命令，如图 4-1 所示。

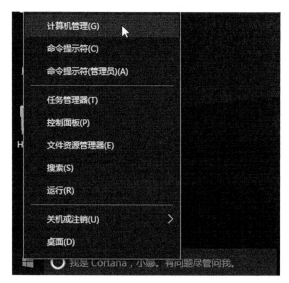

图 4-1　选择【计算机管理】命令

步骤 2 打开【计算机管理】窗口，依次展开【本地用户和组】→【用户】选项，展开本地用户列表，如图 4-2 所示。

图 4-2　【计算机管理】窗口

步骤 3 选中 Administrator 账户，鼠标右键单击，在弹出的快捷菜单中选择【属性】命令，如图 4-3 所示。

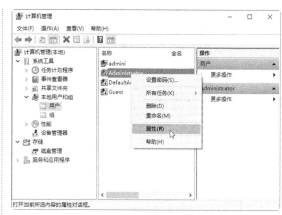

图 4-3　选择【属性】命令

步骤 4 打开【Administrator 属性】对话框，在【常规】选项卡中，取消选中【账户已禁用】复选框，然后单击【确定】按钮，即可启用 Administrator 账户，如图 4-4 所示。

图 4-4　【Administrator 属性】对话框

步骤 5 单击【开始】按钮，在弹出的面板中单击 admini 账户，在弹出的下拉面板中可以看到已经启用的 Administrator 账户，如图 4-5 所示。

图 4-5　选择用户账户

步骤 6 选择 Administrator 账户登录系统。登录完成后单击【开始】按钮，在弹出的面板中可以看到当前登录的账户就是 Administrator 账户，如图 4-6 所示。

图 4-6　以 Administrator 账户登录

4.2.2 创建新用户账户

在 Windows 10 操作系统中，除本地 Administrator 账户外，还可以添加新账户，具体的操作步骤如下。

步骤 1 打开【计算机管理】窗口，选择【本地用户和组】下方的【用户】选项，展开本地用户列表，如图 4-7 所示。

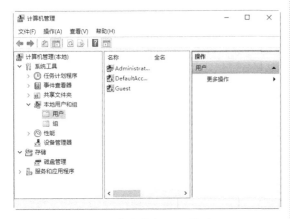

图 4-7　【计算机管理】窗口

步骤 2 在用户列表窗格的空白处，鼠标右键单击，在弹出的快捷菜单中选择【新用户】命令，如图 4-8 所示。

图 4-8　选择【新用户】命令

步骤 3 打开【新用户】对话框，在【用户名】和【全名】等文本框中输入新的信息，如图 4-9 所示。

图 4-9　【新用户】对话框

步骤 4 输入完毕后，单击【创建】按钮，返回到【计算机管理】窗口，可以看到已经创建的新用户，如图 4-10 所示。

图 4-10　创建一个新用户

4.2.3　更改账户类型

Windows 10 操作系统的账户类型包括标准和管理员两种类型，用户可以根据需要对账户的类型进行更改，具体的操作步骤如下。

步骤 1 单击【开始】按钮，在打开的面板中选择【控制面板】选项，打开【控制面板】窗口，如图 4-11 所示。

图 4-11　【控制面板】窗口

步骤 2 单击【更改账户类型】超链接，打开【管理账户】窗口，在其中选择要更改类型的账户，这里选择【admini 本地账户】，如图 4-12 所示。

步骤 3 进入【更改账户】窗口，单击左侧的【更改账户类型】超链接，如图 4-13 所示。

图 4-12　选择要更改类型的账户

图 4-13　【更改账户】窗口

步骤 4 进入【更改账户类型】窗口，在其中选中【标准】单选按钮，即可为该账户选择新的账户类型，最后单击【更改账户类型】按钮即可完成账户类型的更改操作，如图 4-14 所示。

图 4-14　【更改账户类型】窗口

4.2.4　设置账户密码

对于添加的账户，用户可以为其创建密

码，并对创建的密码进行更改。如果不需要密码了，还可以删除账户密码。下面介绍两种创建、更改或删除密码的方法。

1. 通过控制面板中创建、更改或删除密码

具体的操作步骤如下。

步骤 1 打开【控制面板】窗口，进入【更改账户】窗口，单击【创建密码】超链接，如图 4-15 所示。

图 4-15 【创建密码】超链接

步骤 2 进入【创建密码】窗口，输入密码与密码提示信息，如图 4-16 所示。

图 4-16 输入密码

步骤 3 单击【创建密码】按钮，返回到【更改账户】窗口，此时该账户已经添加了密码保护，如图 4-17 所示。

步骤 4 如果想更改密码，就在【更改账户】窗口中单击【更改密码】超链接，打开

【更改密码】窗口，在其中输入新的密码与密码提示信息，最后单击【更改密码】按钮即可，如图 4-18 所示。

图 4-17 【更改账户】窗口

图 4-18 输入新密码

步骤 5 如果想删除密码，就在【更改账户】窗口中单击【更改密码】超链接，打开【更改密码】窗口，在其中将密码设置为空，如图 4-19 所示。

图 4-19 【更改密码】窗口

步骤 6 单击【更改密码】按钮，返回到【更改账户】窗口，此时账户的密码保护功能已被取消，这说明账户密码已被删除，如图 4-20 所示。

图 4-20　用户密码删除

2. 在电脑设置中创建、更改或删除密码

在电脑设置中创建、更改或删除密码的具体操作步骤如下。

步骤 1 单击【开始】按钮，在弹出的面板中选择【设置】选项，如图 4-21 所示。

图 4-21　选择【设置】选项

步骤 2 打开【设置】窗口，如图 4-22 所示。

图 4-22　【设置】窗口

步骤 3 单击【账户】超链接，进入【设置 - 账户】窗口，如图 4-23 所示。

图 4-23　【设置 - 账户】窗口

步骤 4 选择【登录选项】选项，进入【登录选项】窗口，如图 4-24 所示。

图 4-24　选择【登录选项】选项

步骤 5 单击【密码】区域下方的【添加】按钮，打开【创建密码】界面，在其中输入密码与密码提示信息，如图 4-25 所示。

图 4-25　【创建密码】界面

步骤 6 设置完成后，单击【下一步】按钮，进入【创建密码】界面，当提示用户"下次登录时，请使用新密码"时，输入创建的密码，最后单击【完成】按钮，即可完成密码的创建，如图 4-26 所示。

图 4-26 完成密码的创建

步骤 7 如果想更改密码，就选择【设置】-【账户】窗口中的【登录选项】选项，进入【登录选项】设置界面，如图 4-27 所示。

图 4-27 【登录选项】设置界面

步骤 8 单击【密码】区域下方的【更改】按钮，打开【更改密码】界面，在其中输入当前密码，如图 4-28 所示。

步骤 9 单击【下一步】按钮，打开【更改密码】界面，在其中输入新密码和密码提示信息，如图 4-29 所示。

步骤 10 单击【下一步】按钮，即可完成本地账户密码的更改操作，最后单击【完成】

按钮，如图 4-30 所示。

图 4-28 【更改密码】界面

图 4-29 输入密码

图 4-30 完成密码的更改

步骤 11 如果想删除密码，就在【更改密码】界面中将密码与密码提示设置为空，然后单击【下一步】按钮，即可完成删除密码的操作。

4.2.5　设置账户名称

对于添加的本地账户，用户可以根据需要设置账户的名称，操作步骤如下。

步骤 1 打开【管理账户】窗口，选择要更改名称的账户，如图 4-31 所示。

图 4-31　选择要更改名称的用户

步骤 2 进入【更改账户】窗口，单击窗口左侧的【更改账户名称】超链接，如图 4-32 所示。

图 4-32　单击【更改账户名称】超链接

步骤 3 进入【重命名账户】窗口，在其中输入账户的新名称，如图 4-33 所示。

图 4-33　【重命名账户】窗口

步骤 4 单击【更改名称】按钮，即可完成账户名称的设置，如图 4-34 所示。

图 4-34　更改账户的名称

4.2.6　设置账户头像

不管是本地账户或者是 Microsoft 账户，对于账户的头像，用户可以自行设置，而且操作方法一样，设置账户头像的操作步骤如下。

步骤 1 打开【设置】-【账户】窗口，在其中选择【你的电子邮件和账户】选项，在打开的界面中单击【你的头像】下方的【浏览】按钮，如图 4-35 所示。

图 4-35　设置账户头像

步骤 2 打开【打开】对话框，在其中选择想要作为头像的图片，如图 4-36 所示。

步骤 3 单击【选择图片】按钮，返回到【设置】-【账户】窗口当中，设置头像后的效果如图 4-37 所示。

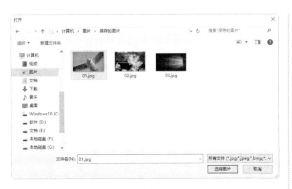

图 4-36 【打开】对话框

图 4-37 设置头像后的效果

4.2.7 删除用户账户

对于不需要的本地账户，用户可以将其删除，具体的操作步骤如下。

步骤 **1** 打开【管理账户】窗口，选择要删除的账户，如图 4-38 所示。

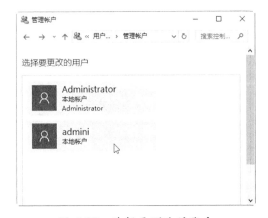

图 4-38 选择要删除的账户

步骤 **2** 进入【更改账户】窗口，单击左侧的【删除账户】超链接，如图 4-39 所示。

图 4-39 单击【删除账户】超链接

步骤 **3** 进入【删除账户】窗口，提示用户是否保存账户的文件，如图 4-40 所示。

图 4-40 【删除账户】窗口

步骤 **4** 单击【删除文件】按钮，进入【确认删除】窗口，提示用户是否确实要删除 demo 账户，如图 4-41 所示。

图 4-41 【确认删除】窗口

步骤 5 单击【删除账户】按钮，即可删除选择的账户，并返回到【管理账户】窗口，在其中可以看到要删除的账户已经不存在了，如图 4-42 所示。

图 4-42　【管理账户】窗口

提示 对于当前正在登录的账户，Windows 是无法删除的，在删除账户的过程中，会弹出一个【用户账户控制面板】信息提示对话框，如图 4-43 所示。

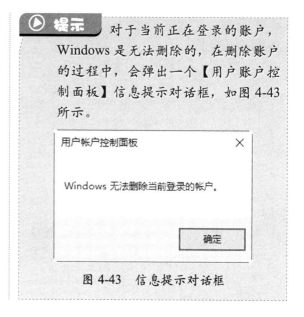

图 4-43　信息提示对话框

4.3 Microsoft 账户的设置与应用

登录 Windows 的 Microsoft 账户是电子邮件地址和密码，本节介绍 Microsoft 账户的设置与应用。

4.3.1　注册并登录 Microsoft 账户

要想使用 Microsoft 账户管理某设备，就需要在该设备上注册并登录 Microsoft 账户。注册并登录 Microsoft 账户的操作步骤如下。

步骤 1 单击【开始】按钮，在弹出的【"开始"屏幕】中单击登录用户，在弹出的下拉列表中选择【更改账户设置】选项，如图 4-44 所示。

步骤 2 打开【设置】-【账户】窗口，选择【你的电子邮件和账户】选项，如图 4-45 所示。

步骤 3 单击【电子邮件、日历和联系人】下方的【添加账户】按钮，如图 4-46 所示。

图 4-44　选择【更改账户设置】选项

步骤 4 弹出【选择账户】列表，选择 Outlook.com 选项，如图 4-47 所示。

步骤 5 打开【添加你的 Microsoft 账户】对话框，输入 Microsoft 账户的电子邮件和密码，如图 4-48 所示。

图 4-45　选择【你的电子邮件和账户】选项

图 4-46　单击【添加账户】按钮

图 4-47　选择账户

步骤 6　如果没有 Microsoft 账户，就需要单击【创建一个！】超链接，打开【让我们来创建你的账户】对话框，输入账户信息，

如图 4-49 所示。

图 4-48　【添加你的 Microsoft 账户】对话框

图 4-49　输入创建的账户信息

步骤 7　单击【下一步】按钮，打开【添加安全信息】对话框，输入手机号码，如图 4-50 所示。

步骤 8　单击【下一步】按钮，打开【查看与你相关度最高的内容】对话框，在其中查看相关说明信息，如图 4-51 所示。

步骤 9　单击【下一步】按钮，打开【是否使用 Microsoft 账户登录此设备？】对话框，输入你的 Windows 密码，如图 4-52 所示。

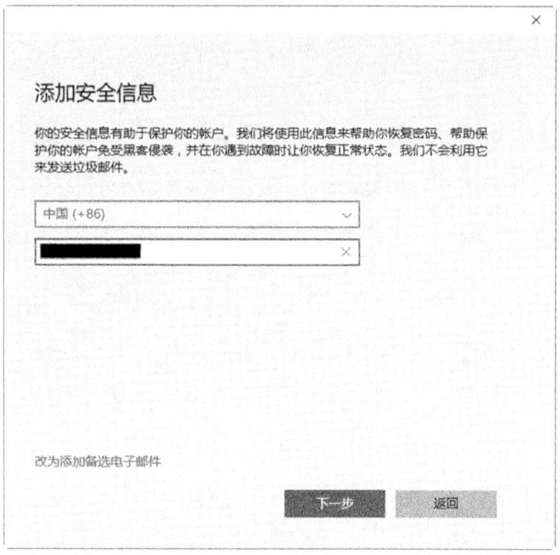

图 4-50 【添加安全信息】对话框

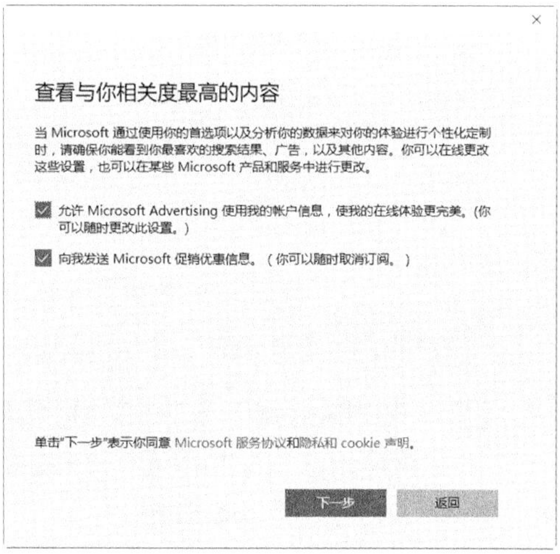

查看与你相关度最高的内容

当 Microsoft 通过使用你的首选项以及分析你的数据对你的体验进行个性化定制时，请确保你能看到你最喜欢的搜索结果、广告，以及其他内容。你可以在线更改这些设置，也可以在某些 Microsoft 产品和服务中进行更改。

☑ 允许 Microsoft Advertising 使用我的帐户信息，使我的在线体验更完美。(你可以随时更改此设置。)

☑ 向我发送 Microsoft 促销优惠信息。(你可以随时取消订阅。)

单击"下一步"表示你同意 Microsoft 服务协议和隐私和 cookie 声明。

[下一步] [返回]

图 4-51 查看内容

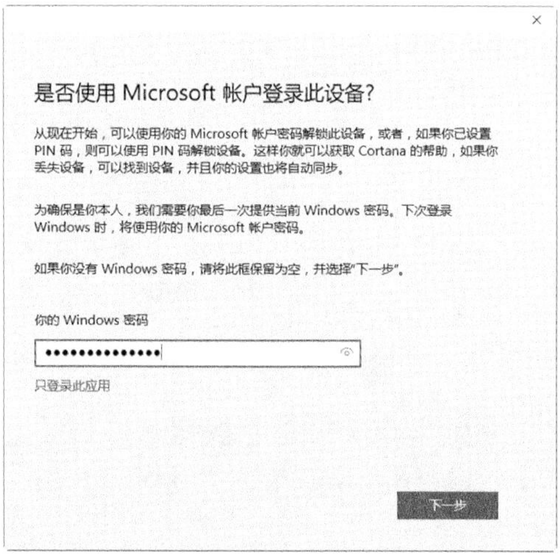

是否使用 Microsoft 帐户登录此设备？

从现在开始，可以使用你的 Microsoft 帐户密码解锁此设备，或者，如果你已设置 PIN 码，则可以使用 PIN 码解锁设备。这样你就可以获取 Cortana 的帮助，如果你丢失设备，可以找到设备，并且你的设置也将自动同步。

为确保是你本人，我们需要你最后一次提供当前 Windows 密码。下次登录 Windows 时，使用你的 Microsoft 帐户密码。

如果你没有 Windows 密码，请将此框保留为空，并选择"下一步"。

你的 Windows 密码

●●●●●●●●●●●●●●

只登录此应用

[下一步]

图 4-52 输入密码

步骤 10 单击【下一步】按钮，打开【全部完成】对话框，提示用户"你的账户已成功设置"，如图 4-53 所示。

图 4-53 设置完成

步骤 11 单击【完成】按钮，即可使用 Microsoft 账户登录到本台电脑上。至此，就完成了 Microsoft 账户的注册与登录，如图 4-54 所示。

图 4-54 完成注册与登录的账户

4.3.2 设置账户登录密码

为账户设置登录密码，在一定程度上可以保护电脑的安全。为 Microsoft 账户设置登录密码的操作步骤如下。

步骤 1 用 Microsoft 账户类型登录本台设备，然后选择【设置】-【账户】窗口中的【登录选项】选项，进入【登录选项】设置界面，如图 4-55 所示。

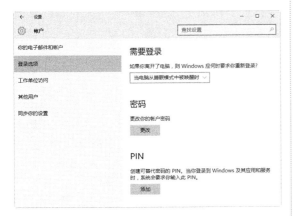

图 4-55　【登录选项】界面

步骤 2 单击【密码】区域下方的【更改】按钮，打开【更改你的 Microsoft 账户密码】对话框，在其中输入当前密码和新密码，如图 4-56 所示。

图 4-56　输入更改后的密码

步骤 3 单击【下一步】按钮，即可完成 Microsoft 账户登录密码的更改操作，最后单击【完成】按钮，如图 4-57 所示。

图 4-57　密码更改成功

4.3.3 设置 PIN 密码

PIN 码是可以替代登录密码的一组数据，当用户登录到 Windows 及其应用和服务时，系统会要求用户输入 PIN 码，设置 PIN 码的操作步骤如下。

步骤 1 在【设置】-【账户】窗口中选择【登录选项】选项，在右侧可以看到用于设置 PIN 码的区域，如图 4-58 所示。

图 4-58　PIN 码设置区域

步骤 2 单击 PIN 区域下方的【添加】按钮，打开【请重新输入密码】对话框，在其中输入账户的登录密码，如图 4-59 所示。

图 4-59　输入密码

步骤 3 单击【登录】按钮，打开【设置 PIN】对话框，在其中输入 PIN 码，如图 4-60 所示。

步骤 4 单击【确定】按钮，即可完成 PIN

码的添加操作，并返回到【登录选项】设置界面当中，如图 4-61 所示。

图 4-60 【设置 PIN】对话框

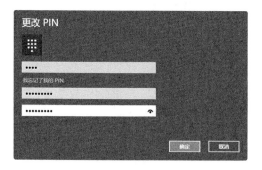

图 4-61 完成 PIN 码的设置

步骤 5 如果想更改 PIN 码，就单击 PIN 区域下方的【更改】按钮，打开【更改 PIN】对话框，在其中输入更改后的 PIN 码，然后单击【确定】按钮即可，如图 4-62 所示。

图 4-62 【更改 PIN】对话框

步骤 6 如果忘记了 PIN 码，就在【登录选项】设置界面中单击 PIN 区域下方的【我忘记了我的 PIN】超链接，如图 4-63 所示。

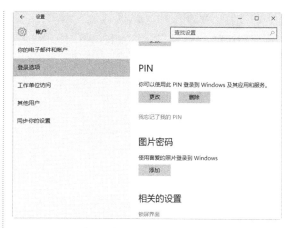

图 4-63 单击【我忘记了我的 PIN】超链接

步骤 7 打开【首先，请验证你的账户密码】对话框，在其中输入登录账户密码，如图 4-64 所示。

图 4-64 【首先，请验证你的账户密码】对话框

步骤 8 单击【确定】按钮，打开【设置 PIN】对话框，在其中重新输入 PIN 码，最后单击【确定】按钮即可，如图 4-65 所示。

图 4-65 【设置 PIN】对话框

步骤 9 如果想删除 PIN 码，就在【登录选项】设置界面中单击 PIN 设置区域下方的【删除】按钮，如图 4-66 所示。

步骤 10 随即在 PIN 码区域显示出确实要删除 PIN 码的信息提示，如图 4-67 所示。

图 4-66 单击【删除】按钮

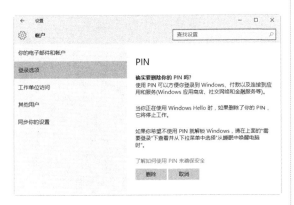

图 4-67 确认删除 PIN 码

步骤 11 单击【删除】按钮，打开【首先，请验证你的账户密码】对话框，在其中输入登录密码，如图 4-68 所示。

图 4-68 输入账户密码

步骤 12 单击【确定】按钮，即可删除 PIN 码，并返回到【登录选项】设置界面，此时 PIN 设置区域只剩下【添加】按钮，这说明删除成功，如图 4-69 所示。

图 4-69 成功删除 PIN 码

4.3.4 使用图片密码

图片密码是一种保护用户触屏电脑安全的新方法。创建图片密码的操作步骤如下。

步骤 1 在【登录选项】界面中单击【图片密码】下方的【添加】按钮，如图 4-70 所示。

图 4-70 【图片密码】设置区域

步骤 2 打开【创建图片密码】对话框，在其中输入账户登录密码，如图 4-71 所示。

图 4-71　【创建图片密码】对话框

步骤 3 单击【确定】按钮，进入【图片密码】窗口，如图 4-72 所示。

图 4-72　【图片密码】窗口

步骤 4 单击【选择图片】按钮，打开【打开】对话框，选择用于创建图片密码的图片，如图 4-73 所示。

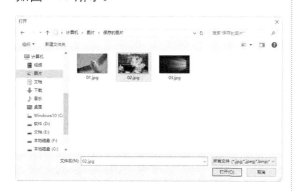

图 4-73　【打开】对话框

步骤 5 单击【打开】按钮，返回到【图片密码】对话框，此时可以看到添加的图片，如图 4-74 所示。

步骤 6 单击【使用此图片】按钮，进入【设置你的手势】对话框，在其中通过拖拉鼠标

绘制手势，如图 4-75 所示。

图 4-74　已添加的图片

图 4-75　设置你的手势

步骤 7 手势绘制完毕后，进入【确认你的手势】对话框，在其中确认上一步绘制的手势，如图 4-76 所示。

图 4-76　确认你的手势

步骤 8 手势确认完毕后，进入【恭喜！】对话框，提示用户图片密码创建完成，如图 4-77 所示。

步骤 9 单击【完成】按钮，返回到【登录选项】工作界面，【添加】按钮已经不存在，说明图片密码添加完成，如图 4-78 所示。

图 4-77　图片密码创建成功

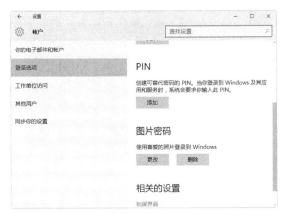

图 4-78　【登录选项】界面

> **提示**　如果想要更改图片密码可以通过单击【更改】按钮来操作，如果想要删除图片密码，单击【删除】按钮即可。

4.3.5　使用 Microsoft 账户同步电脑设置

使用 Microsoft 账户可以同步电脑的设置。开启同步设置的操作很简单，在【设置】-【账户】窗口中选择【同步你的设置】选项，在打开的工作界面中将【同步设置】的状态设置为【开】，然后根据自己的实际需要将【同步内容】下方的相关内容设置为【开】状态即可，如图 4-79 所示。

启用同步后，Windows 会跟踪用户关心的设置，并在用户的所有 Windows 10 设备上为用户进行同步设置。常用的同步内容包括 Web 浏览器设置、密码和颜色主题等内容。如果启用了【其他 Windows 设置】的同步状态，Windows 会同步某些设备设置，如打印机、鼠标、文件资源管理器和通知首选项等。

图 4-79　同步账户设置

4.4　本地账户和Microsoft账户的切换

本地账户和 Microsoft 账户的切换包括两种情况，分别是将本地账户切换到 Microsoft 账户和将 Microsoft 账户切换到本地账户。

4.4.1 本地账户切换到 Microsoft 账户

将本地账户切换到 Microsoft 账户可以轻松获取用户所有设备的所有内容，具体的操作步骤如下。

步骤 1 在【设置】-【账户】窗口中选择【你的电子邮件和账户】选项，进入【你的电子邮件和账户】设置界面，如图 4-80 所示。

图 4-80　【设置 - 账户】窗口

步骤 2 单击【改用 Microsoft 账户登录】超链接，打开【个性化 - 设置】窗口，输入 Microsoft 账户与密码，如图 4-81 所示。

图 4-81　【个性化设置】窗口

步骤 3 单击【登录】按钮，打开【使用你的 Microsoft 账户登录此设备】对话框，在其中输入 Windows 登录密码，如图 4-82 所示。

图 4-82　输入登录密码

步骤 4 单击【下一步】按钮，即可从本地账户切换到 Microsoft 账户来登录此设备，如图 4-83 所示。

图 4-83　以 Microsoft 账户登录

4.4.2 Microsoft 账户切换到本地账户

本地账户是系统默认的账户，使用本地账户可以轻松管理电脑的本地用户与组，将 Microsoft 账户切换到本地账户的操作步骤如下。

步骤 1 以 Microsoft 账户登录此设备后，选择【设置】-【账户】窗口中的【你的电子邮件和账户】选项，在打开的设备界面中单击【改用本地账户登录】超链接，如图 4-84 所示。

步骤 2 打开【切换到本地账户】对话框，在其中输入 Microsoft 账户的登录密码，如图 4-85 所示。

图 4-84　单击【改用本地账户登录】超链接

图 4-85　【切换到本地账户】对话框

步骤 3 单击【下一步】按钮，打开【切换到本地账户】对话框，输入本地账户的用户名、密码和密码提示信息，如图 4-86 所示。

步骤 4 单击【下一步】按钮，打开【切换到本地账户】对话框，提示用户所有的操作即将完成，如图 4-87 所示。

步骤 5 单击【注销并完成】按钮，即可将 Microsoft 账户切换到本地账户，如图 4-88 所示。

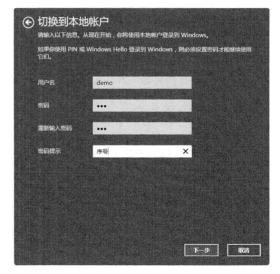

图 4-86　输入账户密码

图 4-87　【切换到本地账户】对话框

图 4-88　以本地账户登录

4.5 添加家庭成员和其他用户的账户

在 Windows 10 操作系统中，除了管理员账户外，还可以利用管理员权限添加家庭成员和其他用户的账户。这些账户之间互不干扰，而且都有自己的登录信息和桌面。

4.5.1 添加家庭儿童的账户

添加家庭儿童账户，可以使家长对儿童上网权限进行设置，从而确保孩子的上网安全。添加家庭儿童账户的操作步骤如下。

步骤 1 打开【设计】-【账户】窗口，选择【家庭和其他用户】选项，进入【家庭和其他用户】设置界面，如图 4-89 所示。

图 4-89 【家庭与其他用户】设置界面

步骤 2 单击【添加家庭成员】按钮，打开【是否添加儿童或成人？】对话框，选中【添加儿童】单选按钮，如图 4-90 所示。

步骤 3 如果已经存在儿童账户，那么在下面的文本框中输入电子邮件地址即可。如果没有，就需要单击【我想要添加的人员没有电子邮件地址】超链接，打开【让我们创建一个账户】对话框，在其中输入相关信息，如图 4-91 所示。

步骤 4 单击【下一步】按钮，打开【帮助我们保护你孩子的信息】对话框，在其中

输入手机号码，如图 4-92 所示。

图 4-90 选中【添加儿童】单选按钮

图 4-91 输入账户信息

步骤 5 单击【下一步】按钮，打开【查看与其相关度最高的内容】对话框，在其中根据自己的需要选中相关复选框，如图 4-93 所示。

图 4-92　输入手机号码

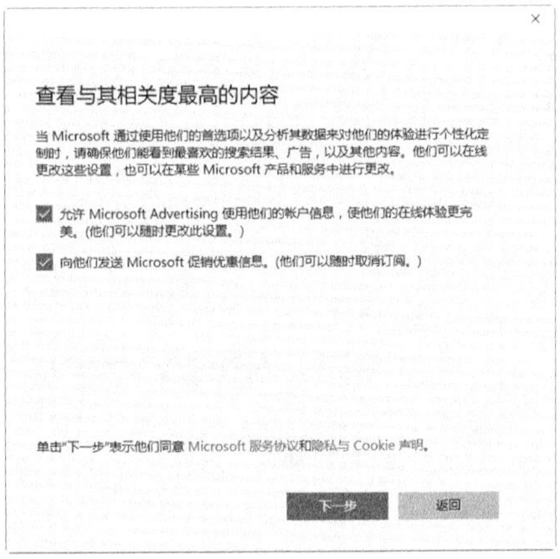

图 4-93　查看内容

步骤 6 单击【下一步】按钮，打开【准备好了！】对话框，提示用户已经将儿童账户添加到了家庭成员当中，如图 4-94 所示。

图 4-94　【准备好了！】对话框

步骤 7 单击【关闭】按钮，返回到【设置】-【账户】窗口，此时可以看到添加的儿童家庭成员账户，如图 4-95 所示。

图 4-95　添加儿童家庭成员账户

步骤 8 单击添加的儿童账户电子邮件地址，弹出相关的设置选项，包括【更改账户类型】和【阻止】按钮，如图 4-96 所示。

图 4-96　更改账户类型

步骤 9 单击【更改账户类型】按钮，打开【更改账户类型】对话框，设置账户的类型，这里选择【标准用户】类型，如图 4-97 所示。

图 4-97　选择账户类型

4.5.2　添加其他用户的账户

在电脑设置中添加其他用户账户的具体的操作步骤如下。

步骤 1 单击【设置】-【账户】窗口中的【将其他人添加到这台电脑】按钮，打开【此人将如何登录】对话框，输入此人的电子邮件地址，如图 4-98 所示。

图 4-98　输入电子邮件地址

步骤 2 单击【下一步】按钮，打开【准备好了】对话框，即可完成其他用户账户的添加，如图 4-99 所示。

步骤 3 单击【完成】按钮，返回到【设置】-【账户】窗口，此时可以看到添加的家庭儿

童账户和其他用户的账户，如图 4-100 所示。

图 4-99　准备登录

图 4-100　完成其他用户账户的添加

4.6　高效办公技能实战

4.6.1　解决遗忘 Windows 登录密码的问题

在电脑的使用过程中，忘记电脑开机登录密码是常有的事，而 Windows10 系统的登录密码又是无法强行破解的，下面就来介绍一下如何解决遗忘 Windows 登录密码的问题，具体的操作步骤如下。

步骤 1 打开一台可以上网的电脑，在 IE 地址栏中输入找回密码的网址 "account.live. com"，按 Enter 键，进入操作界面，如图 4-101 所示。

图 4-101　账户登录界面

步骤 2 单击【无法访问你的账户？】超链接，打开【为何无法登录？】界面，选中【我忘记了密码】单选按钮，如图 4-102 所示。

图 4-102　选择无法登录的原因

步骤 3 单击【下一步】按钮，打开【恢复你的账户】界面，输入要恢复的 Microsoft 账户和你看到的字符，如图 4-103 所示。

步骤 4 单击【下一步】按钮，打开【我们需要验证你的身份】界面，选中【短信至*********81】单选按钮，并在下方的文本框中输入手机号码的后四位，如图 4-104 所示。

步骤 5 单击【发送代码】按钮，打开【输入你的安全代码】界面，输入手机接收到的安全代码，如图 4-105 所示。

步骤 6 单击【下一步】按钮，打开【重新设置密码】界面，输入新的密码，并确认再次输入新的密码，如图 4-106 所示。

图 4-103　输入要恢复的账户

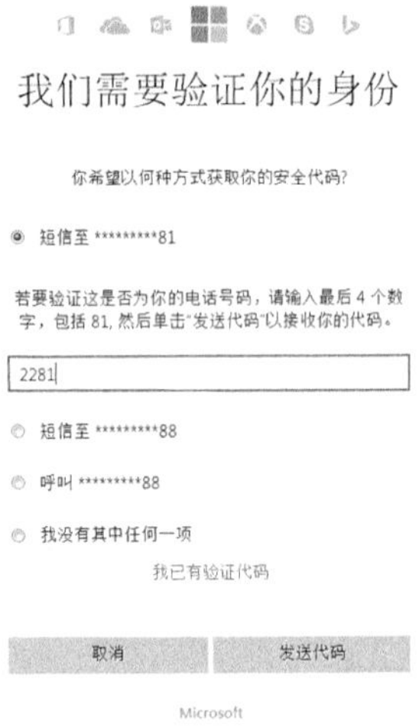

我们需要验证你的身份

图 4-104　输入验证的身份

输入你的安全代码

图 4-105　输入安全代码

步骤 7 单击【下一步】按钮，打开【你的账户已恢复】界面，此时提示用户"你的账户已恢复"，可以使用新的安全信息登录了，如图 4-107 所示。

图 4-106　重新设置密码

图 4-107　完成账户的恢复

4.6.2　无需输入密码自动登录操作系统

在安装 Windows 10 操作系统时，需要用户事先创建好登录账户与密码才能完成系统的安装，那么如何才能无需输入密码就能自动登录操作系统呢？具体的操作步骤如下。

步骤 1 单击【开始】按钮，在弹出的【"开始"屏幕】中选择【所有应用】→【Windows 系统】→【运行】命令，如图 4-108 所示。

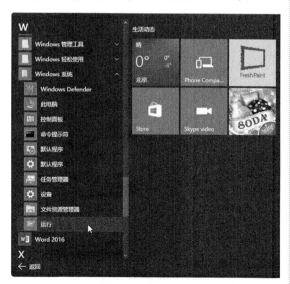

图 4-108　选择【运行】命令

步骤 2 打开【运行】对话框，在【打开】文本框中输入 control userpasswords2，如图 4-109 所示。

图 4-109　输入名称

步骤 3 单击【确定】按钮，打开【用户账户】对话框，取消选中【要使用本计算机，用户必须输入用户名和密码】复选框，如图 4-110 所示。

步骤 4 单击【确定】按钮，打开【自动登录】对话框，输入本台计算机的用户名、密码信息，如图 4-111 所示。

步骤 5 单击【确定】按钮，这样重新启动电脑后系统就会自动登录操作系统而不用输入密码了。

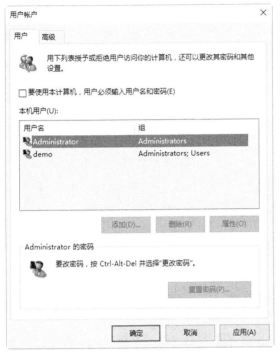

图 4-110 【用户账户】对话框

图 4-111 【自动登录】对话框

4.7 疑难问题解答

问题 1：在登录 Windows 10 操作系统时，为什么使用的是标准的用户账户而不是管理员账户？

解答：标准账户可防止用户做出对该电脑所有用户造成影响的更改（如删除电脑所需要的文件），从而保护用户的电脑。

当用户使用标准账户登录 Windows 时，可以执行管理员账户下的几乎所有的操作，但是如果要执行影响该电脑其他用户的操作（如安装软件或更改安全设置），那么 Windows 可能要求用户提供管理员账户的密码。

问题 2：在删除某个本地用户账户时，为什么删除不了？

解答：如果要删除的本地用户账户是目前登录的账户，那么就无法删除。如果确实需要将该账户删除，就需要将该账户先注销，然后再进行删除操作。

第 5 章

附件管理——轻松使用 Windows 10 附件

● **本章导读**

　　Windows 10 操作系统的附件中自带了一些小程序，如画图程序、截屏工具、计算器以及便利贴等，非常实用。本章将为读者介绍这些小程序的调用方法以及如何使用这些小程序实现大用途。

● **学习目标**

◎ 掌握画图工具的使用方法
◎ 掌握计算器工具的使用方法
◎ 掌握截图工具的使用方法
◎ 掌握便利贴工具的使用方法

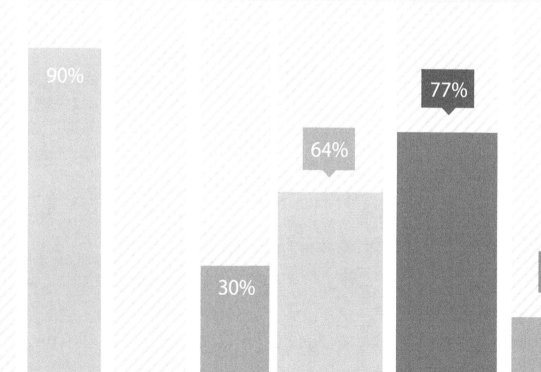

5.1 画图工具

画图是 Windows 10 附件中的一种工具，使用该工具可以绘制图片、编辑图片、任意涂鸦和为图片着色等。

5.1.1 认识"画图"窗口

单击【开始】按钮，从弹出的菜单中选择【所有应用】→【Windows 附件】→【画图】命令，如图 5-1 所示，即可启动画图程序。【画图】程序的窗口由 4 部分组成，包括【文件】选项卡、快速访问工具栏、功能区和绘图区域，如图 5-2 所示。

图 5-1　选择【画图】命令

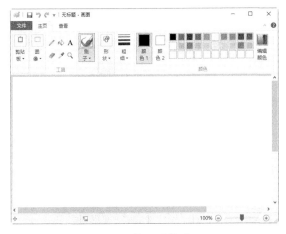

图 5-2　【画图】窗口

1. 【文件】选项卡

切换到【文件】选项卡，从弹出的下拉菜单中可以执行新建、打开、保存、另存为和打印图片等基本操作，也可以在电子邮件中发送图片、将图片设为背景等其他操作，如图 5-3 所示。

图 5-3　【文件】选项卡

2. 快速访问工具栏

快速访问工具栏位于主界面左上方，单击【自定义快速访问工具栏】按钮，从弹出的下拉菜单中可以设置快速访问工具栏中显示的按钮，如图 5-4 所示。

图 5-4　【快速访问工具栏】列表

3. 功能区

功能区主要包括【主页】和【查看】两个选项卡。

【主页】选项卡主要用于各种图片的绘制、着色和编辑图片等操作。它包括【剪贴板】、【图像】、【工具】、【刷子】、【形状】、【粗细】、【颜色 1】、【颜色 2】、【颜色】和【编辑颜色】等功能选项，如图 5-5 所示。

图 5-5　【主页】选项卡

【查看】选项卡主要用于对图片进行放大、缩小、100%、全屏查看、在绘图区设置标尺和网格线等操作。它包括【缩放】、【显示或隐藏】和【显示】3 个功能选区，如图 5-6 所示。

图 5-6　【查看】选项卡

5.1.2 绘制基本图形

画图工具的操作，比较简单，主要用于绘制简单的集合图形，包括直线、曲线和形状等。

1. 绘制直线

使用画图工具绘制直线的具体操作步骤如下。

步骤 1 启动画图工具，单击【形状】组中的【直线】按钮，如图 5-7 所示。

步骤 2 单击【粗细】按钮，在弹出的下拉菜单中选择直线的粗细，如图 5-8 所示。

图 5-7　单击直线按钮

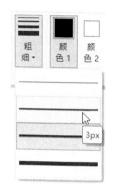

图 5-8　设置线条粗细

步骤 3 在【颜色】组中选择【红色】作为直线的颜色，如图 5-9 所示。

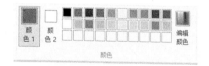

图 5-9　【颜色】组

步骤 4 单击【轮廓】按钮，在弹出的下拉菜单中选择【水彩】选项，如图 5-10 所示。

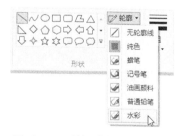

图 5-10　【轮廓】下拉列表

步骤 5 将鼠标移动到绘图区域，此时指针变成十字形状，鼠标单击，以确定直线的第一点，然后拖曳鼠标到合适的位置后再次单击以确定直线的第二点，从而绘制出直线，如图 5-11 所示。

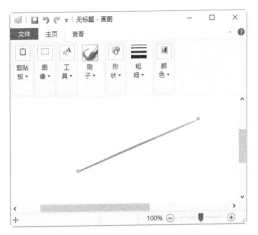

图 5-11　绘制的直线

线的绘制，如图 5-16 所示。

图 5-13　【轮廓】下拉列表

 提示　绘制直线时，按住 Shift 键可以绘制角度是 0°、45° 和 90° 的直线。

图 5-14　设置曲线的粗细

2. 绘制曲线

绘制曲线和绘制直线的方法大致相似，只是使用的工具不同。具体操作步骤如下。

步骤 1 单击【形状】按钮，在展开的组中单击【曲线】按钮，如图 5-12 所示。

图 5-15　设置曲线的颜色

图 5-12　单击【曲线】按钮

步骤 2 单击【轮廓】按钮，在弹出的下拉菜单中选择【油画颜料】选项，如图 5-13 所示。

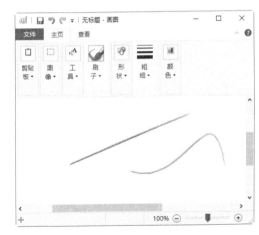

图 5-16　绘制曲线

步骤 3 单击【粗细】按钮，在弹出的下拉菜单中选择曲线的粗细，如图 5-14 所示。

步骤 4 在【颜色】组中选择【绿色】作为曲线的颜色，如图 5-15 所示。

3. 绘制形状

使用绘图工具，用户可以轻松地绘制各种形状。下面以绘制五边形为例进行讲解。

步骤 5 将鼠标移动到绘图区域，绘制一条直线，在直线的任意一点上单击，并按住鼠标拖曳到合适的位置后单击，即可完成曲

步骤 1 单击【形状】按钮，在展开的组中单击【三角形】按钮，如图 5-17 所示。

图 5-17　单击【三角形】按钮

步骤 2 单击【轮廓】按钮，在弹出的下拉菜单中选择【油画颜料】选项，如图 5-18 所示。

图 5-18　【轮廓】下拉列表

步骤 3 单击【粗细】按钮，在弹出的下拉菜单中选择三角形边线的粗细，如图 5-19 所示。

图 5-19　设置线条的粗细

步骤 4 在【颜色】组中选择【绿色】作为三角形边线的颜色，如图 5-20 所示。

图 5-20　【颜色】组

步骤 5 将鼠标移动到绘图区域，按住鼠标并拖曳就能绘制出一个三角形，如图 5-21 所示。

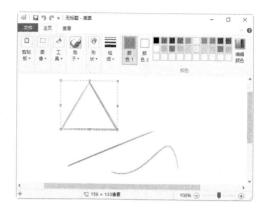

图 5-21　绘制三角形

5.1.3　编辑图片

画图工具具有编辑图片的功能，包括调整对象大小、移动或复制对象、旋转对象或裁剪图片使之只显示选定的项等。

1. 打开图片

打开图片的具体操作步骤如下。

步骤 1 启动画图软件，切换到【文件】选项卡，在弹出的下拉菜单中选择【打开】命令，弹出【打开】对话框，选中需要打开的图片，如图 5-22 所示。

图 5-22　【打开】对话框

步骤 2 单击【打开】按钮，即可在画图窗口中打开图片，如图 5-23 所示。

图 5-23　在画图中打开图片

2. 编辑图片

编辑图片之前，需要先选中图片中需要编辑的内容，然后再进行编辑，具体操作步骤如下。

步骤 1 单击【图像】→【选择】按钮，在弹出的列表中选择【矩形选择】选项，如图 5-24 所示。

图 5-24　选择【矩形选择】选项

步骤 2 在图片上单击并拖曳出一个矩形，

如图 5-25 所示。

图 5-25　绘制矩形

步骤 3 选择完成之后，松开鼠标，然后按住鼠标左键不放，拖动鼠标，即可移动选中的区域，如图 5-26 所示。

图 5-26　移动选中的区域

步骤 4 单击【图像】选项组中的【重新调整大小】按钮，弹出【调整大小和扭曲】对话框，在【重新调整大小】区域设置【水平】值为"90"，【垂直】值为"90"，在【倾斜（角度）】区域设置【水平】值为"45"，如图 5-27 所示。

步骤 5 单击【确定】按钮，返回到【画图】

窗口，此时设置后的显示效果如图 5-28 所示。

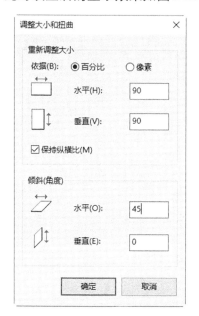

图 5-27　【调整大小和扭曲】对话框

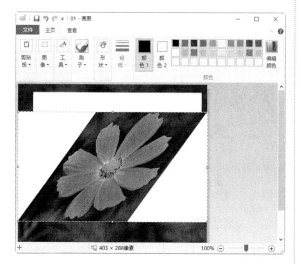

图 5-28　调整后的图片效果

步骤 6 单击【图像】选项组中的【旋转】按钮，在弹出的列表中选择【水平翻转】选项，图像进行水平翻转，效果如图 5-29 所示。

步骤 7 单击【工具】组中的【文本】按钮，在【画图】窗口中拖曳一个文本框，设置字体大小，输入文字，如图 5-30 所示。

步骤 8 在【颜色】区域选择一种颜色，设置文字的颜色，如图 5-31 所示。

图 5-29　水平翻转图片

图 5-30　绘制文本框并输入文本

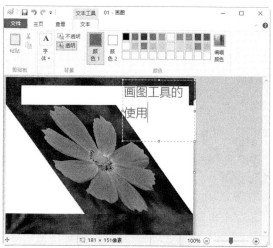

图 5-31　设置文字格式

5.1.4 保存图片

图片编辑完成后，即可将其保存在电脑中，常见的保存图片的方法有使用命令保存和使用快捷键保存。

1. 使用命令保存

使用【另存为】命令保存图片，画图工具会保存为一张新编辑的图片，而不会对原图进行替换，其具体操作步骤如下。

步骤 1 切换到【文件】选项卡，从弹出的下拉菜单中选择【保存】命令，用户也可以选择【另存为】命令，如图 5-32 所示。

步骤 2 弹出【保存为】对话框，在左侧的列表中选择图片保存的位置，在【文件名】文本框中输入保存图片的名称，单击【保存】按钮，如图 5-33 所示。

图 5-32　选择【保存】命令

图 5-33　【保存为】对话框

2. 使用快捷键保存

按 Ctrl+S 组合键，即可保存图片。需要注意的是，使用快捷键保存图片时，原图会被替换。

5.2 计算器工具

Windows 10 自带的计算器程序不仅具有标准计算器功能，而且集成了编程计算器、科学型计算器和统计信息计算器的高级功能，使用这些计算器可以计算日常数据。

5.2.1 启动计算器

启动计算器的具体操作步骤如下。

步骤 1 单击【开始】按钮，从弹出的菜单中选择【所有应用】→【计算器】命令，如图 5-34 所示。

图 5-34　选择【计算器】命令

步骤 2 弹出【计算器】窗口，如图 5-35 所示。

图 5-35　【计算器】窗口

5.2.2 设置计算器类型

计算器从类型上可分为标准型、科学型、程序员型和统计信息型等。单击计算器左上方的图标按钮 ≡，可以切换计算器类型，如图 5-36 所示。

图 5-36　计算器类型列表

 标准型

默认情况下，软件打开时是标准型界面，

包括加、减、乘、除等常规运算，如图 5-37 所示。

图 5-37　标准型计算器

 科学型

科学型计算器主要用于复杂的运算，包括平方、立方、三角函数运算等。单击左侧图标按钮 ≡，从列表中选择【科学】命令，即可打开科学型计算器界面，如图 5-38 所示。

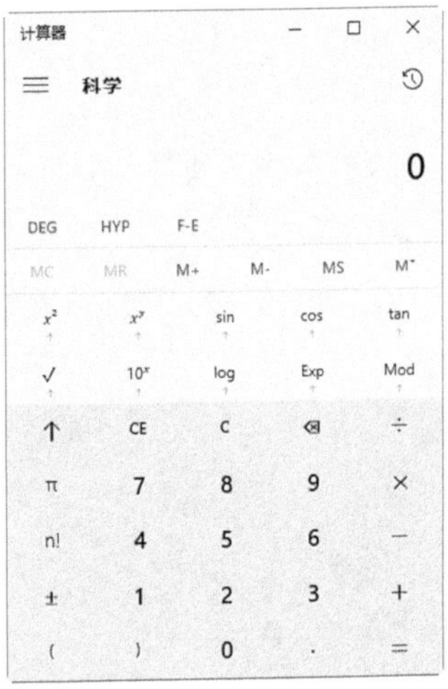

图 5-38　科学型计算器

3. 程序员型

使用程序员型计算器不仅可以实现进制之间的转换，还可以实现与、或、非等逻辑运算。单击左侧图标按钮 ≡，从列表中选择【程序员】命令即可打开程序员型计算器界面，如图 5-39 所示。

图 5-39　程序员型计算器

4. 日期计算型

日期计算型计算器用于日期之间差异的运算。单击左侧图标按钮 ≡，从列表中选择【日期计算】命令即可打开日期计算型计算

器界面，如图 5-40 所示。

图 5-40　日期计算型计算器

5. 体积型

体积型计算器用于体积运算。单击左侧图标按钮 ≡，从列表中选择【体积】命令即可打开体积型计算器界面，如图 5-41 所示。

图 5-41　体积型计算器

5.2.3 计算器的运算

下面以平方运算为例，讲解如何使用计算器运算。本实例计算 5^2 的值，具体操作步骤如下。

步骤 1 启动计算器，进入科学型界面，

如图 5-42 所示。

步骤 **2** 单击软键盘上的数字 5，如图 5-43 所示。

步骤 **3** 单击 X^2 按钮，即可得到运算的结果，如图 5-44 所示。

图 5-42　科学型计算器

图 5-43　输入数字

图 5-44　计算结果

5.3　截图工具

Windows 10 自带的截图工具不但可以帮助用户截取屏幕上的图像，而且还可以编辑图片。

5.3.1　新建截图

新建截图的具体操作步骤如下。

步骤 **1** 单击【开始】按钮，从弹出的菜单中选择【所有程序】→【Windows 附件】→【截图工具】命令，如图 5-45 所示。

图 5-45　选择【截图工具】命令

步骤 **2** 弹出【截图工具】窗口，单击【新建】按钮右侧的下拉箭头，从弹出的快捷菜单中选择【矩形截图】命令，如图 5-46 所示。

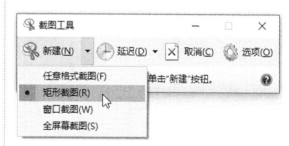

图 5-46　【截图工具】窗口

步骤 **3** 单击要截图的起始位置，然后按住鼠标不放，拖动选择要截取的图像区域，如图 5-47 所示。

步骤 **4** 释放鼠标即可完成截图，在【截

图工具】窗口中会显示截取的图像,如图 5-48
所示。

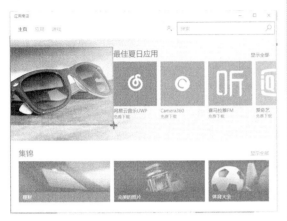

图 5-47　截取图像

图 5-48　完成图像的截取

5.3.2　编辑截图

　　使用截图工具可以简单地编辑截取的图
片,包括输入文字和复制等操作,具体操作
步骤如下。

步骤 1 在截图工具窗口中单击【笔】按
钮右侧的向下按钮,从弹出的下拉菜单中选
择【自定义笔】命令,如图 5-49 所示。

步骤 2 弹出【自定义笔】对话框,单击
【颜色】右侧的向下按钮,选择【红色】作
为笔触的颜色,设置【粗细】和【笔尖】的

属性,设置完成后单击【确定】按钮,如图 5-50
所示。

图 5-49　选择【自定义笔】命令

图 5-50　【自定义笔】对话框

步骤 3 返回到【截图工具】窗口,按住
鼠标不放在图像上可以书写文字或绘制图形,
如图 5-51 所示。

图 5-51　绘制图形

步骤 4 如果感觉书写得不满意,可以单

击【橡皮擦】按钮，然后在笔画上单击，即可擦除文字，如图 5-52 所示。

图 5-52　擦除文字

5.3.3　保存截图

保存截图的具体操作步骤如下。

步骤 1 选择【文件】→【另存为】命令，如图 5-53 所示。

步骤 2 弹出【另存为】对话框，在左侧的列表中选择图片保存的位置，在【文件名】文本框中输入保存图片的名称，单击【保存】

按钮，如图 5-54 所示。

图 5-53　选择【另存为】命令

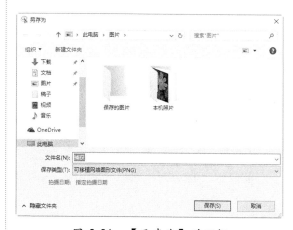

图 5-54　【另存为】对话框

5.4 便利贴工具

Windows 10 自带的便利贴软件可以记录一些文字，作为备忘录使用。

5.4.1　新建便利贴

新建便利贴的操作步骤如下。

步骤 1 单击【开始】按钮，在弹出的【开始】界面选择【所有应用】→【Windows 附件】

→【便利贴】命令，如图 5-55 所示。

步骤 2 弹出便利贴窗口，用户可以直接输入内容，如图 5-56 所示。

另外，单击【新建便利贴】按钮，可以新增一个便利贴，如图 5-57 所示。

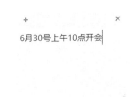

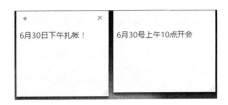

图 5-55 选择【便利贴】命令　图 5-56 输入内容　　　图 5-57 新建便利贴

5.4.2 编辑便利贴

选中便利贴中的内容，可以对其进行剪切、复制、粘贴和删除等操作，如图 5-58 所示，还可以更改便利贴窗口的颜色。在窗口空白处右击，在弹出的快捷菜单中选择【粉红】命令，（见图 5-59），窗口界面被修改为粉红色，如图 5-60 所示。

图 5-58 【粘贴】命令　图 5-59 选择【粉红】命令　　图 5-60 修改窗口颜色

5.4.3 删除便利贴

如果想删除便利贴，就单击【删除便利贴】按钮，弹出【便利贴】对话框，单击【是】按钮，即可删除便利贴，如图 5-61 所示。

图 5-61 【便利贴】对话框

5.5 高效办公技能实战

5.5.1 使用写字板书写一份通知

写字板是 Windows 10 自带的附件之一，使用写字板可以创建与编辑简单的文档。下面以书写一份通知为例，介绍写字板的使用方法。

步骤 1 单击【开始】按钮，在弹出的【开始】界面选择【所有应用】→【Windows 附件】→【写字板】命令，打开写字板软件，即可创建一个新的空白文档，如图 5-62 所示。

图 5-62　空白写字板文档

步骤 2 输入"通知"，并使其居中显示，如图 5-63 所示。

图 5-63　输入"通知"

步骤 3 输入通知的称呼，然后在键盘上按 Shift + ; 组合键，输入冒号"："，如图 5-64 所示。

步骤 4 按 Enter 键换行，然后输入正文，数字可直接按小键盘中的数字键，如图 5-65 所示。

图 5-64　输入称呼等信息

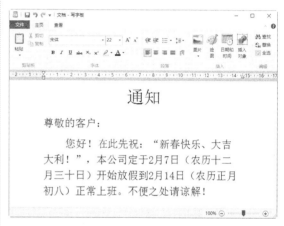

图 5-65　输入正文

步骤 5 将光标定位在最后一段，直接从键盘输入 R 和 Q，即可在候选字中看到当前的日期，直接按 Enter 键，即可完成当前日期的输入，如图 5-66 所示。

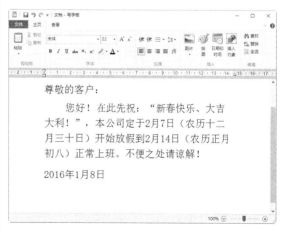

图 5-66　输入日期

步骤 6 将光标定位在文档日期下面的段落标记前，在搜狗拼音状态栏中单击【打开工具箱】按钮，在弹出的列表中单击【符号大全】按钮，弹出【符号大全】对话框，选择并单击"×"号，如图 5-67 所示。

步骤 7 此时已将选择的符号插入到光标所在的位置，如图 5-68 所示。

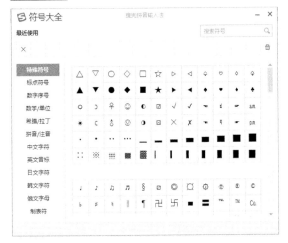

图 5-67 【符号大全】对话框

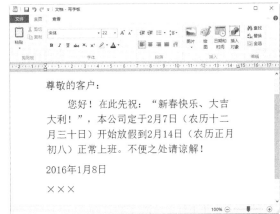

图 5-68 插入特殊符号

步骤 8 将光标定位在最后一个符号后，然后输入"商贸有限公司"，如图 5-69 所示。

步骤 9 根据需要设置通知内容的格式，最终效果如图 5-70 所示。

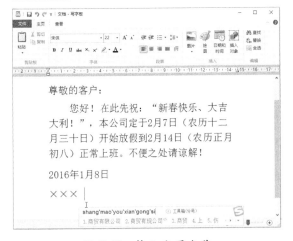

图 5-69 输入公司名称

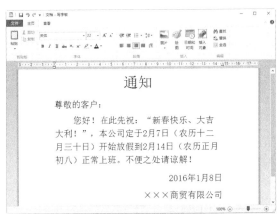

图 5-70 设置通知的格式

步骤 10 单击快速访问工具栏中的【保存】按钮，打开【保存为】对话框，在其中输入名称，并设置文件保存类型，最后单击【保存】按钮，即可将这份通知保存到电脑中，如图 5-71 所示。

> **提示** 在写字板中设置字体、段落样式的操作与在 Word 中的操作相似，这里不再赘述。

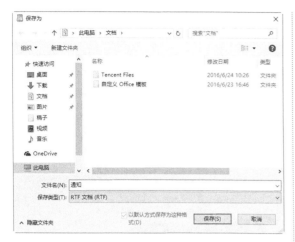

图 5-71　【保存为】对话框

5.5.2 使用步骤记录器记录步骤

Windows 10 系统新增的步骤记录器功能可以自动记录所有的操作内容，并自动生成图片及操作说明，且可以保存下来方便以后查看使用。使用步骤记录器的具体操作步骤如下。

步骤 1 单击【开始】按钮，在弹出的【开始】界面中选择【所有应用】→【Windows 附件】→【步骤记录器】命令，如图 5-72 所示。

图 5-72　选择【步骤记录器】命令

步骤 2 弹出【步骤记录器】界面，单击【开始记录】按钮，如图 5-73 所示。

图 5-73　【步骤记录器】界面

步骤 3 此时开始记录用户的每一步操作，操作完成后，单击【停止记录】按钮即可停止步骤记录器，如图 5-74 所示。

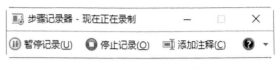

图 5-74　停止记录操作

步骤 4 停止记录后，即可在【步骤记录器】界面显示步骤记录，步骤记录包括步骤截图以及操作说明，如图 5-75 所示。

图 5-75　【步骤记录器】窗口

步骤 5 单击左上方的【保存】按钮，将会弹出【另存为】对话框，选择存储的位置，并在【文件名】文本框中输入文件名称，然后单击【保存】按钮即可把步骤记录保存在电脑中，如图 5-76 所示。

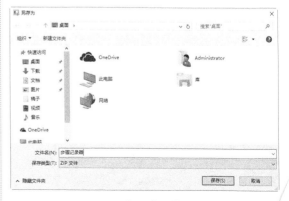

图 5-76　【另存为】对话框

步骤 6 保存到电脑中之后，我们可以找到保存的位置，把保存的压缩文件解压到文件夹中，如图 5-77 所示。

步骤 7 双击解压后的文件，可打开 Word 形式的记录步骤，如图 5-78 所示。

图 5-77 解压文件

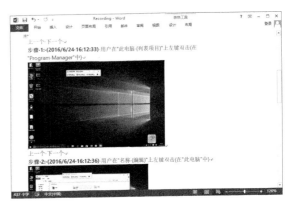

图 5-78 在 Word 中的记录步骤

5.6 疑难问题解答

问题 1：Windows 10 操作系统中的写字板能打开所有格式的文件吗？

解答：Windows 10 操作系统的写字板可以打开文本文档 (.txt)、多格式文本文件 (.rtf)、Word 文档 (.docx) 和 OpenDocument Text (.odt) 文档，其他格式的文档虽然会以纯文本的格式打开，但可能无法按预期显示。

问题 2：为什么系统中的有些内置程序（如邮件、联系人等程序）不能使用？

解答：用户在进入设置、邮件、联系人等程序时，有时会出现"无法使用内置管理员账户打开 ××"的提示信息，这是因为 Windows 10 系统不允许使用内置的 Administrator 用户来访问内置程序以及设置选项。解决这个问题有两种方法：

方法 1：使用微软账户登录系统。

方法 2：更改权限。具体的操作为按 Win+R 组合键，打开【运行】对话框，输入"gpedit.msc"，单击【确定】按钮，打开【本地组策略编辑器】窗口，在左侧依次单击【计算机配置】→【Windows 设置】→【安全设置】→【本地策略】→【安全选项】，再双击【用户账户控制：用于内置管理员账户的管理员批准模式】选项，在打开的对话框中，将其改为"启用"，最后重启电脑，即可正常使用内置程序。

6 第 章

文件管理——管理电脑中的文件资源

● **本章导读**

　　电脑中的文件资源是 Windows 10 操作系统资源的重要组成部分，只有管理好电脑中的文件资源，才能很好地运用操作系统完成工作和学习。本章将为读者介绍如何管理电脑中的文件资源。

● **学习目标**

◎ 认识文件和文件夹
◎ 掌握文件资源管理器的使用方法
◎ 掌握文件和文件夹的操作方法
◎ 掌握搜索文件和文件夹的方法
◎ 掌握文件和文件夹的高级操作方法

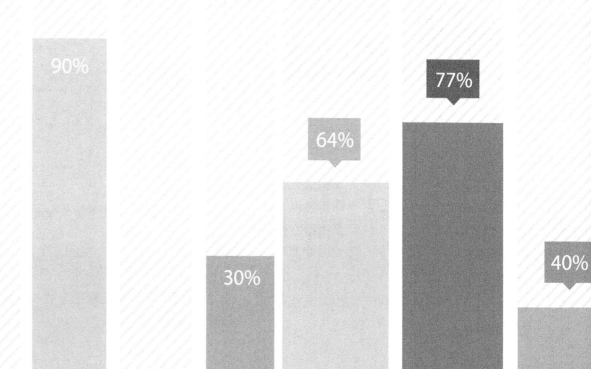

6.1　认识文件和文件夹

在 Windows10 操作系统中，文件是最小的数据组织单位，文件可以存放文本、图像和数值数据等信息。为了便于管理文件，可把文件组织到目录和子目录中去，这些目录就是文件夹，子目录则被认为是文件夹的文件或子文件夹。

6.1.1　文件

文件是 Windows 存取磁盘信息的基本单位，一个文件是磁盘上存储的信息的一个集合，这些信息可以是文字、图片、影片和一个应用程序等，如图 6-1 所示。每个文件都有自己唯一的名称，Windows 10 正是通过文件的名字来对文件进行管理的。

图 6-1　图片文件

6.1.2　文件夹

文件夹是从 Windows 95 开始提出的一种名称，是存放文件的容器。在操作系统中，文件和文件夹都有名字，系统都是根据它们名字来存取的。一般情况下，文件和文件夹的命名规则有以下几点。

（1）文件和文件夹名称长度最多可达 256 个字符，1 个汉字相当于 2 个字符。

（2）文件、文件夹名中不能出现这些字符：斜线(\、/)、竖线(|)、小于号(<)、大于号(>)、冒号(：)、引号（"、"）、问号（？）、星号(*)。

（3）文件和文件夹不区分大小写字母。如 "abc" 和 "ABC" 是同一个文件名。

（4）通常一个文件都有扩展名（为 3 个字符），用来表示文件的类型。文件夹没有扩展名。

（5）同一个文件夹中的文件、文件夹不能同名。

图 6-2 为 Windows 10 操作系统的【保存的图片】文件夹，双击这个文件夹将其打开，可以看到文件夹中存放的文件。

图 6-2　【保存的图片】文件夹

6.1.3　文件和文件夹存放位置

文件或文件夹一般存放在电脑的磁盘或 Administrator 文件夹中。

1. 电脑磁盘

理论上来说，文件可被存放在电脑磁盘的任意位置，但是为了便于管理，文件的存放就有了以下规则，如图6-3所示。

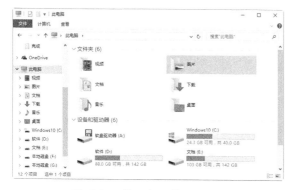

图 6-3　【此电脑】文件夹

通常情况下，电脑的硬盘最少也需要划分为三个分区：C盘、D盘和E盘。三个盘的功能分别如下。

（1）C盘主要是用来存放系统文件。所谓系统文件，是指操作系统和应用软件中的系统操作部分。一般默认情况下系统文件都会被安装在C盘，包括常用的程序。

（2）D盘主要用来存放应用软件的文件。比如 Office、Photoshop 和 3ds Max 等程序，常常被安装在D盘。

对于软件的安装，有以下规则。

☆ 一般占用空间小的软件，如 Rar 压缩软件等安装在C盘。

☆ 对于占用空间大的软件，如 3ds Max 等，装在D盘，这样可以少占用C盘的空间，从而提高系统运行的速度。

☆ 几乎所有的软件默认的安装路径都在C盘中，电脑用得越久，C盘被占用的空间越多。随着时间的增加，系统反应会越来越慢。所以安装软件时，需要根据具体情况改变安装路径。

（3）E盘用来存放用户自己的文件。比如用户自己的电影、图片和Word资料文件等。如果硬盘还有多余的空间，可以添加更多的分区。

2. Administrator 文件夹

Administrator 文件夹是 Windows 10 中的一个系统文件夹，系统为每个用户建立的文件夹，主要用于保存文档、图形，当然也可以保存其他文件。对于常用的文件，用户可以将其放在 Administrator 文件夹中，以便及时调用，如图6-4所示。

图 6-4　Administrator 文件夹

6.1.4 文件和文件夹的路径

路径表示的是文件或文件夹所在的位置。路径有两种：绝对路径和相对路径。

绝对路径的表示方法是从根文件夹开始，根通常用"\"来表示（有区别于网络路径），比如"c:\Windows\System32"表示C盘下面 Windows 文件夹下面的 System32 文件夹。根据文件或文件夹提供的路径，用户可以在电脑上找到该文件或文件夹的存放位置，如图6-5为C盘下面 Windows 文件夹下面的 System32 文件夹。

相对路径的表示方法是从当前文件夹开始，比如当前文件夹为 c:\Windows，如果要表示它下面的 System32 下面的 ebd 文件夹，就表示为 System32\ebd。

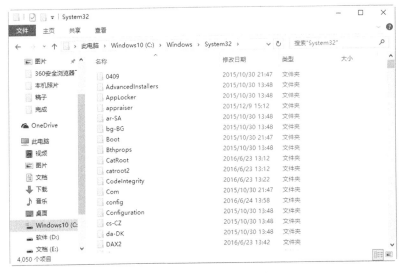

图 6-5　System32 文件夹

6.2 文件资源管理器

在 Windows 10 操作系统中，用户打开文件资源管理器默认显示的是快速访问界面，在快速访问界面中用户可以看到常用的文件夹以及最近使用的文件等信息。

6.2.1 常用文件夹

文件资源管理器窗口中的常用文件夹默认显示数量为 8 个，其中桌面、下载、文档和图片为固定的 4 个文件夹，另外 4 个文件夹是用户最近常用的文件夹。通过常用文件夹，用户可以打开文件夹来查看其中的文件。

具体的操作步骤如下。

步骤 1 单击【开始】按钮，在打开的【开始屏幕】中选择【文件资源管理器】选项，如图 6-6 所示。

步骤 2 打开【文件资源管理】窗口，在其中可以看到【常用文件夹】包含的文件夹列表，如图 6-7 所示。

图 6-6　选择【文件资源管理器】选项

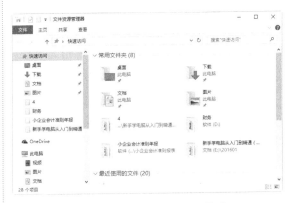

图 6-7　【文件资源管理器】窗口

步骤 3 双击打开【图片】文件夹，在其中可以看到该文件夹包含的图片信息，如图 6-8 所示。

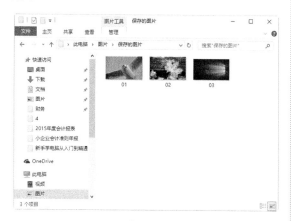

图 6-8 【图片】文件夹

6.2.2 最近使用的文件

文件资源管理器提供有最近使用的文件列表，默认显示数量为 20 个，用户可以通过最近使用的文件列表快速打开文件。

具体的操作步骤如下。

步骤 1 打开【文件资源管理器】窗口，在其中可以看到【最近使用的文件】列表，如图 6-9 所示。

图 6-9 【最近使用的文件】列表

步骤 2 双击需要打开的文件，即可打开该文件。例如双击【通知】文件，即可打开该文件的工作界面，如图 6-10 所示。

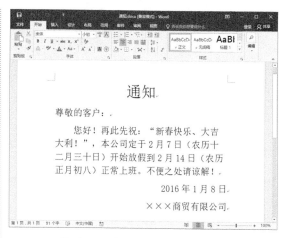

图 6-10 打开最近使用的文件

6.2.3 将文件夹固定在"快速访问"列表

对于常用的文件夹，用户可以将其固定在"快速访问"列表中，具体操作步骤如下。

步骤 1 选中需要固定在"快速访问"列表中的文件夹，鼠标右击，在弹出的快捷菜单中选择【固定到"快速访问"】选项，如图 6-11 所示。

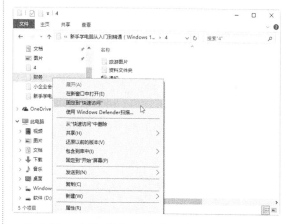

图 6-11 选择【固定到"快速访问"】选项

步骤 2 返回到【文件资源管理器】窗口，可以看到选中的文件已被固定在"快速访问"列表中，并且在其后面显示了一个固定图标 ，如图 6-12 所示。

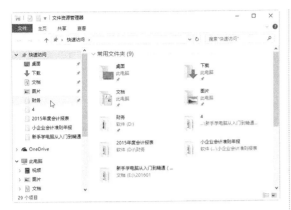

图 6-12　完成固定操作的文件

图 6-13　快速访问列表

6.2.4 从"快速访问"列表访问文件

在"快速访问"功能列表中可以快速打开文件，而不需要通过电脑磁盘查找之后再打开。通过"快速访问"快速打开文件的操作步骤如下。

步骤 **1** 打开【文件资源管理器】窗口，在其中可以看到窗口左侧显示的"快速访问"功能列表，如图 6-13 所示。

步骤 **2** 选择需要打开的文件夹，例如选择【文档】文件夹，即可在右侧的窗格中显示【文档】文件夹中的内容，如图 6-14 所示。

步骤 **3** 双击文件夹中的文件，例如选择【ipmsg- 记事本】文件，即可打开该文件，在打开的界面中查看内容，如图 6-15 所示。

图 6-14　【文档】窗口

图 6-15　打开文件查看内容

6.3 文件和文件夹的基本操作

用户要想管理电脑中的数据，首先要熟练掌握对文件或文件夹的基本操作。对文件或文件夹的基本操作包括创建、打开和关闭、复制和移动、删除、重命名等。

6.3.1 查看文件或文件夹

系统当中的文件或文件夹可以通过右键【查看】菜单和【查看】选项卡进行查看，具体操作步骤如下。

步骤 1 在文件夹窗口的空白处鼠标右击，在弹出的快捷菜单中选择【查看】→【大图标】命令，如图 6-16 所示。

图 6-16 选择【大图标】命令

步骤 2 随即文件夹中的文件和子文件夹都以大图标的方式显示，如图 6-17 所示。

图 6-17 以大图标显示

步骤 3 在文件夹窗口中切换到【查看】选项卡，进入【查看】功能区，在【布局】组中可以看到当前文件或文件夹的布局方式为【大图标】，如图 6-18 所示。

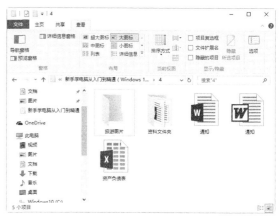

图 6-18 【查看】选项卡

步骤 4 单击【窗格】组中的【预览窗格】按钮，以预览的方式查看文件或文件夹，如图 6-19 所示。

图 6-19 以预览的方式查看

步骤 5 单击【窗格】组中的【详细信息窗格】按钮，以详细信息的方式查看文件或文件夹，如图 6-20 所示。

步骤 6 选择【布局】组中的【内容】选项，以内容布局的方式查看文件或文件夹，如图 6-21 所示。

步骤 7 单击【当前视图】组中的【排序方式】按钮，在弹出的下拉列表中选择文件或文件夹的排序方式，如图 6-22 所示。

步骤 8 如果想恢复系统默认视图方式，就单击【查看】选项卡下的【选项】按钮，打开【文件夹选项】对话框，选择【查看】

选项，如图 6-23 所示。

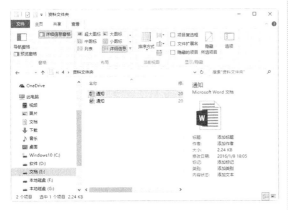

图 6-20　以详细信息的方式查看

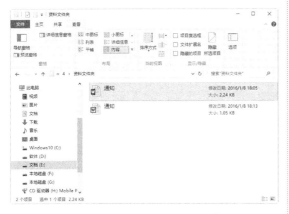

图 6-21　以内容布局的方式查看

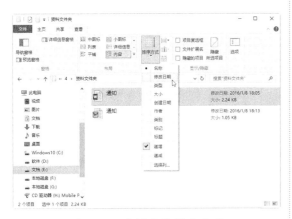

图 6-22　选择文件排序方式

步骤 9 单击【重置文件夹】按钮，打开【文件夹视图】对话框，提示用户"是否将这种类型的所有文件夹都重置为默认视图设置？"，如图 6-24 所示。

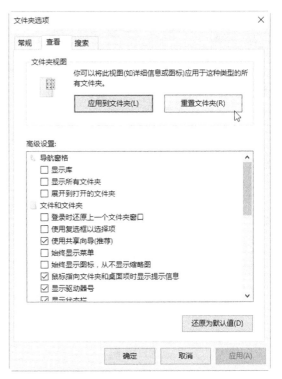

图 6-23　【文件夹选项】对话框

图 6-24　【文件夹视图】对话框

步骤 10 单击【是】按钮，完成重置操作，返回到文件夹窗口，此时文件或文件夹都以默认的视图方式显示，如图 6-25 所示。

图 6-25　以默认视图方式显示

6.3.2 创建文件或文件夹

创建文件有两种方法，分别是使用应用软件自行创建和使用【新建】菜单进行创建；创建文件夹最常用的方法是使用【新建】菜单命令。

1. 通过应用软件创建文件

下面以创建一个 Excel 文件为例介绍使用应用软件创建文件的方法。

步骤 1 启动 Excel 2016 后，在打开的界面右侧单击【空白工作簿】图标，如图 6-26 所示。

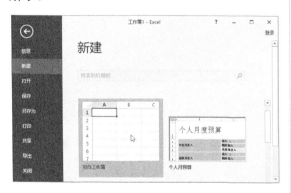

图 6-26 单击【空白工作簿】图标

步骤 2 此时系统会自动创建一个名为"工作簿 1"的工作簿，如图 6-27 所示。

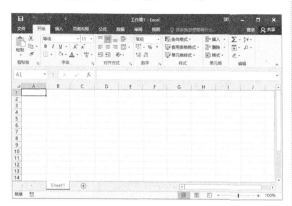

图 6-27 创建的空白工作簿

步骤 3 单击【文件】按钮，在弹出的类别中选择【保存】选项，或按 Ctrl+S 组合键，或单击【快速访问工具栏】的【保存】按钮，如图 6-28 所示。

图 6-28 选择【保存】选项

步骤 4 右侧窗口弹出另存为显示信息，如图 6-29 所示，单击【浏览】按钮。

图 6-29 另存为显示信息

步骤 5 弹出【另存为】对话框，在【保存位置】下拉列表中选择保存工作簿的位置，在【文件名】文本框中输入工作簿的保存名称，在【保存类型】下拉列表中选择文件的保存类型，如图 6-30 所示。

图 6-30 【另存为】对话框

步骤 6 设置完毕后，单击【保存】按钮，即可完成 Excel 文件的创建。

> **提示** 在 Excel 工作界面中按 Ctrl+n 组合键，即可快速创建一个名称为"工作簿 2"的空白工作簿。工作簿创建完毕之后，就要将其进行保存以备今后查看和使用。初次保存工作簿时需要指定工作簿的保存路径和保存名称。

2. 通过【新建】菜单命令创建文件

通过【新建】菜单命令创建文件的操作步骤如下。

步骤 1 在文件夹窗口的空白处鼠标右击，在弹出的快捷菜单中选择【新建】→【Microsoft Excel 工作表】命令，如图 6-31 所示。

图 6-31 选择【Microsoft Excel 工作表】命令

步骤 2 此时在文件夹窗口中新建了一个 Excel 工作表，如图 6-32 所示。

步骤 3 将新建的 Excel 文件重命名为"资产负债表"，如图 6-33 所示。

步骤 4 双击新建的文件，将其打开，如图 6-34 所示。

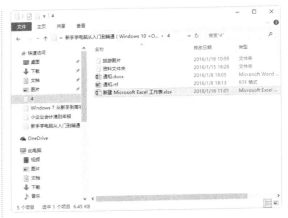

图 6-32 新建的 Excel 工作表

图 6-33 重命名文件

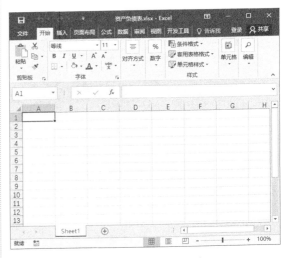

图 6-34 打开的文件

3. 创建文件夹

创建文件夹的操作步骤如下。

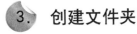

步骤 1 在文件夹窗口的空白处鼠标右键单击,在弹出的快捷菜单中选择【新建】→【文件夹】命令,即可在文件夹中新建一个文件夹,如图 6-35 所示。

图 6-35　创建文件夹

步骤 2 将文件夹的名称命名为"旅游图片",即可完成文件夹的创建操作,如图 6-36 所示。

图 6-36　命名文件夹

6.3.3 重命名文件或文件夹

新建的文件或文件夹,都是以一个默认的名称作为文件或文件夹的名称,其实用户可以给新建的文件或文件夹重新命名。

1. 给文件重命名

(1) 常见的更改文件名称的具体操作如下。

步骤 1 在【文件资源管理器】的任意一个驱动器中,选定要重命名的文件,鼠标右键单击,在弹出的快捷菜单中选择【重命名】命令,如图 6-37 所示。

图 6-37　选择【重命名】命令

步骤 2 文件名以蓝色背景显示,如图 6-38 所示。

图 6-38　文件名以蓝色背景显示

步骤 3 用户可以直接输入文件的名称,按 Enter 键,即可完成对文件名称的更改,如图 6-39 所示。

图 6-39　重命名文件

 注意　　在重命名文件时，不能改变已有文件的扩展名，否则再打开该文件时，系统不能确认要使用哪种程序打开该文件，就会弹出【重命名】信息提示框，如图 6-40 所示。

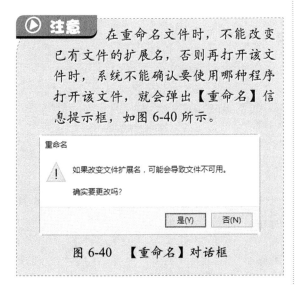

图 6-40　【重命名】对话框

如果更换的文件名与原有的文件名重复，系统就会给出提示，如图 6-41 所示。单击【是】按钮，就会在文件名后面加上序号；单击【否】按钮，就需要重新输入文件名。

图 6-41　【重命名文件】对话框

（2）用户选中需要更改名称的文件，按 F2 键，可快速更改文件名。

（3）用鼠标分两次单击（不是双击）要重命名的文件，此时文件名就会显示为可写状态，在其中输入名称，按 Enter 键即可重命名文件。

2. 文件夹的重命名

（1）常见的更改文件夹名称的具体操作如下。

步骤 1 在【文件资源管理器】的任意一个驱动器中，选定要重命名的文件夹，鼠标右键单击，在弹出的快捷菜单中选择【重命名】命令，如图 6-42 所示。

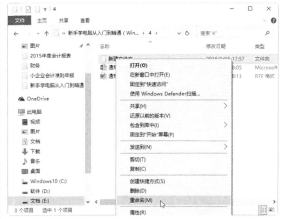

图 6-42　选择【重命名】命令

步骤 2 文件夹的名称以蓝色背景显示，如图 6-43 所示。

图 6-43　文件夹的名称以蓝色背景显示

步骤 3 用户可以直接输入文件的名称，按 Enter 键，即可完成对文件夹名称的更改，如图 6-44 所示。

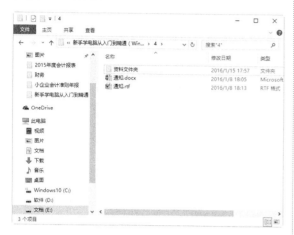

图 6-44 重命名文件夹

如果更换的文件夹名与原有的文件夹名重复，系统就会给出【确认文件夹替换】对话框。单击【是】按钮，就会替换原来的文件夹；单击【否】按钮，就需要重新输入文件夹的名称，如图 6-45 所示。

图 6-45 【确认文件夹替换】对话框

（2）用户可以选择需要更改名称的文件夹，按 F2 键，从而快速地更改文件夹的名称。

（3）选择需要更名的文件夹，用鼠标单击要重命名的文件夹名称，此时选中的文件夹名显示为可写状态，在其中输入名称，按 Enter 键即可重命名文件夹。

6.3.4 打开和关闭文件或文件夹

打开文件或文件夹的方法有以下 2 种。

（1）选择需要打开的文件或文件夹，双击即可打开文件或文件夹。

（2）选择需要打开的文件或文件夹，鼠标右击，在弹出的快捷菜单中选择【打开】命令，如图 6-46 所示。

图 6-46 选择【打开】命令

对于文件，用户可以利用【打开方式】菜单命令将其打开，具体操作步骤如下。

步骤 1 选择需要打开的文件，右击，在弹出的快捷菜单中选择【打开方式】命令，如图 6-47 所示。

步骤 2 打开【你要如何打开这个文件】对话框，在其中选择打开文件的应用程序，本实例选择【写字板】选项，如图 6-48 所示。

图 6-47　选择【打开方式】命令

图 6-48　选中要打开文件的程序

步骤 3 单击【确定】按钮，写字板软件将自动打开选中的文件，如图 6-49 所示。

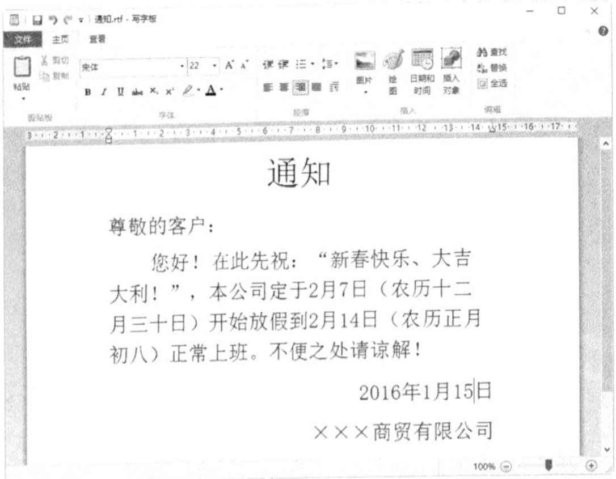

图 6-49　用写字板打开文件

关闭文件或文件夹的常见方法如下。

（1）一般文件的打开都和相应的软件有关，在软件的右上角都有一个关闭按钮。以写字板为例，单击写字板工作界面右上角的【关闭】按钮，可以直接关闭文件，如图 6-50 所示。

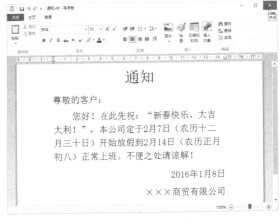

图 6-50　关闭文件

（2）关闭文件夹的操作很简单，只需要在打开的文件夹窗口中单击右上角的【关闭】按钮即可，如图 6-51 所示。

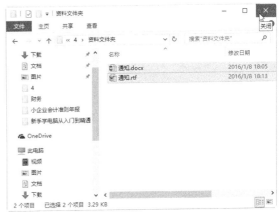

图 6-51　关闭文件夹

（3）在文件夹窗口中切换到【文件】选项卡，在弹出的功能区界面中选择【关闭】选项，也可以关闭文件夹，如图 6-52 所示。

（4）按 Alt+F4 键，可以快速地关闭当前被打开的文件或文件夹。

图 6-52　【文件】选项卡

6.3.5 复制和移动文件或文件夹

在日常生活中，经常需要对一些文件进行备份，也就是创建文件的副本，这就需要用到【复制】命令。

1. 复制文件和文件夹

复制文件或文件夹的方法有以下几种。

（1）选中要复制的文件或文件夹，按住 Ctrl 键将其拖动到目标位置。

（2）选中要复制的文件或文件夹，右击并将其拖动到目标位置，在弹出的快捷菜单中选择【复制到当前位置】命令，如图 6-53 所示。

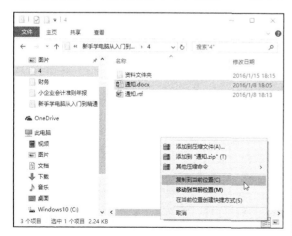

图 6-53　选择【复制到当前位置】命令

（3）选中要复制的文件或文件夹，按 Ctrl+C 键复制，按 Ctrl+V 键粘贴即可。

> **提示**
>
> 文件或文件夹除了直接复制和发送以外，还有一种更为简单的复制方法，那就是在打开的文件夹窗口中选取要进行复制的文件或文件夹，然后在选中的文件中按住鼠标左键，并拖动鼠标指针到要粘贴的地方，可以是磁盘、文件夹或者是桌面，然后释放鼠标，就可以把文件或文件夹复制到指定的地方了。

2. 移动文件或文件夹

移动文件或文件夹的具体操作步骤如下。

步骤 1 选中需要移动的文件或文件夹，右击并在弹出的快捷菜单中选择【剪切】命令，如图 6-54 所示。

图 6-54　选择【剪切】命令

步骤 2 选定目的文件夹并打开它，右击并在弹出的快捷菜单中选择【粘贴】命令，如图 6-55 所示。

步骤 3 此时选定的文件或文件夹已被移动到当前文件夹，如图 6-56 所示。

图 6-55　选择【粘贴】命令

图 6-56　完成移动的文件或文件夹

提示　用户除了使用上述方法进行移动文件外，还可以使用 Ctrl+X 键先实现【剪切】功能，再使用 Ctrl+V 键实现【粘贴】功能。

当然，用户也可以用鼠标直接拖动文件完成复制。方法是先选中要拖动的文件或文件夹，然后按住键盘上的 Shift 键，同时按住鼠标左键，然后把它拖到需要的文件夹中，再释放左键，选中的文件或文件夹就被移动到指定的文件夹了，如图 6-57 所示。

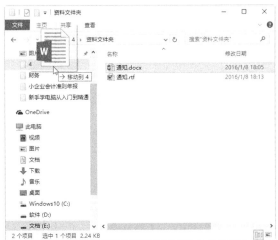

图 6-57　使用鼠标移动文件或文件夹

6.3.6　删除文件或文件夹

删除文件或文件夹的常见方法有以下几种。

（1）选中要删除的文件或文件夹，按键盘上的 Del 键。

（2）选中要删除的文件或文件夹，单击【主页】选项卡【组织】组中的【删除】按钮，如图 6-58 所示。

图 6-58　单击【删除】按钮

（3）选中要删除的文件或文件夹，右击并在弹出的快捷菜单中选择【删除】命令，如图 6-59 所示。

图 6-59 选择【删除】命令

（4）选中要删除的文件，直接将其拖动到回收站中。

> **提示**
>
> 删除命令只是将文件或文件夹移入到回收站中，并没有从磁盘中将其清除，当用户需要使用该文件或文件夹时，还可以从【回收站】中将其恢复。

另外，如果想彻底删除文件或文件夹，就须先选中要删除的文件或文件夹，然后按下 Shift 键的同时，再按下 Del 键，将会弹出【删除文件】（如图 6-60 所示）或【删除文件夹】对话框（如图 6-61 所示），提示用户是否永久性地删除此文件或文件夹，单击【是】按钮，即可将其彻底删除。

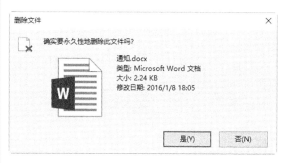

图 6-60 【删除文件】对话框

图 6-61 【删除文件夹】对话框

6.4 搜索文件和文件夹

当用户忘记了文件或文件夹的位置，只知道该文件或文件夹的名称时，用户通过搜索功能可以搜索需要的文件或文件夹。

6.4.1 简单搜索

根据搜索参数的不同，搜索文件或文件夹，可以分为简单搜索和高级搜索。简单搜索的操作步骤如下。

步骤 1 打开【文件资源管理器】窗口，如图 6-62 所示。

步骤 2 选择左侧窗格中的【此电脑】选项，将搜索的范围设置为【此电脑】，如图 6-63 所示。

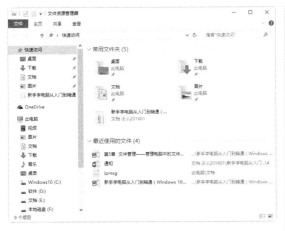

图 6-62　【文件资源管理器】窗口

图 6-63　选择【此电脑】选项

步骤 3 在【搜索】文本框中输入搜索的关键字，例如输入"通知"，此时系统开始搜索本台电脑中的"通知"文件，如图 6-64 所示。

图 6-64　开始搜索文件

步骤 4 搜索完毕后，将在下方的窗格中显示搜索的结果，如图 6-65 所示。

图 6-65　搜索结果

6.4.2 高级搜索

使用简单搜索得到的结果比较多，用户在查找自己需要的文档时比较麻烦，为此 Windows 系统还提供了高级搜索。高级搜索的操作步骤如下。

步骤 1 在简单搜索结果的窗口中切换到【搜索】选项卡，进入【搜索】功能区域，如图 6-66 所示。

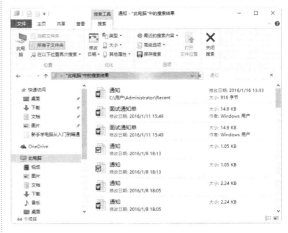

图 6-66　搜索功能区域

步骤 2 单击【优化】组中的【修改日期】按钮，在弹出的下拉列表中选择文档修改的日期范围，如图 6-67 所示。

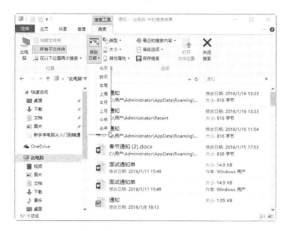

图 6-67　选择文档修改的日期范围

步骤 3 例如选择【本月】选项，那么在搜索结果中就只显示本月的"通知"文件，如图 6-68 所示。

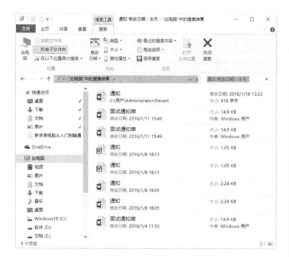

图 6-68　显示搜索结果

步骤 4 单击【优化】组中的【类型】按钮，在弹出的下拉列表中选择搜索文件的类型，如图 6-69 所示。

步骤 5 单击【优化】组中的【大小】按钮，在弹出的下拉列表中设置搜索文件的大小范围，如图 6-70 所示。

步骤 6 当所有的搜索参数设置完毕后，系统开始自动搜索，并将搜索结果显示在下方的窗格中，如图 6-71 所示。

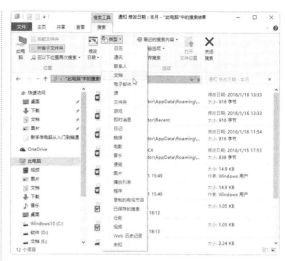

图 6-69　选择文件的类型

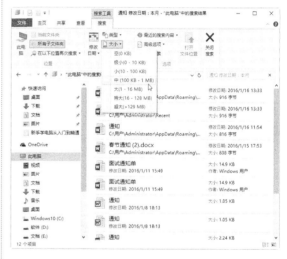

图 6-70　设置搜索文件的大小

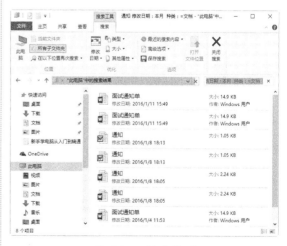

图 6-71　搜索结果

步骤 **7** 双击自己需要的文件，即可将该文件打开，如图6-72所示。

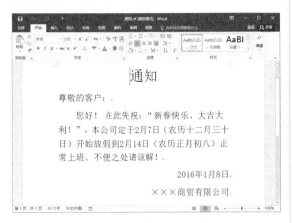

图 6-72　打开的文件

步骤 **8** 如果想关闭搜索工具，就单击【搜索】功能区域中的【关闭搜索】按钮，可将搜索功能关闭掉，并进入工作界面，如图6-73所示。

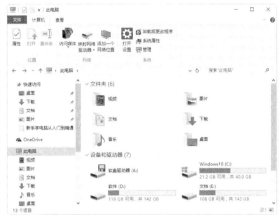

图 6-73　关闭搜索功能

6.5 文件和文件夹的高级操作

文件和文件夹的高级操作主要包括隐藏与显示文件或文件夹、压缩与解压文件或文件夹、加密与解密文件或文件夹等。

6.5.1 隐藏文件或文件夹

隐藏文件或文件夹可以增强文件的安全性，同时可以防止误操作导致的文件丢失现象。

1. 隐藏文件

隐藏文件的具体操作如下。

步骤 **1** 选中需要隐藏的文件，例如选中【员工基本资料】，右击并在弹出的快捷菜单中选择【属性】命令，如图6-74所示。

步骤 **2** 弹出【员工基本资料 属性】对话框，切换到【常规】选项卡，然后选中【隐藏】复选框，单击【确定】按钮，选中的文件就被成功隐藏，如图6-75所示。

图 6-74　选择【属性】命令

图 6-75 隐藏文件

2. 隐藏文件夹

步骤 1 选中需要隐藏的文件夹，例如选中【资料文件夹】，右击并在弹出的快捷菜单中选择【属性】命令，如图 6-76 所示。

图 6-76 选择【属性】命令

步骤 2 弹出【资料文件夹 属性】对话框，切换到【常规】选项卡，然后选中【隐藏】复选框，单击【确定】按钮，如图 6-77 所示。

图 6-77 文件夹属性对话框

步骤 3 单击【确定】按钮，弹出【确认属性更改】对话框，在其中选择相关的选项，如图 6-78 所示。

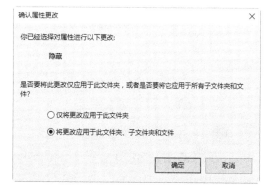

图 6-78 【确认属性更改】对话框

步骤 4 单击【确定】按钮，选中的文件夹就被成功隐藏，如图 6-79 所示。

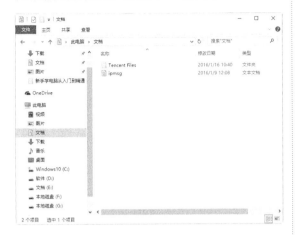

图 6-79　隐藏文件夹

6.5.2 显示文件或文件夹

文件或文件夹被隐藏后，用户要想调出隐藏的文件，具体操作如下。

步骤 1 在文件夹窗口中，切换到【查看】选项卡，在打开的功能区域中单击【选项】按钮，如图 6-80 所示。

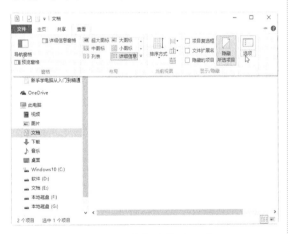

图 6-80　【查看】选项卡

步骤 2 打开【文件夹选项】对话框，在其中切换到【查看】选项卡，在【高级设置】列表中选中【显示隐藏的文件、文件夹和驱动器】单选按钮，单击【确定】按钮，如图 6-81 所示。

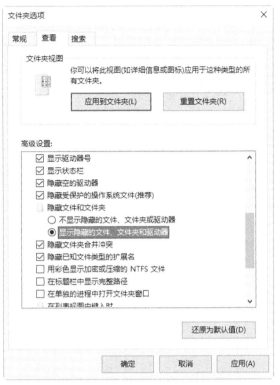

图 6-81　【文件夹选项】对话框

步骤 3 返回到文件窗口中，可以看到隐藏的文件或文件夹显示出来，如图 6-82 所示。

图 6-82　显示隐藏的文件或文件夹

步骤 4 选中隐藏的文件或文件夹，右击并在弹出的快捷菜单中选择【属性】命令，如图 6-83 所示。

图 6-83 选择【属性】命令

步骤 5 弹出【资料文件夹 属性】对话框，取消选中的【隐藏】复选框，如图 6-84 所示。

![资料文件夹 属性对话框]

图 6-84 取消选中【隐藏】复选框

步骤 6 单击【确定】按钮，成功显示隐藏的文件夹，如图 6-85 所示。

图 6-85 显示隐藏的文件夹

> **提示** 完成显示文件夹的操作后，用户可以在【文件夹选项】对话框中取消选中的【显示隐藏的文件、文件夹和驱动器】单选按钮，从而避免对隐藏的文件夹的误操作。

6.5.3 压缩文件或文件夹

对于特别大的文件，用户可以进行压缩操作，经过压缩过的文件将占用很少的磁盘空间，并有利于更快速地在其他计算机上传输。

压缩文件或文件夹的操作步骤如下。

步骤 1 选中需要压缩的文件或文件夹，右击并在弹出的快捷菜单中选择【发送到】→【压缩（zipped）文件夹】命令，如图 6-86所示。

步骤 2 弹出【正在压缩…】对话框，并显示压缩的进度，如图 6-87 所示。

步骤 3 完成压缩后系统自动关闭【正在压缩】对话框，返回到文件夹窗口，可以看到压缩后的文件或文件夹，如图 6-88所示。

图 6-86　选择【压缩 (zipped) 文件夹】命令

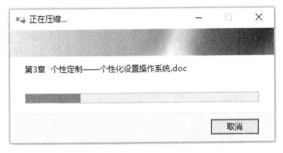

图 6-87　正在压缩文件夹

图 6-88　完成文件或文件夹的压缩

提示　如果压缩的是文件夹，用户可以在窗口中发现多了一个和文件名称一样的压缩文件，如图 6-89 所示。

图 6-89　【资料文件夹】窗口

6.5.4　解压文件或文件夹

打开压缩文件或文件夹的具体操作步骤如下。

步骤 1　选中需要解压的文件或文件夹，鼠标右击，在弹出的快捷菜单中选择【全部解压缩】命令，如图 6-90 所示。

图 6-90　选择【全部解压缩】命令

步骤 2　弹出【提取压缩 (Zipped) 文件夹】对话框，选择一个目标并提取文件，如图 6-91 所示。

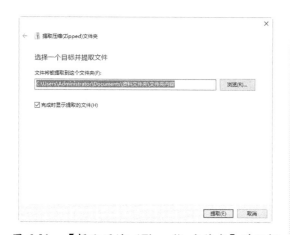

图 6-91　【提取压缩（Zipped）文件夹】对话框

步骤 3 单击【提取】按钮，弹出提取文件的进度对话框，如图 6-92 所示。

图 6-92　提取文件的进度

步骤 4 提取完成后，返回到文件夹窗口，此时可以看到解压后的文件，如图 6-93 所示。

图 6-93　解压后的文件

6.5.5　加密文件或文件夹

加密文件或文件夹的具体操作步骤如下。

步骤 1 选中需要加密的文件或文件夹，右击，从弹出的快捷菜单中选择【属性】命令，如图 6-94 所示。

图 6-94　选择【属性】命令

步骤 2 弹出【文件夹内容 属性】对话框，切换到【常规】选项卡，单击【高级】按钮，如图 6-95 所示。

图 6-95　【文件夹内容 属性】对话框

步骤 3 弹出【高级属性】对话框,选中【加密内容以便保护数据】复选框,单击【确定】按钮,如图 6-96 所示。

图 6-96 【高级属性】对话框

步骤 4 返回到【属性】对话框,单击【应用】按钮,弹出【确认属性更改】对话框,选中【将更改应用于此文件夹、子文件夹和文件】单选按钮。单击【确定】按钮,如图 6-97 所示。

图 6-97 【确认属性更改】对话框

步骤 5 返回到【属性】对话框,单击【确定】按钮,弹出【应用属性】对话框,系统开始自动对所选的文件夹进行加密操作,如图 6-98 所示。

步骤 6 加密完成后,可以看到被加密的文件夹出现锁图标,表示加密成功,如图 6-99

所示。

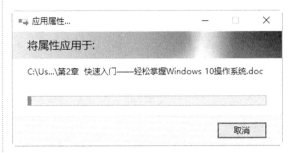

图 6-98 【应用属性】对话框

图 6-99 加密文件夹

6.5.6 解密文件或文件夹

解除文件或文件夹的加密的具体操作步骤如下。

步骤 1 选中被加密的文件或文件夹,右击,在弹出的快捷菜单中选择【属性】命令,弹出【文件夹内容 属性】对话框,单击【高级】按钮,如图 6-100 所示。

步骤 2 弹出【高级属性】对话框,在【压缩或加密属性】对话框中取消已选中的【加密内容以便保护数据】复选框,最后单击【确定】按钮,如图 6-101 所示。

步骤 3 返回到【属性】对话框,单击【应用】按钮,如图 6-102 所示。

步骤 4 弹出【确认属性更改】对话框,

选中【将更改应用于此文件夹、子文件夹和文件】单选按钮，单击【确定】按钮，如图6-103所示。

图 6-100　【文件夹内容 属性】对话框

图 6-101　【高级属性】对话框

步骤 5 返回到【属性】对话框，单击【确定】按钮，弹出【应用属性】对话框，系统

开始对文件夹进行解密，如图 6-104 所示。

图 6-102　单击【应用】按钮

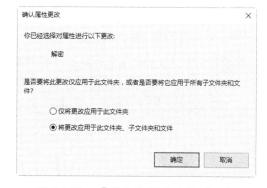

图 6-103　【确认属性更改】对话框

图 6-104　【应用属性】对话框

步骤 **6** 解密完成后，系统自动关闭【应用属性】对话框，返回到文件夹窗口，可以看到文件夹上的锁状图标取消了，这表示解密成功，如图 6-105 所示。

图 6-105 解密后的文件

6.6 高效办公技能实战

6.6.1 复制文件的路径

有时我们需要快速确定某个文件的位置，比如在编辑程序时需要引用某个文件的位置，这时如果能快速复制文件的路径，问题就能得到解决。

快速复制文件路径的具体操作步骤如下。

步骤 **1** 打开【文件资源管理器】，选中要复制路径的文件，按住 Shift 键，鼠标右键单击，会比直接右击弹出的快捷菜单里多出个【复制为路径】选项，选择【复制为路径】选项，如图 6-106 所示。

步骤 **2** 新建一个记事本文件，按 Ctrl+V 组合键，就可以复制路径到记事本中，如图 6-107 所示。

图 6-106 选择【复制为路径】选项

图 6-107 复制路径到记事本中

6.6.2　显示文件的扩展名

Windows 10 系统默认情况下并不显示文件的扩展名，但用户可以通过设置显示文件的扩展名。具体操作步骤如下。

步骤 1 在【文件资源管理器】窗口中选择【查看】选项卡，在打开的功能区域中选中【显示/隐藏】区域中的【文件扩展名】复选框，如图 6-108 所示。

步骤 2 此时打开一个文件夹，用户便可以查看到文件的扩展名，如图 6-109 所示。

图 6-108　【查看】选项卡

图 6-109　显示文件的扩展名

6.7　疑难问题解答

问题 1：为什么对文件夹中的文件进行了隐藏操作，但还是可以看到该文件？

解答：如果在文件夹选项中设置了"显示隐藏文件"，那么隐藏的文件将会以半透明状态显示，因此用户还可以看到文件夹，这就不能起到保护文件的作用。解决这一问题的办法是：在文件夹选项中将文件设置为不显示隐藏文件。

问题 2：用网络传输文件之前需要将文件或文件夹进行压缩，这是为什么？

答：因为经过压缩的文件有效地减少了文件的字节数，从而可以节省上传和下载的时间。

第 7 章

程序管理——
软件的安装与管理

● **本章导读**

　　一台完整的电脑包括硬件和软件，其中软件也被称为应用程序，用户可以借助应用程序完成各项工作。在安装完操作系统后，用户首先要考虑的就是安装，管理应用程序。本章将为读者介绍安装与管理应用程序的基本操作方法。

● **学习目标**

◎　认识常用的软件
◎　掌握获取并安装软件包的方法
◎　掌握查找电脑软件的方法
◎　掌握应用商店的应用方法
◎　掌握更新和升级软件的方法
◎　掌握卸载软件的方法

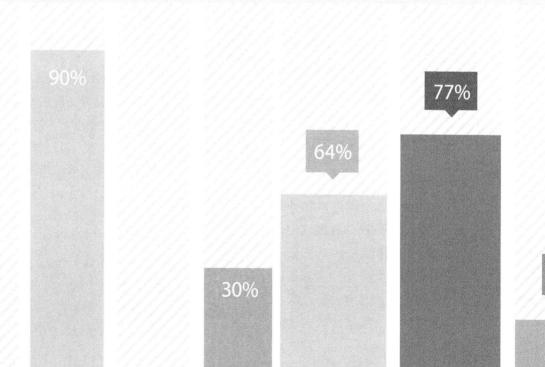

7.1 认识常用的软件

电脑的操作系统安装完毕后，还需要在电脑中安装软件，常用的软件包括浏览器软件、聊天社交软件、影音娱乐软件、办公应用软件、图像处理软件等。

7.1.1 浏览器软件

浏览器软件是指可以显示网页服务器或者文件系统的 HTML 文件内容，并让用户与这些文件交互的一种软件。一台电脑只有安装了浏览器软件，才能进行网上冲浪。

IE 浏览器是现在使用人数最多的浏览器软件，它是微软新版本的 Windows 操作系统的一个组成部分。在 Windows 操作系统中为默认安装，双击桌面上的 IE 快捷方式图标，即可打开 IE 浏览器窗口，如图 7-1 所示。

图 7-1　IE 浏览器窗口

除 IE 浏览器软件外，360 浏览器软件是互联网上好用且安全的新一代浏览器软件，与 360 安全卫士、360 杀毒等软件等产品一同成为 360 安全中心的系列产品。该浏览器软件采用恶意网址拦截技术，可自动拦截挂马、欺诈、网银仿冒等恶意网址，其独创的

沙箱技术，在隔离模式下即使访问木马也不中毒，360 安全浏览器界面如图 7-2 所示。

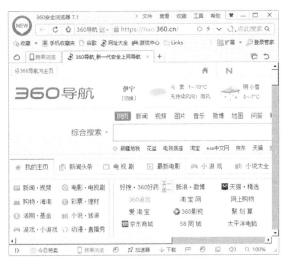

图 7-2　360 安全浏览器窗口

7.1.2 聊天社交软件

目前网络上存在的聊天社交软件有很多，比较常用有腾讯 QQ、微信等。腾讯 QQ 是一款即时寻呼聊天软件，支持显示朋友在线信息、即时传送信息、即时交谈、即时传输文件。另外，QQ 还具有发送离线文件、超级文件、共享文件、QQ 邮箱、游戏等功能，图 7-3 为 QQ 聊天软件的聊天窗口。

微信，是一种移动通信聊天软件，目前主要应用在智能手机上，支持发送语音短信、视频、图片、文字、群聊。微信除了手机客户端版外，还有网页版。使用网页版微信可以在电脑上进行聊天，如图 7-4 所示。

图 7-3　QQ 聊天窗口

图 7-4　微信网页版聊天窗口

7.1.3　影音娱乐软件

　　目前，影音娱乐软件有很多，常见的有暴风影音、爱奇艺 PPS 影音等。

　　暴风影音是一款视频播放器，该播放器兼容大多数的视频和音频格式。暴风影音播放的文件清晰，且具有稳定高效、智能渲染等特点，被很多用户视为经典播放器，如图 7-5 所示。

　　爱奇艺 PPS 影音是一家集 P2P 直播点播于一身的网络视频软件。爱奇艺 PPS 影音能够在线收看电影、电视剧、体育直播、游戏竞技、动漫、综艺、新闻等。该软件播放流

畅、完全免费，是网民喜爱的装机必备软件，如图 7-6 所示。

图 7-5　暴风影音窗口

图 7-6　爱奇艺 PPS 影音窗口

7.1.4　办公应用软件

　　目前，常用的办公应用软件为 Office 办公组件，该组件主要包括 Word、Excel、PowerPoint 和 Outlook 等。通过 Office 办公组件，可以实现文档的编辑、排版和审阅，表格的设计、排序、筛选和计算，演示文稿的设计和制作，以及电子邮件收发等功能。

　　Word 2016 是市面上最新版本的文字处理软件，使用 Word 2016，可以实现文本的编辑、排版、审阅和打印等功能，如图 7-7 所示。

　　Excel 2016 是微软公司最新推出的 Office

2016 办公系列软件的一个重要组成部分，主要用于电子表格处理，它可以高效地完成各种表格和图的设计，进行复杂的数据计算和分析，如图 7-8 所示。

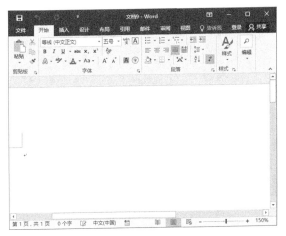

图 7-7　Word 窗口

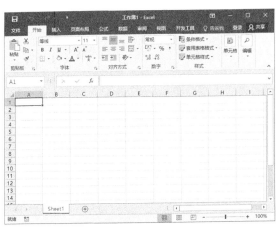

图 7-8　Excel 窗口

7.1.5　图像处理软件

　　Photoshop CC 是专业的图形图像处理软件，是优秀设计师的必备工具之一。Photoshop 不仅为图形图像设计提供了一个更加广阔的发展空间，而且在图像处理中还有化腐朽为神奇的功能，图 7-9 为 Photoshop CC 的启动界面。

图 7-9　Photoshop CC 启动界面

7.2　获取并安装软件包

　　获取软件安装包的途径主要有 3 种，分别是从软件的官网上下载、从应用商店中下载和从软件管家当中下载，获取之后，用户可以将其安装到电脑中。

7.2.1　官网下载

　　官网，亦称官方网站，是团体公开主办的体现其意志想法，并带有专用性质的一种网站。从官网上下载软件安装包是最常用的软件下载途径。

从官网上下载软件安装包的操作步骤如下。

步骤 **1** 打开 IE 浏览器，在地址栏中输入软件的官网网址。这里以下载 QQ 软件包安装为例，在 IE 浏览器的地址栏中输入"http://im.qq.com/pcqq/"，按 Enter 键，即可打开 QQ 软件安装包的下载页面，如图 7-10 所示。

图 7-10 QQ 软件下载界面

步骤 **2** 单击【立即下载】按钮，即可开始下载 QQ 软件安装包，并在下方显示下载的进度与剩余的时间，如图 7-11 所示。

图 7-11 开始下载软件

步骤 **3** 下载完毕后，会在 IE 浏览器窗口显示下载完成的信息，如图 7-12 所示。

图 7-12 完成下载

步骤 **4** 单击【查看下载】按钮，即可打开【下载】文件夹，在其中查看下载的软件安装包，如图 7-13 所示。

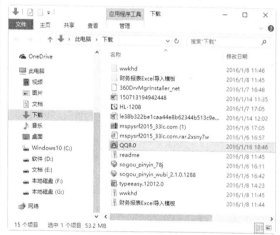

图 7-13 查看下载的软件

7.2.2 应用商店

Windows 10 操作系统当中添加了【应用商店】功能，用户可以在【应用商店】获取软件安装包，具体的操作步骤如下。

步骤 **1** 单击【开始】按钮，在弹出的【开始屏幕】中选择【所有应用】选项，在打开的所有应用列表中选择【应用商店】选项，如图 7-14 所示。

图 7-14　选择【应用商店】选项

步骤 2 随即打开【应用商店】窗口，在其中可以看到应用商店提供的应用，如图 7-15 所示。

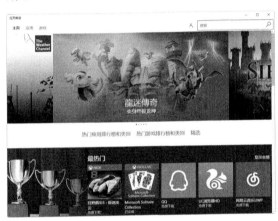

图 7-15　【应用商店】窗口

步骤 3 在应用商店当中找到需要下载的软件，例如下载【酷我音乐】软件，如图 7-16 所示。

图 7-16　选择要下载的软件

步骤 4 单击【酷我音乐】图标下方的【免费下载】按钮，进入【酷我音乐】的下载页面，如图 7-17 所示。

图 7-17　软件下载页面

步骤 5 单击【免费下载】按钮，打开【选择账户】对话框，在其中选择 Microsoft 账户，如图 7-18 所示。

图 7-18　选择账户

步骤 6 选择完毕后，打开【请重新输入应用商店的密码】对话框，在其中输入 Microsoft 账户的登录密码，如图 7-19 所示。

步骤 7 单击【登录】按钮，进入【是否使用 Microsoft 账户登录此设备】对话框，在其中输入 Windows 登录密码，如图 7-20 所示。

步骤 8 单击【下一步】按钮，进入【应用商店】窗口，开始下载"酷我音乐"软件，如图 7-21 所示。

步骤 9 下载完毕后，提示用户已经拥有此产品，并给出【安装】按钮。至此，就完成了在应用商店当中获取软件包安装的操作，如图 7-22 所示。

图 7-19　输入应用商店密码

图 7-20　输入登录密码

图 7-21　开始下载软件

图 7-22　软件包安装下载完成

7.2.3　软件管家

软件管家是一款一站式下载软件、管理软件的平台。软件管家每天提供最新最快的中文免费软件、游戏、主题下载，让用户大大节省寻找和下载资源的时间。下面以在 360 软件管家为例介绍下载软件的方法。具体操作步骤如下。

步骤 1 打开 360 软件管家，在其主界面中选择【音乐软件】选项，进入音乐软件的【全部软件】工作界面，单击需要下载的音乐软件后面的【一键安装】按钮，在弹出的下拉列表中选择【普通下载】选项，如图 7-23 所示。

步骤 2 此时开始下载软件，单击【下载管理】按钮，打开【下载管理】界面，在其中可以查看下载的进度，如图 7-24 所示。

图 7-23　选择【普通下载】选项

图 7-24　查看下载进度

7.2.4　安装软件

当下载好软件之后，就可以将该软件安装到电脑中了。本节以安装暴风影音为例介绍安装软件的一般步骤和方法。

步骤 1 双击下载的暴风影音安装程序，打开【开始安装】对话框，提示用户如果单击【开始安装】按钮，则表示接受许可协议中的条款，如图 7-25 所示。

步骤 2 单击【开始安装】按钮，打开【自定义安装设置】对话框，设置软件的安装路径，并选择相应的安装选项，如图 7-26 所示。

图 7-25　【开始安装】对话框

图 7-26　【自定义安装设置】对话框

步骤 3 单击【下一步】按钮，打开【暴风影音为您推荐的优秀软件】对话框当，选择需要安装的软件，如图 7-27 所示。

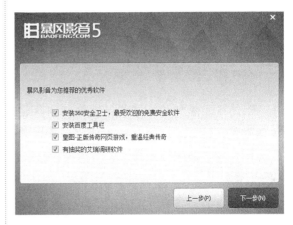

图 7-27　选择需要安装的软件

步骤 4 单击【下一步】按钮，开始安装【暴风影音】软件，并显示有安装的进度，如图 7-28 所示。

图 7-28　开始安装软件

步骤 5 安装完毕后，暴风影音软件的安装界面右下角的【正在安装】按钮就会变为【立即体验】按钮，如图 7-29 所示。

步骤 6 单击【立即体验】按钮，即可打开【暴风影音】的工作界面，如图 7-30 所示。

图 7-29　完成软件的安装

图 7-30　【暴风影音】工作界面

7.3　查找安装的软件

软件安装完毕后，用户可以在电脑中按照程序首字母和数字顺序查找安装的软件。

7.3.1　查看所有程序列表

在 Windows 10 操作系统中，用户可以很简单地查看所有程序列表，具体的操作步骤如下。

步骤 1 单击【开始】按钮，进入【开始屏幕】工作界面，如图 7-31 所示。

步骤 2 在【开始屏幕】的左侧选择【所有应用】选项，即可在打开的界面中查看所有程序，如图 7-32 所示。

图 7-31　开始屏幕　　　　　　　　　　　　图 7-32　所有程序

7.3.2 按程序首字母顺序查找软件

在程序所有列表中有很多软件，在查找某个软件时，比较麻烦，但是如果用户知道程序的首字母的话，那么可以利用首字母来查找软件，具体的操作步骤如下。

步骤 1 在所有程序列表中选择最上面的数字 **0-9** 选项，即可进入程序的搜索界面，如图 7-33 所示。

步骤 2 单击程序首字母，例如查看首字母为 W 的程序，然后单击【搜索】界面中的 W 按钮，如图 7-34 所示。

步骤 3 返回到程序列表，此时可以看到首先显示的就是以 W 开头的程序列表，如图 7-35 所示。

图 7-33　程序搜索界面　　　图 7-34　单击搜索界面中字母　　　图 7-35　显示搜索结果

7.3.3 按数字顺序查找软件

在查找软件时，除了使用程序首字母顺序外，还可以使用数字顺序查找软件，具体的操作步骤如下。

步骤 **1** 在程序的搜索界面中单击 **0-9** 按钮，如图 7-36 所示。

步骤 **2** 返回到程序列表中，此时可以看到首先显示的就是以数字开头的程序列表，如图 7-37 所示。

步骤 **3** 单击程序列表后面的下三角按钮，可以看到其子程序列表也以数字开头显示，如图 7-38 所示。

图 7-36 单击数字

图 7-37 以数字开头的应用软件

图 7-38 应用软件子列表

7.4 应用商店的应用

应用商店其实是一个很通俗的说法，其本质是一个用以展示、下载电脑或手机应用软件的平台。在 Windows 10 操作系统中，用户可以使用应用商店来搜索应用程序、安装免费应用、购买收费应用以及打开应用。

7.4.1 搜索应用程序

在应用商店中有很多应用，用户可以根据自己的需要搜索应用程序，具体的操作步骤如下。

步骤 **1** 单击任务栏中的应用商店图标，打开【应用商店】窗口，单击窗口右上角的【搜索】按钮，在打开的【搜索】文本框中输入应用程序名称。例如输入"酷我音乐"，如图 7-39 所示。

步骤 **2** 单击【搜索】按钮，在打开的界面中显示了搜索结果，如图 7-40 所示。

图 7-39　输入软件的名称

图 7-40　显示的搜索结果

7.4.2　安装免费软件

在应用商店中，可以安装免费的应用，具体的操作步骤如下。

步骤 1 下载好需要安装的应用软件后，在应用商店界面下方会显示【安装】按钮，这里以酷我音乐为例，如图 7-41 所示。

图 7-41　软件安装界面

步骤 2 单击【酷我音乐】图标下方的【安装】按钮，开始安装此免费应用，如图 7-42 所示。

图 7-42　开始安装软件

步骤 3 安装完毕后，会在界面下方显示【打开】按钮，如图 7-43 所示。

图 7-43　安装完成的软件

步骤 4 单击【打开】按钮，即可打开酷我音乐的工作界面，如图 7-44 所示。

图 7-44　软件工作界面

7.4.3　购买收费应用

在应用商店中，除免费的应用软件外，还提供各种收费应用软件，用户可以进行购买，具体的操作步骤如下。

步骤 1 单击任务栏中的【应用商店】图标，打开【应用商店】窗口，在【热门付费应用】区域中可以看到各种收费的应用，如图 7-45 所示。

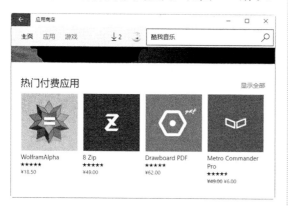

图 7-45　收费应用界面

步骤 2 单击付费应用的图标，例如单击 8ZIP 图标，即可进入该应用的购买页面，单击价位按钮，即可进行购买操作，如图 7-46 所示。

图 7-46　软件购买界面

7.4.4　打开应用

当下载并安装好应用之后，用户可以在【应用商店】窗口中打开应用，具体的操作步骤如下。

步骤 1 单击任务栏中的【应用商店】图标，打开【应用商店】窗口，单击【应用】按钮，进入【应用商店】的应用操作界面，如图 7-47 所示。

图 7-47　【应用商店】窗口

步骤 2 在右上角的搜索文本框中输入想要搜索的应用，这里输入 Windows，单击【搜索】按钮，即可搜索出与 Windows 匹配的应用，如图 7-48 所示。

图 7-48　显示搜索结果

步骤 3 单击已经安装的应用图片，例如单击【Windows 计算器】应用，即可打开【Windows 计算器】窗口，如图 7-49 所示。

图 7-49　应用软件"打开"界面

步骤 4 单击【打开】按钮，即可在【应用商店】中打开【Windows计算器】工作界面，

如图 7-50 所示。

图 7-50　计算器工作界面

7.5 更新和升级软件

软件不是一成不变的，而是一直处于升级和更新状态，特别是杀毒软件的病毒库，一直在升级，下面将分别讲述更新和升级软件的具体方法。

7.5.1 QQ 软件的更新

所谓软件的更新，是指软件版本的更新。软件的更新一般分为自动更新和手动更新两种。下面以更新 QQ 软件为例，讲述软件更新的一般步骤。

步骤 1 启动 QQ 程序，单击界面的左下角【主菜单】按钮，在弹出的子菜单中选择【软件升级】选项，如图 7-51 所示。

步骤 2 打开【QQ 更新】对话框，在其中提示用户有最新 QQ 版本可以更新，如图 7-52 所示。

步骤 3 单击【更新到最新版本】按钮，打开【正在准备升级数据】对话框，在其中显示了软件升级数据下载的进度，如图 7-53

所示。

图 7-51　选择【软件升级】选项

图 7-52　【QQ 更新】对话框

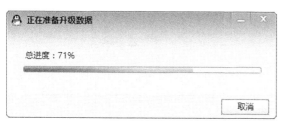

图 7-53　下载更新进度

步骤 4 升级数据下载完毕后，在 QQ 工作界面下方将显示【QQ 更新】信息提示框，提示用户"更新下载完成，下次启动 QQ 后安装生效"，如图 7-54 所示。

图 7-54　【QQ 更新】对话框

步骤 5 单击【立即重启】按钮，打开【正在安装更新】对话框，显示更新安装的进度，并提示用户不要中止安装，否则 QQ 将无法正常启动，如图 7-55 所示。

图 7-55　安装软件更新

步骤 6 更新安装完成后，弹出 QQ 的登录界面，在其中输入 QQ 号码与登录密码，

如图 7-56 所示。

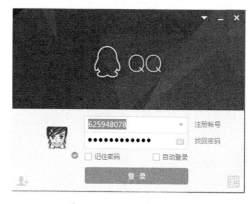

图 7-56　QQ 登录界面

步骤 7 单击【登录】按钮，即可登录到 QQ 的工作界面，并自动弹出【QQ 更新完成】对话框，如图 7-57 所示。

图 7-57　【QQ 更新完成】对话框

步骤 8 在 QQ 工作界面中单击【主菜单】按钮，打开子菜单，选择【软件升级】选项，将打开【QQ 更新】对话框。在其中可以看到"恭喜！您的 QQ 已是最新版本！"的提示信息，说明软件的更新完成，如图 7-58 所示。

图 7-58　更新完成

7.5.2 病毒库的升级

所谓软件的升级，是指软件更新数据库的过程。对于常见的杀毒软件，常常需要升级病毒库。升级软件分为自动升级和手动升级两种。下面以升级 360 杀毒软件为例讲述软件升级的方法。

1. 手动升级病毒库

升级 360 杀毒病毒库的具体操作步骤如下。

步骤 1 在【360 杀毒】软件工作界面中单击【检查更新】超链接，如图 7-59 所示。

图 7-59　【360 杀毒】软件工作界面

步骤 2 检测网络中的最新病毒库，并显示病毒库升级的进度，如图 7-60 所示。

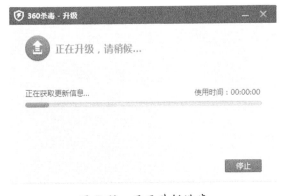

图 7-60　显示升级进度

步骤 3 完成病毒库更新后，提示用户病毒库升级已经完成，如图 7-61 所示。

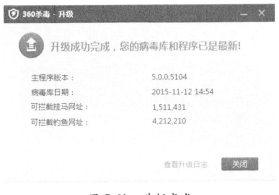

图 7-61　升级完成

步骤 4 单击【关闭】按钮关闭【360 杀毒 - 升级】对话框，单击【查看升级日志】超链接，打开【360 杀毒 - 日志】对话框，在其中可以查看病毒升级的相关日志信息，如图 7-62 所示。

图 7-62　查看升级日志

2. 自动升级病毒库

为了减少用户更新软件的麻烦，用户可以给杀毒软件制定一个病毒库自动更新的计划。其具体操作步骤如下。

步骤 1 打开 360 杀毒的主界面，单击右上角的【设置】超链接，弹出【306 杀毒 - 设置】对话框，用户可以选择相关选项，详细地设置杀毒软件的参数，如图 7-63 所示。

步骤 2 选择【升级设置】选项，在弹出的对话框中设置升级参数，设置完成后单击【确定】按钮，如图 7-64 所示。

图 7-63 【360 杀毒 - 设置】对话框

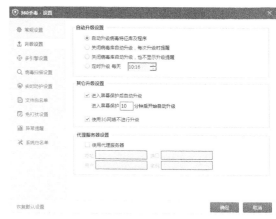

图 7-64 升级设置界面

7.6 卸载软件

当安装的软件不再需要时，就可以将其卸载以便腾出更多的空间来安装需要的软件。在 Windows 操作中，用户通过"所有应用"列表、"开始"屏幕、【程序和功能】窗口等途径可以卸载软件。

7.6.1 在"所有应用"列表中卸载软件

当软件安装完成后，系统会自动将其添加进【所有应用】列表，如果需要卸载软件，就在【所有应用】列表中查找是否有自带的卸载程序。下面以卸载腾讯 QQ 为例进行讲解。具体操作步骤如下。

步骤 1 单击【开始】按钮，在弹出的菜单中选择【所有应用】→【腾讯软件】→【卸载腾讯 QQ】命令，如图 7-65 所示。

步骤 2 弹出一个信息提示对话框，提示用户是否确定要卸载此产品，如图 7-66 所示。

图 7-65 选择【卸载腾讯 QQ】命令

图 7-66　信息提示框

步骤 3 单击【是】按钮，弹出【腾讯QQ】对话框，显示卸载腾讯 QQ 的进度，如图 7-67 所示。

图 7-67　开始卸载软件

步骤 4 卸载完毕后，弹出【腾讯QQ卸载】对话框，提示用户腾讯 QQ 已成功地从您的计算机移除，如图 7-68 所示。

图 7-68　【腾讯QQ卸载】对话框

7.6.2　在"开始"屏幕中卸载应用

"开始"是 Windows 10 操作系统的亮点，在"开始"屏幕中用户可以卸载应用。下面以卸载"千千静听"应用为例，介绍在"开始"屏幕中卸载应用的方法。

步骤 1 单击【开始】按钮，在弹出的"开始"屏幕中右击需要的卸载的应用，在弹出的快捷菜单中选择【卸载】命令，如图 7-69 所示。

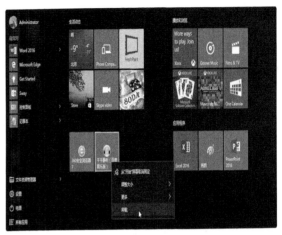

图 7-69　选择【卸载】命令

步骤 2 弹出【程序和功能】窗口，选中需要卸载的应用并鼠标右击，在弹出的快捷菜单中选择【卸载/更改】命令，如图 7-70 所示。

图 7-70　选择【卸载/更改】命令

步骤 3 弹出【千千静听（百度音乐版）卸载向导】对话框，根据需要选中相应的复选框，如图 7-71 所示。

步骤 4 单击【下一步】按钮，开始卸载应用，卸载完毕后，弹出卸载完成对话框，单击【完成】按钮，即可完成应用的卸载操作，如图 7-72 所示。

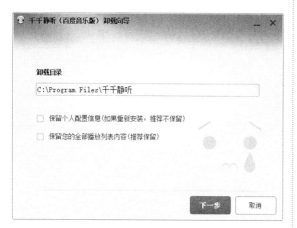

图 7-71　【千千静听（百度音乐版）卸载向导】
对话框

图 7-72　卸载完成

7.6.3 在【程序和功能】窗口中卸载软件

当电脑系统中的软件版本过早，或者是不需要某个软件了，除使用软件自带的卸载功能将其卸载外，还可以在【程序和功能】窗口中将其卸载，具体的操作步骤如下。

步骤 1 右击【开始】按钮，在弹出的菜单命令中选择【控制面板】命令，如图 7-73 所示。

步骤 2 弹出【控制面板】窗口，单击【卸

载程序】按钮，如图 7-74 所示。

图 7-73　选择【控制面板】命令

图 7-74　【控制面板】窗口

步骤 3 弹出【程序和功能】窗口，在需要卸载的程序上右击，然后在弹出的快捷菜单中选择【卸载/更改】命令，如图 7-75 所示。

图 7-75　选择【卸载/更改】命令

步骤 4 弹出暴风影音 5 卸载对话框，

选中【直接卸载】单选按钮，如图 7-76 所示。

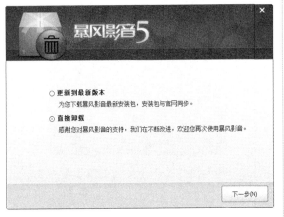

图 7-76　暴风影音 5 卸载对话框

步骤 5 单击【下一步】按钮，打开【暴风影音卸载提示】对话框，如图 7-77 所示。

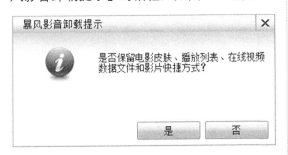

图 7-77　信息提示框

步骤 6 单击【否】按钮，打开【正在卸载，请稍候】对话框，其中显示了软件卸载的进度，如图 7-78 所示。

图 7-78　开始卸载软件

步骤 7 卸载完毕后，打开【卸载原因】对话框，选择卸载的相关原因，单击【完成】按钮，即可完成软件的卸载操作，如图 7-79 所示。

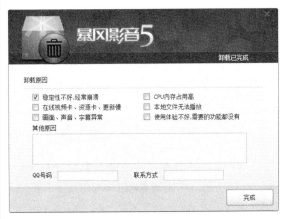

图 7-79　完成卸载

7.6.4　在【应用和功能】窗口中卸载软件

在【应用和功能】窗口中卸载软件的操作步骤如下。

步骤 1 单击【开始】按钮，在弹出的【开始屏幕】中选择【设置】选项，如图 7-80 所示。

图 7-80　选择【设置】选项

步骤 2 打开【设置】窗口，如图 7-81 所示。

步骤 3 选择【应用和功能】选项，进入【应用和功能】界面，在左侧窗口中可以查看本台电脑安装的应用和功能列表，如图 7-82 所示。

图 7-81　【设置】窗口

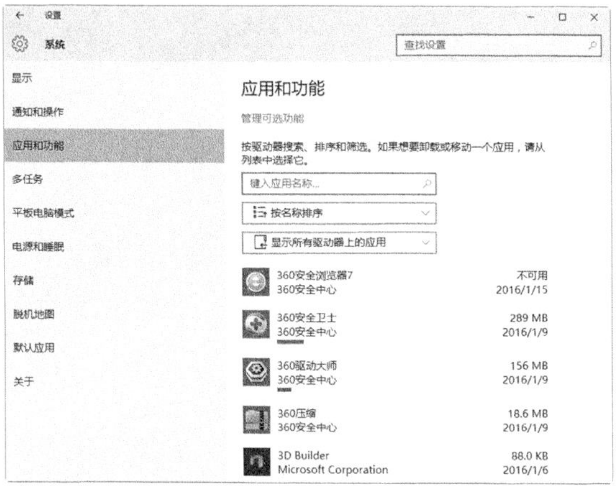

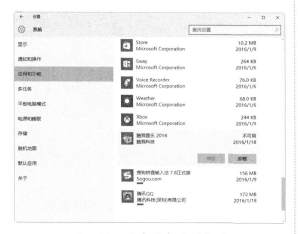

图 7-82　【应用和功能】窗口

步骤 4 选中需要下载的应用或功能，例如选中【酷我音乐】选项，在窗口下方将显示出【卸载】按钮，如图 7-83 所示。

图 7-83　选中要卸载的软件

步骤 5 单击【卸载】按钮，弹出一个提示对话框，提示用户此应用及其相关的信息将被卸载，如图 7-84 所示。

图 7-84　信息提示对话框

步骤 6 单击【卸载】按钮，弹出酷我音乐下载界面，如图 7-85 所示。

图 7-85　下载界面

步骤 7 单击【彻底卸载】按钮，在打开的界面中对应用或功能进行卸载设置，如图 7-86 所示。

步骤 8 单击【卸载】按钮，弹出一个信息提示对话框，提示用户关闭正在运行的酷我音乐软件，如图 7-87 所示。

步骤 9 单击【确定】按钮，即可开始卸载酷我音乐软件，并显示卸载的进度，如图 7-88 所示。

图 7-86　卸载设置

图 7-88　卸载进度

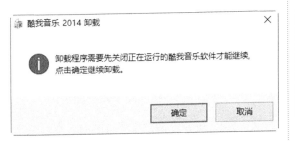

图 7-87　信息提示对话框

步骤 10 卸载完毕后，返回到【应用和功能】界面，可以看到选中的应用被卸载完成，如图 7-89 所示。

图 7-89　卸载完成

7.7 高效办公技能实战

7.7.1 设置默认应用软件

现在电脑的功能越来越大，应用软件的种类也越来越多，往往一个用户会在电脑上安装多个功能相同的软件，那么这时用户该如何将某个应用设置为默认的应用呢？最常用的方法是在【控制面板】窗口中进行设置。具体的操作步骤如下。

步骤 1 单击【开始】按钮，在弹出的【开始屏幕】中选择【控制面板】选项，打开【控制面板】窗口，如图 7-90 所示。

步骤 2 单击查看方式右侧的【类别】按钮，在弹出的快捷列表中选择【大图标】选项，如图 7-91 所示。

图 7-90　【控制面板】窗口

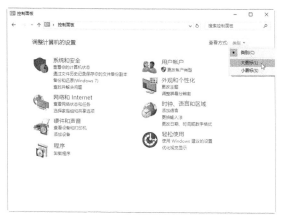

图 7-91　设置查看类型

步骤 3 这样控制面板中的选项以大图标的方式显示，如图 7-92 所示。

步骤 4 单击【默认程序】按钮，打开【默认程序】窗口，如图 7-93 所示。

图 7-92　以大图标方式显示

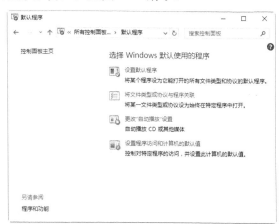

图 7-93　【默认程序】窗口

步骤 5 单击【设置默认程序】超链接，即可开始加载系统当中的应用程序，如图 7-94 所示。

步骤 6 加载完毕后，在【设置默认程序】窗口的左侧显示出程序列表。选中需要将其设置为默认程序的应用，单击【将此程序设置为默认值】按钮，即可将选中的应用设置为默认应用，如图 7-95 所示。

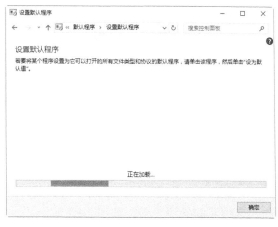

图 7-94　加载系统应用程序

图 7-95　设置完成的默认应用

7.7.2　使用电脑为手机安装软件

使用电脑为手机安装软件的具体操作步骤如下。

步骤 1　使用数据线将电脑与手机相连，双击已安装的【360手机助手】快捷方式图标，弹出【360手机助手 - 连接我的手机】对话框，如图 7-96 所示。

图 7-96　【360 手机助手 - 连接我的手机】对话框

步骤 2　单击【开始连接我的手机】按钮，进入连接我的手机页面，如图 7-97 所示。

步骤 3　单击【连接】按钮，开始通过 360

手机助手将手机与电脑连接起来，如图 7-98 所示。

图 7-97　连接我的手机对话框页面

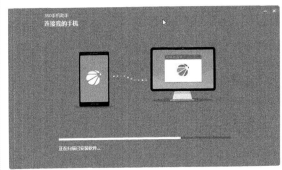

图 7-98　开始连接

步骤 4　连接完成后，将弹出一个手机连接成功的信息提示对话框，如图 7-99 所示。

图 7-99　手机连接成功

步骤 5　在 360 手机助手工作界面右上角的【搜索】文本框中输入要安装到手机上的软件名称，例如输入"UC浏览器"，如图 7-100 所示。

图 7-100　输入搜索名称

步骤 6　随即在窗口下方显示有关 UC 浏览器的搜索结果，如图 7-101 所示。

图 7-101　显示搜索结果

步骤 7　单击想要安装的软件后面的【一键安装】按钮，即可将该软件安装到手机上，

如图 7-102 所示。

图 7-102　开始安装软件

步骤 8　安装完毕后，选择【我的手机】选项，进入【我的手机】工作界面，在其中可以查看手机中的应用，如图 7-103 所示。

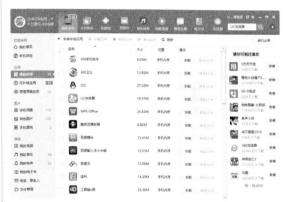

图 7-103　【我的手机】工作界面

7.8　疑难问题解答

问题 1：卸载软件时，用户容易犯的错误是什么？

解答：在开始学习卸载软件时，很多用户容易犯的错误是直接在磁盘窗口中将某个软件的安装目录文件夹删除，认为这就完成了对软件的删除，这种认识是错误的。当程序被安装后，该软件的注册信息会自动添加到系统的注册表中，如果按照上面的方法删除安装目录文件夹，那么是不能将注册表中的信息删除的，这样就不能达到彻底卸载软件的目的。

问题 2：什么是驱动程序，如何安装驱动程序？

解答：驱动程序是一种允许电脑与硬件或设备之间进行通信的软件，如果没有驱动程序，连接到电脑的硬件（例如，视频卡或打印机）将无法正常工作。大多数情况下，Windows 会附带驱动程序，通过【控制面板】中的 Windows Update 检查程序更新可以查找驱动程序。

第 2 篇

Word 高效办公

Word 2016 是 Office 2016 办公组件中的一个，是编辑文字文档的主要工具。本篇学习编辑文档、美化文档、审阅与打印文档等知识。

△ 第 8 章　办公基础——Word 2016 的基本操作

△ 第 9 章　美化文档——文档样式的设置与美化

△ 第 10 章　排版文档——长文档的高级排版

△ 第 11 章　审阅文档——办公文档的审阅与修订

第8章 办公基础——Word 2016 的基本操作

● 本章导读

　　Word 2016 是 Office 2016 办公组件中的一个，是编辑文字文档的主要工具。本章为读者介绍 Word 2016 的基本操作，包括新建文档、保存文档、输入文本内容、编辑文本内容等。

● 学习目标

◎ 掌握新建与打开文档的基本操作
◎ 掌握文本的输入方法
◎ 掌握编辑文本的方法
◎ 掌握设置字体样式的方法
◎ 掌握设置段落样式的方法

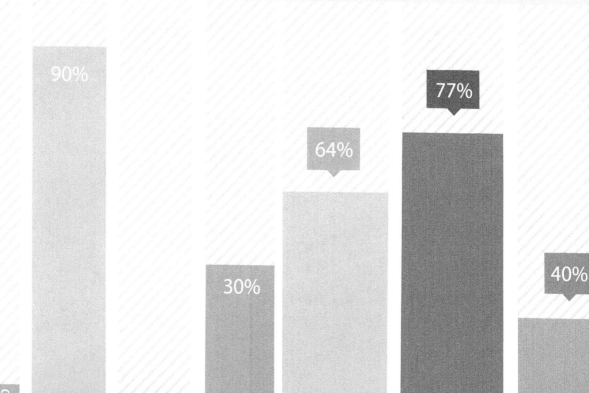

8.1 新建Word文档

新建 Word 文档是编辑文档的前提，默认情况下，每次新建的文档都是空白文档。

8.1.1 创建空白文档

创建空白文档的操作步骤如下。

步骤 1 按 Win 键，进入【开始】界面，单击 Word 2016 图标，如图 8-1 所示。

图 8-1 单击 Word 2016 图标

步骤 2 打开 Word 2016 的初始界面，如图 8-2 所示。

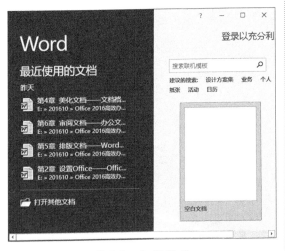

图 8-2 初始界面

步骤 3 在 Word 初始界面，单击【空白文档】按钮，即可创建一个名称为"文档 1"

的空白文档，如图 8-3 所示。

图 8-3 单击【空白文档】按钮

提示

在 Word 2016 中，选择【文件】选项卡，在【文件】界面中选择【新建】选项，然后选择【可用模板】设置区域中的【空白文档】选项，也可以创建空白文档，如图 8-4 所示。

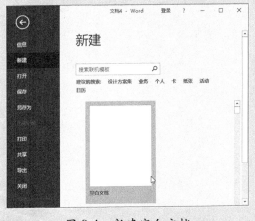

图 8-4 新建空白文档

8.1.2　使用模板创建文档

使用模板可以创建新文档。文档模板分为两种类型，一种是系统自带的模板，一种是专业联机模板。使用这两种模板创建文档的步骤大致相同，下面以使用系统自带的模板为例进行讲解，具体操作步骤如下。

步骤 1　在 Word 2016 中，选择【文件】选项卡，在打开的【文件】界面中选择【新建】选项，在打开的可用模板设置区域中选择【书法字帖】选项，如图 8-5 所示。

步骤 2　随即弹出【增减字符】对话框，在【可用字符】列表中选择需要的字符，单击【添加】按钮即可将所选字符添加至【已用字符】列表，如图 8-6 所示。

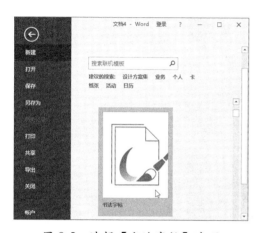

图 8-5　选择【书法字帖】选项

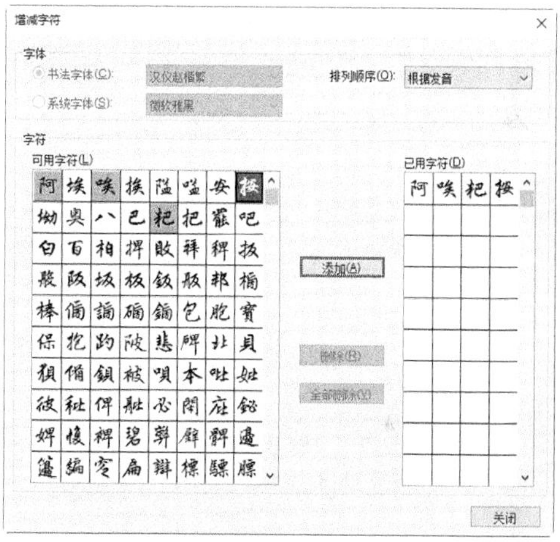

图 8-6　【增减字符】对话框

步骤 3　使用同样的方法，添加其他字符，添加完成后单击【关闭】按钮，完成书法字帖的创建，如图 8-7 所示。

> **提示**　电脑在联网的情况下，可以在搜索联机模板文本框中输入模板关键词进行搜索并下载，如图 8-8 所示。

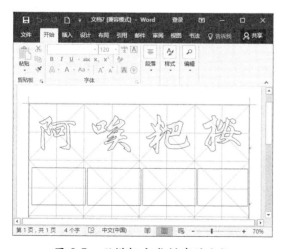

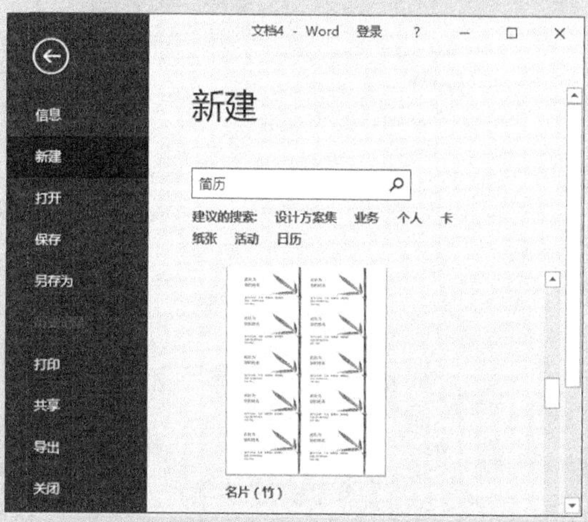

图 8-7　以模板方式创建的文档

图 8-8　【新建】工作界面

8.2 打开文档

Word 2016 提供了多种打开已有文档的方法，下面介绍几种常用的方法。

8.2.1 正常打开文档

一般情况下，只须在将要打开的文档图标上双击即可打开文档，如图 8-9 所示。另外也可以鼠标右键单击，在弹出的快捷菜单中选择【打开方式】→ Word命令或直接单击【打开】命令，打开文档，如图 8-10 所示。

图 8-9　素材文件夹

图 8-10　右键菜单列表

8.2.2 通过 Word 打开文档

通过 Word 的【文件】选项卡也可以打开

Word 文档，具体操作步骤如下。

步骤 1 在 Word 的工作界面中选择【文件】选项卡，在打开的界面中选择【打开】选项，然后选择【这台电脑】选项，如图 8-11 所示。

图 8-11　【打开】界面

步骤 2 单击【浏览】按钮，打开【打开】对话框，定位到要打开的文档的路径，然后选中要打开的文档，单击【打开】按钮，即可打开文档，如图 8-12 所示。

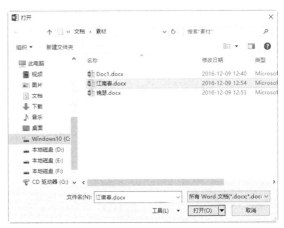

图 8-12　【打开】对话框

8.2.3 以快速方式打开文档

在打开的任意文档中，单击【文件】选项卡，在其下拉列表中选择【打开】选项，在右侧的【最近】区域选择将要打开的文件名称，即可快速打开最近使用过的文档，如图 8-13 所示。

图 8-13 【打开】工作界面

8.2.4 以只读方式打开文档

以只读方式打开文档的操作步骤如下。

步骤 1 选择【文件】选项卡，在弹出的下拉列表中选择【打开】选项，单击【浏览】按钮，在弹出的【打开】对话框中选择要新建的文档名称，此处选择"江南春.docx"文件，

单击右下角的【打开】按钮，在弹出的快捷菜单中选择【以只读方式打开】命令，如图 8-14 所示。

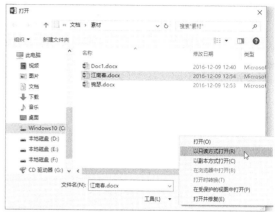

图 8-14 选择【以只读方式打开】命令

步骤 2 此时已以只读方式打开"江南春.docx"文档，且在标题上有"只读"字样，如图 8-15 所示。

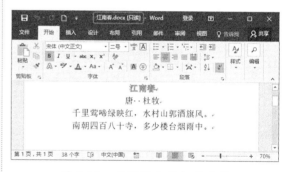

图 8-15 以只读方式打开文档

8.3 输入文本内容

编辑文档的前提就是向文档中输入内容，包括中英文内容、各类符号等。

8.3.1 输入中英文内容

输入中英文内容的方法很简单，具体操作如下。

步骤 1 启动 Word 2016，新建一个 Word 文档，文档中会显示一个闪烁的光标，如果要输入英文内容，则直接输入即可，如图 8-16 所示。

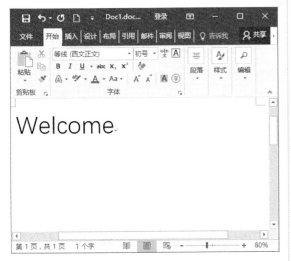

图 8-16　输入英文

步骤 2 按 Enter 键将另起一行，按 Ctrl+Shift 组合键将从英文输入法切换到中文输入法，即在光标处显示所输入的内容将为中文，如图 8-17 所示。

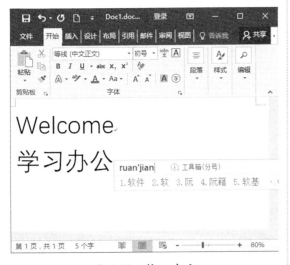

图 8-17　输入中文

> **提示**
> 如果系统中安装了多个中文输入法，按 Ctrl+Shift 组合键就可以切换到需要的输入法。

8.3.2 输入符号与特殊符号

常见的字符在键盘上都有显示，但是遇到一些有特殊符号的文本，就需要使用 Word 2016 自带的符号库来输入，具体操作如下。

步骤 1 把光标定位到需要输入符号的位置，然后切换到【插入】选项卡，单击【符号】选项组中的【符号】按钮，从弹出的下拉列表中选择【其他符号】命令，如图 8-18 所示。

图 8-18　选择【其他符号】命令

步骤 2 打开【符号】对话框，在【字体】下拉列表中选择需要的字体选项，并在下方选择要插入的符号，然后单击【插入】按钮。重复操作，即可输入多个符号，如图 8-19 所示。

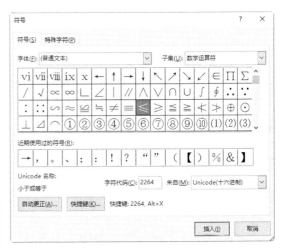

图 8-19　【符号】对话框

步骤 3 切换到【特殊字符】选项卡，在【字符】列表框中选中需要插入的符号，系统还为某些特殊符号定义了快捷键，用户直接用这些快捷键插入符号，如图 8-20 所示。

图 8-20　【特殊字符】选项卡

步骤 4 插入符号完成后，单击【关闭】按钮，返回到 Word 2016 文档界面，完成符号的插入，如图 8-21 所示。

图 8-21　插入的符号

8.3.3　输入日期和时间

在文档中插入日期和时间的具体操作步骤如下。

步骤 1 单击【插入】选项卡下【文本】

选项组中【时间和日期】按钮，如图 8-22 所示。

图 8-22　【文本】选项组

步骤 2 在弹出的【日期和时间】对话框中，选择第 3 种可用格式，然后选中【自动更新】复选框，单击【确定】按钮，此时即可将日期插入文档中，如图 8-23 所示。

图 8-23　【日期和时间】对话框

步骤 3 再次打开【日期和时间】对话框，选择第 10 种可用格式，然后选中【自动更新】复选框，单击【确定】按钮，此时即可将时间插入文档中，如图 8-24 所示。

图 8-24　选择可用格式

步骤 4 插入文档的日期和时间会根据时间自动更新，如图 8-25 所示。

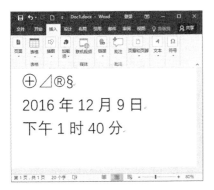

图 8-25　输入日期和时间

8.3.4　输入数学公式

在编辑数学方面的文档时数学公式的使用非常频繁。如果直接输入公式，比较烦琐，浪费时间且容易输错。在 Word 2016 中，可以直接使用【公式】按钮来输入数学公式，具体操作步骤如下。

步骤 1 将光标定位在需要插入公式的位置，切换到【插入】选项卡，在【符号】选项组中单击【公式】按钮，在弹出的下拉列表中选择【二项式定理】选项，如图 8-26 所示。

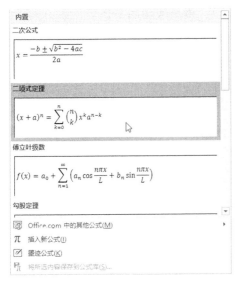

图 8-26　选择【二项式定理】选项

步骤 2 返回 Word 文档即可看到插入的公式，如图 8-27 所示。

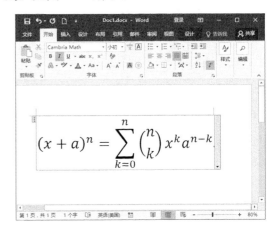

图 8-27　插入公式

步骤 3 插入公式后，窗口停留在【公式工具】→【设计】选项卡下，工具栏中提供了一系列的工具模板按钮，单击【公式工具】→【设计】选项卡下的【符号】选项组中的【其他】按钮，在【基础数学】的下拉列表中可以选择更多的符号类型；在【结构】选项组包含了多种公式，如图 8-28 所示。

图 8-28　【基础数学】面板

步骤 4 在插入的公式中选择需要修改的公式部分，在【公式工具】→【设计】选项卡下【符号】和【结构】选项组中选择将要用到的运算符号和公式，例如更改公式中的"n/k"，单击【结构】选项组中的【分数】按钮，在其下拉列表中选择"d y /d x"选项，如图 8-29 所示。

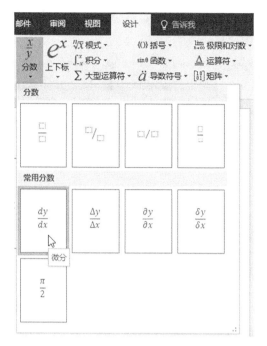

图 8-29 选择常用分数

步骤 5 单击【微分】公式即可改变文档中的公式，结果如图 8-30 所示。

$$(x + a)^n = \sum_{k=0}^{n} \left(\frac{dy}{dx} \right) x^k a^{n-k}$$

图 8-30 修改之后的公式

步骤 6 在文档中单击公式左侧的图标，即可选中此公式，单击公式右侧的下拉三角按钮，在弹出的列表中选择【线性】选项，即可完成公式的改变。用户也可根据自己的需要进行更多操作，如图 8-31 所示。

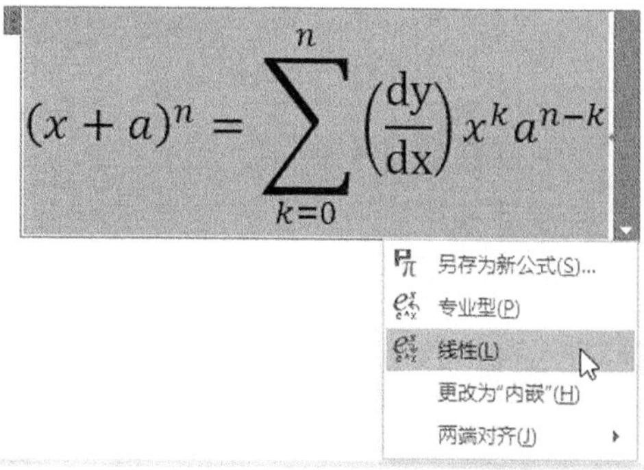

$$(x + a)^n = \sum_{k=0}^{n} \left(\frac{dy}{dx} \right) x^k a^{n-k}$$

图 8-31 选择【线性】选项

8.4 编辑文本内容

文档创建完毕后，就可以对文档中的内容进行编辑了，对文本进行编辑的操作主要有选中文本、复制文本、移动文本等。

8.4.1 选中、复制与移动文本

选中、复制与移动文本是文本编辑中不可或缺的操作，只有选中了文本，才能对文本进行复制与移动操作。

1. 快速选中文本

选中文本是进行文本编辑的基础，所有的文本只有被选中后才能实现各种编辑操作，不同的文本范围，其选择的方法也不尽相同，下面分别进行介绍。

如果要选中一个词组，就双击要选中的词组第 1 个字的左侧，即可选中该词组，如图 8-32

 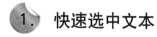

所示。

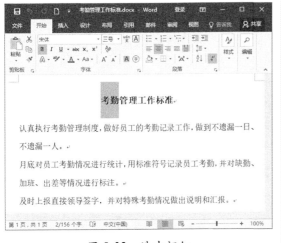

图 8-32　选中词组

如果要选中一个句子，就按住 Ctrl 键，同时在需要选中的句子的中部位置单击，即可选中该句，如图 8-33 所示。

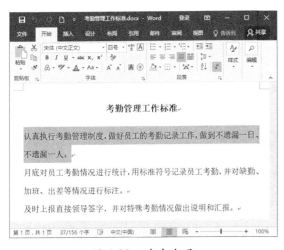

图 8-33　选中句子

如果要选中一行文本，就将光标移动到要选中的行的左侧，当光标变成 ⤢ 状时单击，即可选中光标右侧的行，如图 8-34 所示。

如果要选中一段文本，就将光标移动到要选中的行的左侧，当光标变成 ⤢ 状时双击，即可选中光标右侧的整段内容，如图 8-35 所示。

如果要选中的文本是任意的，就单击要选中文本的起始位置或结束位置，然后按住鼠

标左键向结束位置或是起始位置拖动，即可选中鼠标经过的内容，如图 8-36 所示。

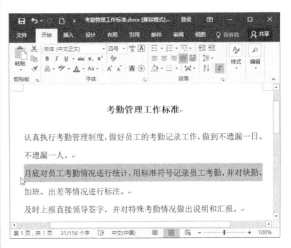

图 8-34　选中一行

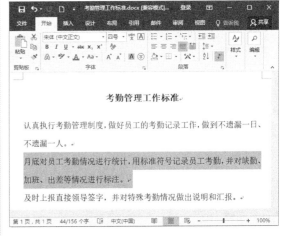

图 8-35　选中一段文字

如果文本是纵向的，就按住 Alt 键，然后从起始位置拖动鼠标到终点位置，即可纵向选中鼠标拖动时所经过的内容，如图 8-37 所示。

如果要选中文档的整个文本，就将光标移动到要选中行的左侧，当光标变成 ⤢ 时三击，即可选择全部的内容，如图 8-38 所示。另外，选择【开始】选项卡，单击【编辑】组中的【选择】按钮，在弹出的下拉列表中选择【全选】选项，也可以选中文档的全部

内容，如图 8-39 所示。

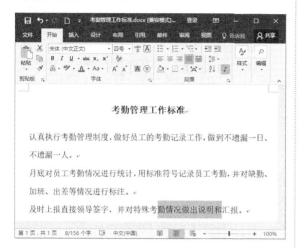

图 8-36　选中任意文本

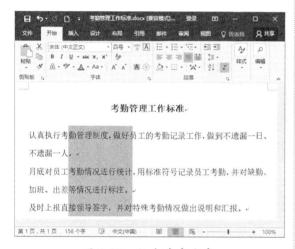

图 8-37　纵向选中文字

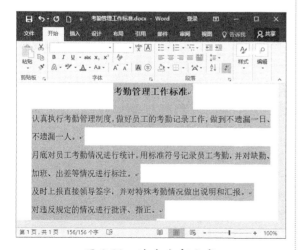

图 8-38　选中全部文字

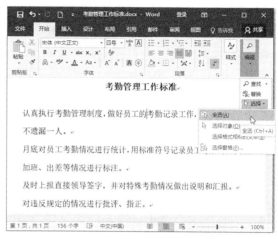

图 8-39　选择【全选】选项

2. 复制文本

在文本编辑过程中，有些内容需要重复使用，这时候利用 Word 2016 的复制移动功能即可实现操作，从而不必一次次地重复输入，具体操作如下。

步骤 1 选中要复制的内容，切换到【开始】选项卡，在【剪贴板】分组中单击【复制】按钮，如图 8-40 所示。

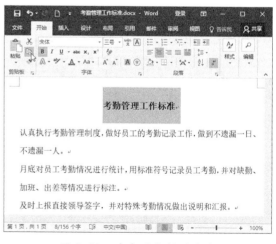

图 8-40　选中要复制的内容

步骤 2 将光标定位到要插入文本的位置，然后单击【开始】选项卡中的【粘贴】按钮，即可将选中的文本复制到指定的位置，如图 8-41 所示。

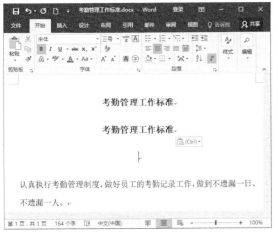

图 8-41　复制文本

 提示　使用组合键也可以复制和粘贴文本，其中 Ctrl+C 组合键为复制文本组合键，Ctrl+V 组合键为粘贴组合键。

3. 移动文本

使用剪切功能可以移动文本，具体操作步骤如下。

步骤 **1** 选中需要剪切的文字，按【Ctrl+X】组合键，选中的文字就会被剪切掉，如图 8-42 所示。

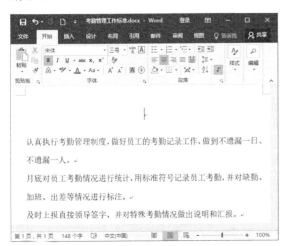

图 8-42　选中要剪切的文本

步骤 **2** 移动光标到第一段的末尾，然后按 Ctrl+V 组合键即可将剪切的内容粘贴在第一段的末尾，如图 8-43 所示。

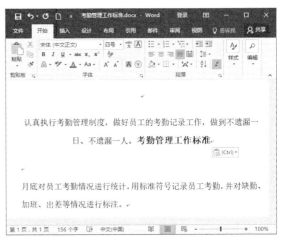

图 8-43　粘贴内容

提示　使用鼠标也可以移动内容，首先选中需要移动的内容，单击并将内容拖曳至目标位置，然后释放鼠标左键，内容即被移动。

8.4.2　删除输入的内容

删除内容就是将指定的内容从 Word 文档中删除，常见的方法有以下 3 种。

（1）将光标定位到要删除的内容右侧，然后按 Backspace 键即可删除左侧的内容。

（2）将光标定位到要删除的内容左侧，按 Delete 键即可删除右侧的内容。

（3）选中要删除的内容，然后单击【开始】选项卡中的【剪切】按钮，即可将所选内容删除。

8.5 设置字体样式

字体样式主要包括字体基本格式、边框、底纹、间距和突出显示等方面。下面开始学习如何设置字体的这些样式。

8.5.1 设置字体样式

在 Word 2016 中，文本默认为宋体、五号、黑色样式，用户可以根据不同的内容，对其进行设置。设置字体样式的操作步骤如下。

步骤 1 新建一个 Word 文档，在其中输入相关文字，并选中需要设置样式的文字，如图 8-44 所示。

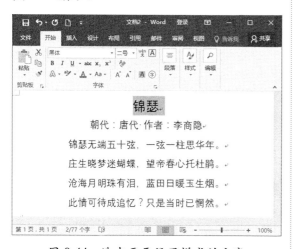

图 8-44　选中需要设置样式的文字

步骤 2 单击【开始】选项卡下【字体】组中右下角的【字体】按钮，打开【字体】对话框，选择【字体】选项卡，设置字体、字体颜色、字号等参数，如图 8-45 所示。

步骤 3 单击【文字效果】按钮，打开【设置文本效果格式】对话框，对文本进行渐变填充效果的设置，如图 8-46 所示。

步骤 4 单击【确定】按钮，返回到 Word 的工作界面，此时设置之后的文字效果如图 8-47 所示。

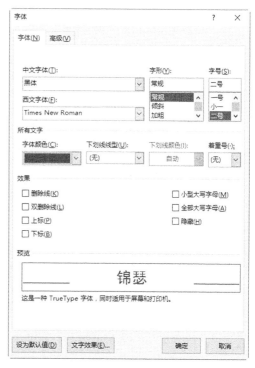

图 8-45　【字体】对话框

图 8-46　【设置文本效果格式】对话框

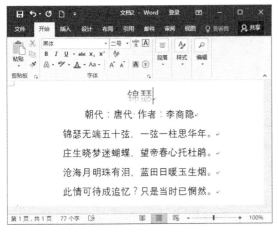

图 8-47　设置字体效果

提示　对于字体效果的设置，除了使用【字体】对话框外，还可以在【开始】选项卡下的【字体】组中进行快速设置，如图 8-48 所示。另外，选中要设置字体样式的文本，此时选中的文本区域右上角会弹出一个浮动工具栏，如图 8-49 所示。单击相应的按钮也可以设置字体样式。

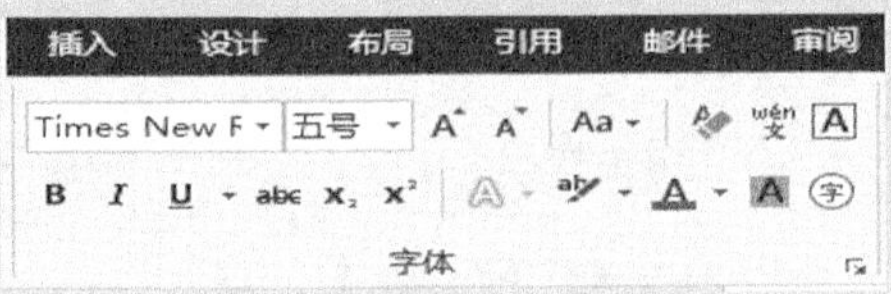

图 8-48　【字体】组设置界面

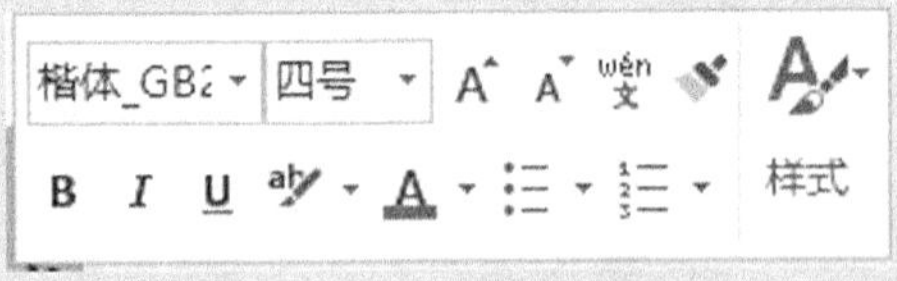

图 8-49　浮动工具栏

8.5.2 设置字符间距

字符间距是指文档中字与字之间的间距、位置等，按 Ctrl+D 组合键打开【字体】对话框，切换到【高级】选项卡，在【字符间距】区域，即可设置字体的缩放、间距和位置等。图 8-50

为设置字符间距的参数，图 8-51 为设置字符间距后文本的显示效果。

图 8-50　【字体】对话框

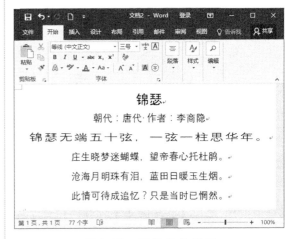

图 8-51　设置字符间距

8.5.3 设置字体底纹

为了更好地美化输入的文字，可以为文

本设置底纹效果。选中要设置底纹的文本，单击【开始】选项卡下【字体】选项组中的【字符底纹】按钮，如图 8-52 所示，即可为文本添加底纹效果，如图 8-53 所示。

等线 (中文正文
五号
字体

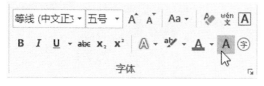

图 8-52　【字体】选项组

锦瑟
朝代：唐代 作者：李商隐
锦瑟无端五十弦，一弦一柱思华年。
庄生晓梦迷蝴蝶，望帝春心托杜鹃。
沧海月明珠有泪，蓝田日暖玉生烟。
此情可待成追忆？只是当时已惘然。

图 8-53　添加底纹效果

8.5.4　设置字体边框

为文字添加边框效果可以突出显示文本。选中要设置边框的文本，单击选择【开始】选项卡下【字体】选项组中的【字符边框】按钮，如图 8-54 所示，即可为选中的文本添加边框，如图 8-55 所示。

等线 (中文正文
五号
字体

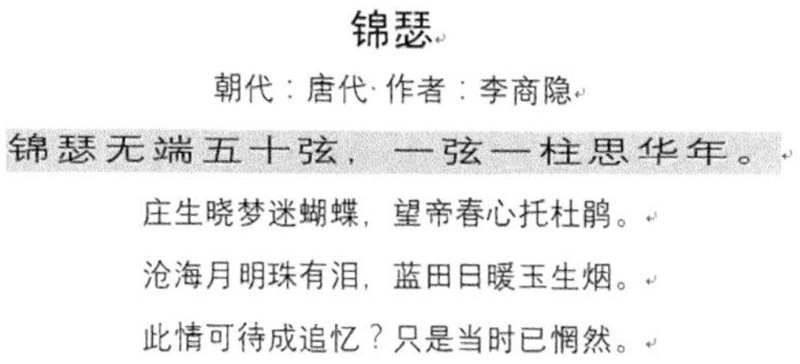

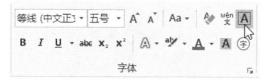

图 8-54　【字体】选项组

锦瑟
朝代：唐代 作者：李商隐
锦瑟无端五十弦，一弦一柱思华年。
庄生晓梦迷蝴蝶，望帝春心托杜鹃。
沧海月明珠有泪，蓝田日暖玉生烟。
此情可待成追忆？只是当时已惘然。

图 8-55　设置字体边框

8.5.5　设置文本效果

Word 2016 提供了文本效果设置功能，用户可以通过【开始】选项卡中的【文本效果与版本】按钮进行设置，具体操作如下。

步骤 1 选中需要添加文本效果的文字，单击【开始】选项卡下【字体】组中的【文本效果】按钮，在弹出的下拉列表中选择需要添加的艺术效果，如图 8-56 所示。

等线 (中文正文
三号
字体
轮廓(O)
阴影(S)
映像(R)
发光(G)
编号样式(N)
连字(L)
样式集(T)

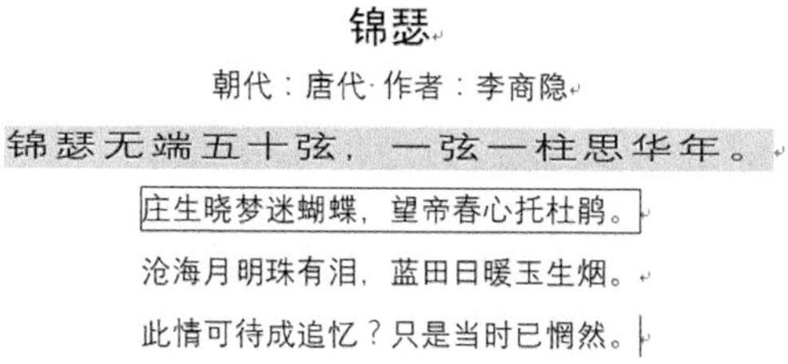

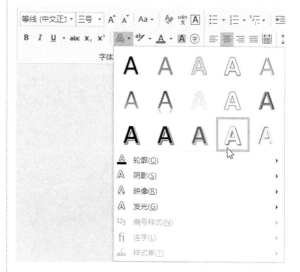

图 8-56　为文本添加艺术字效果

步骤 2 返回到 Word 2016 的工作界面中，此时文字应用文本效果后的显示方式如图 8-57 所示。

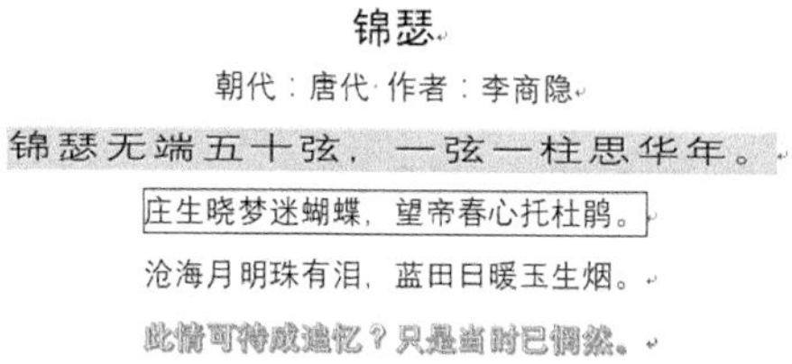

锦瑟
朝代：唐代 作者：李商隐
锦瑟无端五十弦，一弦一柱思华年。
庄生晓梦迷蝴蝶，望帝春心托杜鹃。
沧海月明珠有泪，蓝田日暖玉生烟。
此情可待成追忆？只是当时已惘然。

图 8-57　艺术字效果

步骤 3 通过【文本效果】按钮的下拉列表中的轮廓、阴影、映像或发光选项，可以详细地设置文字的艺术效果，如图 8-58 所示。

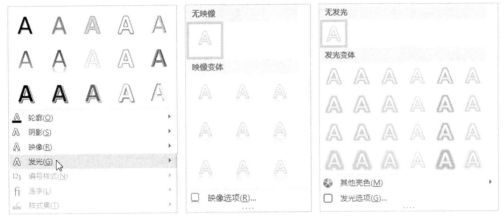

图 8-58　文本效果设置界面

8.6　设置段落样式

段落样式包括段落对齐、段落缩进、段落间距、段落行距、边框和底纹、符号、编号以及制表位等属性，合理地设置段落样式可以美化文档。

8.6.1　设置段落对齐方式

整齐的排版效果可以使文本更为美观，对齐方式就是段落的排列方式。Word 2016中提供了 5 种常用的对齐方式，分别是左对齐、右对齐、居中对齐、两端对齐和分散对齐。用户通过【开始】选项卡下【段落】选项组中的对齐方式按钮可以设置段落的对齐方式，如图 8-59 所示。

图 8-59　【段落】选项组

各个按钮的含义如下。

（1）▤：使文字左对齐。

（2）▤：使文字居中对齐。

（3）▤：使文字右对齐。

（4）▤：将文字两端同时对齐，并根据需要增加字间距。

（5）▤：使段落两端同时对齐，并根据需要增加字符间距。

对段落进行各个对齐方式设置后的效果如图 8-60 所示。另外，通过【段落】对话框，也可以设置对齐方式。单击【开始】选项卡下【段落】选项组右下角的【段落设置】按钮或鼠标右键单击，在弹出的快捷菜单中选择【段落】选项，都会弹出【段落】对话框。在【缩进和间距】选项卡下，单击【常规】组中【对齐方式】右侧的下拉按钮，在弹出的列表中选择需要的对齐方式，如图 8-61所示。

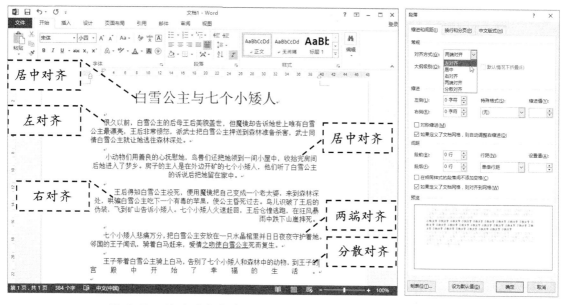

图 8-60 段落对齐方式显示效果　　　　图 8-61 【段落】对话框

8.6.2 设置段落缩进方式

段落缩进指段落的首行缩进、悬挂缩进和段落的左右边界缩进等。段落缩进的设置方法有多种，使用精确的菜单方式、快捷的标尺方式，或使用 Tab 键和【段落】对话框等都可以实现段落缩进。使用【段落】对话框设置段落缩进方式的操作步骤如下。

步骤 1 打开随书光盘中的"素材 \ch03\ 考勤管理工作标准 .docx"文件，选中要设置的缩进文本，如图 8-62 所示。

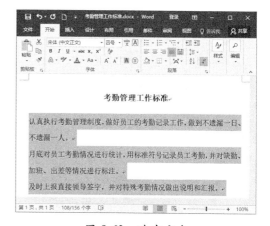

图 8-62 选中文本

步骤 2 单击【段落】选项组右下角的【段落设置】按钮，打开【段落】对话框，单击【特殊格式】下方文本框右侧的下拉按钮，在弹出的列表中选择【首行缩进】选项，在【缩进值】文本框输入"2 字符"，如图 8-63 所示。

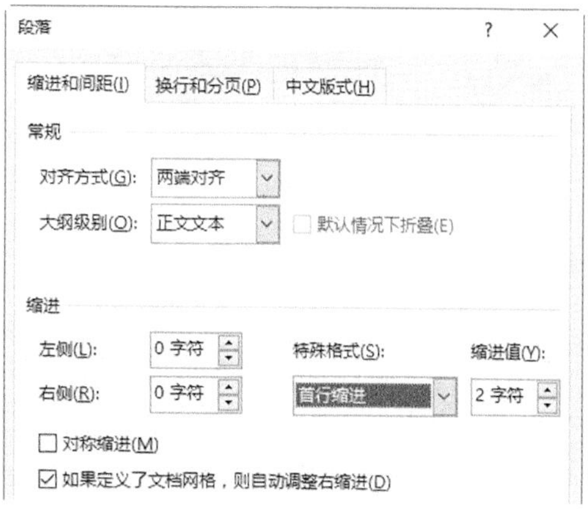

步骤 3 单击【确定】按钮，返回到 Word 文档中，此时设置首行缩进 2 个字符后的效果如图 8-64 所示。

图 8-63 【段落】对话框

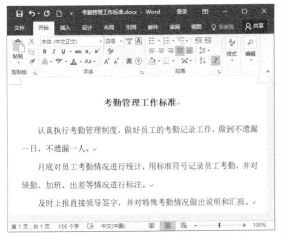

图 8-64 段落首行缩进两个字符

> **提示** 在【开始】选项卡下【段落】选项组中单击【减小缩进量】按钮和【增加缩进量】按钮可以调整缩进。另外选择【布局】选项卡，在【段落】选项组中也可以设置段落缩进的距离，如图 8-65 所示。

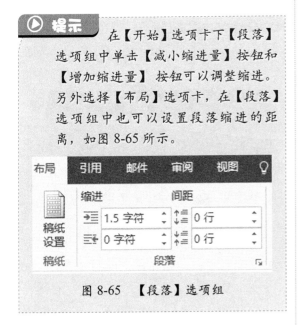

图 8-65 【段落】选项组

8.6.3 设置段间距与行距

段间距是指两个段落之间的距离，它不同于行距。行距是指段落中行与行之间的距离。使用【段落】对话框设置段间距与行距的操作步骤如下。

步骤 1 打开随书光盘中的"素材 \ch03\ 考勤管理工作标准 .docx"文件，选中文本，单击【段落】选项组右下角的【段落设置】按钮，在弹出的【段落】对话框中，选择【缩进和

间距】选项卡。在【间距】组中分别设置【段前】和【段后】为"0.5 行"；在【行距】下拉列表中选择【1.5 倍行距】选项，如图 8-66 所示。

图 8-66 设置段落间距与行距

步骤 2 单击【确定】按钮，效果如图 8-67 所示。

图 8-67 文本显示效果

8.6.4 设置段落边框和底纹

边框是指在一组字符或句子周围应用边框；底纹是指为所选文本添加底纹背景。在文档中，可以为选中的字符、段落、页面及图形设置各种颜色的边框和底纹。

1. 设置段落边框

步骤 1 选中要设置边框的段落，单击【开始】选项卡下【段落】选项组中的下框线按钮，在弹出的下拉列表中选择边框线的类型，例如选择【外侧框线】选项，如图 8-68 所示。

步骤 2 此时该段落添加外侧边框后的效果如图 8-69 所示。

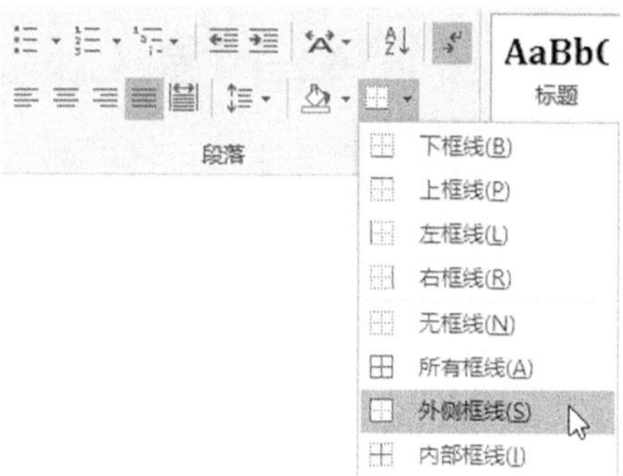

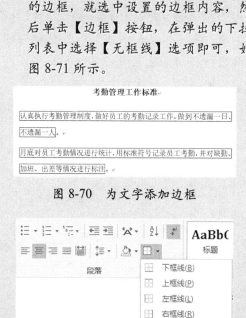

图 8-68　选择【外侧框线】选项

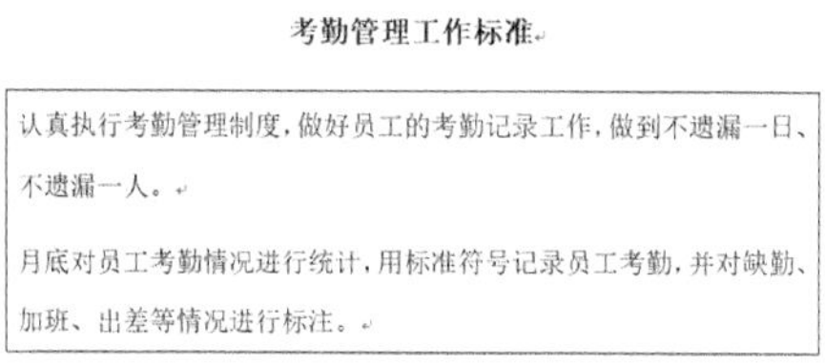

考勤管理工作标准

认真执行考勤管理制度，做好员工的考勤记录工作，做到不遗漏一日、
不遗漏一人。

月底对员工考勤情况进行统计，用标准符号记录员工考勤，并对缺勤、
加班、出差等情况进行标注。

图 8-69　添加外侧边框后的效果

提示　在选择段落时如果没有把段落标记选择在内的话，就表示当前操作是为文字添加边框，具体效果如图 8-70 所示。另外，如果要清除设置的边框，就选中设置的边框内容，然后单击【边框】按钮，在弹出的下拉列表中选择【无框线】选项即可，如图 8-71 所示。

考勤管理工作标准

认真执行考勤管理制度，做好员工的考勤记录工作，做到不遗漏一日、
不遗漏一人。

月底对员工考勤情况进行统计，用标准符号记录员工考勤，并对缺勤、
加班、出差等情况进行标注。

图 8-70　为文字添加边框

图 8-71　清除边框

2. 设置段落底纹

设置段落底纹的操作步骤如下。

步骤 1　选中需要设置底纹的段落，单击【开始】选项卡下【段落】选项组中的底纹按钮，在弹出的面板中选择底纹的颜色，如图 8-72 所示。

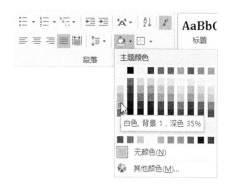

图 8-72　选择底纹颜色

步骤 2　此时已为该段落添加了底纹，效果如图 8-73 所示。

图 8-73　添加底纹效果

步骤 3　如果想自定义边框和底纹的样式，可以在【段落】选项组中单击【边框】按钮，在弹出的菜单中选择【边框和底纹】选项，如图 8-74 所示。

步骤 4　弹出【边框和底纹】对话框，用户可以设置边框的样式、颜色和宽度等参数，如图 8-75 所示。

步骤 5　选择【底纹】选项卡，选择填充的颜色、图案的样式和颜色等参数，如图 8-76所示。

步骤 6　设置完成后，单击【确定】按钮，即可自定义段落的边框和底纹，如图 8-77 所示。

图 8-74　选择【边框和底纹】选项

图 8-75　【边框与底纹】对话框

图 8-76　设置底纹颜色与图案

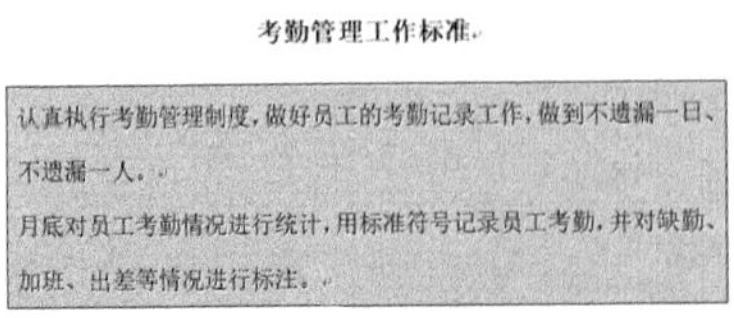

考勤管理工作标准·

认真执行考勤管理制度，做好员工的考勤记录工作，做到不遗漏一日、不遗漏一人。

月底对员工考勤情况进行统计，用标准符号记录员工考勤，并对缺勤、加班、出差等情况进行标注。

图 8-77　自定义段落的边框与底纹

8.6.5　设置项目符号和编号

设置项目符号的方法是：选中要添加项目符号的多个段落，然后选择【开始】选项卡，在【段落】选项组中单击【项目符号】按钮，从弹出的菜单中选择项目符号库中的符号，当光标置于某个项目符号上时，可在文档窗口中预览设置结果，如图 8-78 所示。

图 8-78　选择项目符号

在设置段落的过程中，有时使用编号比使用项目符号更清晰。设置编号的方法是：选中要添加编号的多个段落，然后选择【开始】选项卡，在【段落】选项组中单击按钮，从弹出的菜单中选择需要的编号类型，即可完成设置操作，如图 8-79 所示。

图 8-79　选择项目编号

8.7　高效办公技能实战

8.7.1　将文档保存为网页格式

在 Word 2016 中，用户可以自定义文档的保存格式。下面以保存为网页格式为例进行讲解，具体操作如下。

步骤 1 选择【文件】选项卡，在打开的界面中选择【另存为】选项，然后选择【这台电脑】选项，如图 8-80 所示。

图 8-80　【另存为】界面

步骤 2 单击【浏览】按钮，打开【另存为】对话框，如图 8-81 所示。

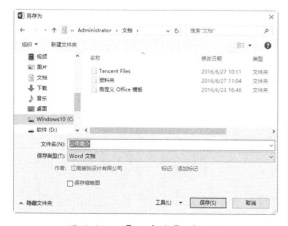

图 8-81　【另存为】对话框

步骤 3 单击【保存类型】右侧的下拉按钮，在弹出的菜单中选择【网页】选项，如图 8-82 所示。

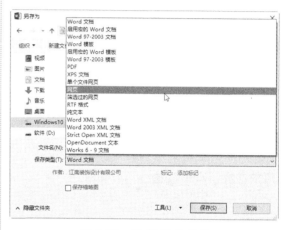

图 8-82　选择保存类型

步骤 4 选中【保存缩略图】复选框，然后单击【更改标题】按钮，弹出【输入文字】对话框，在【页标题】文本框中输入"公司简介"，如图 8-83 所示。

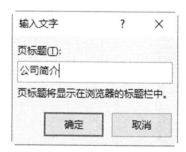

图 8-83　【输入文字】对话框

步骤 5 单击【确定】按钮，返回到【另存为】对话框，设置参数后的效果如图 8-84 所示。

步骤 6 单击【保存】按钮，找到文件保存的位置，文件保存后的效果如图 8-85 所示。

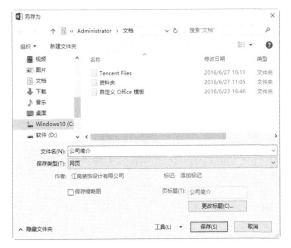

图 8-84 【另存为】对话框

图 8-85 保存为网页文件

8.7.2 使用模板创建课程日历表

对于一些重要事情的安排，往往容易被用户遗忘。为此，用户可以建立课程日历表，然后放在办公桌前，这样可以提醒用户未来一段时间的日程。创建课程日历表的具体操作步骤如下。

步骤 1 选择【文件】选项卡，在弹出的界面中选择【新建】选项，进入【新建】界面，如图 8-86 所示。

步骤 2 在【搜索联机模板】文本框中输入文字"日历"，然后单击开始搜索 🔍 按钮，搜索日历模板，如图 8-87 所示。

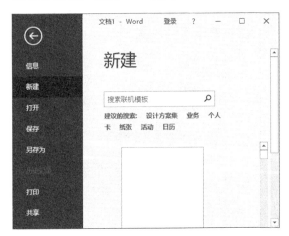

图 8-86 【新建】界面

图 8-87 搜索日历模板

步骤 3 在搜索出来的模板中，根据实际需要选择一个模板，即可弹出该模板的创建界面，如图 8-88 所示。

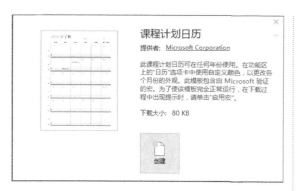

图 8-88　选择要创建的模板

步骤 4 单击【创建】按钮，即可下载该模板。下载完毕后，返回到 Word 文档窗口，此时弹出一个【选择日历日期】对话框，设置创建日历的年份与月份，如图 8-89所示。

图 8-89　【选择日历日期】对话框

步骤 5 设置完毕后，单击【确定】按钮，弹出一个信息提示对话框，提示用户日历已更新，如图 8-90 所示。

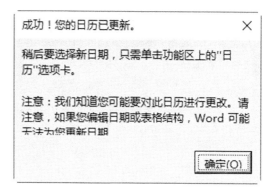

图 8-90　信息提示对话框

步骤 6 单击【确定】按钮，返回到 Word工作界面，可以看到创建的课程计划日历。根据实际需要填写相应的主题信息即可，如图 8-91 所示。

图 8-91　创建的课程计划日历文档

8.8 疑难问题解答

问题 1：在利用 Word 的查找和替换功能时，发现不能连续查找文本，这是为什么？

解答：检查一下在第一次查找文本时是否设置了查找格式。如果设置了查找格式，那么在下一次查找文本时，将上次设置的查找格式删除，就能连续查找文本了。

问题 2：在 Word 中要粘贴网页中的文字，如何自动除去图形和版式？

解答：有两种方法，分别如下：

方法 1：选中需要的网页内容并按 Ctrl+C 组合键复制，打开 Word，选择菜单【编辑】→【选择性粘贴】命令，在打开的对话框中选择【无格式文本】选项。

方法 2：选中需要的网页内容并按 Ctrl+C 组合键复制，打开记事本等纯文本编辑工具，按 Ctrl+V 组合键将内容粘贴到这些文本编辑器中，然后再复制并将这些内容粘贴到 Word 中。

第9章

美化文档——文档样式的设置与美化

● **本章导读**

　　在 Word 文档中通过添加各种艺术字、图片、图形等元素，可以美化文档的内容，本章为读者介绍各种美化文档的方法。

● **学习目标**

◎　掌握使用艺术字美化文档的方法

◎　掌握使用图片为文档美化的方法

◎　掌握使用表格美化文档的方法

◎　掌握使用图表美化文档的方法

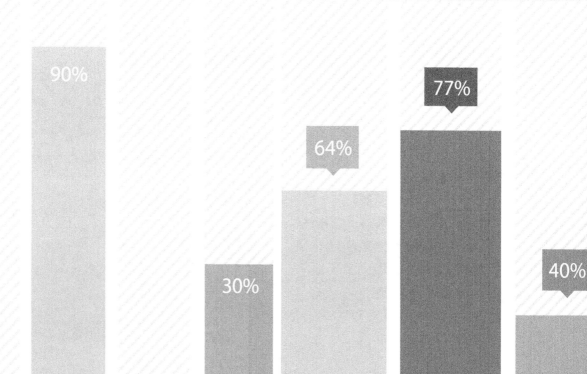

9.1 设置页面效果

通过设置文档页面效果，可以完善和美化文档。文档页面效果的设置主要包括添加文档页面水印、设置页面背景颜色和添加页面的边框等。

9.1.1 添加水印背景

在 Word 2016 中，水印是一种特殊的背景，水印可以设置在页面中的任何位置。在 Word 2016 中，图片和文字均可被设置为水印。在文档中设置水印效果的具体操作步骤如下。

步骤 1 新建 Word 文档，单击【设计】选项卡下【页面背景】组中的【水印】按钮，在弹出的下拉列表中选择【自定义水印】选项，如图 9-1 所示。

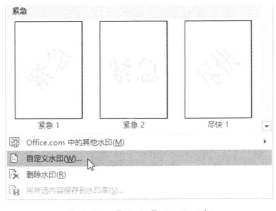

图 9-1 【水印】设置面板

步骤 2 弹出【水印】对话框，选中【文字水印】单选按钮，在【文字】文本框中输入"公司绝密"，设置【字体】为"楷体"，在颜色下拉列表中设置水印【颜色】为"红色"，【版式】为"斜式"，如图 9-2 所示。

步骤 3 单击【确定】按钮，返回到 Word 文档，此时添加水印的效果如图 9-3 所示。

图 9-2 【水印】对话框

图 9-3 水印效果

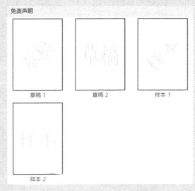

提示 用户也使用 Word 中内置的水印样式，不仅方便快捷，而且样式也多，如图 9-4 所示为系统内置的免责声明水印样式。

图 9-4 内置水印样式

9.1.2 设置页面颜色

为文档设置页面颜色可以增强文档的视觉效果。在 Word 2016 中，通过设置页面颜色可以改变整个页面的背景颜色，或者对整个页面进行渐变、纹理、图案和图片的填充等。

1. 设置纯色页面颜色

设置纯色页面颜色的具体操作步骤如下。

步骤 1 打开随书光盘中的"素材 \ch09\ 童话故事 .docx"文档，单击【设计】选项卡下【页面背景】组中的【页面颜色】按钮，在弹出的颜色列表中选择喜欢的背景颜色，如图 9-5 所示。

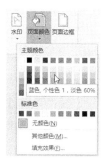

图 9-5　选择颜色

步骤 2 此时 Word 2016 就会自动地将选择的颜色作为背景应用到文档的所有页面上，如图 9-6 所示。

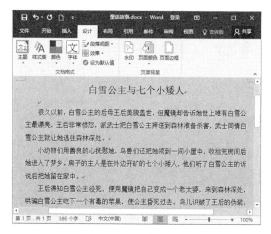

图 9-6　添加了颜色的页面

2. 添加图片背景

添加图片背景的具体操作步骤如下。

步骤 1 单击【设计】选项卡下【页面背景】选项组中的【页面颜色】按钮，在下拉列表中选择【填充效果】选项，如图 9-7 所示。

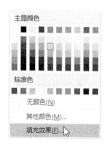

图 9-7　选择【填充效果】选项

步骤 2 在弹出的【填充效果】对话框中，选择【图片】选项卡，如图 9-8 所示。

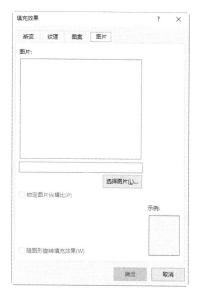

图 9-8　【图片】选项卡

步骤 3 单击【选择图片】按钮，在弹出的【插入图片】面板中选择【来自文件】选项，如图 9-9 所示。

步骤 4 弹出【选择图片】对话框，选择需要插入的图片，如图 9-10 所示。

步骤 5 单击【插入】按钮，即可返回【填充效果】对话框，图片的预览效果如图 9-11

所示。

图 9-9 【插入图片】对话框

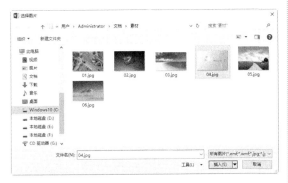

图 9-10 【选择图片】对话框

步骤 6 单击【确定】按钮，最终的图片填充效果如图 9-12 所示。

图 9-11 图片预览效果

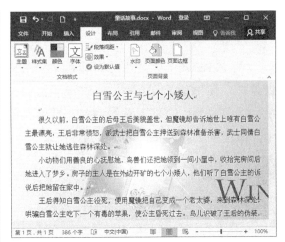

图 9-12 添加了填充效果的图片

9.1.3 设置页面边框

设置页面边框可以增加打印文档的美观效果。添加页面边框的具体操作步骤如下。

步骤 1 单击【设计】选项卡下【页面背景】组中的【页面边框】按钮，打开【边框和底纹】对话框，在【页面边框】选项卡下【设置】选项组中选择边框的类型，在【样式】列表框中选择边框的线型，在【应用于】下拉列表框中选择【整篇文档】选项，如图 9-13 所示。

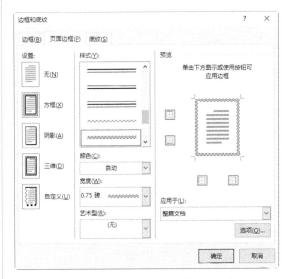

图 9-13 【边框和底纹】对话框

步骤 2 单击【确定】按钮完成设置，在页面视图下根据显示效果调整页面的显示比例。例如将显示比例改为 50%，效果如图 9-14所示。

图 9-14　添加页面边框后的效果

9.2 使用文本框美化文档

在 Word 文档中，可以通过插入文本框，设置首字下沉、首字悬挂以及艺术字样式等属性可使文字看起来更加美观。

9.2.1 插入文本框

文本框分为横排和竖排两类，根据需要可以插入相应的文本框。插入文本框有两种方式：直接插入空文本框和在已有的文本上插入文本框。

插入空白文本框

Word 2016 中内置了 35 种文本框样式，常用的文本框样式有空白文本框、简单文本框、奥斯汀提要栏等。在文档中插入空白文本框的具体操作步骤如下。

步骤 1 新建 Word 文档，单击文档中任意位置，然后单击【插入】选项卡下【文本】选项组中的【文本框】按钮，在弹出的下拉列表中选择【绘制文本框】选项，如图 9-15 所示。

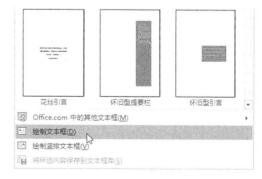

图 9-15　选择【绘制文本框】选项

步骤 2 此时鼠标光标变成十字形状，在文档中单击，然后通过拖动绘制文本框，如图 9-16 所示。

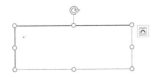

图 9-16　横排文本框

提示 单击【插入】选项卡【文本】组中的【文本框】按钮，在弹出的下拉列表中选择【竖排文本框】选项，即可在文档中绘制竖排文本框，如图 9-17 所示。

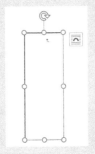

图 9-17　竖排文本框

2. 在已有的文本上插入文本框

步骤 1 打开随书光盘“素材\ch09\童话故事.docx”文档，选中文档中的文字，如图 9-18 所示。

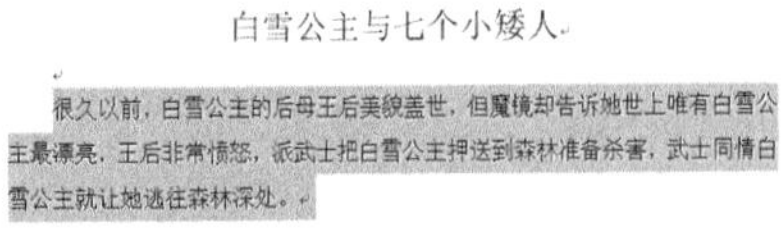

白雪公主与七个小矮人
很久以前，白雪公主的后母王后美貌盖世，但魔镜却告诉她世上唯有白雪公主最漂亮，王后非常愤怒，派武士把白雪公主押送到森林准备杀害，武士同情白雪公主就让她逃往森林深处。

图 9-18　选中文本

步骤 2 单击【插入】选项卡下【文本】选项组中的【文本框】按钮，在弹出的下拉列表中选择【绘制文本框】选项，插入文本框后效果如图 9-19 所示。

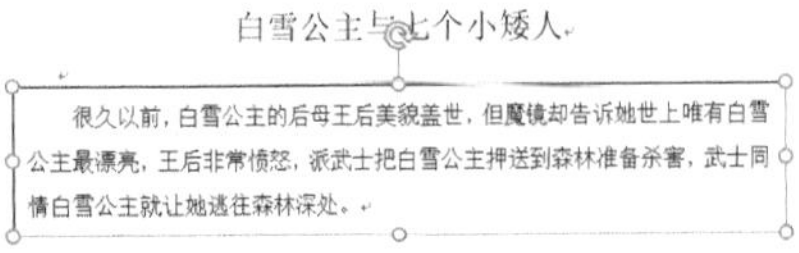

白雪公主与七个小矮人
很久以前，白雪公主的后母王后美貌盖世，但魔镜却告诉她世上唯有白雪公主最漂亮，王后非常愤怒，派武士把白雪公主押送到森林准备杀害，武士同情白雪公主就让她逃往森林深处。

图 9-19　插入文本框后的效果

9.2.2 添加艺术字效果

艺术字有各种颜色和各种字体，如带阴影、倾斜、旋转和延伸等。添加艺术字效果的操作步骤如下。

步骤 1 打开随书光盘中的“素材\ch09\童话故事.docx”文档，选中需要添加艺术效果的文字。单击【插入】选项卡下【文本】选项组中的【艺术字】按钮，在弹出的下拉列表中选择一种艺术字样式，如图 9-20 所示。

文本框
文档部件
艺术字
首字下沉
签名行
日期和时间
对象
公式
符号
编号

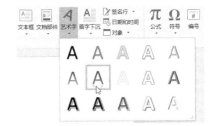

图 9-20　选择艺术字样式

步骤 2 选择艺术字样式后的文字效果如图 9-21 所示。

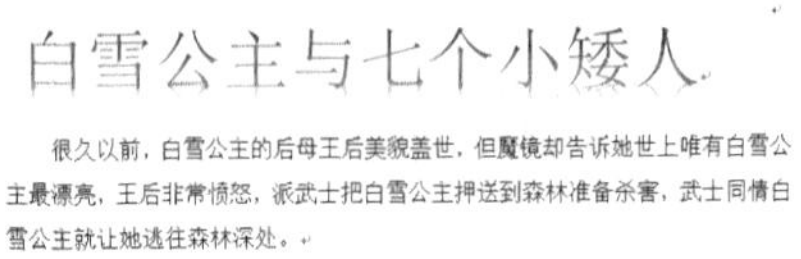

白雪公主与七个小矮人
很久以前，白雪公主的后母王后美貌盖世，但魔镜却告诉她世上唯有白雪公主最漂亮，王后非常愤怒，派武士把白雪公主押送到森林准备杀害，武士同情白雪公主就让她逃往森林深处。

图 9-21　添加艺术字后的效果

步骤 3 单击【格式】选项卡下【艺术字样式】选项组中的【文本效果】按钮，在弹出的下拉列表中选择一种艺术字样式，如图 9-22 所示。

文本填充
文本轮廓
文本效果
文字方向
对齐文本
创建链接
位置
环绕文字
上移一层
下移一层
选择窗格
对齐
艺术字样式
排列
阴影(S)
映像(R)
发光(G)
棱台(B)
三维旋转(D)
转换(T)
无转换
abcde
跟随路径
弯曲

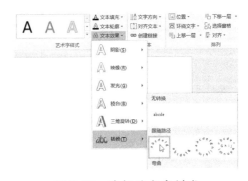

图 9-22　选择艺术字样式

步骤 4 更改艺术字样式后效果如图 9-23 所示。

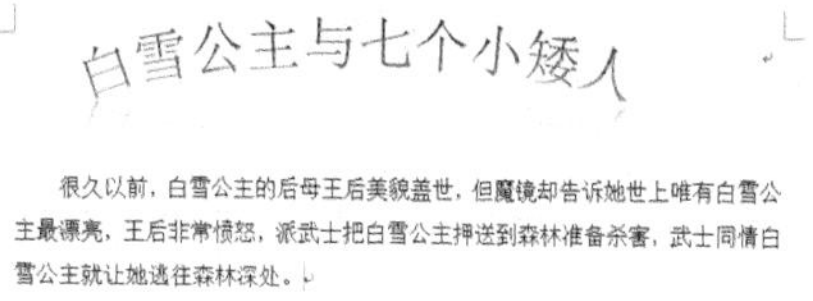

白雪公主与七个小矮人

很久以前，白雪公主的后母王后美貌盖世，但魔镜却告诉她世上唯有白雪公主最漂亮，王后非常愤怒，派武士把白雪公主押送到森林准备杀害，武士同情白雪公主就让她逃往森林深处。

图 9-23 更改艺术字样式后的效果

9.3 使用图片美化文档

在文档中插入一些图片可以使文档更加生动形象，从而起到美化文档的作用。插入的图片可以是本地图片，也可以是联机图片。

9.3.1 添加本地图片

通过在文档中添加图片，可以达到图文并茂的效果，添加图片的具体操作步骤如下。

步骤 1 新建 Word 文档，将光标定位在需要插入图片的位置，然后单击【插入】选项卡【插图】选项组中的【图片】按钮，如图 9-24 所示。

图 9-25 【插入图片】对话框

图 9-24 单击【图片】按钮

步骤 2 在弹出的【插入图片】对话框中选择需要插入的图片，单击【插入】按钮，如图 9-25 所示。

步骤 3 此时已将所需要的图片插入到文档中，如图 9-26 所示。

步骤 4 将光标放置在图片的周围，通过拖曳鼠标可以放大或缩小图片，如图 9-27 所示。

图 9-26 插入的图片

图 9-27 调整图片的大小

9.3.2 添加联机图片

用户可以从各种联机来源中查找和插入图片，具体的操作步骤如下。

步骤 1 将光标定位在需要插入图片的位置，然后单击【插入】选项卡下【插图】选项组中的【联机图片】按钮，弹出【插入图片】对话框，在【必应图像搜索】文本框中输入要搜索的图片关键词，例如输入"玫瑰花"，如图 9-28 所示。

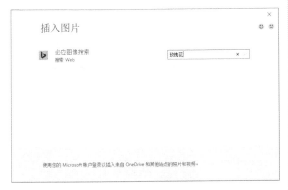

图 9-28 输入搜索关键词

步骤 2 单击【搜索】按钮，显示搜索结果，选中需要的图片，单击【插入】按钮，即可将图片插入到 Word 文档中，如图 9-29 所示。

图 9-29 选中要插入的联机图片

9.3.3 编辑图片样式

图片在插入到文档之后，图片样式不一

定符合要求，这时就需要对图片进行适当的调整。

步骤 1 插入图片后，选中插入的图片，单击【图片工具】→【格式】选项卡下【图片样式】选项组中的█按钮，在弹出的下拉列表中选择任一选项，即可改变图片的样式，如图 9-30 所示。

图 9-30 选择图片样式

步骤 2 选中插入的图片，单击【图片工具】→【格式】选项卡下【调整】选项组中【更正】按钮右侧的下拉按钮，在弹出的下拉列表中选择任一选项，即可改变图片的"锐化/柔化"以及"亮度/对比度"，如图 9-31 所示。

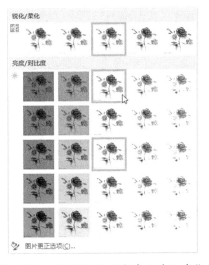

图 9-31 更改图片"亮度/对比度"

步骤 3 选中插入的图片,单击【图片工具】→【格式】选项卡下【调整】选项组中【颜色】按钮右侧的下拉按钮,在弹出的下拉列表中选择任一选项,即可改变图片的饱和度和色调,如图 9-32 所示。

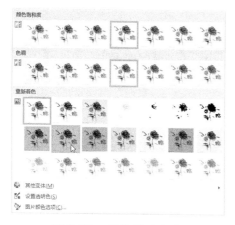

图 9-32　调整图片颜色

步骤 4 选中插入的图片,单击【图片工具】→【格式】选项卡下【调整】选项组中【艺术效果】按钮右侧的下拉按钮,在弹出的下拉列表中选择任一选项,即可改变图片的艺术效果,如图 9-33 所示。

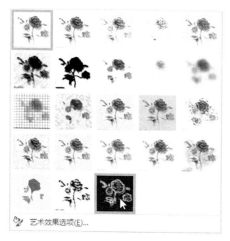

图 9-33　调整图片的艺术效果

9.3.4　调整图片位置

调整图片位置的方法有两种,一是使用鼠标将图片拖曳至目标位置,二是使用【布局】对话框调整图片位置。使用【布局】对话框调整图片位置的具体操作步骤如下。

步骤 1 打开随书光盘中的"素材\ch09\图片位置.docx"文档,选中要编辑的图片,单击【格式】选项卡下【排列】选项组中的【位置】按钮,在弹出的下拉列表中选择【其他布局选项】选项,如图 9-34 所示。

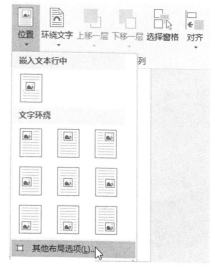

图 9-34　选择【其他布局选项】选项

步骤 2 弹出【布局】对话框,选择【文字环绕】选项卡,在【环绕方式】组中选择【四周型】选项,如图 9-35 所示。

图 9-35　【布局】对话框

步骤 3 选择【位置】选项卡，在【水平】选项组中设置图片的水平对齐方式。例如选中【对齐方式】单选按钮，在其下拉列表框中选择【居中】选项，如图 9-36 所示。

步骤 4 单击【确定】按钮，返回到 Word 文档，此时调整图片布局后的效果如图 9-37 所示。

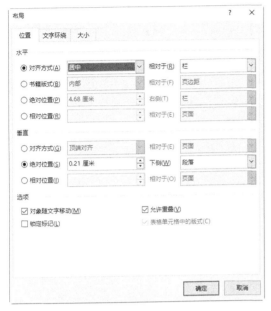

图 9-36 【位置】选项卡

图 9-37 调整图片布局后的效果

9.4 使用形状美化文档

除了可以在文档中插入图片之外，还可以在文档中插入形状，增强文档的可读性，使文档更加生动有趣。

9.4.1 绘制基本图形

Word 2016 提供的基本图形有很多，包括线条、矩形、箭头、流程图、标注等，绘制基本图形的具体操作如下。

步骤 1 新建一个 Word 文档，将光标定位在需要插入形状的位置，选择【插入】选项卡，在【插图】选项组中单击【形状】按钮，在弹出菜单中选择【基本形状】组中的【笑脸】图标，如图 9-38 所示。

图 9-38 选择【笑脸】图标

步骤 2 此时鼠标变成黑色十字形，单击确定形状插入的位置，然后拖曳鼠标确定形状的大小，大小满意后单击鼠标，即可完成基本图形的绘制，如图 9-39 所示。

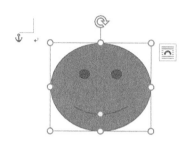

图 9-39　插入形状

9.4.2 编辑图形样式

如果对绘制图形的样式不满意，可以对其进行编辑，具体的操作步骤如下。

步骤 1 选中绘制的基本图形，选择【格式】选项卡，在【形状样式】选项组中单击【形状填充】按钮，在弹出的列表中选择填充颜色为浅绿色，如图 9-40 所示。

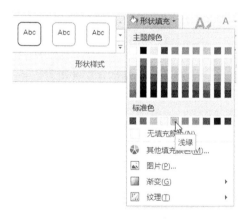

图 9-40　设置图形的填充颜色

步骤 2 单击【形状轮廓】按钮，在弹出的列表中选择轮廓的颜色为红色，如图 9-41 所示。

步骤 3 单击【形状效果】按钮，在弹出的列表中设置各种形状效果，包括预设、阴

影、映像、发光、柔化边缘、棱台和三维旋转等效果。本实例选择【发光】组中的【橙色、18pt 发光、着色 2】样例，如图 9-42 所示。

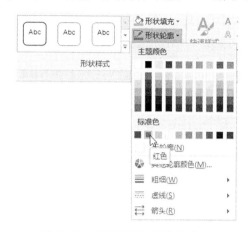

图 9-41　设置图形的填充轮廓

图 9-42　设置图形的发光效果

步骤 4 设置完成后显示效果如图9-43所示。

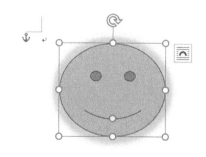

图 9-43　最终显示效果

9.5 使用SmartArt图形

SmartArt 图形是用来表现结构、关系或过程的图表。它能以非常直观的方式与读者交流信息，它包括图形列表、流程图、关系图和组织结构图等各种图形。

9.5.1 绘制 SmartArt 图形

Word 2016 提供了非常丰富的 SmartArt 类型。在文档中插入 SmartArt 图形的具体操作步骤如下。

步骤 1 新建文档，单击【插入】选项卡的【插图】组中的 SmartArt 按钮，弹出【选择 SmartArt 图形】对话框，如图 9-44 所示。

图 9-44 【选择 Smart Art 图形】对话框

步骤 2 在【选择 SmartArt 图形】对话框的左侧列表中选择【层次结构】标签，然后选择【组织结构图】图形，如图 9-45 所示。

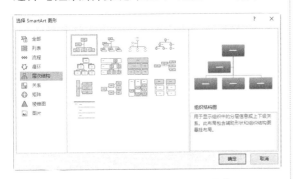

图 9-45 选择插入的图形样式

步骤 3 单击【确定】按钮即可将图形插入到文档，如图 9-46 所示。

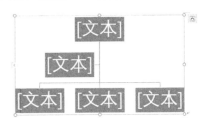

图 9-46 插入的组织结构图

步骤 4 在组织结构中输入相应的文字，输入完成后单击 SmartArt 图形以外的任意位置，即可完成 SmartArt 图形的编辑，如图 9-47 所示。

图 9-47 编辑 SmartArt 图形

9.5.2 修改 SmartArt 图形

使用默认的图形结构虽然有时未必能满足实际需求，但用户可以通过添加形状或更改级别来修改 SmartArt 图形。

添加 SmartArt 形状

当默认的结构不能满足需要时，可以在指定的位置添加形状，具体操作步骤如下。

步骤 1 选中 SmartArt 图形中需要插入形状位置之前的形状，如图 9-48 所示。

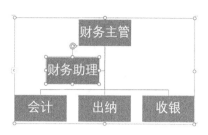

图 9-48　选择形状

步骤 2 单击【设计】选项卡下【创建图形】选项组中【添加形状】按钮右侧的下拉按钮，在弹出的下拉列表中选择【在后面添加形状】选项，如图 9-49 所示。

图 9-49　【添加形状】列表

步骤 3 此时在该图形后添加了一个新形状，如图 9-50 所示。

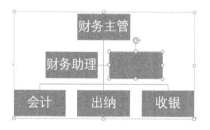

图 9-50　插入新的形状

步骤 4 在新添加的图形中插入文字，然后单击 SmartArt 图形以外的任意位置，完成 SmartArt 图形的编辑，如图 9-51 所示。

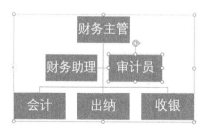

图 9-51　在图形中输入文字

2. 更改形状的级别

更改形状级别的具体操作步骤如下。

步骤 1 选中【审计员】形状，然后单击【设计】选项卡下【创建图形】选项组中的【降级】按钮，如图 9-52 所示。

图 9-52　【创建图形】选项组

步骤 2 此时已更改了所选形状的级别，如图 9-53 所示。

图 9-53　更改形状级别

> **提示**
>
> 用户单击【升级】、【上移】、【下移】按钮也可以更改 SmartArt 图形的级别。

9.5.3　设置 SmartArt 布局

当用户对默认的布局不满意时，用户可以调整整个 SmartArt 图形的布局。具体操作步骤如下。

步骤 1 选中 SmartArt 图形中的形状，单击【设计】选项卡下【版式】选项组中的【其他】按钮，在弹出的下拉列表中选择一种布局样式，如图 9-54 所示。

步骤 2 此时 SmartArt 图形的布局已被更改，如图 9-55 所示。

图 9-54　选择布局样式

图 9-55　更改布局后的显示效果

9.5.4　设置 SmartArt 样式

通过更改 SmartArt 图形的样式可以起到美化图形的目的，设置 SmartArt 图形样式的操作步骤如下。

步骤 **1** 选中 SmartArt 图形，单击【设计】选项卡下【SmartArt 样式】组中的【更改颜色】按钮，在弹出的下拉列表中选择需要的颜色样式，如图 9-56 所示。

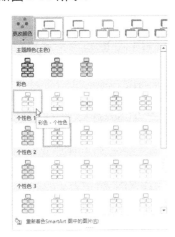

图 9-56　选择颜色样式

步骤 **2** 操作完成后即可更改 SmartArt 图形后的颜色如图 9-57 所示。

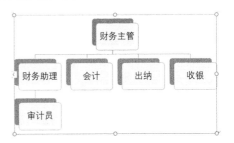

图 9-57　更改颜色后的显示效果

步骤 **3** 单击【设计】选项卡下【SmartArt 样式】组中的【其他】按钮，在弹出的列表中选择需要的外观样式，如图 9-58 所示。

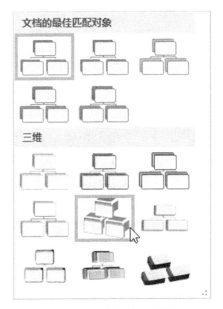

图 9-58　选择外观样式

步骤 **4** 应用外观样式后的效果如图 9-59 所示。

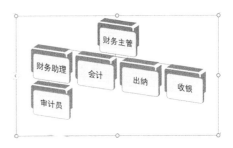

图 9-59　更改样式后的显示效果

9.6 使用表格美化文档

表格由多个行或列的单元格组成，在 Word 2016 中插入表格的方法比较多，常用的方法有使用表格菜单插入表格、使用【插入表格】对话框插入表格和使用内置表格模型插入表格。

9.6.1　插入表格

下面介绍插入表格的具体方法。

1. 使用表格菜单插入表格

使用表格菜单插入表格的方法适合创建规则的、行数和列数较少的表格，具体操作如下。

步骤 1　将光标定位至需要插入表格的地方，选择【插入】选项卡，在【表格】组中单击【表格】按钮，在插入表格区域内选中要插入表格的列数和行数。例如选中 6 列 6 行的表格，选中的单元格将以橙色显示，如图 9-60 所示。

图 9-60　表格面板

步骤 2　选中完成后，鼠标左键单击，即可在文档中插入一个 6 列 6 行的表格，如图 9-61 所示。

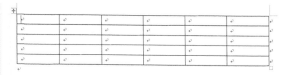

图 9-61　插入的表格

提示　上述方法最多可以创建 8 行 10 列的表格。

2. 使用【插入表格】对话框插入表格

使用【插入表格】对话框插入表格的方法，其功能比较强大，可自定义插入表格的行数和列数，并能对表格的宽度进行调整，具体操作如下。

步骤 1　将光标定位至需要插入表格的地方，选择【插入】选项卡，在【表格】组中单击【表格】按钮，在其下拉菜单中选择【插入表格】命令，弹出【插入表格】对话框。输入插入表格的列数和行数，并设置自动调整操作的具体参数，如图 9-62 所示。

图 9-62　【插入表格】对话框

步骤 2 单击【确定】按钮，即可在文档中插入一个 5 列 9 行的表格，如图 9-63 所示。

图 9-63　插入的表格

3. 使用内置表格模型插入表格

利用 Word 2016 提供的内置表格模型可以快速创建表格，但提供的表格类型有限，只适用于建立特定格式的表格。

步骤 1 新建一个空白文档，将光标定位至需要插入表格的地方，然后选择【插入】选项卡，在【表格】组中单击【表格】按钮，在弹出的下拉菜单中选择【快速表格】命令，然后在弹出的子菜单中选择理想的表格类型即可。例如选择【带副标题1】选项，如图 9-64 所示。

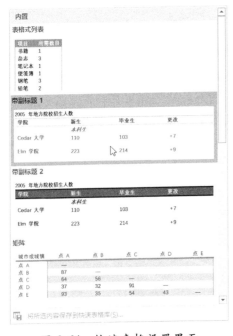

图 9-64　快速表格设置界面

步骤 2 此时界面自动按照带副标题 1 的模板创建表格，用户只需要添加相应的数据即可，如图 9-65 所示。

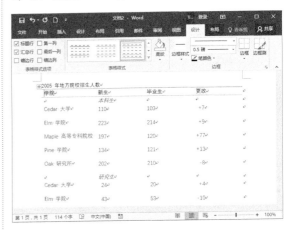

图 9-65　快速插入的表格

9.6.2　绘制表格

当用户需要创建不规则的表格时，以上方法可能就不适用了，例如在表格中添加斜线等，此时可以使用表格绘制工具来创建表格，具体操作如下。

步骤 1 选择【插入】选项卡，在【表格】组中选择【表格】下拉菜单中的【绘制表格】命令，当鼠标指针变为铅笔形状 ⌀ 时，在需要绘制表格的地方单击并拖曳鼠标绘制形状为矩形的表格的外边界，如图 9-66 所示。

图 9-66　绘制矩形

步骤 2 在该矩形中绘制行线、列线或斜线，绘制完成后按 Esc 键退出，如图 9-67 所示。

步骤 3 在建立表格的过程中，可能不需要部分行线或列线，此时单击【设计】选项卡【绘图边框】选项组中的【擦除】按钮，待鼠标指针变为橡皮擦形状 ✐，如图 9-68 所示。

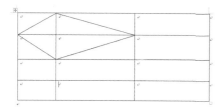

图 9-67　绘制其他表格线

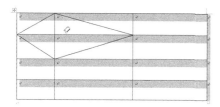

图 9-68　单击【擦除】按钮

步骤 4 擦除表格内不需要的行线或列线，如图 9-69 所示。

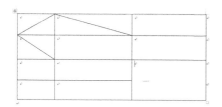

图 9-69　擦除表格边线

9.6.3　设置表格样式

为了增强表格的美观效果，可以对表格设置漂亮的边框和底纹，具体操作如下。

步骤 1 选中需要美化的表格，单击【设计】选项卡，打开【设计】选项卡的各个功能组。在【表格样式】组中选择相应的样式即可，或者单击【其他】按钮，在弹出的下拉菜单中选择所需要的样式，如图 9-70 所示。

步骤 2 应用表格样式的效果如图 9-71 所示。

步骤 3 如果用户对系统自带的表格样式不满意，可以修改表格样式。在【表格样式】

组中单击【其他】按钮，在弹出的下拉菜单中选择【修改表格样式】命令。弹出【修改样式】对话框，用户即可设置表格样式的属性、格式、字体、大小和颜色等参数，如图 9-72 所示。

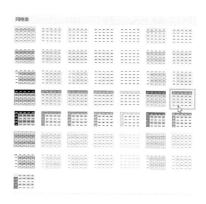

图 9-70　表格样式面板

图 9-71　应用表格样式

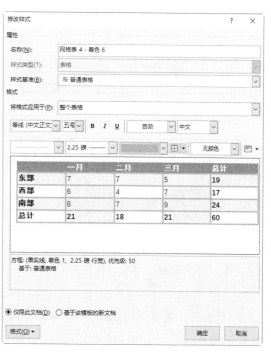

图 9-72　【修改样式】对话框

步骤 4 设置完成后单击【确定】按钮，然后输入数据，即可看到修改后的表格样式，如图 9-73 所示。

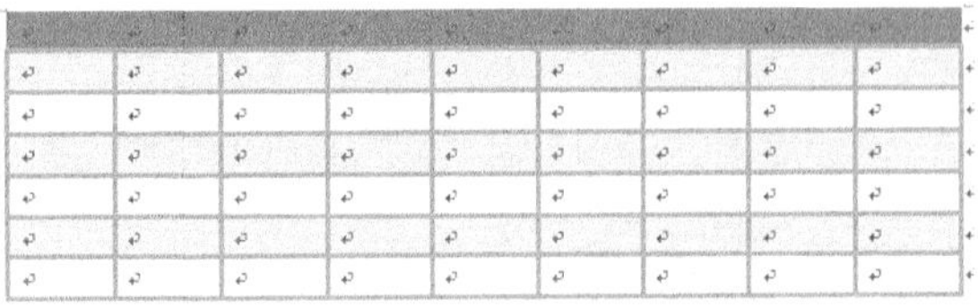

图 9-73　修改表格样式后的显示效果

9.7 使用图表美化文档

通过使用 Word 2016 强大的图表功能，可以使表格中原本单调的数据信息变得生动起来，便于用户查看数据的差异和预测数据的趋势。

9.7.1 创建图表

Word 2016 为用户提供了大量预设好的图表，使用这些预设图表可以快速地创建图表，具体操作如下。

步骤 1 在 Word 文档中新建表格和数据，将光标定位于插入图表的位置，单击【插入】选项卡下【插图】组中的【图表】按钮，如图 9-74 所示。

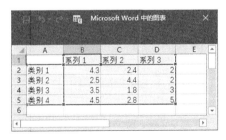

图 9-74　单击【图表】按钮

步骤 2 打开【插入图表】对话框，在左侧的【图表类型】列表框中选择【柱形图】选项，在右侧的【图表样式】中选择【三维簇状柱形图】图例，单击【确定】按钮，如图 9-75 所示。

步骤 3 弹出标题为【Microsoft Word 中的图表】的 Excel 2016 窗口，表中显示的是示例数据，如图 9-76 所示。如果要调整图表数

据区域的大小，拖曳区域的右下角就可以了。

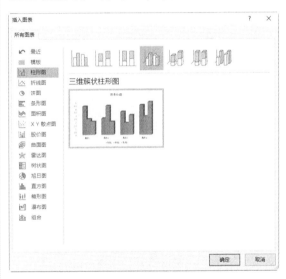

图 9-75　【插入图表】对话框

图 9-76　【Microsoft Word 中的图表】窗口

步骤 4 在 Excel 表中选中全部示例数据，然后按 Delete 键即可将其删除。将 Word 文

档表格中的数据全部粘贴至 Excel 表中的蓝色方框内，并拖动蓝色方框的右下角，使之和数据范围一致，单击 Excel 2016 的【关闭】按钮，如图 9-77 所示。

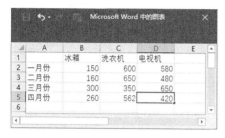

图 9-77　输入图表数据

步骤 5 此时返回到 Word 2016，显示的是创建的图表，如图 9-78 所示。

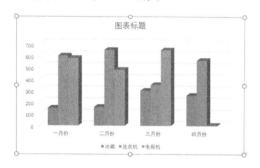

图 9-78　创建完成的图表

步骤 6 在图表标题的文本框中输入标题"2017 年 1 到 4 月份家电销售情况"，如图 9-79 所示。

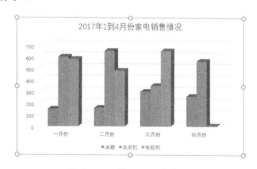

图 9-79　输入图表标题

9.7.2　设置图表样式

图表创建完成后用户可以根据需要修改图表的样式，包括布局、图表标题、坐标轴标题、图例、数据标签、数据表、坐标轴和网络线等，具体操作如下。

步骤 1 打开需要设置图表样式的文档，单击选中需要更改样式的图表，单击【设计】选项卡下【图表样式】组中的图表样式，或者单击【其他】按钮，便会弹出更多的图表布局，选择相应的样式即可，如图 9-80 所示。

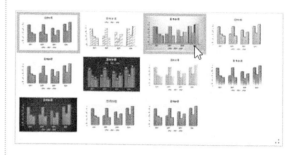

图 9-80　图表样式面板

步骤 2 选中的样式会自动应用到图表中，效果如图 9-81 所示。

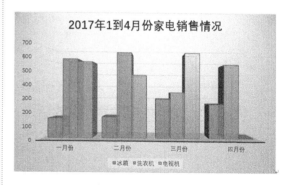

图 9-81　应用图表样式

步骤 3 如果对系统自带的效果不满意，可以继续进行修改操作。选择【格式】选项卡，在【形状样式】选项组中单击【形状轮廓】图标，在弹出的列表中设置轮廓的颜色为红色，设置线条的粗细和样式，如图 9-82 所示。

步骤 4 在【形状样式】选项组中单击【形状效果】图标，在弹出的列表中对形状添加阴影、发光、柔化边缘等效果，如图 9-83

所示。

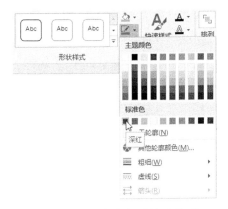

图 9-82　设置图表的填充轮廓

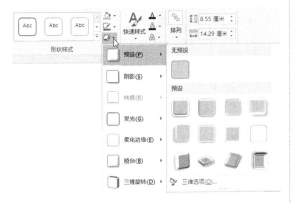

图 9-83　设置图表的形状效果

步骤 **5** 在【格式】选项卡下，单击【形状样式】组中的【其他】按钮，在弹出的面板中选择任意一个形状样式，如图 9-84 所示。

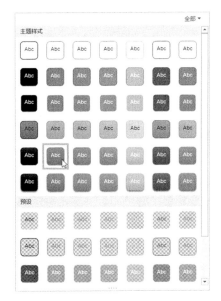

图 9-84　更改图表形状样式

步骤 **6** 返回到 Word 文档窗口，此时图表已被添加形状样式，效果如图 9-85 所示。

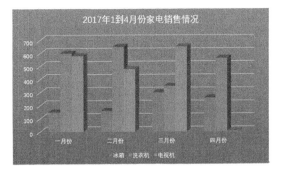

图 9-85　最终显示的图表效果

9.8 高效办公技能实战

9.8.1 导出文档中的图片

如果发现某篇文档中的图片比较好，希望将图片保存到电脑中，这时就需要导出文档中的图片，具体操作步骤如下。

步骤 **1** 在需要保存的图片上鼠标右键单击，在弹出的快捷菜单中选择【另存为图片】命令，如图 9-86 所示。

步骤 2 在弹出的【保存文件】对话框中选择保存的路径和文件名，在【保存类型】中选择【JPEG 文件交换格式】选项，单击【保存】按钮即可，如图 9-87 所示。

菜单中选择【填充效果】命令，如图 9-88 所示。

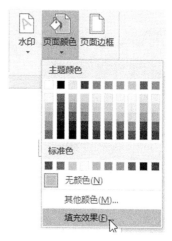

图 9-88 选择【填充效果】命令

图 9-86 选择【另存为图片】命令

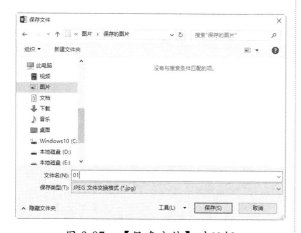

图 9-87 【保存文件】对话框

9.8.2 制作公司年度报告

实现文档内容的图文混排可以使单调的文档增添不少色彩，下面介绍使用 Word 制作公司年度报告的方法，具体操作如下。

步骤 1 新建一个空白文档，在【设计】选项卡中单击【页面颜色】按钮，在弹出的

步骤 2 弹出【填充效果】对话框，在【颜色】组中选中【双色】单选按钮，并将【颜色 1】设为"浅蓝色"、【颜色 2】设为"深蓝色"，然后将【底纹样式】设为【水平】，如图 9-89 所示。

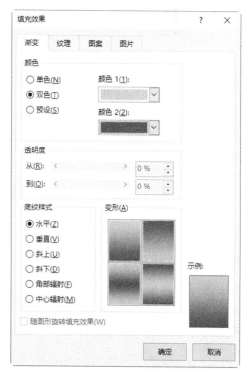

图 9-89 【填充效果】对话框

步骤 3 单击【确定】按钮，页面颜色的填充效果如图 9-90 所示。

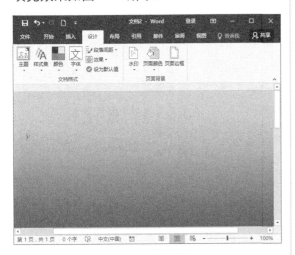

图 9-90 填充页面

步骤 4 在【插入】选项卡中单击【图片】按钮，打开【插入图片】对话框，选中需要插入的图片，然后单击【插入】按钮，如图 9-91 所示。

图 9-91 【插入图片】对话框

步骤 5 将选中的图片插入文档后，右击插入的图片，在弹出来的菜单中选择【环绕文字】→【衬于文字下方】命令，如图 9-92 所示。

步骤 6 调整图片大小与位置，将其放置在合适的位置，如图 9-93 所示。

步骤 7 选中插入的图片，单击【格式】

选项卡下【调整】组中的【颜色】按钮，在弹出来的菜单中选择【设置透明色】选项，如图 9-94 所示。

图 9-92 选择【衬于文字下方】命令

图 9-93 调整图片的大小

图 9-94 选择【设置透明色】选项

步骤 8 返回到 Word 文档中，单击图片中的白色区域，设置图片为透明色，如图 9-95 所示。

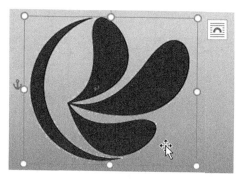

图 9-95　图片以透明色显示

步骤 9 单击【插入】选项卡下【文本】选项组中的【艺术字】按钮，在弹出的下拉列表中选择一种艺术字样式，如图 9-96 所示。

图 9-96　选择艺术字样式

步骤 10 在"请在此放置你的文字"处输入文字，设置【字号】为"小初"，字体为"华文行楷"，并调整艺术字的位置，如图 9-97 所示。

图 9-97　输入艺术字内容

步骤 11 在文档中输入文本内容（用户不必全部输入，可打开随书光盘中的"素材\ch09\年度报告 .txt"文件，复制并粘贴素材内容到新建文档中即可），如图 9-98 所示。

步骤 12 将标题的字体格式设置为"华文行楷、三号、黄色"，如图 9-99 所示。

步骤 13 将正文字体格式设置为"华文宋体、五号"，首行缩进设置为"2 字符"，行距设置为"1.5 倍行距"，如图 9-100 所示。

图 9-98　输入年度报告内容

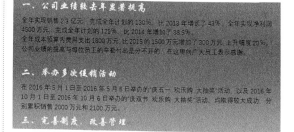

图 9-99　设置字体格式

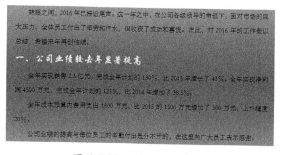

图 9-100　设置段落格式

步骤 14 将鼠标光标定位至【一、公司业绩较去年显著提高】标题的最后一行，插入"3×4"表格，如图 9-101 所示。

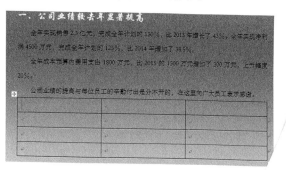

图 9-101　插入表格

步骤 15 调整表格列宽，在单元格中输入表头和表格内容，设置表格对齐方式为"居中对齐"，如图 9-102 所示。

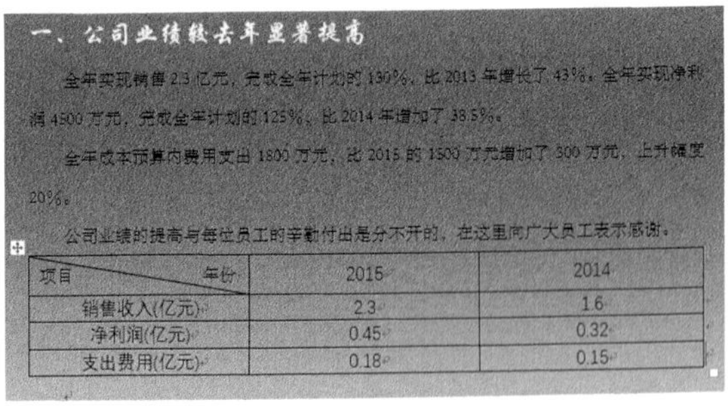

图 9-102　输入表格内容

步骤 16 至此，公司年度报告制作完毕，按 Ctrl+S 组合键保存文档，最终效果如图 9-103 所示。

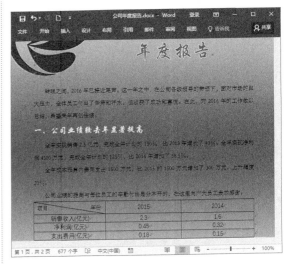

图 9-103　最终的显示效果

9.9　疑难问题解答

问题 1：在文档中插入了多个图片，发现插入的图片不能移动，不能实现组合操作，这是为什么？

解答：检查一下插入的图片的环绕格式。如果插入的图片是嵌入式的，那么就不能对图片进行组合及移动。若要对其进行组合和移动就需要将图片的环绕方式更改为"浮于文字上方"格式。

问题 2：如何让 Word 中的表格快速一分为二？

解答：将光标定位在要分开的表格线下方的表格上，按 Ctrl+Shift+Enter 组合键，这时就会发现表格中间自动插入了一个空行，这样就达到了将一个表格一分为二的目的。

第10章

排版文档——长文档的高级排版

● **本章导读**

　　对于文字内容较多、篇幅相对较长、文章层次结构相对复杂的文档，如毕业论文、商业报告、软件使用说明书等的排版操作，可以使用 Word 2016 的页面设置、样式与格式、分栏、特殊中文版式、格式刷、分隔符、页眉和页脚，以及目录和索引等常用功能来处理。

● **学习目标**

◎ 掌握页面排版设置的方法

◎ 掌握分栏排版文档的方法

◎ 掌握样式与格式的使用方法

◎ 掌握添加页眉与页脚的方法

◎ 掌握创建目录和索引的方法

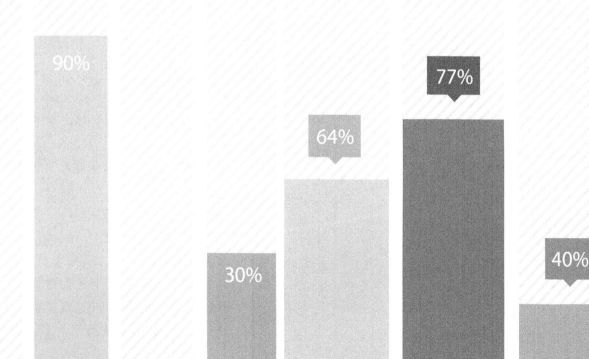

10.1 页面排版设置

通过对文档进行排版设计，不但使文档便于阅读，而且使版面显得生动活泼。文档的页面排版设置内容包括纸张大小、页边距、文档网格和版面等。

10.1.1 设置文字方向

在 Word 2016 中输入内容后，默认的文字排列方向是水平的。有时候为了排版上的美观，常常将文档的文字排列方向设置为垂直的。具体的操作步骤如下。

步骤 1 打开随书光盘中的"素材\ch10\ 江南春.docx"，单击【布局】选项卡下【页面设置】选项组中的【文字方向】按钮，在弹出的下拉列表中选择【垂直】选项，如图 10-1 所示。

图 10-1 选择【垂直】选项

步骤 2 文档中的文本内容将以"垂直"方式显示，如图 10-2 所示。

图 10-2 以垂直方式显示

> **提示**
>
> 单击【布局】选项卡下【页面设置】选项组中的【文字方向】按钮，在弹出的下拉列表中选择【文字方向选项（X）】选项，弹出【文字方向 - 主文档】对话框，如图 10-3 所示。

图 10-3 【文字方向 - 主文档】对话框

【文字方向 - 主文档】对话框中的各选项含义如下。

☆ 【方向】选项：在该区域可以选择文字的显示方向。

☆ 【预览】选项：在该区域可以预览设置文字后的显示效果。

☆ 【应用于】（Y）：单击【应用于（Y）：】右侧的向下按钮，在弹出的列表中可以设置文字方向是应用于整篇文档还是插入点之后，如图 10-4 所示。

图 10-4　【应用于】下拉列表

10.1.2　设置页边距

设置页边距，包括调整上、下、左、右边距以及页眉和页脚距页边界的距离。使用【页边距】工具组设置的页边距十分精确。具体的操作步骤如下。

步骤 **1** 单击【布局】选项卡下【页面设置】组中的【页边距】按钮，在弹出的下拉列表中选择一种页边距样式，即可快速设置页边距，如图 10-5 所示。

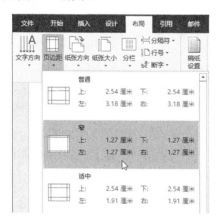

图 10-5　【页边距】下拉列表

步骤 **2** 除此之外，用户还可以自定义页边距，单击【布局】选项卡下【页面设置】组中的【页边距】按钮，在弹出的下拉列表

中选择【自定义边距】选项，如图 10-6 所示。

图 10-6　选择【自定义边距】选项

步骤 **3** 弹出【页面设置】对话框，在【页边距】选项卡下【页边距】区域可以自定义设置"上"、"下"、"左"、"右"页边距。例如将"上"、"下"、"内侧"、"外侧"页边距均设为"1 厘米"，在【预览】区域可以查看设置后的效果，如图 10-7 所示。

图 10-7　设置页边距

注意 如果页边距的设置超出了打印机默认的范围，将出现 Microsoft Word 提示对话框，如图 10-8 所示。这时单击【调整】按钮系统将自动调整页边距。

另外，页边距太窄会影响文档的装订，而太宽不仅影响美观，还浪费纸张。一般情况下，如果使用 A4 纸，就采用 Word 提供的默认值；如果使用 B5 或 16 开纸，上、下边距就设置为 2.4 厘米左右，左、右边距一般在 2 厘米左右。

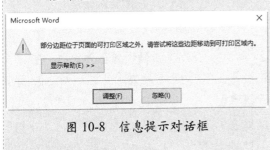

图 10-8　信息提示对话框

10.1.3　设置纸张

默认情况下，Word 创建的文档是纵向排列的，用户可以根据需要调整纸张的大小和方向，具体的操作步骤如下。

步骤 1 单击【布局】选项卡下【页面设置】组中的【纸张方向】按钮，在【纸张方向】下拉列表中设置纸张的方向为"横向"或"纵向"，如图 10-9 所示。

图 10-9　选择纸张方向

步骤 2 单击【布局】选项卡【页面设置】

选项组中的【纸张大小】按钮，在弹出的下拉列表中可以选择纸张大小，例如单击"A4"选项，如图 10-10 所示。

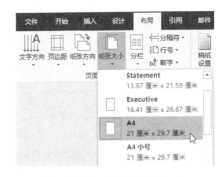

图 10-10　选择纸张大小

10.1.4　设置页面版式

版式即版面格式，具体指的是开本、版心和周围空白的尺寸等项的排法。设置页面版式的具体步骤如下。

步骤 1 打开随书光盘中的"素材 \ch10\ 童话故事 .docx"文档，然后单击【布局】选项卡下【页面设置】组中的【页面设置】按钮，如图 10-11 所示。

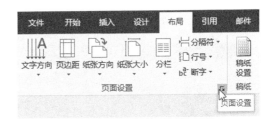

图 10-11　单击【页面设置】按钮

步骤 2 在弹出的【页面设置】对话框中选择【版式】选项卡，在【节】选项组中的【节的起始位置】下拉列表框中选择【新建页】选项，在【页眉和页脚】选项组中选中【奇偶页不同】复选框，在【页面】选项组中的【垂直对齐方式】下拉列表框中选中【居中】选项，如图 10-12 所示。

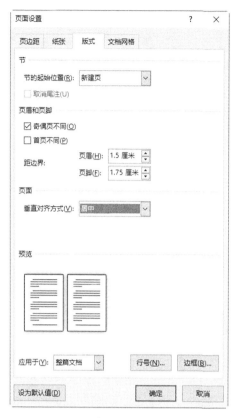

图 10-12　【页面设置】对话框

步骤 3 单击【行号】按钮打开【行号】对话框，选中【添加行号】复选框，设置【起始编号】为"1"，【距正文】为【自动】，【行号间隔】为"1"，在【编号】选项组中选中【每页重新编号】单选按钮，如图 10-13 所示。

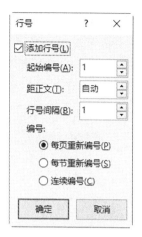

图 10-13　【行号】对话框

步骤 4 单击【确定】按钮返回【页面设置】对话框，用户可以在【预览】选项组中查看设置效果。单击【确定】按钮即可完成对文档版式的设置，如图 10-14 所示。

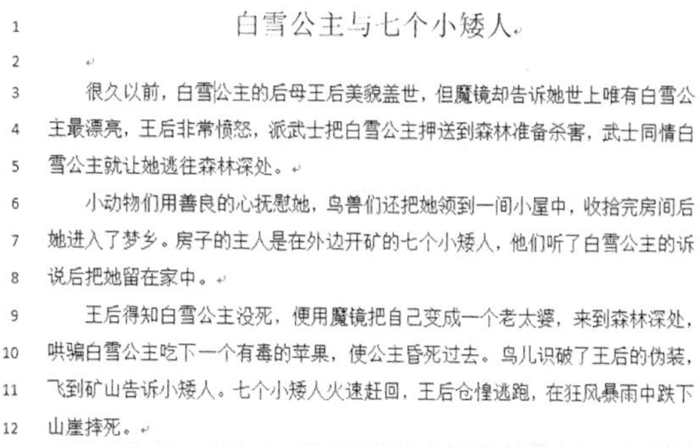

1	白雪公主与七个小矮人
2	
3	很久以前，白雪公主的后母王后美貌盖世，但魔镜却告诉她世上唯有白雪公
4	主最漂亮，王后非常愤怒，派武士把白雪公主押送到森林准备杀害，武士同情白
5	雪公主就让她逃往森林深处。
6	小动物们用善良的心抚慰她，鸟兽们还把她领到一间小屋中，收拾完房间后
7	她进入了梦乡。房子的主人是在外边开矿的七个小矮人，他们听了白雪公主的诉
8	说后把她留在家中。
9	王后得知白雪公主没死，便用魔镜把自己变成一个老太婆，来到森林深处，
10	哄骗白雪公主吃下一个有毒的苹果，使公主昏死过去。鸟儿识破了王后的伪装，
11	飞到矿山告诉小矮人。七个小矮人火速赶回，王后仓惶逃跑，在狂风暴雨中跌下
12	山崖摔死。

图 10-14　添加行号后的效果

10.2 分栏排版文档

在分栏的外观设置上 Word 具有很大的灵活性，不仅可以控制栏数、栏宽以及栏间距，还可以控制分栏的长度。

10.2.1 创建分栏版式

设置分栏，就是将某一页、某一部分的文档或者整篇文档分成具有相同栏宽或者不同栏宽的多个分栏，具体的操作步骤如下。

步骤 **1** 打开随书光盘中的"素材 \ch5\ 招聘流程 .docx"文档，单击【布局】选项卡下【页面设置】组中的【分栏】按钮，在弹出的下拉列表中选择分栏，如图 10-15 所示。

图 10-15　选择分栏

步骤 **2** 若选择【更多分栏】选项，将弹出【分栏】对话框，在【预设】选项组中选择【两栏】选项，再选中【栏宽相等】和【分隔线】两个复选框，其他各选项使用默认设置即可，如图 10-16 所示。

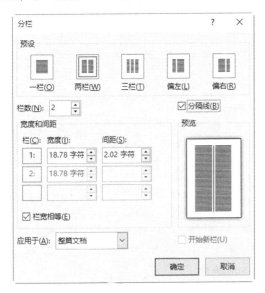

图 10-16　【分栏】对话框

步骤 **3** 单击【确定】按钮即可将整篇文档分为两栏，如图 10-17 所示。

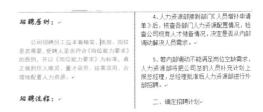

图 10-17　分栏显示效果

 提示 　要设置不等宽的分栏版式时，应先取消选中【分栏】对话框中的【栏宽相等】复选项，然后在【宽度和间距】选项组中逐栏输入栏宽和间距。

10.2.2　调整栏宽和栏数

用户设置好分栏版式后，如果对栏宽和栏数不满意，则可通过拖曳鼠标调整栏宽，或通过设置【分栏】对话框调整栏宽和栏数。

1. 拖曳鼠标调整栏宽

将鼠标指针移动到标尺上的栏的左边界或右边界处，待鼠标指针变成一个水平的黑箭头形状时按下鼠标左键，然后拖曳栏的边界即可调整栏宽，如图 10-18 所示。

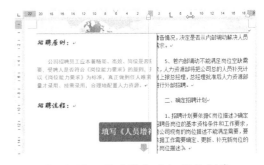

图 10-18　通过拖曳鼠标调整栏宽

2. 精准调整栏宽

拖曳鼠标调整栏宽的方法虽然简单，但是不够精确，精确地调整栏宽的方法如下。

步骤 1 单击【布局】选项卡下的【页面设置】组中的【分栏】按钮，在弹出的下拉列表中选择【更多分栏】选项，弹出【分栏】对话框，在【宽度和间距】选项组中设置所需的栏宽，如图 10-19 所示。

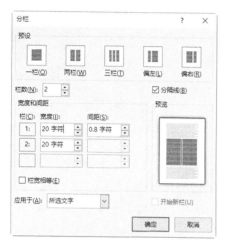

图 10-19　【分栏】对话框

步骤 2 单击【确定】按钮即可完成对分栏宽度的设置，如图 10-20 所示。

图 10-20　调整分栏的宽度

3.　调整栏数

需要调整分栏的栏数时，只须在【分栏】对话框的【栏数】微调框中输入栏的数值即可。另外，使用工具栏按钮也可以调整栏数：单击【布局】选项卡的【页面设置】组中的【分栏】按钮，在弹出的下拉列表中选择【三栏】选项，此时文档就被分为三栏，如图 10-21 所示。

图 10-21　三栏样式

10.2.3　单栏、多栏混合排版

混合排版就是对文档的一部分进行多栏排版，另一部分进行单栏排版。进行混合排版时，多栏排版部分的文本应单独选定，然后单击【分栏】按钮，设置选中文本的分栏栏数即可，如图 10-22 所示。

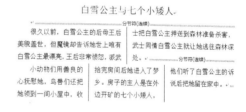

图 10-22　单栏双栏混合排版样式

从根本上说，混合排版只不过是在进行多栏排版的文本前后分别插入了一个分节符，然后再对它们进行单独处理。

10.3　使用样式与格式

样式包含字符样式和段落样式。字符样式的设置以单个字符为单位，段落样式的设置是以段落为单位。字符样式可以应用于任何文字，包括字体、字体大小和修饰等，段落样式应用于整个文档，包括字体、行间距、对齐方式、缩进格式、制表位、边框和编号等。

10.3.1 查看样式

使用【应用样式】窗格查看样式的具体操作如下。

步骤 1 打开随书光盘中的"素材 \ch10\ 童话故事 .docx"文件，单击【开始】选项卡的【样式】选项组中的【其他】按钮，在弹出的下拉列表中选择【应用样式】选项，如图 10-23 所示。

图 10-23 选择【应用样式】选项

步骤 2 弹出【应用样式】窗格，将鼠标指针置于文档中的任意位置处，相应的样式将会在【样式名】下拉列表框中显示出来，如图 10-24 所示。

图 10-24 【应用样式】窗格

10.3.2 应用样式

应用样式的方法主要有两种，一种是快速使用样式，另一种是使用样式列表。

1. 快速使用样式

步骤 1 在打开的"素材 \ch10\ 童话故

事 .docx"文件中，选择要应用样式的文本（或者将鼠标光标定位在要应用样式的段落内），例如，将光标定位至第一段段内，如图 10-25 所示。

图 10-25 选择应用样式的文本

步骤 2 单击【开始】选项卡下【样式】选项组中的【其他】按钮，从弹出【样式】下拉列表中选择【标题】样式，此时第一段即变为标题样式，如图 10-26 所示。

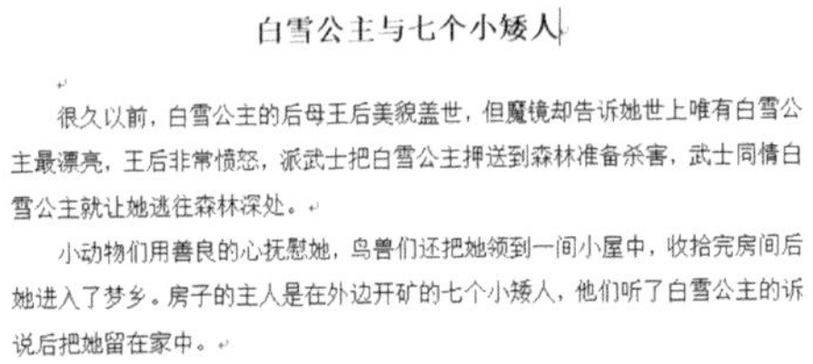

白雪公主与七个小矮人

很久以前，白雪公主的后母王后美貌盖世，但魔镜却告诉她世上唯有白雪公主最漂亮，王后非常愤怒，派武士把白雪公主押送到森林准备杀害，武士同情白雪公主就让她逃往森林深处。

小动物们善良的心抚慰她，鸟儿们还把她领到一间小屋中，收拾完房间后她进入了梦乡。房子的主人是在外边开矿的七个小矮人，他们听了白雪公主的诉说后把她留在家中。

图 10-26 应用的标题样式

2. 使用样式列表

步骤 1 选中需要应用样式的文本，如图 10-27 所示。

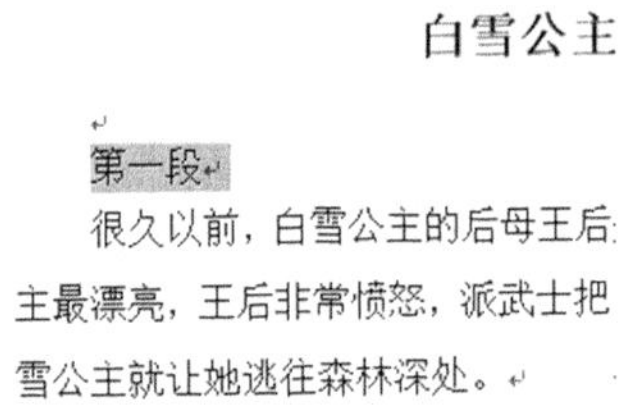

白雪公主

第一段
很久以前，白雪公主的后母王后主最漂亮，王后非常愤怒，派武士把雪公主就让她逃往森林深处。

图 10-27 选择文本

步骤 2 在【开始】选项卡的【样式】组中单击【样式】按钮，弹出【样式】窗格，在【样式】窗格的列表中单击需要的样式选项即可，例如单击【标题 1】选项，如图 10-28

所示。

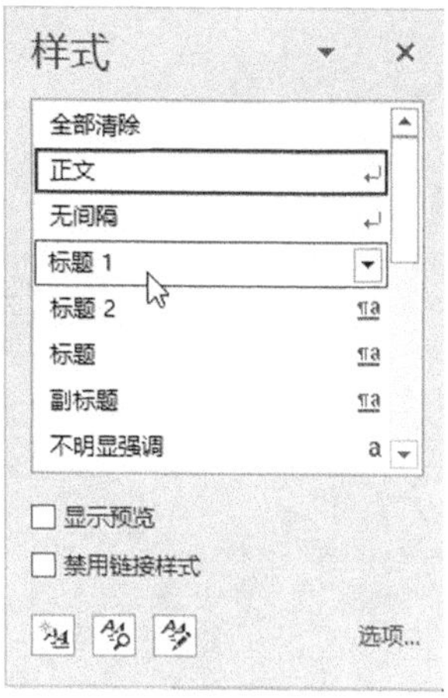

图 10-28　【样式】窗格

步骤 **3** 返回到 Word 文档中，此时选中的文本已应用了"标题 1"样式，如图 10-29 所示。

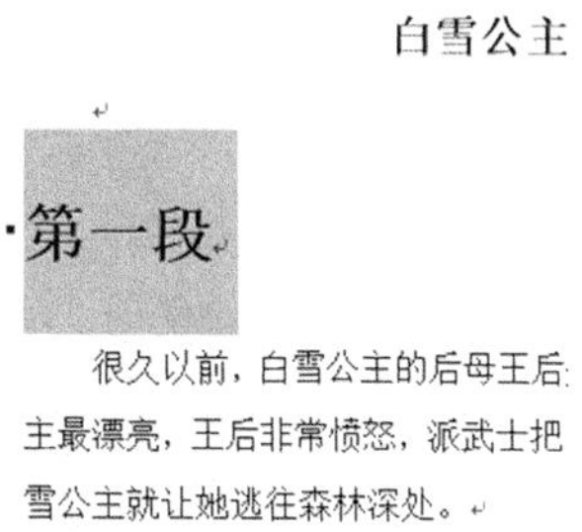

白雪公主

第一段

很久以前，白雪公主的后母王后
主最漂亮，王后非常愤怒，派武士把
雪公主就让她逃往森林深处。

图 10-29　应用的样式

10.3.3　自定义样式

当系统内置的样式不能满足需求时，用户可以自行创建样式，具体操作步骤如下。

步骤 **1** 打开随书光盘中的"素材 \ch10\ 水果与蔬菜的作用 .docx"文件，选中需要应用样式的文本，或者将插入符移至需要应用样式的段落内的任意一个位置，然后在【开始】选项卡的【样式】组中单击【样式】按钮，弹出【样式】窗格，如图 10-30 所示。

步骤 **2** 单击【新建样式】按钮，弹出【根据格式化创建新样式】对话框，如图 10-31 所示。

图 10-30　【样式】窗格

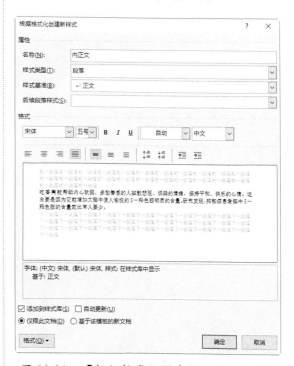

图 10-31　【根据格式化创建新样式】对话框

步骤 **3** 在【名称】文本框中输入新建样式的名称，例如输入"内正文"。在【属性】区域分别在【样式类型】、【样式基准】和【后续段落样式】下拉列表中选择需要的样式类型或样式基准，在【格式】区域根据需要设置字体格式，单击【倾斜】按钮 *I*，如图 10-32 所示。

步骤 **4** 单击左下角的【格式】按钮，在弹出的下拉列表中选择【段落】选项，如图 10-33 所示。

图 10-32 设置样式

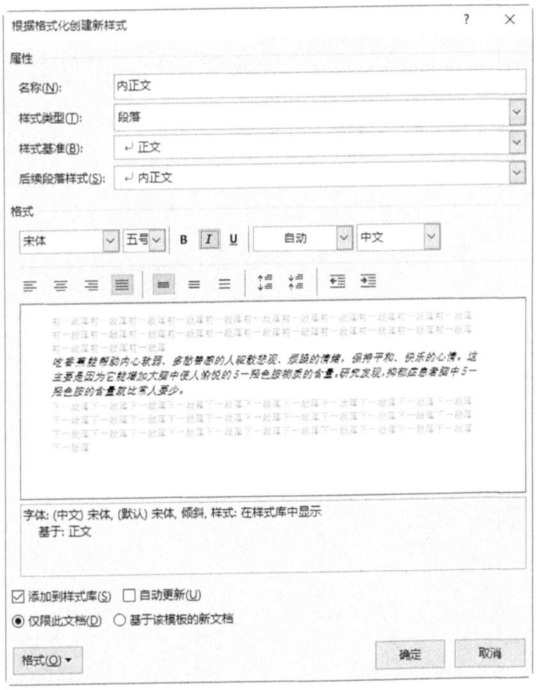

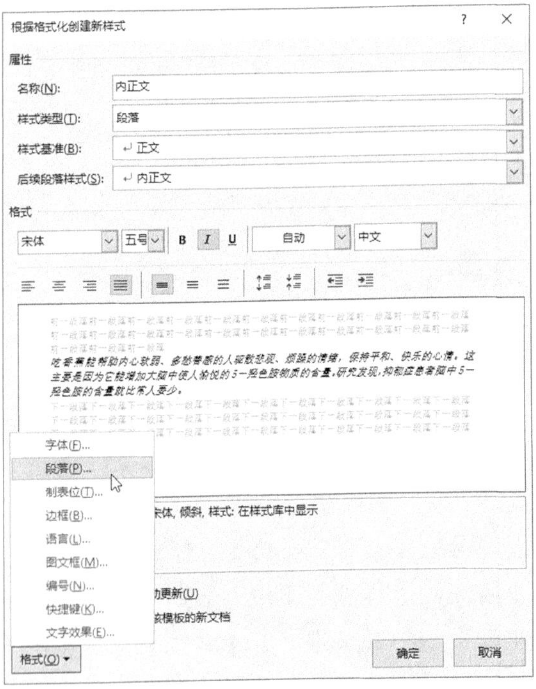

图 10-34 设置特殊格式

图 10-33 选择【段落】选项

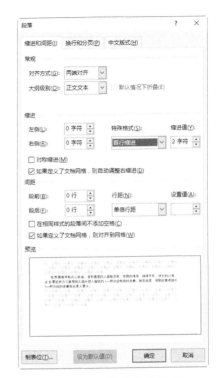

步骤 6 返回【根据格式化创建新样式】对话框，在中间区域预览效果，单击【确定】按钮，如图 10-35 所示。

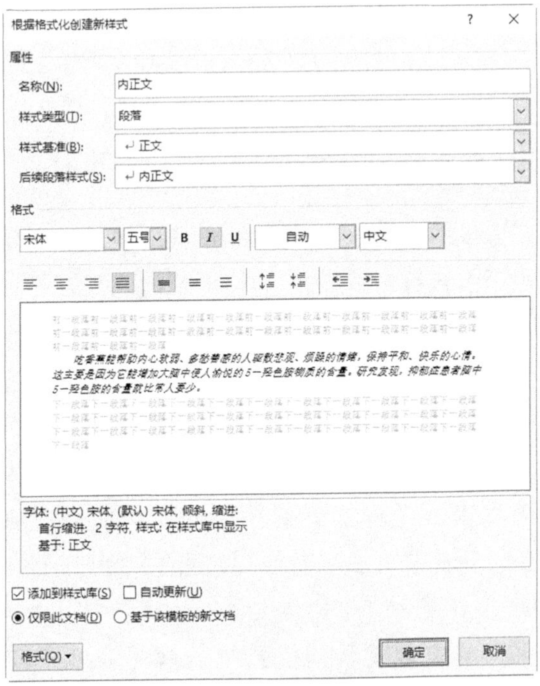

步骤 5 弹出【段落】对话框，在段落对话框中设置"首行缩进，2 字符"，单击【确定】按钮，如图 10-34 所示。

图 10-35 预览效果

步骤 7 在【样式】窗格中查看创建的新样式，在文档中显示设置后的效果，如图10-36 所示。

图 10-36　【样式】窗格

步骤 8 选中其他要应用该样式的段落，单击【样式】窗格中的【内正文】样式，即可将该样式应用到新选的段落，如图10-37所示。

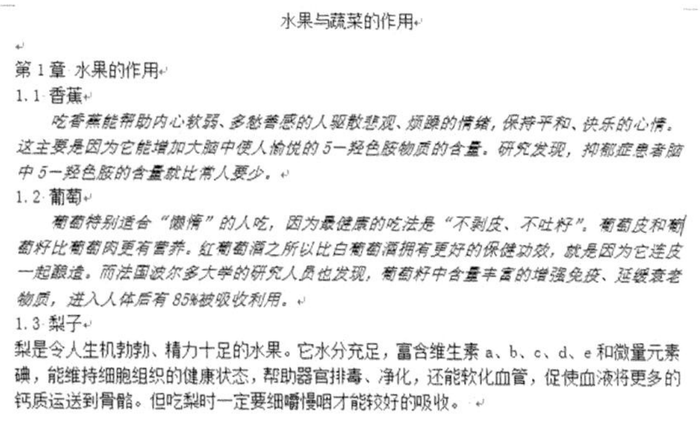

水果与蔬菜的作用

第1章 水果的作用
1.1 香蕉
　　吃香蕉能帮助内心软弱、多愁善感的人驱散悲观、烦躁的情绪，保持平和、快乐的心情。这主要是因为它能增加大脑中使人愉悦的5-羟色胺物质的含量。研究发现，抑郁症患者脑中5-羟色胺的含量就比常人要少。
1.2 葡萄
　　葡萄特别适合"懒惰"的人吃，因为最健康的吃法是"不剥皮、不吐籽"。葡萄皮和葡萄籽比葡萄肉更有营养。红葡萄酒之所以比白葡萄酒拥有更好的保健功效，就是因为它连皮一起酿造。而法国波尔多大学的研究人员也发现，葡萄籽中含量丰富的增强免疫、延缓衰老物质，可以让人体吸收有85%被吸收利用。
1.3 梨子
　　梨是令人生机勃勃、精力十足的水果。它水分充足，富含维生素a、b、c、d、e和微量元素碘，能维持细胞组织的健康状态，帮助器官排毒、净化，还能软化血管，促使血液将更多的钙质运送到骨骼。但吃梨时一定要细嚼慢咽才能较好的吸收。

图 10-37　应用自定义样式

10.3.4　修改样式

　　当样式不能满足编辑需求时，用户可以对样式进行修改，具体操作步骤如下。

步骤 1 在【样式】窗格中单击下方的【管理样式】按钮，如图10-38 所示。

步骤 2 弹出【管理样式】对话框，在【选择要编辑的样式】列表框中单击需要修改的样式名称，然后单击【修改】按钮，如图

10-39 所示。

图 10-38　【样式】窗格

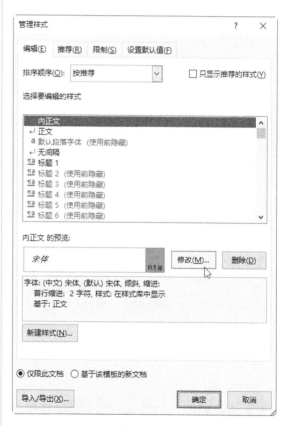

图 10-39　【管理样式】对话框

步骤 3 弹出【修改样式】对话框，根据需要设置字体、字号、加粗、段间距、对齐方式和缩进量等选项，然后单击【确定】按钮，完成样式的修改，如图10-40所示。

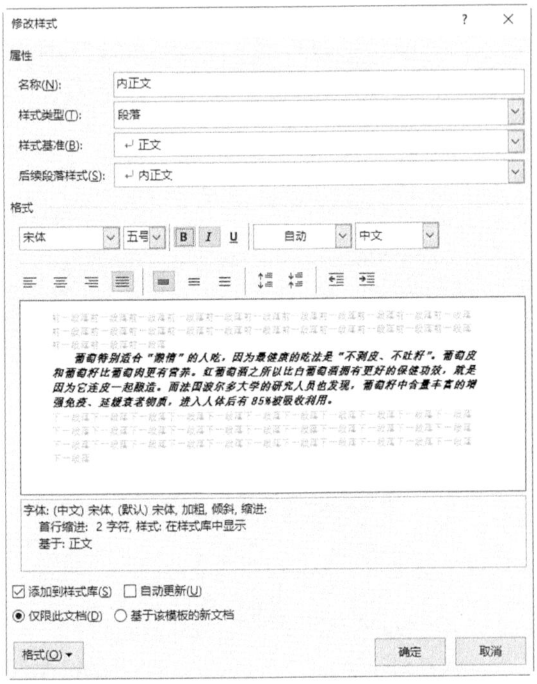

图 10-40 【修改样式】对话框

步骤 4 单击【管理样式】窗口中的【确定】按钮返回，修改后的效果如图 10-41 所示。

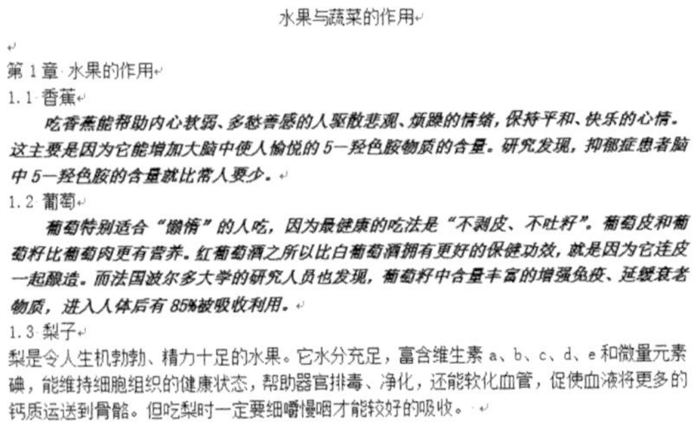

水果与蔬菜的作用

第 1 章 水果的作用
1.1 香蕉
吃香蕉能帮助内心软弱、多愁善感的人驱散悲观、烦躁的情绪，保持平和、快乐的心情。这主要是因为它能增加大脑中使人愉悦的 5—羟色胺物质的含量。研究发现，抑郁症患者脑中 5—羟色胺的含量就比常人要少。
1.2 葡萄
葡萄特别适合"懒惰"的人吃，因为最健康的吃法是"不剥皮、不吐籽"。葡萄皮和葡萄籽比葡萄肉更有营养。红葡萄酒之所以比白葡萄酒拥有更好的保健功效，就是因为它连皮一起酿造。而法国波尔多大学的研究人员也发现，葡萄籽中含量丰富的增强免疫、延缓衰老物质，进入人体后有 85%被吸收利用。
1.3 梨子
梨是令人生机勃勃、精力十足的水果。它水分充足，富含维生素 a、b、c、d、e 和微量元素碘，能维持细胞组织的健康状态，帮助器官排毒、净化，还能软化血管，促使血液将更多的钙质运送到骨骼。但吃梨时一定要细嚼慢咽才能较好的吸收。

图 10-41 修改后的样式

10.3.5 清除样式

当需要清除某段文字的格式时，选中该段文字，单击【开始】选项卡下【样式】选项组中的【其他】按钮，在弹出的下拉列表中选择【清除格式】选项，如图 10-42 所示。清除效果如图 10-43 所示。

图 10-42 【清除格式】选项

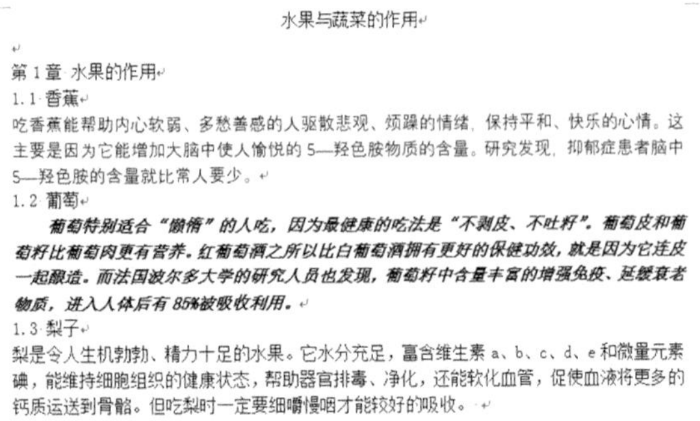

水果与蔬菜的作用

第 1 章 水果的作用
1.1 香蕉
吃香蕉能帮助内心软弱、多愁善感的人驱散悲观、烦躁的情绪，保持平和、快乐的心情。这主要是因为它能增加大脑中使人愉悦的 5—羟色胺物质的含量。研究发现，抑郁症患者脑中 5—羟色胺的含量就比常人要少。
1.2 葡萄
葡萄特别适合"懒惰"的人吃，因为最健康的吃法是"不剥皮、不吐籽"。葡萄皮和葡萄籽比葡萄肉更有营养。红葡萄酒之所以比白葡萄酒拥有更好的保健功效，就是因为它连皮一起酿造。而法国波尔多大学的研究人员也发现，葡萄籽中含量丰富的增强免疫、延缓衰老物质，进入人体后有 85%被吸收利用。
1.3 梨子
梨是令人生机勃勃、精力十足的水果。它水分充足，富含维生素 a、b、c、d、e 和微量元素碘，能维持细胞组织的健康状态，帮助器官排毒、净化，还能软化血管，促使血液将更多的钙质运送到骨骼。但吃梨时一定要细嚼慢咽才能较好的吸收。

图 10-43 清除效果

10.4 添加页眉与页脚

Word 2016 提供了丰富的页眉和页脚模板，使用户在插入页眉和页脚时变得更为快捷。

10.4.1 插入页眉和页脚

在页眉和页脚中可以输入创建文档的基本信息，例如文档名称、章节标题、页码等，这不仅能使文档更美观，还能向读者快速传递文档要表达的信息。

1. 插入页眉

步骤 **1** 打开随书光盘中的"素材 \ch10\ 水果与蔬菜的作用 .docx"文件，单击【插入】选项卡【页眉和页脚】组中的【页眉】按钮，弹出【页眉】下拉列表，选择需要的页眉，例如选择【边线型】选项，如图 10-44 所示。

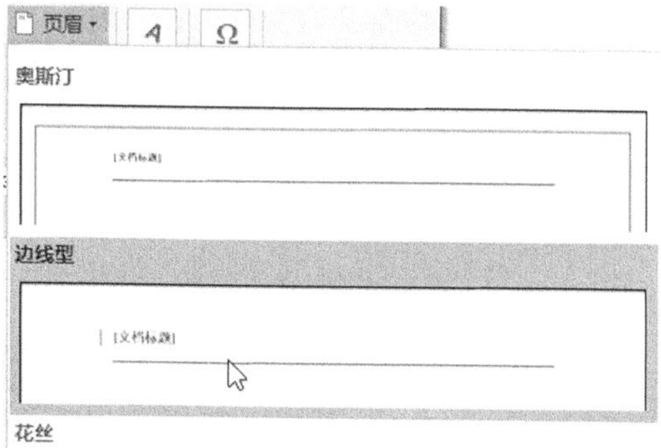

图 10-44　选择【边线型】样式

步骤 **2** Word 2016 会在文档每一页的顶部插入页眉，并显示【文档标题】文本域，如图 10-45 所示。

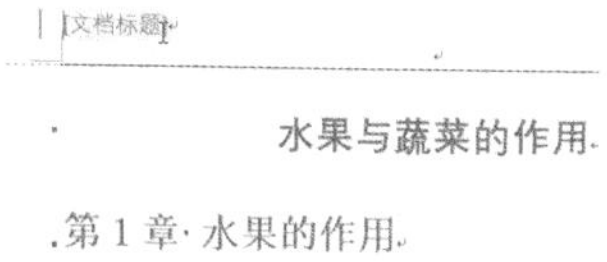

图 10-45　插入页眉

步骤 **3** 在页眉的文本域中输入内容，单击【设计】选项卡下【关闭】选项组中的【关闭页眉和页脚】按钮，如图 10-46 所示。

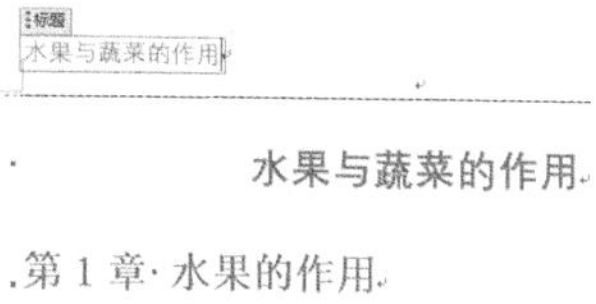

图 10-46　输入内容

步骤 **4** 插入页眉的效果如图 10-47 所示。

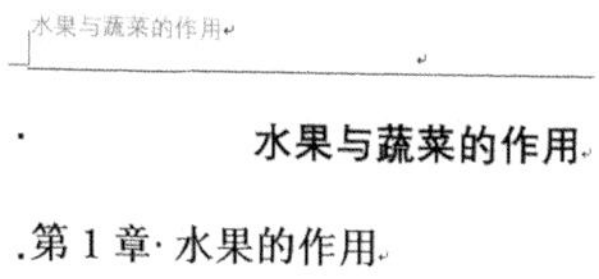

图 10-47　插入的页眉效果

2. 插入页脚

步骤 **1** 在【设计】选项卡中单击【页眉和页脚】组中的【页脚】按钮，弹出【页脚】下拉列表，选择【怀旧】样式，如图 10-48 所示。

图 10-48　选择【怀旧】样式

步骤 **2** 文档自动跳转至页脚编辑状态，如图 10-49 所示。

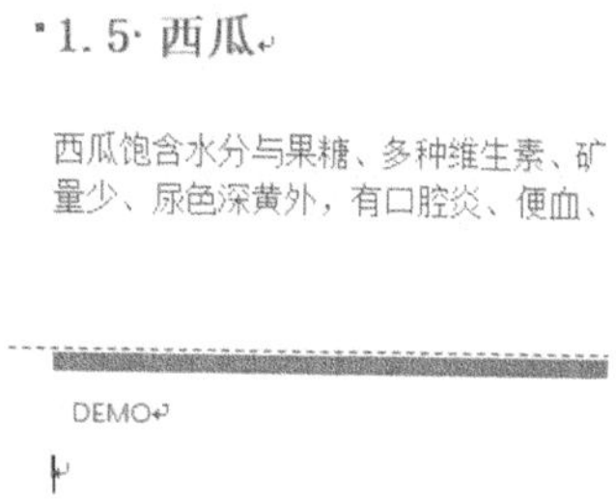

图 10-49　插入页脚

步骤 **3** 输入页脚内容，例如输入作者信息，如图 10-50 所示。

步骤 **4** 单击【设计】选项卡下【关闭】

选项组中的【关闭页眉和页脚】按钮，即可看到插入页脚的效果，如图 10-51 所示。

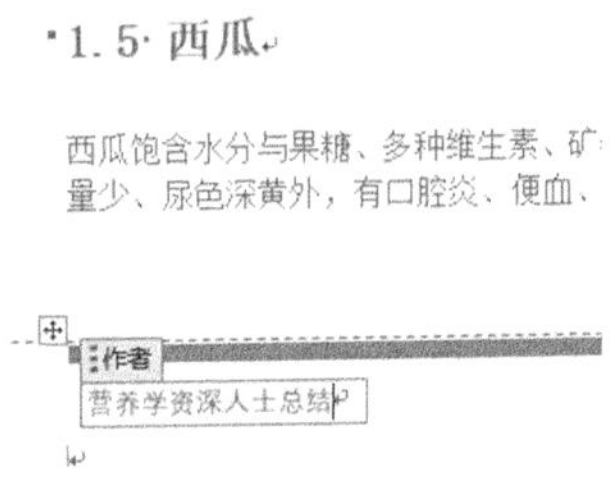

图 10-50　输入页脚内容

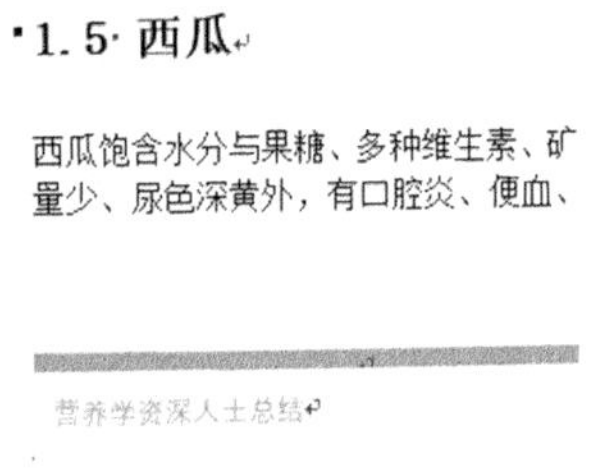

图 10-51　插入的页脚效果

10.4.2　设置页眉和页脚

插入页眉和页脚后，还可以根据需要设置页眉和页脚，具体操作步骤如下。

步骤 1 双击插入的页眉，使其处于编辑状态。单击【设计】选项卡下【页眉和页脚】组中的【页眉】按钮，在弹出的下拉列表中选择【镶边】样式，如图 10-52 所示。

步骤 2 在【设计】选项卡下【选项】组中单击选中【奇偶页不同】复选框，如图 10-53 所示。

步骤 3 选中页眉中的文本内容，在【开始】选项卡下设置其【字体】为"华文新魏"，【字号】为"三号"，【字体颜色】为"深红"，如图 10-54 所示。

步骤 4 返回至文档，按 Esc 键即可退出页眉和页脚的编辑状态，效果如图 10-55 所示。

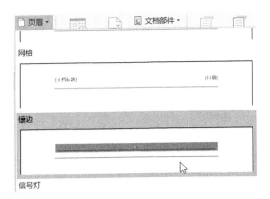

图 10-52　选择【镶边】样式

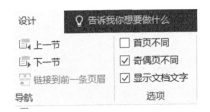

图 10-53　选中【奇偶页不同】复选框

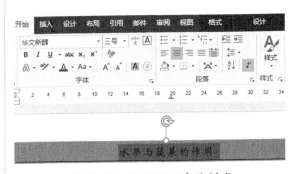

图 10-54　设置页眉字体样式

图 10-55　修改页眉后的效果

10.4.3　设置文档页码

在文档中插入页码的具体步骤如下。

步骤 1 打开随书光盘中的"素材 \ch10\ 水果与蔬菜的作用 .docx"文件，单击【插入】

选项卡【页眉和页脚】组中的【页码】按钮，在弹出的下拉列表中选择【设置页码格式】选项，如图 10-56 所示。

图 10-56　选择【设置页码格式】选项

步骤 2 弹出【页码格式】对话框，单击【编号格式】选择框后的按钮，在弹出的下拉列表中选择一种编号格式，在【页码编号】组中选中【续前节】单选按钮，单击【确定】按钮即可，如图 10-57 所示。

图 10-57　【页码格式】对话框

提示　【包含章节号】复选框：将章节号插入到页码中，可以选择章节起始样式和分隔符。

　　【续前节】单选按钮：接着上一节的页码连续设置页码。

　　【起始页码】单选按钮：选中此单选按钮后，可以在后方的微调框中输入起始页码数。

步骤 3 单击【插入】选项卡的【页眉和页脚】选项组中的【页码】按钮，在弹出的下拉列表中选择【页面底端】选项组下的【普通数字 2】选项，即可插入页码，如图 10-58 所示。

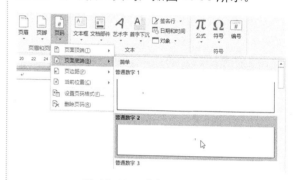

图 10-58　选择页码样式

步骤 4 单击【确定】按钮，即可在文档中插入页码，单击【关闭页眉和页脚】按钮退出页眉和页脚状态，如图 10-59 所示。

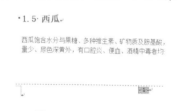

图 10-59　插入页码

10.5　使用分隔符

排版时，部分内容需要另起一节或另起一页，这时就需要在文档中插入分节符或者分页符。其中，分节符用于章节之间的分隔。

10.5.1 插入分页符

分页符用于分隔页面，【分页符】选项组包含分页符、分栏符和自动换行符。下面以插入自动换行符为例，介绍在文档中插入分页符的具体操作步骤。

步骤 1 打开随书光盘中的"素材 \ch10\ 水果与蔬菜的作用 .docx"文件，移动光标到要换行的位置。单击【布局】选项卡下【页面设置】组中的【分隔符】按钮，在弹出的下拉列表中的【分页符】选项组中选择【自动换行符】选项，如图 10-60 所示。

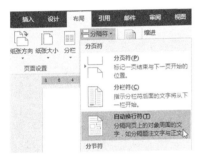

图 10-60　选择【自动换行符】选项

步骤 2 此时文档已另起一行，且上一行的行尾会添加一个自动换行符，如图 10-61 所示。

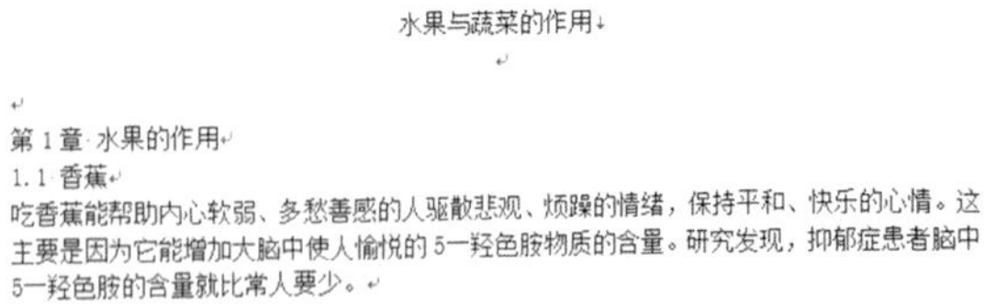

水果与蔬菜的作用

第 1 章 水果的作用
1.1 香蕉
吃香蕉能帮助内心软弱、多愁善感的人驱散悲观、烦躁的情绪，保持平和、快乐的心情。这主要是因为它能增加大脑中使人愉悦的 5-羟色胺物质的含量。研究发现，抑郁症患者脑中 5-羟色胺的含量就比常人要少。

图 10-61　自动换行

> **提示** 　　【分页符】选项组中的各选项功能如下。
> 　　【分页符】插入该分页符后，标记一页终止并在下一页显示。
> 　　【分栏符】插入该分页符后，分栏符后面的文字将从下一栏开始。
> 　　【自动换行符】插入该分页符后，

> 自动换行符后面的文字将从下一段开始。

10.5.2 插入分节符

为了便于对同一文档的不同部分的文本进行不同的格式化操作，可以将文档分隔成多节。节是文档格式化的最大单位，分节可使文档的编辑排版更灵活，版面更美观。插入分节符的操作步骤如下。

步骤 1 打开随书光盘中的"素材 \ch10\ 水果与蔬菜的作用 .docx"文件，移动光标到要换行的位置。单击【布局】选项卡下【页面设置】组中的【分隔符】按钮，在弹出的下拉列表中的【分节符】选项组中选择【下一页】选项，如图 10-62 所示。

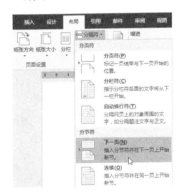

图 10-62　选择【下一页】选项

> **提示** 　　【分节符】选项组中各选项的功能如下。
> 　　【下一页】插入该分节符后，Word 将使分节符后的那一节从下一页的顶部开始。
> 　　【连续】插入该分节符后，文档将在同一页上开始新节。
> 　　【偶数页】插入该分节符后，将使分节符后的一节从下一个偶数页开始。

【奇数页】插入该分节符后，将使分节符后的一节从下一个奇数页开始。

提示　移动光标到分节符标记之后，按下 Backspace 键或者 Delete 键即可删除分节符标记。

步骤 **2**　此时在插入分节符后，将在下一页开始新节，如图 10-63 所示。

水果与蔬菜的作用

第 1 章　水果的作用
1.1　香蕉
吃香蕉能帮助内心软弱、多愁善感的人驱散悲观、烦躁的情绪，保持平和、快乐的心情。这主要是因为它能增加大脑中使人愉悦的 5-羟色胺物质的含量。研究发现，抑郁症患者脑中 5-羟色胺的含量就比常人要少。
分节符(下一页)

图 10-63　插入分节符

10.6　特殊的中文版式

　　Word 2016 中包含了特殊的中文版式，例如常用的纵横混排、首字下沉等。另外，使用格式刷功能也可以快速设置段落或字体格式，从而减少排版的重复工作。

10.6.1　纵横混排

　　纵横混排即对文档进行混合排版，纵横混排的操作方法如下。

步骤 **1**　打开随书光盘中的"素材\ch10\江南春.docx"文档，选中需要垂直排列的文本内容，单击【开始】选项卡下【段落】组中的【中文版式】按钮，在弹出的下拉列表中选择【纵横混排】选项，如图 10-64 所示。

步骤 **2**　弹出【纵横混排】对话框，撤销已选中的【适应行宽】复选框，在【预览】区域预览设置后的效果，如图 10-65 所示。

步骤 **3**　单击【确定】按钮，纵横混排的效果如图 10-66 所示。

图 10-64　选择【纵横混排】选项　图 10-65　【纵横混排】对话框　图 10-66　纵横混排效果

10.6.2　首字下沉

　　首字下沉是将段首的第一个字符放大数倍，并以下沉的方式显示，以改变文档的版面样式。设置首字下沉效果的具体操作步骤如下。

步骤 1 打开随书光盘中的"素材\ch10\江南春.docx"文档,将鼠标光标定位到任意一段的任意位置,单击【插入】选项卡下【文本】选项组中的【首字下沉】按钮,在弹出的下拉列表中选择【首字下沉选项】选项,如图10-67所示。

图 10-67　选择【首字下沉选项】选项

提示 将鼠标指针放置在任意文本前列,在下拉列表中选择【下沉】选项,可直接显示下沉效果,如图10-68所示。

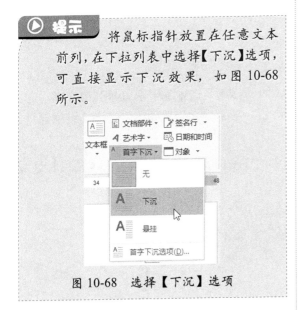

图 10-68　选择【下沉】选项

步骤 2 弹出【首字下沉】对话框。在该对话框中设置首字的【字体】为"华文行楷",在【下沉行数】微调框中设置【下沉行数】为"3",在【距正文】微调框中设置首字与段落正文之间的距离为"0.5厘米",如图10-69所示。

步骤 3 单击【确定】按钮,即可在文档中显示调整后的首字下沉效果,如图10-70所示。

图 10-69　【首字下沉】对话框

图 10-70　首字下沉效果

10.6.3　格式刷的使用

格式刷是 Word 2016 中使用频率非常高的一个功能,通过格式刷,可以快速地将当前文本或段落的格式应用到另一文本或段落中。使用格式刷的具体步骤如下。

步骤 1 选中要引用格式的文本,单击【开始】选项卡下【剪贴板】选项组中的【格式刷】按钮,将鼠标光标将变为 状,如图10-71所示。

图 10-71　【格式刷】按钮

步骤 2 选中要改变段落格式的段落，即可将格式应用至所选段落，如图 10-72 所示。

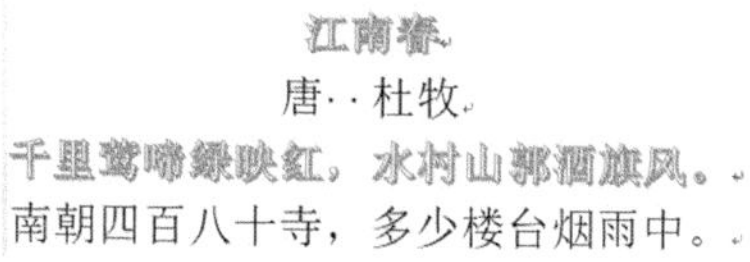

江南春

唐··杜牧

千里莺啼绿映红，水村山郭酒旗风。

南朝四百八十寺，多少楼台烟雨中。

图 10-72 使用格式刷

▶ 提示 单击一次【格式刷】按钮，仅能使用一次该样式，连续两次单击【格式刷】按钮，就可多次使用该样式。另外，用户还可以使用快捷键进行格式复制，在选中复制格式的原段落后按 Ctrl+Shift+C 组合键，然后选中要改变格式的文本，再按 Ctrl+Shift+V 组合键即可。

10.7 创建目录和索引

目录和索引可以帮助用户方便、快捷地查阅有关的内容。编制目录就是列出文档的各级标题以及每个标题所在的页码。编制索引就是根据某种需要，将文档中的一些关键词或者短语列出来并标明它们所在的页码。

10.7.1 创建文档目录

插入文档的页码并为目录段落设置大纲级别是提取目录的前提条件。设置段落级别并提取目录的具体操作步骤如下。

步骤 1 打开随书光盘中的"素材 \ch10\ 水果与蔬菜的作用 .docx"文件，将光标定位在"第一章 水果的作用"段落任意位置，单击【引用】选项卡下【目录】选项组中的【添加文字】按钮，在弹出的下拉列表中选择【1 级】选项，如图 10-73 所示。

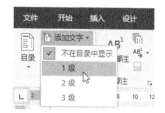

图 10-73 选择【1 级】选项

步骤 2 将光标定位在"1.1 香蕉"段落任意位置，单击【引用】选项卡下【目录】选项组中的【添加文字】按钮，在弹出的下拉列表中选择【2 级】选项，如图 10-74 所示。

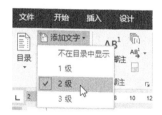

图 10-74 选择【2 级】选项

步骤 3 使用【格式刷】快速设置其他标题级别，如图 10-75 所示。

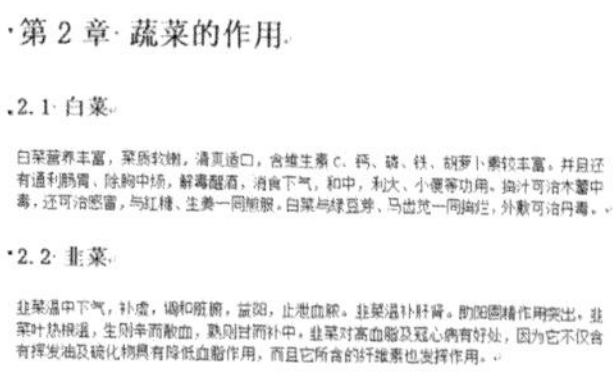

·第 2 章·蔬菜的作用.

.2.1·白菜.

白菜营养丰富，菜质软嫩，清甜适口，含维生素 C、钙、铁、胡萝卜素钙主菜，并且还有通利肠胃、除胸中烦、解毒利尿、养胃和中、和中、利大、小便等功用。胸叶可治便秘、溃疡、还可泡煎液，自如汗、主黄一同熬制，自黎与绿豆芽、马齿苋一同制约、并解可治内痛。.

·2.2·韭菜.

韭菜温中下气，补虚，调和脏腑，益阳，止血血脉，韭菜温补肾阳，肝因固隔作用突出，且果汁铁根盐，全到年剂新血，那同拉烈补一中，韭菜对寒血每习意心病有好处，因为它不仅食有能发通及硬化积病有降低血脂作用，而且它所食合的膳食维其他发挥作用。

图 10-75 设置其他标题级别

步骤 4 为文档插入页码，然后将光标移至"第一章"文字前面，按 Ctrl+Enter 键插入空白页，然后将光标定位在第 1 页中，单击【引用】选项卡下【目录】选项组中的【目录】按钮,在弹出的下拉列表中选择【自定义目录】选项, 如图 10-76 所示。

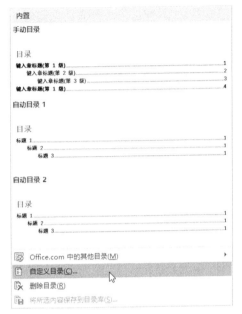

图 10-76　选择【自定义目录】选项

步骤 5 在弹出的【目录】对话框中,选择【格式】下拉列表中的"正式"选项,在【显示级别】微调框中输入或者选择显示级别为"2", 在预览区域可以看到设置后的效果, 如图 10-77 所示。

图 10-77　【目录】对话框

步骤 6 单击【确定】按钮,此时就会在指定的位置建立目录,如图 10-78 所示。

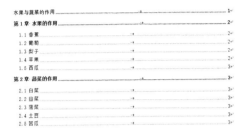

图 10-78　添加文档目录

提示 提取目录时,Word 会自动将插入的页码显示在标题后。在建立目录后,还可以利用目录快速地查找文档中的内容。将鼠标指针移动到目录中要查看的内容上,按 Ctrl 键,鼠标指针就会变为小手形状,单击鼠标即可跳转到文档中的相应标题处。

10.7.2 更新文档目录

编制目录后,如果在文档中进行了增加或删除文本的操作而使页码发生了变化,或者在文档中标记了新的目录项,就需要对编制的目录进行更新。具体的操作步骤如下。

步骤 1 选中目录,右击,在弹出的快捷菜单中选择【更新域】命令,如图 10-79 所示。

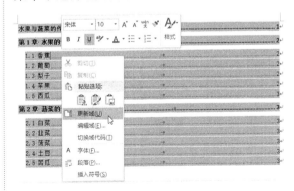

图 10-79　选择【更新域】命令

步骤 2 弹出【更新目录】提示对话框,

选中【更新整个目录】单选按钮，单击【确定】按钮即可完成对文档目录的更新，如图 10-80 所示。

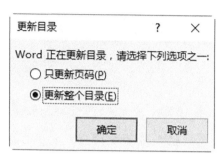

图 10-80 【更新目录】对话框

10.7.3 标记索引项

编制索引首先要标记索引项，索引项可以是来自文档的文本，也可以是与文档有特定关系的文本。标记索引项的具体步骤如下。

步骤 1 打开随书光盘中的 "素材 \ch10\ 项目方案书 .docx" 文档，移动光标到要添加索引的位置，单击【引用】选项卡的【索引】组中的【标记索引项】按钮，如图 10-81 所示。

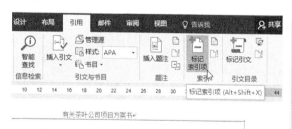

有关茶叶公司项目方案书。

图 10-81 单击【标记索引项】按钮

步骤 2 弹出【标记索引项】对话框，在【索引】选项组中的【主索引项】文本框中输入要作为索引的内容，例如输入 "茶叶"，然后根据实际需要设置其他参数，单击【标记】按钮，如图 10-82 所示。

图 10-82 【标记索引项】对话框

步骤 3 单击【关闭】按钮，即可在文档中选定的位置插入一个索引区域 "{XE}"，如图 10-83 所示。

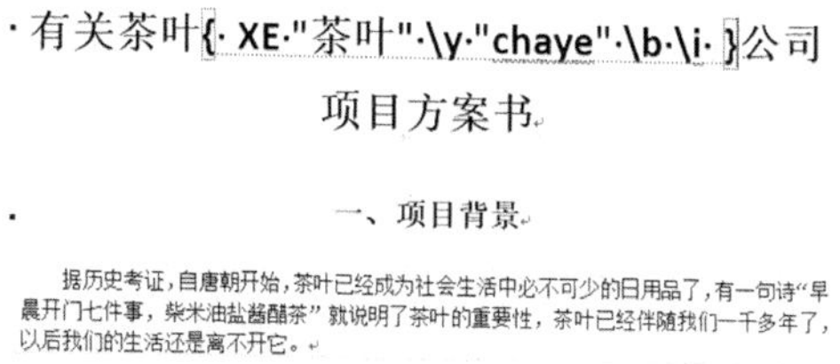

有关茶叶{· XE·"茶叶"·\y·"chaye"·\b·\i· }公司项目方案书。

据历史考证，自唐朝开始，茶叶已经成为社会生活中必不可少的日用品了，有一句诗 "早晨开门七件事，柴米油盐酱醋茶" 就说明了茶叶的重要性，茶叶已经伴随我们一千多年了，以后我们的生活还是离不开它。

图 10-83 插入一个索引

步骤 4 在【标记索引项】对话框，单击【标记全部】按钮，文档内相同格式的内容就都添加了标记，如图 10-84 所示。

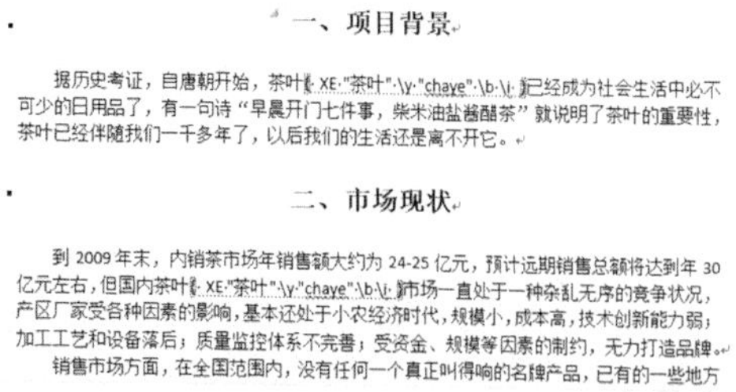

一、项目背景

据历史考证，自唐朝开始，茶叶{ XE:"茶叶"·\y·"chaye"·\b·\i·}已经成为社会生活中必不可少的日用品了，有一句诗 "早晨开门七件事，柴米油盐酱醋茶" 就说明了茶叶的重要性，茶叶已经伴随我们一千多年了，以后我们的生活还是离不开它。

二、市场现状

到 2009 年末，内销茶市场年销售额大约为 24-25 亿元，预计远期销售总额将达到年 30 亿元左右，但国内茶叶{ XE:"茶叶"·\y·"chaye"·\b·\i· }市场一直处于一种杂乱无序的竞争状况，产区厂家受各种因素的影响，基本还处于小农经济时代，规模小，成本高，技术创新能力弱，加工工艺和设备落后，质量监控体系不完善；受资金、规模等因素的制约，无力打造品牌。销售市场方面，在全国范围内，没有任何一个真正叫得响的名牌产品，已有的一些地方

图 10-84 全部添加标记

提示 如果想删除索引项，就选中整个索引项区域，然后按 Delete 键或者 Backspace 键。

10.7.4　创建索引目录

在标记了索引项后就可以创建索引目录了。创建索引目录的具体步骤如下。

步骤 **1** 移动光标到文档中要插入索引目录的位置，单击【引用】选项卡的【索引】组中的【插入索引】按钮，如图10-85所示。

图 10-85　单击【插入索引】按钮

步骤 **2** 弹出【索引】对话框，在其中根据自己的实际需要设置相关参数，如图10-86所示。

图 10-86　【索引】对话框

步骤 **3** 单击【确定】按钮即可在文档中插入设置的索引目录，如图10-87所示。

图 10-87　在文档的最后插入索引

步骤 **4** 编制索引完成后，如果在文档中又标记了新的索引项，或者由于在文档中增加或删除了文本，而使分页的情况发生了改变，就必须更新索引。移动光标到索引中的任意位置，选中整个索引，然后右击，在弹出的快捷菜单中选择【更新域】命令即可更新索引目录，如图10-88所示。

图 10-88　选择【更新域】选项

> **提示**　选中整个索引后，用户还可以直接按F9键更新索引。

10.8　高效办公技能实战

10.8.1　统计文档字数与页数

在创建了一篇文档并输入了文本内容以后常常需要统计字数，Word 2013中文版提供了方便的字数统计功能，使用选项卡实现统计字数的具体操作如下。

步骤 1 打开需要统计字数的文档，选择【审阅】选项卡下【校对】组中的【字数统计】按钮，即可弹出【字数统计】对话框，如图10-89 所示。

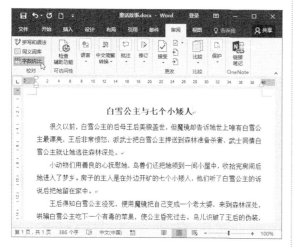

图 10-89 选择【字数统计】选项

步骤 2 对话框中显示了"页数"、"字数"、

"字符数（不计空格）"、"字符数（计空格）"、"段落数"、"行数"、"非中文单词"和"中文字符和朝鲜语单词"等统计信息，另外还有【包括文本框、脚注和尾注】复选框。用户可以根据不同的统计信息来统计字数，如图 10-90 所示。

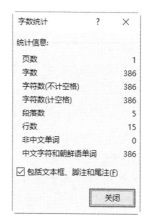

图 10-90 【字数统计】对话框

10.8.2 编排财务管理制度

下面介绍编排财务管理制度的方法与步骤。

步骤 1 打开随书光盘中的"素材 \ch10\ 公司财务管理制度 .docx"，单击【布局】选项卡【页面设置】选项组中的【纸张大小】按钮，在弹出的列表中选择【法律专用纸】选项，如图 10-91 所示。

步骤 2 单击【页面设置】选项组中的【页边距】按钮，在弹出的列表中选择【适中】选项，如图 10-92 所示。

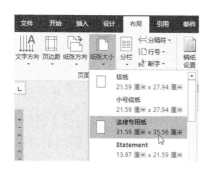

图 10-91 【纸张大小】下拉列表

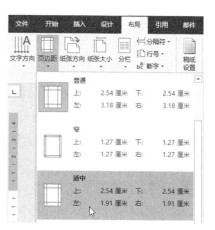

图 10-92 选择【适中】选项

步骤 3 单击【引用】选项卡下【目录】选项组中的【添加文字】按钮，在弹出的下拉列表中选择段落的级别，如图10-93所示。

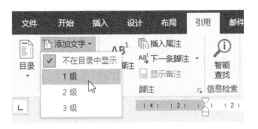

图 10-93　选择段落级别

> **提示**　单击【段落】对话框中【缩进和间距】选项卡下【常规】组中【大纲级别】按钮右侧的下拉按钮，在弹出的下拉列表中也可以设置段落的纲级别，如图10-94所示。

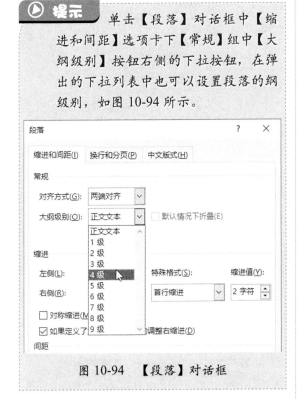

图 10-94　【段落】对话框

步骤 4 将光标放置在第一段中，单击【开始】选项卡下【段落】组中的【段落设置】按钮，在弹出的【段落】对话框中设置"首行缩进"、"2字符"，单击【确定】按钮，如图10-95所示。

步骤 5 设置的段落格式如图10-96所示。选中第一段文本内容后，双击【开始】选项

卡下【剪贴板】选项组中的【格式刷】按钮。

图 10-95　设置首行缩进两个字符

图 10-96　使用格式刷

步骤 6 移动鼠标，待鼠标变为"▲I"状，表示可以使用格式刷。将鼠标移动到其他段落所在的段落前，然后鼠标左键单击，就可以将其他段落应用该样式。使用同样的方法，对其他标题也应用新的样式，如图10-97所示。

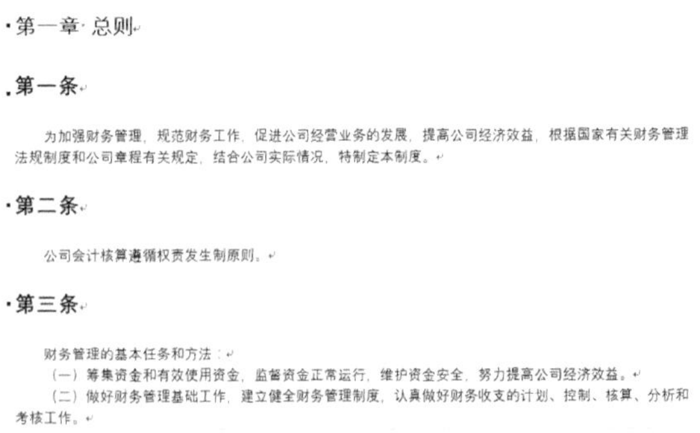

· 第一章· 总则

· 第一条

　为加强财务管理，规范财务工作，促进公司经营业务的发展，提高公司经济效益，根据国家有关财务管理法规制度和公司章程有关规定，结合公司实际情况，特制定本制度。

· 第二条

　公司会计核算遵循权责发生制原则。

· 第三条

　财务管理的基本任务和方法：
　（一）筹集资金和有效使用资金，监督资金正常运行，维护资金安全，努力提高公司经济效益。
　（二）做好财务管理基础工作，建立健全财务管理制度，认真做好财务收支的计划、控制、核算、分析和考核工作。

图 10-97　设置其他段落格式

步骤 7 选中标题，在【开始】选项卡下【字体】选项组中设置标题【字体】为"华文新

魏"，【字号】为"小二"，加粗并居中显示，如图 10-98 所示。

图 10-98　设置标题样式

步骤 8 单击【插入】选项卡【页眉和页脚】选项组中的【页眉】按钮，在弹出的列表中选择一种页眉样式。例如选择【边线型】样式，进入页眉可编辑状态。编辑页眉标题，单击【关闭页眉和页脚】按钮，如图 10-99 所示。

图 10-99　设置页眉效果

步骤 9 单击【设计】选项卡下【页面背景】选项组中的【页面颜色】按钮，在弹出的列表中选择一种颜色作为页面添加背景颜色。例如选择"金色，个性色 4，淡色 80%"，如图 10-100 所示。

步骤 10 单击【页面背景】选项组中的【页面边框】按钮，弹出【边框和底纹】对话框，在【页面边框】选项卡下选择边框样式，单击【确定】按钮即可将其应用到当前文档，如图 10-101 所示。

步骤 11 最终效果如图 10-102 所示。至此，一份简单的公司财务管理制度已制作完成，按 Ctrl+S 组合键保存即可。

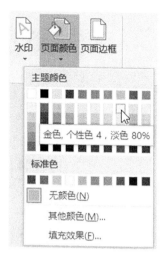

图 10-100　选择页面颜色

图 10-101　设置页面边框

图 10-102　文档最终显示效果

10.9 疑难问题解答

问题 1：在文档中添加页眉时，如果希望文档的奇数页和偶数页的页眉不同，该如何插入？

解答：首先在奇数页插入需要的页眉，然后在【选项组】组中选中【奇偶页不同】复选框，最后在偶数页添加需要的页眉，这样奇偶的页眉就是不同的。

问题 2：用户在文档中插入了一个文本框，如何去掉插入文本的边框线？

解答：选中插入的文本框，并切换到【格式】选项卡，进入到【格式】界面，然后单击【形状样式】选项组中的【形状轮廓】按钮，从弹出的下拉菜单中选择【无轮廓】选项，即可取消文本框的边框线。

第11章

审阅文档——办公文档的审阅与修订

● **本章导读**

　　Word 2016 具有检查拼写、校对语法、修订、批注、错误处理、定位、域和邮件合并等审阅文档的功能。通过这些审阅功能，能递交出专业、准确的文档。本章将为读者介绍批注与修订文档的方法。

● **学习目标**

◎ 掌握批注文档的方法
◎ 掌握修订文档的方法
◎ 掌握处理错误文档的方法
◎ 掌握定位、查找与替换文本的方法

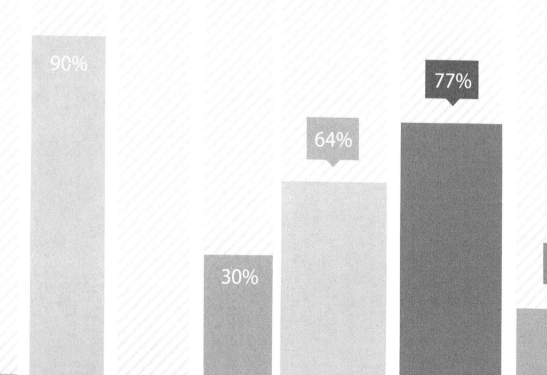

11.1 批注文档

当需要对文档中的内容添加一些注释或修改意见时，就要用到 Word 文档的批注功能。批注不影响文档的内容，而且文字是隐藏的，同时，系统还会为批注自动赋予不重复的编号和名称。

11.1.1 插入批注

对批注的操作主要有插入、查看、快速查看、修改批注格式与批注者以及删除文档中的批注等。下面介绍如何在文档中插入批注，具体操作步骤如下。

步骤 1 打开随书光盘中的"素材\ch11\出纳岗位职责.docx"文档，选中要添加批注的文字，然后单击【审阅】选项卡下【批注】选项组中的【新建批注】按钮，如图11-1所示。

图 11-1 单击【新建批注】按钮

步骤 2 在后方的批注框中输入批注的内容即可，如图11-2所示。

图 11-2 输入批注内容

> **提示** 选中要添加批注的文本，鼠标右键单击，在弹出的快捷菜单中选择【新建批注】选项也可以快速添加批注。此外，还可以将【插入批注】按钮添加至快速访问工具栏。

11.1.2 编辑批注

编辑批注的方法为：直接单击需要修改的批注，进入编辑状态修改批注即可，如图11-3所示。

图 11-3 进入编辑模式

> **提示** 在批注框上鼠标右键单击，在弹出的快捷菜单中选择【答复批注】选项，即可对批注进行答复，如图11-4所示。

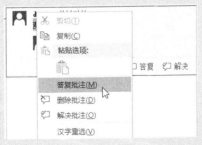

图 11-4 选择【答复批注】选项

11.1.3 隐藏批注

隐藏批注的具体操作如下。

步骤 1 打开任意一篇插入批注的文档。切换到【审阅】选项卡，在【修订】项目组中单击【显示标记】下拉按钮，在弹出的下拉列表中取消已选中的【批注】选项，如图 11-5 所示。

图 11-5 取消已选中的【批注】选项

步骤 2 此时文档中的批注已被隐藏。如果想显示批准，重新选择【批注】菜单项即可，如图 11-6 所示。

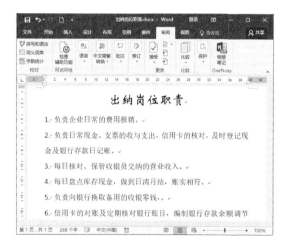

图 11-6 隐藏批注

11.1.4 删除批注

当不需要文档中的批注时，用户可以将其删除，删除批注的常用方法有两种。

1. 使用【删除】按钮

选中要删除的批注，此时【审阅】选项卡下【批注】组的【删除】按钮处于可用状态，单击该按钮即可将选中的批注删除，如图 11-7 所示。

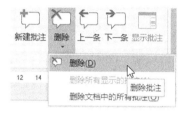

图 11-7 选择【删除】选项

2. 使用快捷菜单命令

在需要删除的批注上鼠标右键单击，在弹出的快捷菜单中选择【删除批注】命令即可删除选中的批注，如图 11-8 所示。

图 11-8 选择【删除批注】选项

3. 删除所有批注

单击【审阅】选项卡下【修订】组中的【删除】按钮下方的下拉按钮，在弹出的快捷菜单中选择【删除文档中的所有批注】命令，即可删除所有的批注，如图 11-9 所示。

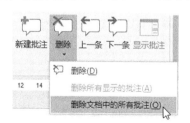

图 11-9 删除文档中的所有批注

11.2 修订文档

修订能够让作者跟踪多位审阅者对文档所作的修改，这样作者可以一个接一个地复审这些修改，并用约定的原则来接受或者拒绝所作的修订。

11.2.1 修订文档

修订文档首先需要使文档处于修订的状态，然后才能记录修订内容。修订文档的具体操作如下。

步骤 1 打开一个需要修订的文档，切换到【审阅】选项卡，在【修订】项目组中单击【修订】按钮，使文档处于修订状态，如图11-10所示。

图 11-10 单击【修订】按钮

步骤 2 在文档中开始修订文档，文档会自动将修订的过程显示出来，如图11-11所示。

出纳岗位职责

1. 负责公司企业日常的费用报销。
2. 负责日常现金、支票的收与支出，信用卡的核对，及时登记现金及银行存款日记账。
3. 每日核对、保管收银员交纳的营业收入。
4. 每日盘点库存现金，做到日清月结，账实相符。
5. 负责向银行换取备用的收银零钱，以备收银员换零。
6. 信用卡的对账及定期核对银行账目，编制银行存款余额调节表。
7. 月末与会计核对现金/银行存款日记账的发生额与余额。

图 11-11 显示修订的内容

11.2.2 接受修订

如果修订的内容是正确的，这时就可以接受修订。将光标放在需要接受修订的内容处，然后单击【审阅】选项卡下【更改】组中的【接受】按钮，即可接受文档中的修订。此时系统将选中下一条修订，如图11-12所示。

图 11-12 单击【接受】按钮

如果所有修订都接受，那么单击【审阅】选项卡下【更改】组中的【接受】按钮下方的下三角按钮，在弹出的下拉列表中选择【接受所有修订】命令，即可接受所有修订，如图11-13所示。

图 11-13 选择【接收所有修订】命令

11.2.3 拒绝修订

如果要拒绝修订，那么将光标放在需要删除修订的内容处，单击【审阅】选项卡下【更改】组中的【拒绝】按钮，即可拒绝文档中的修订，此时系统将选中下一条修订，如图 11-14 所示。

图 11-14　单击【拒绝】按钮

如果想拒绝文档中的所有修订，那么单击【审阅】选项卡下【更改】组中的【拒绝】

按钮下方的下三角按钮，在弹出的下拉列表中选择【拒绝所有修订】命令，即可拒绝所有修订，并将文档中的修订全部删除，如图 11-15 所示。

图 11-15　选择【拒绝所有修订】命令

11.3　文档的错误处理

Word 2016 提供了处理错误的功能，用于发现文档中的错误并给予修正。Word 2016 提供的错误处理功能包括拼写语法检查、自动更正错误，下面分别进行介绍。

11.3.1　拼写和语法检查

在输入文本时，如果无意中输入了错误的或者不可识别的单词，Word 2016 就会在该单词下用红色波浪线进行标记；如果是语法错误，在出现错误的部分就会用绿色波浪线进行标记。

设置自动拼写与语法检查的具体操作如下。

步骤 1　新建一个文档，在文档中输入一些语法不正确的和拼写不正确的内容，切换到【审阅】选项卡，单击【校对】选项组中的【拼写和语法】按钮，如图 11-16 所示。

步骤 2　打开【拼写检查】窗格，在其中显示了检查的结果，如图 11-17 所示。

步骤 3　在检查结果中用户可以选择正确的输入语句，然后单击【更改】按钮，对输

入错误的语句进行更改，更改完毕后，会弹出一个信息提示对话框，提示用户拼写和语法检查完成，如图 11-18 所示。

图 11-16　单击【拼写和语法】按钮

步骤 4　单击【确定】按钮，返回 Word 文档，此时文档中的红线已消失，表示语法更改完成，如图 11-19 所示。

如果输入了一段有语法错误的文字，在

出错的单词下面就会出现红色波浪线，选中出错的单词，然后鼠标右键单击，在弹出的快捷菜单中选择【全部忽略】命令，如图11-20所示。Word 2016 就会忽略这个错误，此时错误语句下方的红色波浪线就会消失，如图11-21 所示。

图 11-17　【拼写检查】窗格

图 11-18　信息提示对话框

Office 办公软件
输出准确无误的文档

图 11-19　更改语法

图 11-20　选择【全部忽略】选项

Office 办公软件
输出准确无误的文档
Officea

图 11-21　忽略之后的显示效果

11.3.2　使用自动更正功能

在 Word 2016 中，除了使用拼写和语法检查功能之外，还可以使用自动更正功能检查和更正错误的输入。例如输入"seh"和一个空格，系统会自动更正为"she"。使用自动更正功能的具体操作如下。

步骤 **1** 在 Word 文档窗口中切换到【文件】选项卡，在打开的界面中选择【选项】选项，如图11-22 所示。

图 11-22　【信息】界面

步骤 **2** 弹出【Word 选项】对话框，在左侧的列表中选择【校对】选项，然后在右侧的窗口中单击【自动更正选项（A）】按钮，如图11-23 所示。

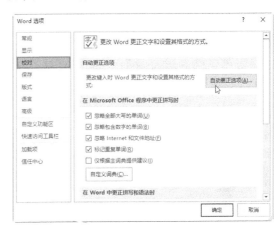

图 11-23　【Word 选项】对话框

步骤 **3** 弹出【自动更正：英语（美国）】对话框，在【替换】文本框中输入"Officea"，在【替换为】文本框中输入"Office"，如图 11-24 所示。

步骤 **4** 单击【确定】按钮，返回文档编辑模式，以后再编辑时，就会按照用户设置的内容自动更正错误，如图 11-25 所示。

Office 办公软件

输出准确无误的文档

Office

图 11-24　【自动更正：英语（美国）】对话框　　　图 11-25　自动更正后的显示效果

11.4 定位、查找与替换

利用 Word 的定位，查找与替换功能可以帮助读者快速编辑内容。

11.4.1 定位文档

定位也是一种查找，它可以定位到一个指定位置，如某一行、某一页或某一节等。将光标定位在某一行的操作步骤如下。

步骤 **1** 打开随书光盘中的"素材 \ch11\ 出纳岗位职责 .docx"文档，单击【开始】选项卡【编辑】组中的【查找】按钮右侧的下三角按钮，在弹出的下拉菜单中选择【转到】命令，如图 11-26 所示。

图 11-26　选择【转到】命令

步骤 2 弹出【查找和替换】对话框，并自动切换到【定位】选项卡，如图 11-27 所示。

图 11-27　切换到【定位】选项卡

步骤 3 在【定位目标】列表框中选择定位方式，例如选择【行】；在右侧【输入行号】文本框中输入行号，例如输入 6，定位到第 6 行，如图 11-28 所示。

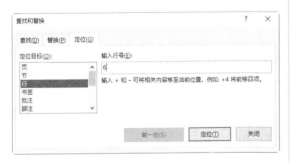

图 11-28　输入行号

步骤 4 单击【定位】按钮，即可定位至选择的位置，如图 11-29 所示。

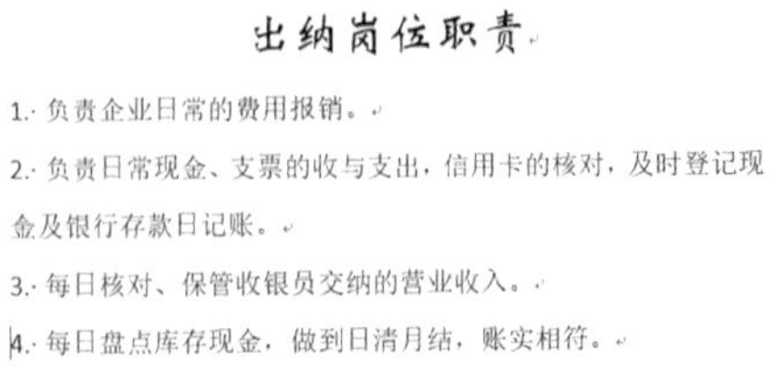

出纳岗位职责

1．负责企业日常的费用报销。

2．负责日常现金、支票的收与支出，信用卡的核对，及时登记现金及银行存款日记账。

3．每日核对、保管收银员交纳的营业收入。

4．每日盘点库存现金，做到日清月结，账实相符。

图 11-29　定位到第 6 行

11.4.2　查找文本

查找功能可以帮助用户定位到目标位置以便快速找到想要的信息。查找分为查找和高级查找。

1. 查找

步骤 1 打开随书光盘中的"素材 \ch11\ 考勤管理工作标准 .docx"文档，单击【开始】选项卡下【编辑】组中的【查找】按钮右侧的下三角按钮，在弹出的下拉菜单中选择【查找】命令，如图 11-30 所示。

图 11-30　选择【查找】命令

步骤 2 在文档的左侧打开【导航】任务窗格，在下方的文本框中输入要查找的内容。例如输入"考勤"，如图 11-31 所示。

图 11-31　输入查找内容

步骤 3 此时在文本框的下方提示有 8 个结果，并且在文档中查找到的内容都会以黄色背景显示，如图 11-32 所示。

图 11-32　显示查找结果

2. 高级查找

步骤 1 单击【开始】选项卡下【编辑】组中的【查找】按钮右侧的下三角按钮，在弹出的下拉菜单中选择【高级查找】命令，弹出【查找和替换】对话框，如图 11-33 所示。

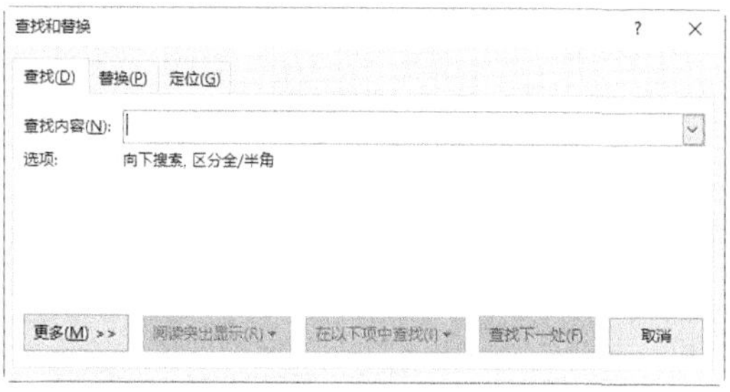

图 11-33 　【查找和替换】对话框

步骤 2 在【查找】选项卡中的【查找内容】文本框中输入要查找的内容，单击【查找下一处】按钮，Word 即可开始查找。如果查找不到，则弹出提示信息对话框，提示未找到搜索项，如图 11-34 所示。

图 11-34 　信息提示对话框

步骤 3 单击【是】按钮返回，如果查找到文本，Word 将会定位到文本位置并将查找到的文本背景用灰色显示，如图 11-35 所示。

图 11-35 　显示查找结果

11.4.3 替换文本

如果需要修改文档中多个相同的内容，而这个文档的内容又比较长的时候，就需要借助 Word 2016 的替换功能来实现，具体操作如下。

步骤 1 打开随书光盘中的"素材 \ch11\ 考勤管理工作标准 .docx"文档，单击【开始】选项卡中的【替换】按钮，如图 11-36 所示。

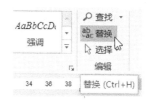

图 11-36 　单击【替换】按钮

步骤 2 弹出【查找和替换】对话框，并在【查找内容】文本框中输入查找的内容，在【替换为】文本框中输入要替换的内容，如图 11-37 所示。

图 11-37 　【查找和替换】对话框

步骤 3 如果只希望替换当前光标的下一个"考勤"文字，则单击【替换】按钮；如果希望替换 Word 文档中的所有"考勤"，则单击【全部替换】按钮，替换完毕后会弹出一个替换数量提示，如图 11-38 所示。

步骤 4 单击【确定】按钮关闭信息提示对话框，返回到【查找和替换】对话框，然后单击【关闭】按钮，即可在 Word 文档中看到替换后的效果，如图 11-39 所示。

图 11-38　信息提示对话框

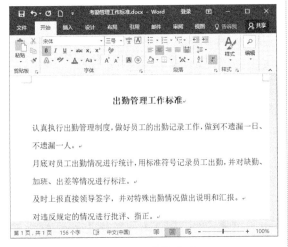

图 11-39　替换文本

11.4.4 查找和替换的高级应用

Word 2016 不仅能根据指定的文本查找和替换，还能根据指定的复杂格式进行查找和替换。将段落标记统一替换为手动换行符的具体操作步骤如下。

步骤 1 打开随书光盘中的"素材 \ch11\ 考勤管理工作标准 .docx"文档，单击【开始】选项卡下【编辑】组中的【替换】按钮，弹出【查找和替换】对话框，如图 11-40 所示。

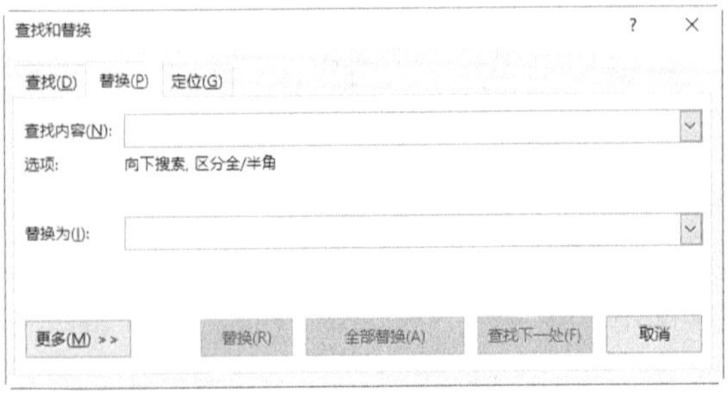

图 11-40　【查找和替换】对话框

步骤 2 在【查找和替换】对话框中，单击【更多】按钮，在弹出的【搜索选项】组中选择需要查找的条件。将鼠标光标定位在【查找内容】文本框中，在【替换】组中单击【特殊格式】按钮，在弹出的下拉菜单中选择【段落标记】命令，如图 11-41 所示。

图 11-41　特殊格式列表

步骤 3 将鼠标光标定位在【替换为】文本框中，在【替换】组中单击【特殊格式】按钮，在弹出的下拉菜单中选择【手动换行符】选项，如图 11-42 所示。

图 11-42　选择【手动换行符】选项

步骤 4 单击【全部替换】按钮，即可将文档中的所有段落标记替换为手动换行符。此时，弹出提示对话框，显示替换总数。单击【确定】按钮即可完成文档的替换，如图 11-43 所示。

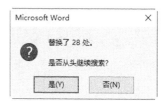

图 11-43　提示对话框

11.5 高效办公技能实战

11.5.1 批阅公司的年度报告

年度报告是公司在年末总结本年公司运营情况的报告，下面介绍如何批阅公司的年度报告。

步骤 1 新建 Word 文档，输入公司年度报告内容，如图 11-44 所示。

公司年度报告

一、公司总体方面

1、从原本的现实纸张方面管理模式运行公司内部陪门及职员，从今年三月份开始努力实践与摸索，暂时以手机方式来管理各个职员。到今年的 10 月份，公司再次突破限制，以 QQ 邮箱为突破口，再次实现了远程网络管理模式，也由此，公司正式跨入电子信息现代化时代。此路，一直沿用到今天，鉴于部份职员尚未能实时上网，公司决定暂时用手机浏览网页的同时查阅关于自己的邮件及信息。

2、人事系统及职员档案工作也由年初开始的手工输入到工作薄，到现今使用正规行业的人事系统，极大的改善了人事方面的工作，从而让公司及时了解人事方面的信息，为掌握职员动态及提供了人力资源的清晰地分析重要的方向。给公司领导做出相应了的策略提供极大的方便。

3、财务会计系统从试用版变为注册版，因此彻底的摆脱了试用版的限制，更加的清楚地统计及分析公司的财务状况。

二、财务管理方面

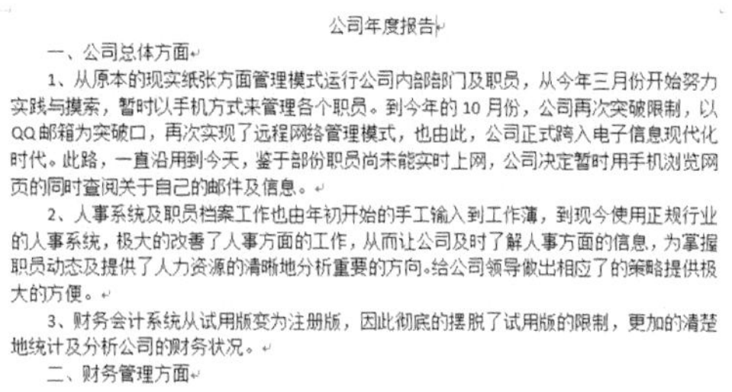

图 11-44　输入公司年度报告内容

步骤 2 选中第 1 行的文本，在【字体】选择组中设置字体的格式为“华文新魏，小一和加粗”。选中第 2 行的文本，设置格式为“加粗和四号”，如图 11-45 所示。

公司年度报告

一、公司总体方面

1、从原本的现实纸张方面管理模式运行公司内部陪门及职员，从今年三月份开始努力实践与摸索，暂时以手机方式来管理各个职员。到今年的 10 月份，公司再次突破限制，以 QQ 邮箱为突破口，再次实现了远程网络管理模式，也由此，公司正式跨入电子信息现代化时代。此路，一直沿用到今天，鉴于部份职员尚未能实时上网，公司决定暂时用手机浏览网页的同时查阅关于自己的邮件及信息。

2、人事系统及职员档案工作也由年初开始的手工输入到工作薄，到现今使用正规行业的人事系统，极大的改善了人事方面的工作，从而让公司及时了解人事方面的信息，为掌握职员动态及提供了人力资源的清晰地分析重要的方向。至此，给公司领导做出相应了的策略提供极大的方便。

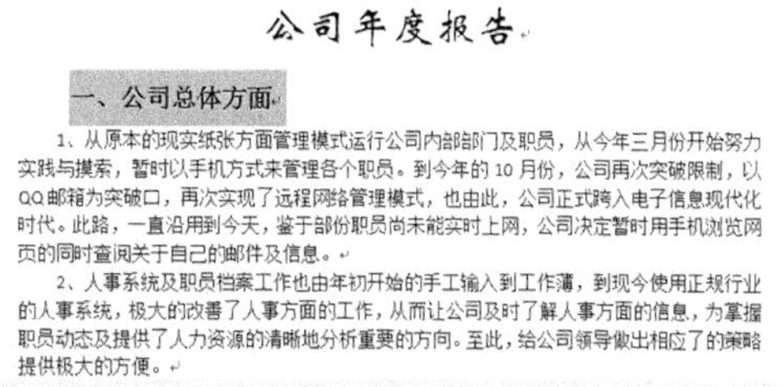

图 11-45　设置字体格式

步骤 3 设置第 2 行格式后，使用格式刷引用第 2 行的格式进行复制格式操作，效果如图 11-46 所示。

3、财务会计系统从试用版变为注册版，因此彻底的摆脱了试用版的限制，更加的清楚地统计及分析公司的财务状况。

二、财务管理方面

1、今年 2014 年的公司业绩非常不理想，完全没有达到公司预定的目标。虽然如此，但是在公司领导上下团结一致的情况下，公司迈出了一个个重要的脚步。

2、公司今年的财务主要对固定资产购置进行偏重的分配，从而偏轻了业务外在的发展。在本来业务发展偏轻的情况下，仍然进行边清偿原有的债务边发展公司的经济实力。因此，财务方面出现了发展严重缓慢性。

3、财务在改善公司内部环境的下，流动资产一直在紧缩，财政赤字一直在增加。因此，公司在 2014 年底出现了严重的亏损，明年的营业利润将会受到严重的影响。

4、 今年的财务状况效差，公司营业额虽然在有所上升同时，但是营业利润一直处于负盈利状态，截止到年底 12 月 31 日，公司营业利润亏损 1800 元以上。

5、毛利润显然处于良好势头，但是开支及购置固定资产占用了大部分的资金，相信 2015 年在拥有固定资产上，不像今年那样资金严重紧张，或许会更加完善资金链问题。

6、今年的投资结构保持在良好的势头，没有出现破产和空壳的现象，这是公司保持自信的一个重要的因素，理财管理方式及技术经验也有所进一步的提高和巩固。

三、营销业务方面

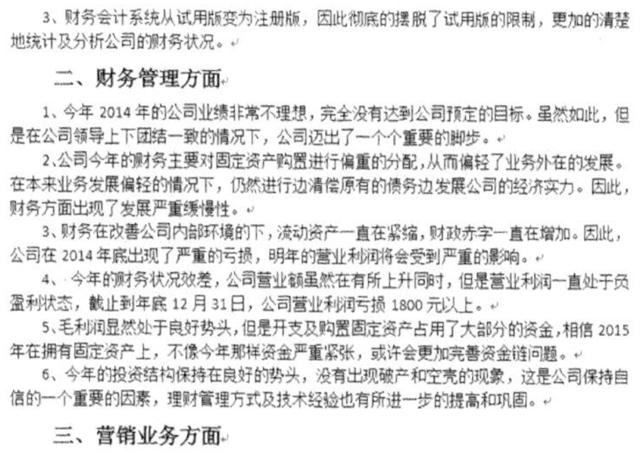

图 11-46　使用格式刷复制格式

步骤 4 选中需要添加批注的文本，切换到【审阅】选项卡，在【批注】选项组中单击【新建批注】按钮，选中的文本上会添加一个批注的编辑框，在编辑框中输入需要批注的内容，如图 11-47 所示。

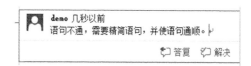

图 11-47　选中要添加批注的文本

步骤 5 在【修订】项目组中单击【修订】按钮，在文档中开始修订文档，文档将自动将修订的过程显示出来，如图 11-48 所示。

步骤 6 单击【快速访问工具栏】中的【保存】按钮，打开【另存为】对话框，选择文件保存的位置并输入保存的名称，最后单击【保存】按钮即可，如图 11-49 所示。

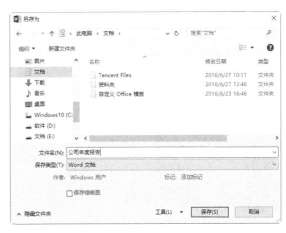

图 11-48　修订其他内容　　　　　　　　图 11-49　保存文档

11.5.2　合并文档中的批注

将不同作者的修订或批注组合到一个文档中的具体操作步骤如下。

步骤 1 单击【审阅】选项卡的【比较】组中的【比较】按钮，在弹出的下拉列表中选择【合并】选项，如图 11-50 所示。

步骤 2 弹出【合并文档】对话框，单击【原文档】后的按钮，如图 11-51 所示。

 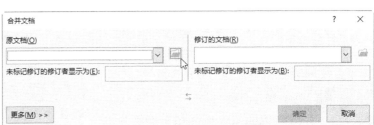

图 11-50　选择【合并】选项　　　　　图 11-51　【合并文档】对话框

步骤 3 弹出【打开】对话框，选择原文档，例如选择"素材\ch11\出纳岗位职责.docx"文件，如图 11-52 所示。

步骤 4 单击【确定】按钮，返回至【合并文档】对话框，即可看到添加的原文件。使用同样的方法选择"修订的文档"，例如选择"素材\ch11\公司年度报告.docx"文件，如图 11-53 所示。

步骤 5 单击【确定】按钮，即可新建一个文档，并将原文档和修订的文档合并在一起显示，如图 11-54 所示。

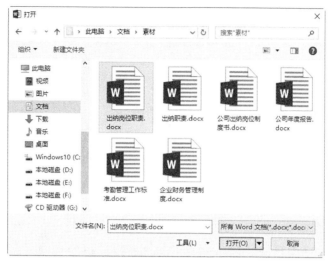

图 11-52　选择原文档

图 11-53　选择修订的文档

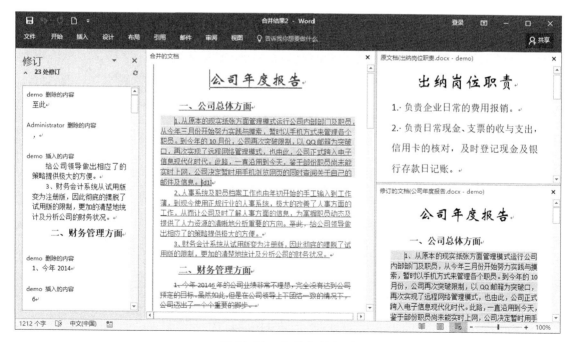

图 11-54　合并文档批注

11.6 疑难问题解答

问题 1：如何去掉标示拼写和语法错误的波浪线？

解答：在【Word 选项】对话框中单击【例外项】后的下拉列表，选择要隐藏拼写错误和语法错误的文档。在其下方选中【隐藏此文档中的拼写错误】和【隐藏此文档中的语法错误】两个复选框，然后再对文档进行拼写和语法检查，就会发现标示拼写和语法错误的波浪线就不见了。

问题 2：如何查看原文档和批注后文档的区别？

解答：单击【审阅】选项卡下【比较】组中的【比较】按钮，在弹出的下拉列表中选择【合并】选项，弹出【合并】对话框，然后单击【原文档】文本框右侧的【打开】按钮，选择要打开的原文档，再单击【修订的文档】文本框右侧的【打开】按钮，选择要打开的修订的文档。然后单击【确定】按钮，将会打开名称为"合并结果 1"的文档，此时就可以查看原文档和批注后文档的区别了。

第 **3** 篇

Excel 高效办公

Excel 2016 具有强大的电子表格制作与数据输出功能，它能够快速计算和分析数据信息，提高工作效率和准确率，是目前使用最广泛的办公软件。本篇学习 Excel 2016 对表格的编辑和美化、管理数据，使用宏、公式和函数等知识。

△ 第 12 章　制作基础——Excel 2016 的基本操作

△ 第 13 章　编辑报表——工作表数据的输入与编辑

△ 第 14 章　丰富报表——使用图表与图形丰富报表内容

△ 第 15 章　计算报表——使用公式与函数计算数据

△ 第 16 章　分析报表——工作表数据的管理与分析

第12章 制作基础——Excel 2016 的基本操作

● **本章导读**

Excel 2016 是微软公司推出的 Office 2016 办公系列软件的一个重要组成部分,主要用于电子表格处理,它可以高效地完成各种表格和图的设计,以及复杂的数据计算和分析。本章为读者介绍工作表的制作。

● **学习目标**

◎ 掌握创建工作簿的方法

◎ 掌握工作表的基本操作

◎ 掌握单元格的基本操作

◎ 掌握数据的输入和编辑

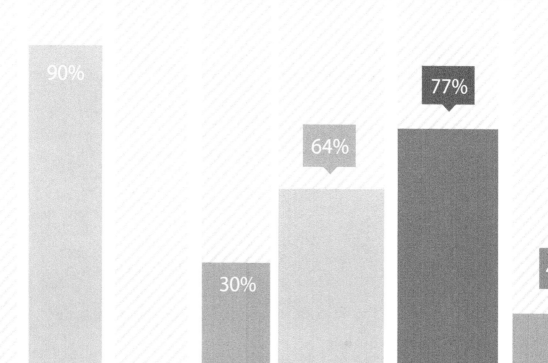

12.1 创建工作簿

在使用 Excel 2016 制作报表之前，首先需要创建工作簿，下面介绍创建工作簿的方法。

12.1.1 创建空白工作簿

创建空白工作簿的方法有以下几种。

1. 启动自动创建

启动 Excel 后，它会自动创建一个名称为"工作簿1"的工作簿，如图 12-1 所示。

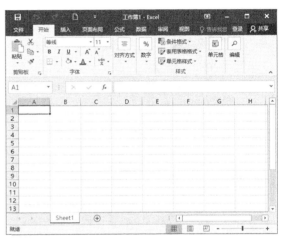

图 12-1　空白工作簿

2. 使用快速访问工具栏

单击快速访问工具栏右侧的下拉按钮，在弹出的下拉列表中选择【新建】选项，即可将【新建】按钮添加到快速访问工具栏中，然后单击快速访问工具栏中的【新建】按钮，即可新建一个工作簿，如图 12-2 所示。

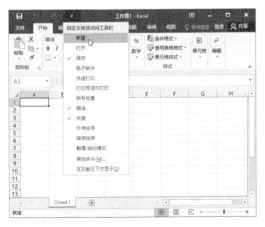

图 12-2　选择【新建】选项

3. 切换到【文件】选项卡

步骤 1 切换到【文件】选项卡，在打开的界面中选择【新建】选项，在右侧窗口中选择【空白工作簿】选项，如图 12-3 所示。

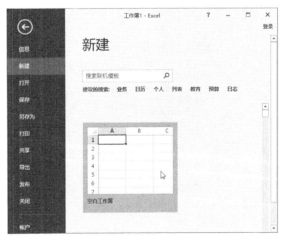

图 12-3　【新建】界面

步骤 2 随即创建一个新的空白工作簿，如图 12-4 所示。

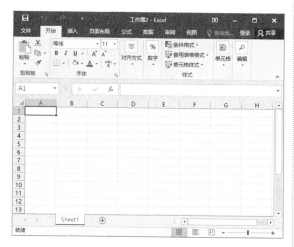

图 12-4 空白工作簿

4. 使用快捷键

按 Ctrl + N 组合键即可新建一个工作簿。

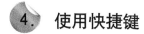

12.1.2 使用模板创建工作簿

Excel 2016 提供了很多默认的工作簿模板，使用模板可以快速地创建同类别的工作簿，具体操作步骤如下。

步骤 1 切换到【文件】选项卡，在打开的界面中选择【新建】选项，进入【新建】界面，在打开的界面中单击【基本销售报表】选项，随即打开【基本销售报表】对话框，如图 12-5 所示。

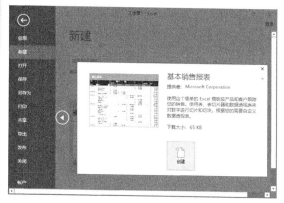

图 12-5 【基本销售报表】对话框

步骤 2 单击【创建】按钮，即可根据选择的模板新建一个工作簿，如图 12-6 所示。

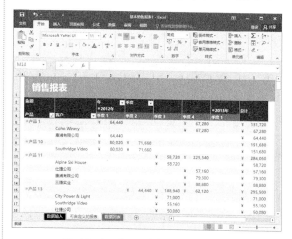

图 12-6 使用模板创建工作簿

12.2 工作表的基本操作

工作表是工作簿的组成部分，默认情况下，新创建的工作簿只包含有 1 个工作表，名称为"Sheet1"，使用工作表可以组织和分析数据，用户可以对工作表进行重命名、插入、删除、显示、隐藏等操作。

12.2.1 插入工作表

在 Excel 2016 中，新建的工作簿中只有一个工作表，如果该工作簿需要保存多个不同类型的工作表。就需要在工作簿中插入新的工作表。在工作簿中插入工作表的主要方法有以下四种，下面分别进行介绍。

方法 1：打开需要插入工作簿的文件，在文档窗口中单击工作表 Sheet1 的标签，然后单击【开始】选项卡下【单元格】选项组中的【插入】按钮，在弹出的下拉列表中选择【插入工作表】选项，如图 12-7 所示。

方法 2：单击工作表标签右侧的【新工作表】按钮⊕，即可在工作表标签最右侧插入一个新工作表，如图 12-8 所示。

图 12-7 选择【插入工作表】选项

图 12-8 单击【新工作表】按钮

方法 3：在工作表 Sheet1 的标签上右击，在弹出的快捷菜单中选择【插入】命令，如图 12-9 所示，在弹出的【插入】对话框中选择【常用】选项卡中的【工作表】图标，如图 12-10 所示，单击【确定】按钮，即可插入新的工作表。

方法 4：在键盘上，按 Shift+F11 组合键，即可在当前工作簿左侧插入新的工作表。

图 12-9 选择【插入】命令

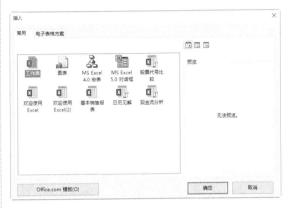

图 12-10 【插入】对话框

> **注意** 实际操作中，插入的工作表数要受所使用的计算机内存的限制。

12.2.2 删除工作表

为了便于管理 Excel 表格，应当将无用的 Excel 表格删除，以节省存储空间。删除 Excel 表格的方法有以下两种。

方法 1：选择要删除的工作表，然后单击【开始】选项卡下【单元格】选项组中的【删除】按钮，在弹出的下拉列表中选择【删除工作表】选项，即可将选择的工作表删除，如图 12-11 所示。

方法 2：在要删除的工作表的标签上右击，在弹出的快捷菜单中选择【删除】选项，即可将工作表删除。需要注意的是该删除操作不能撤销，即工作表被永久删除，如图 12-12 所示。

图 12-11 选择【删除工作表】选项

图 12-12 选择【删除】选项

12.2.3 选中工作表

在操作 Excel 工作表之前必须先选中它。

1. 选定单个 Excel 表格

用鼠标选定 Excel 工作表是最常用、最快速的方法，只须在 Excel 工作表最下方的工作表标签上单击即可。不过，这样只能选中单个工作表，如图 12-13 所示。

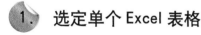

图 12-13 选中单个工作表

2. 选中不连续的多个工作表

要选中不连续的多个 Excel 工作表，须按住 Ctrl 键的同时选择相应的 Excel 工作表，如图 12-14 所示。

图 12-14 选择多个工作表

3. 选中连续的多个 Excel 表格

步骤 **1** 在 Excel 工作表下方的第 1 个工作表标签上单击，即可选中该 Excel 工作表，如图 12-15 所示。

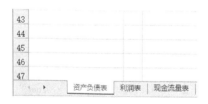

图 12-15 选中第一个工作表

步骤 **2** 按住 Shift 键的同时选中最后一个工作表的标签，即可选中连续的多个 Excel 工作表，如图 12-16 所示。

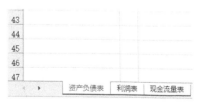

图 12-16 选中连续的多个工作表

12.2.4 移动工作表

移动工作表最简单的方法是使用鼠标操作。在同一个工作簿中移动工作表的方法

2

以下两种。

（1）直接拖曳法。

步骤 1 选中要移动的工作表的标签，按住鼠标左键不放，拖曳鼠标指针到工作表的新位置，黑色倒三角会随鼠标指针移动，如图 12-17 所示。

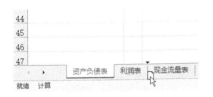

图 12-17　移动黑色倒三角

步骤 2 释放鼠标左键，工作表即被移动到新的位置，如图 12-18 所示。

图 12-18　移动工作表的位置

（2）使用快捷菜单法。

步骤 1 在要移动的工作表标签上右击，在弹出的快捷菜单中选择【移动或复制】选项，如图 12-19 所示。

图 12-19　选择【移动或复制】选项

步骤 2 在弹出的【移动或复制工作表】对话框中选择要插入的位置，如图 12-20 所示。

步骤 3 单击【确定】按钮，即可将当前工作表移动到指定的位置，如图 12-21 所示。

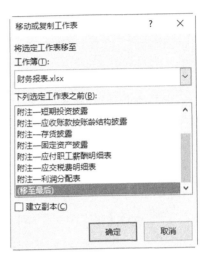

图 12-20　【移动或复制工作表】对话框

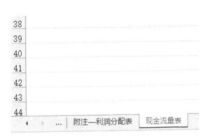

图 12-21　移动工作表的位置

另外，不但可以在同一个 Excel 工作簿中移动工作表，还可以在不同的工作簿中移动工作表。在不同的工作簿中移动工作表的前提是工作簿必须是打开的。具体的操作步骤如下。

步骤 1 在要移动的工作表标签上右击，在弹出的快捷菜单中选择【移动或复制】选项，如图 12-22 所示。

图 12-22　选择【移动或复制】选项

步骤 2 弹出【移动或复制工作表】对话框，

在【将选定工作表移至工作簿】下拉列表中选择要移动的目标位置，在【下列选定工作表之前】列表框中选择要插入的位置，如图 12-23 所示。

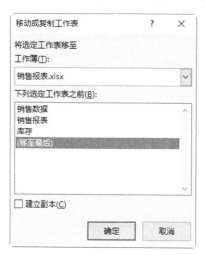

图 12-23 【移动或复制工作表】对话框

步骤 3 单击【确定】按钮，即可将当前工作表移动到指定的位置，如图 12-24 所示。

图 12-24 移动工作表

12.2.5 复制工作表

用户在一个或多个 Excel 工作簿中复制工作表的方法有以下两种。

（1）使用鼠标复制。

用鼠标复制工作表的步骤与移动工作表的步骤相似，只是在拖动鼠标的同时要按住 Ctrl 键。具体方法为：选中要复制的工作表，按住 Ctrl 键的同时单击该工作表，然后拖曳鼠标指针到工作表的新位置，黑色倒三角会随鼠标指针移动，释放鼠标左键，工作表即被复制

到新的位置，如图 12-25 所示。

图 12-25 复制工作表

（2）使用快捷菜单复制。

步骤 1 选择要复制的工作表，在工作表标签上右击，在弹出的快捷菜单中选择【移动或复制】选项，如图 12-26 所示。

图 12-26 选择【移动或复制】选项

步骤 2 在弹出的【移动或复制工作表】对话框中选择要复制的目标工作簿和插入的位置，然后选中【建立副本】复选框，如图 12-27 所示。

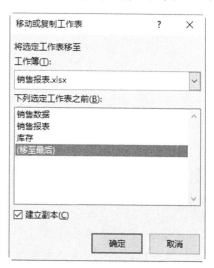

图 12-27 【移动或复制工作表】对话框

步骤 **3** 单击【确定】按钮，即可完成复制工作表的操作，如图 12-28 所示。

图 12-28 复制工作表

12.2.6 重命名工作表

每个工作表都有自己的名称，默认情况下 Excel 以 Sheet1、Sheet2、Sheet3……命名工作表。这种命名方式不便于管理工作表，为此用户可以对工作表进行重命名操作，以便更好地管理工作表。重命名工作表的方法有两种，分别是直接在标签上重命名和使用快捷菜单重命名。

1. 在标签上直接重命名

步骤 **1** 新建一个工作簿，双击要重命名的工作表的标签 Sheet1（此时该标签以高亮显示），进入可编辑状态，如图 12-29 所示。

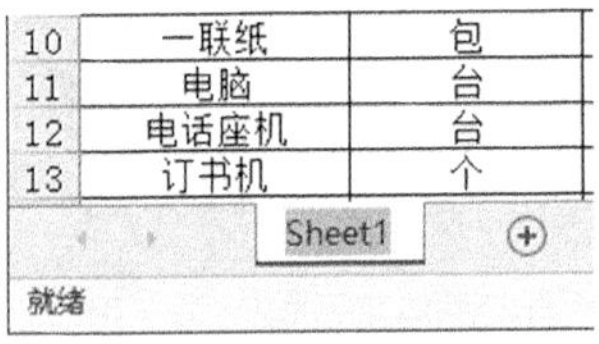

图 12-29 进入编辑状态

步骤 **2** 输入新的标签名，即可完成对该工作表标签进行的重命名操作，如图 12-30 所示。

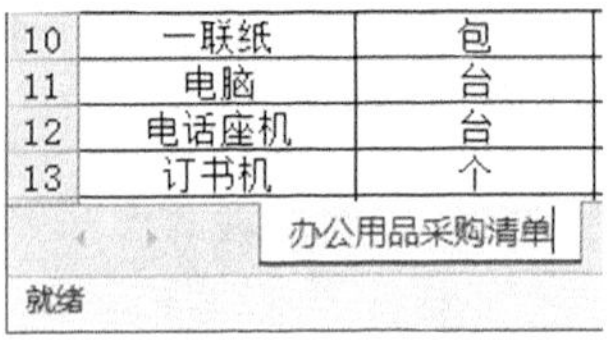

图 12-30 重命名工作表

2. 使用快捷菜单重命名

步骤 **1** 在要重命名的工作表标签上右击，在弹出的快捷菜单中选择【重命名】命令，如图 12-31 所示。

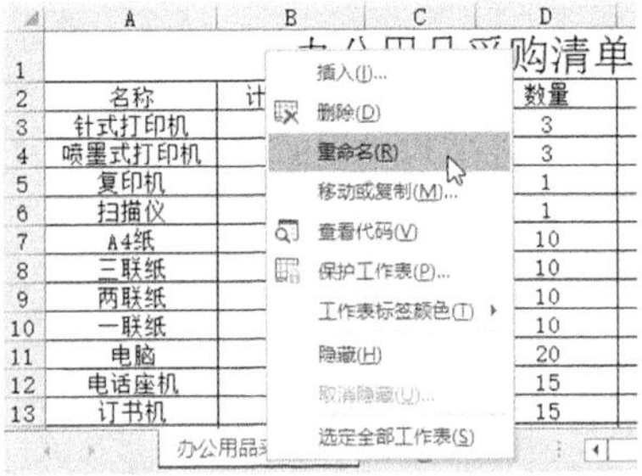

图 12-31 选择【重命名】命令

步骤 **2** 此时工作表标签以高亮显示，然后在标签上输入新的标签名，即可完成工作表的重命名，如图 12-32 所示。

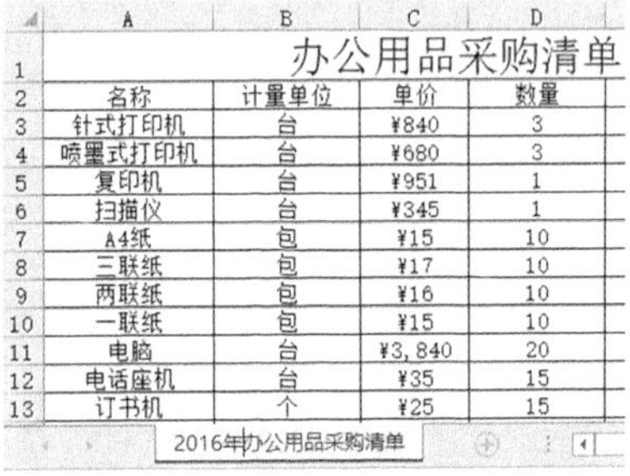

图 12-32 重命名工作表

12.3 单元格的基本操作

在 Excel 工作表中，对单元格的基本操作包括选择、插入、删除、清除等。如果要对单元格进行编辑操作，必须先选中单元格或单元格区域。启动 Excel 并创建新的工作簿时，单元格 A1 处于自动选定状态。

12.3.1 选中单元格

对单元格进行编辑操作，首先要选中单元格或单元格区域。注意，启动 Excel 并创建新的工作簿时，单元格 A1 处于自动选定状态，如图 12-33 所示。

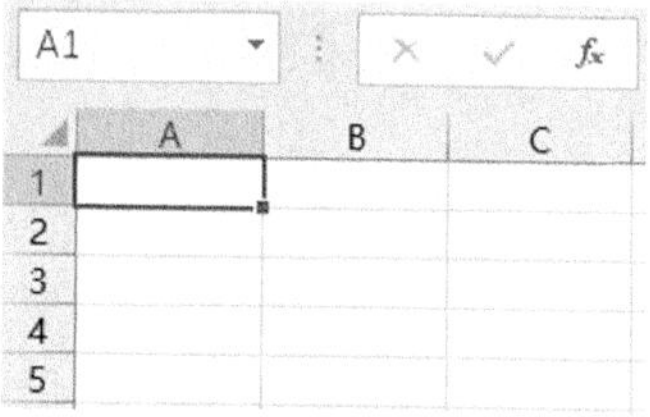

图 12-33 选中 A1 单元格

1. 选中一个单元格

单击某一单元格，若单元格的边框线以深绿色粗线标识，则此单元格处于选定状态。当前单元格的地址显示在名称框中，在工作表格区内，鼠标指针会呈白色"⊹"形状，如图 12-34 所示。

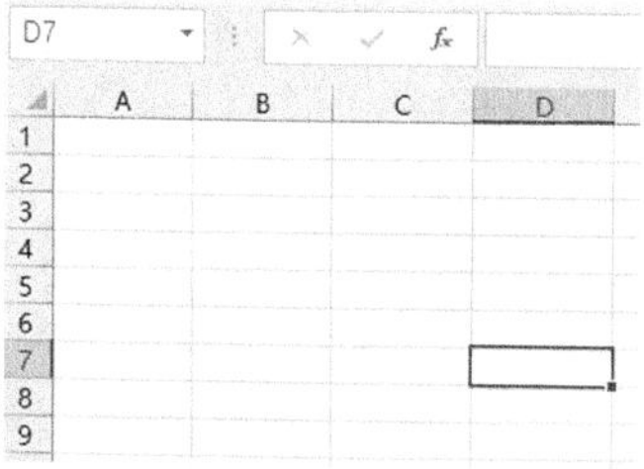

图 12-34 选中其他单元格

> **提示**
>
> 除使用鼠标选中一个单元格外，还可以在名称框中输入目标单元格的地址，如"B7"，按 Enter 键即可选中第 B 列和第 7 行交汇处的单元格。此外，使用键盘上的上、下、左、右 4 个方向键，也可以选中单元格。

2. 选中连续的单元格

在 Excel 工作表中，若要对多个单元格进

行相同的操作，须先选中单元格区域。下面以选择 A2、D6 为对角点的矩形区域（A2:D6）为例进行介绍。

（1）鼠标拖曳法。

将鼠标指针移到该区域左上角的单元格 A2 上，按住鼠标左键不放，向该区域右下角的单元格 D6 拖曳，即可将单元格区域 A2:D6 选定，如图 12-35 所示。

（2）使用快捷键选择。

单击该区域左上角的单元格 A2，按住 Shift 键的同时单击该区域右下角的单元格 D6。此时即可选中单元格区域 A2:D6，结果如图 12-35 所示。

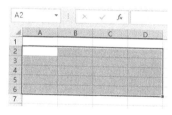

图 12-35 选中单元格区域

（3）使用名称框。

在名称框中输入单元格区域名称"A2:D6"，如图 12-36 所示。按 Enter 键，即可选定 A2:D6 单元格区域，结果如图 12-35 所示。

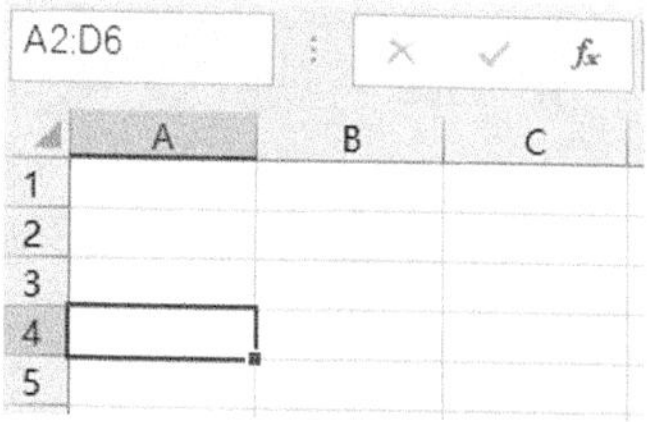

图 12-36 使用名称框选中单元格区域

3. 选中不连续的单元格

选中不连续的单元格区域也就是选中不相邻的单元格或单元格区域，具体的操作步骤如下。

步骤 1 选中第 1 个单元格区域（例如单元格区域 A2:C3）。将指针移到该区域左上角的单元格 A2 上，按住鼠标左键向该区域右下角的单元格 C3 拖动，然后释放鼠标左键，如图 12-37 所示。

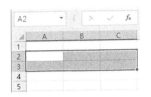

图 12-37　选中第一个单元格区域

步骤 2 按住 Ctrl 键不放，拖动鼠标选中第 2 个单元格区域（例如单元格区域 C6:E8），如图 12-38 所示。

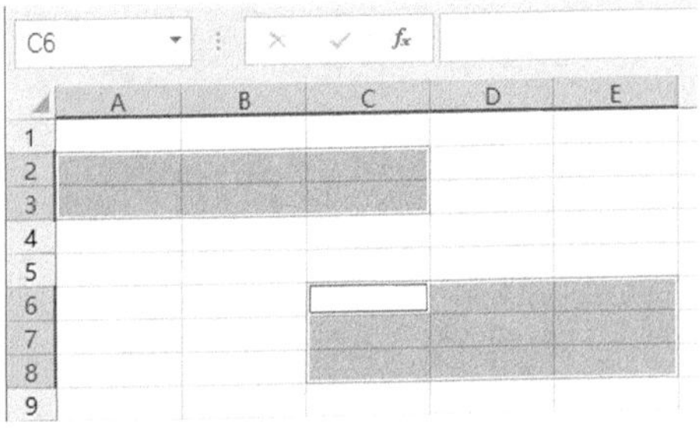

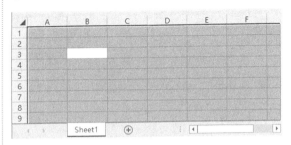

图 12-38　选中另外一个单元格区域

步骤 3 使用同样的方法可以选中多个不连续的单元格区域。

4. 选中所有单元格

选中所有单元格，即选中整个工作表，方法有以下两种。

（1）单击工作表左上角行号与列标相交处的【选定全部】按钮 ◢，即可选中整个工作表，如图 12-39 所示。

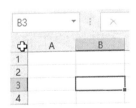

图 12-39　选中整个表格

（2）按 Ctrl+A 组合键也可以选中整个表格，如图 12-40 所示。

图 12-40　选中整个表格

12.3.2 合并单元格

合并单元格是指在 Excel 工作表中，将两个或多个选定的相邻单元格合并成一个单元格，方法有以下两种。

（1）用【对齐方式】选项组进行设置，具体的操作步骤如下。

步骤 1 打开随书光盘中的“素材\ch03\产品统计表.xlsx”文件，选中单元格区域 A1:D1，如图 12-41 所示。

	A	B	C	D
1	产品统计表			
2	产品名称	2015年产量	2016年产量	比去年增长（%）
3	冰箱	15000	17000	11.76
4	电视	15400	45100	65.85
5	空调	20000	21000	4.76
6	洗衣机	15700	15000	-4.67
7	电磁炉	25000	27000	7.41
8	电脑	31000	30000	-3.33
9	电饭煲	15000	20000	25.00
10				
11				

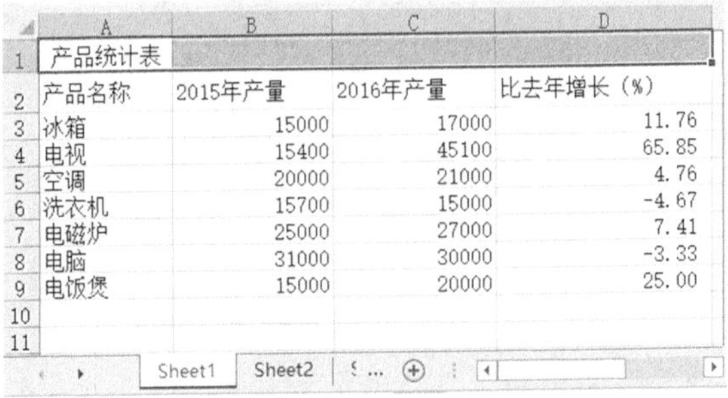

图 12-41　选中单元格区域

步骤 2 在【开始】选项卡中，单击【对齐方式】选项组中 合并后居中 图标右边的下三角按钮，在弹出的菜单中选择【合并后居中】选项，如图 12-42 所示。

步骤 3 此时该表格标题行已被合并且居中，如图 12-43 所示。

（2）用【设置单元格格式】对话框合并，

具体的操作步骤如下。

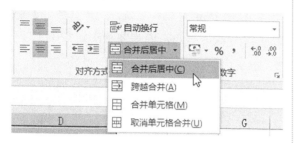

图 12-42 选择【合并后居中】选项

	A	B	C	D
1	产品统计表			
2	产品名称	2015年产量	2016年产量	比去年增长（%）
3	冰箱	15000	17000	11.76
4	电视	15400	45100	65.85
5	空调	20000	21000	4.76
6	洗衣机	15700	15000	-4.67
7	电磁炉	25000	27000	7.41
8	电脑	31000	30000	-3.33
9	电饭煲	15000	20000	25.00
10				
11				

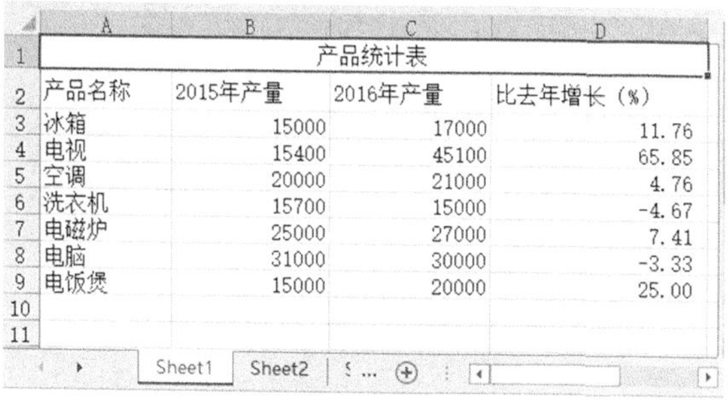

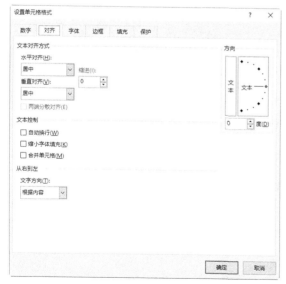

图 12-43 合并后居中

步骤 1 选中单元格区域 A1:E1，在【开始】选项卡中单击【对齐方式】选项组右下角的 图标，弹出【设置单元格格式】对话框，如图 12-44 所示。

图 12-44 【设置单元格格式】对话框

步骤 2 切换到【对齐】选项卡，在【文本对齐方式】区域的【水平对齐】下拉列表中选择“居中”选项，在【文本控制】区域选中【合并单元格】复选框，然后单击【确定】按钮，如图 12-45 所示。

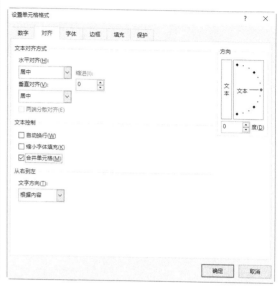

图 12-45 【对齐】选项卡

步骤 3 此时该表格标题行已被合并且居中，效果如图 12-46 所示。

	A	B	C	D
1	产品统计表			
2	产品名称	2015年产量	2016年产量	比去年增长（%）
3	冰箱	15000	17000	11.76
4	电视	15400	45100	65.85
5	空调	20000	21000	4.76
6	洗衣机	15700	15000	-4.67
7	电磁炉	25000	27000	7.41
8	电脑	31000	30000	-3.33
9	电饭煲	15000	20000	25.00
10				
11				

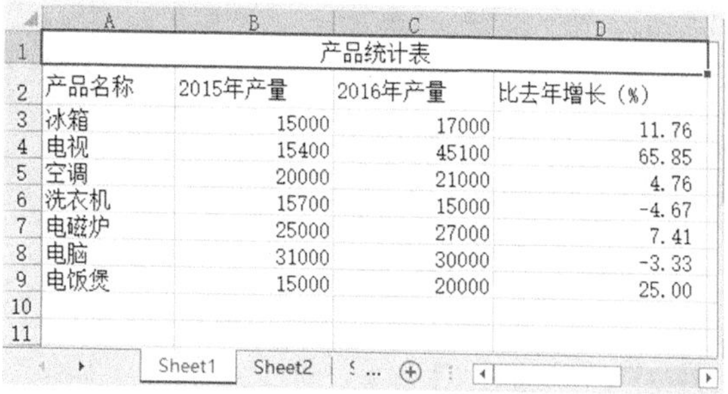

图 12-46 合并后居中显示

12.3.3 拆分单元格

在 Excel 工作表中，拆分单元格就是将一个单元格拆分成多个单元格，方法有以下两种。

（1）用【对齐方式】选项组进行设置，具体的操作步骤如下。

步骤 1 选中合并后的单元格，在【开始】

选项卡中，单击【对齐方式】选项组中图标右边的下三角按钮，在弹出的菜单中选择【取消单元格合并】选项，如图 12-47 所示。

图 12-47　选择【取消单元格合并】选项

步骤 2 此时该表格标题行标题已被取消合并，恢复成合并前的单元格，如图 12-48 所示。

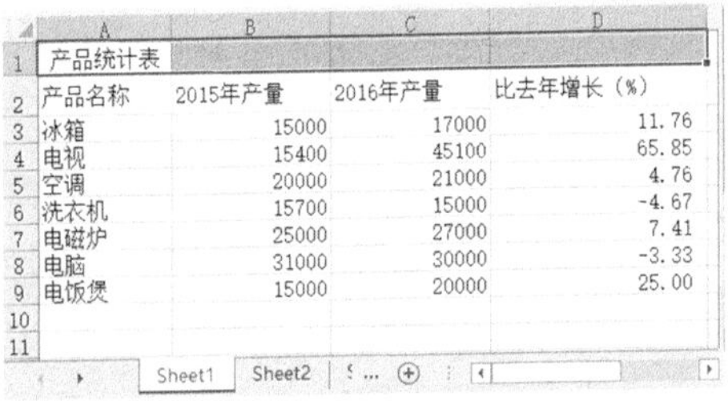

图 12-48　取消单元格合并

（2）用【设置单元格格式】对话框进行设置，具体的操作步骤如下。

步骤 1 右键单击合并后的单元格，在弹出的快捷菜单中选择【设置单元格格式】命令，弹出【设置单元格格式】对话框，如图 12-49 所示。

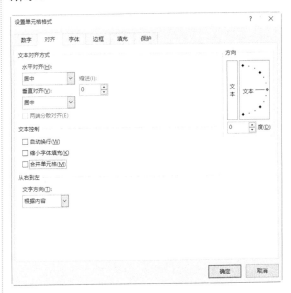

图 12-49　选择【设置单元格格式】命令

步骤 2 在【对齐】选项卡中取消选中【合并单元格】复选框，然后单击【确定】按钮，即可取消单元格的合并状态，如图 12-50 所示。

图 12-50　【设置单元格格式】对话框

12.3.4 调整行高或列宽

在 Excel 工作表中，如果单元格的宽度不足以使数据完整显示，那么数据在单元格里就会以科学计数法显示或被填充成"######"的形式。当列被加宽后，数据就会显示出来。根据不同的情况，可以选择使用以下方法调整列宽。

1. 拖动列标之间的边框

步骤 1 将鼠标指针移动到两列的列标之间，当指针变成 ✛ 状时，按住鼠标左键向左拖动可以使列变窄，向右拖动则可使列变宽，如图 12-51 所示。

步骤 2 拖动时将显示出以点和像素为单位的宽度工具提示，拖动完成后，释放鼠标，即可显示出全部数据，如图 12-52

所示。

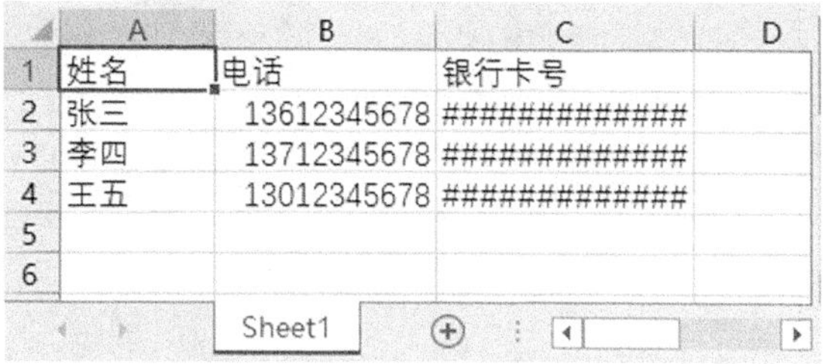

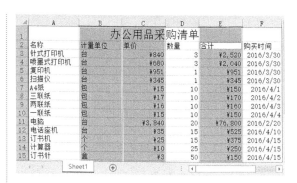

图 12-51 拖动列宽

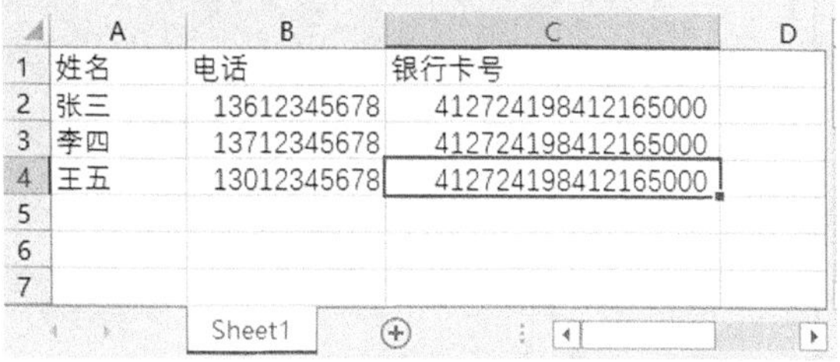

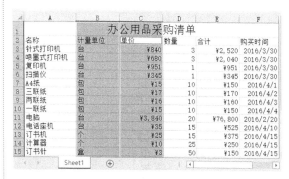

图 12-52 正常显示数据

2. 调整多列的列宽

步骤 1 打开随书光盘中的"素材 \ch03\ 办公用品采购清单 .xlsx"文件,选择 B、C 和 E 等 3 列数据,将鼠标指针移动到 E 列的右边框上,按住鼠标左键并拖动光标到合适的位置,如图 12-53 所示。

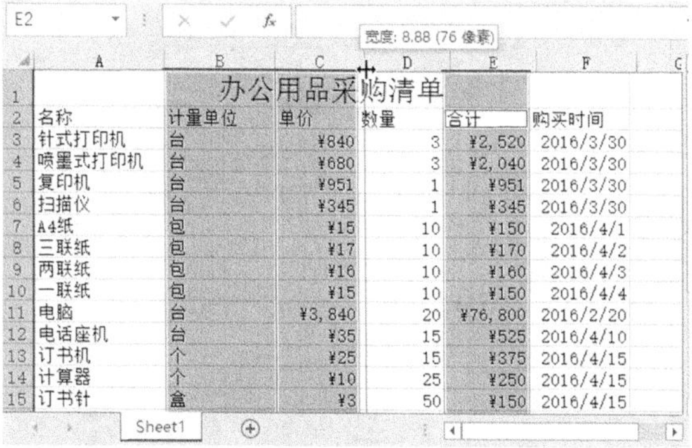

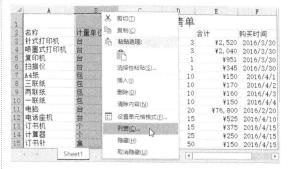

图 12-53 选中列数据

步骤 2 释放鼠标左键,B 列、C 列和 E 列等 3 列的宽度都会得到调整且宽度相同,如图 12-54 所示。

图 12-54 调整列宽

3. 使用选项组调整列宽

步骤 1 打开随书光盘中的"素材 \ch03\ 办公用品采购清单 .xlsx"文件,选中 B 列和 C 列,如图 12-55 所示。

图 12-55 选中 B 列和 C 列

步骤 2 在列标上右击,在弹出的快捷菜单中选择【列宽】选项,如图 12-56 所示。

图 12-56 选择【列宽】选项

步骤 3 弹出【列宽】对话框,在【列宽】文本框中输入"8",然后单击【确定】按钮,如图 12-57 所示。

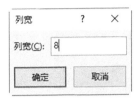

图 12-57 【列宽】对话框

步骤 4 此时 B 列和 C 列的宽度已被调整为“8”，如图 12-58 所示。

	A	B	C	D	E	F
1	办公用品采购清单					
2	名称	计量单位	单价	数量	合计	购买时间
3	针式打印机	台	¥840	3	¥2,520	2016/3/30
4	喷墨式打印机	台	¥680	3	¥2,040	2016/3/30
5	复印机	台	¥951	1	¥951	2016/3/30
6	扫描仪	台	¥345	1	¥345	2016/3/30
7	A4纸	包	¥15	10	¥150	2016/4/1
8	三联纸	包	¥17	10	¥170	2016/4/2
9	两联纸	包	¥16	10	¥160	2016/4/3
10	一联纸	包	¥15	10	¥150	2016/4/4
11	电脑	台	¥3,840	20	¥76,800	2016/2/20
12	电话座机	台	¥35	15	¥525	2016/4/10
13	订书机	个	¥25	15	¥375	2016/4/15
14	计算器	个	¥10	25	¥250	2016/4/15
15	订书针	盒	¥3	50	¥150	2016/4/15

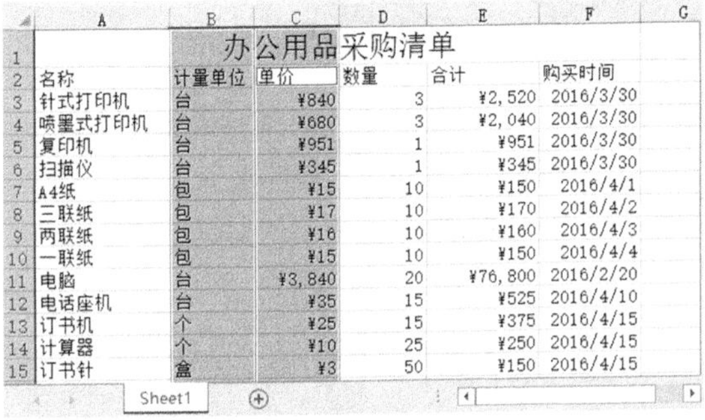

图 12-58 调整列宽

4. 调整行高

在输入数据时，Excel 能根据输入字号的大小自动地调整行的高度，使其能容纳行中最大的字体，用户可以根据自己的需要来设置行高。调整行高的具体操作步骤如下。

步骤 1 选中需要调整高度的第 3 行、第 4 行和第 5 行，如图 12-59 所示。

	A	B	C	D	E	F
1	办公用品采购清单					
2	名称	计量单位	单价	数量	合计	购买时间
3	针式打印机	台	¥840	3	¥2,520	2016/3/30
4	喷墨式打印机	台	¥680	3	¥2,040	2016/3/30
5	复印机	台	¥951	1	¥951	2016/3/30
6	扫描仪	台	¥345	1	¥345	2016/3/30
7	A4纸	包	¥15	10	¥150	2016/4/1
8	三联纸	包	¥17	10	¥170	2016/4/2
9	两联纸	包	¥16	10	¥160	2016/4/3
10	一联纸	包	¥15	10	¥150	2016/4/4
11	电脑	台	¥3,840	20	¥76,800	2016/2/20
12	电话座机	台	¥35	15	¥525	2016/4/10
13	订书机	个	¥25	15	¥375	2016/4/15
14	计算器	个	¥10	25	¥250	2016/4/15
15	订书针	盒	¥3	50	¥150	2016/4/15

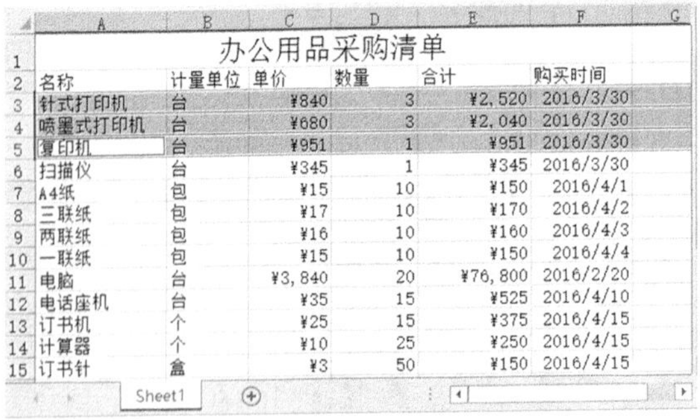

图 12-59 选中 3 行

步骤 2 在行号上右击，在弹出的快捷菜单中选择【行高】选项，如图 12-60 所示。

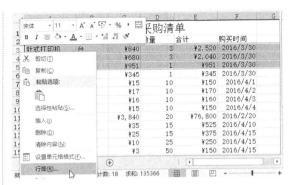

图 12-60 选择【行高】选项

步骤 3 在弹出的【行高】对话框的【行高】文本框中输入“25”，然后单击【确定】按钮，如图 12-61 所示。

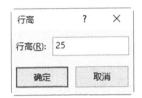

图 12-61 【行高】对话框

步骤 4 此时第 3 行、第 4 行和第 5 行的行高均已变为“25”，如图 12-62 所示。

	A	B	C	D	E	F
1	办公用品采购清单					
2	名称	计量单位	单价	数量	合计	购买时间
3	针式打印机	台	¥840	3	¥2,520	2016/3/30
4	喷墨式打印机	台	¥680	3	¥2,040	2016/3/30
5	复印机	台	¥951	1	¥951	2016/3/30
6	扫描仪	台	¥345	1	¥345	2016/3/30
7	A4纸	包	¥15	10	¥150	2016/4/1
8	三联纸	包	¥17	10	¥170	2016/4/2
9	两联纸	包	¥16	10	¥160	2016/4/3
10	一联纸	包	¥15	10	¥150	2016/4/4
11	电脑	台	¥3,840	20	¥76,800	2016/2/20
12	电话座机	台	¥35	15	¥525	2016/4/10

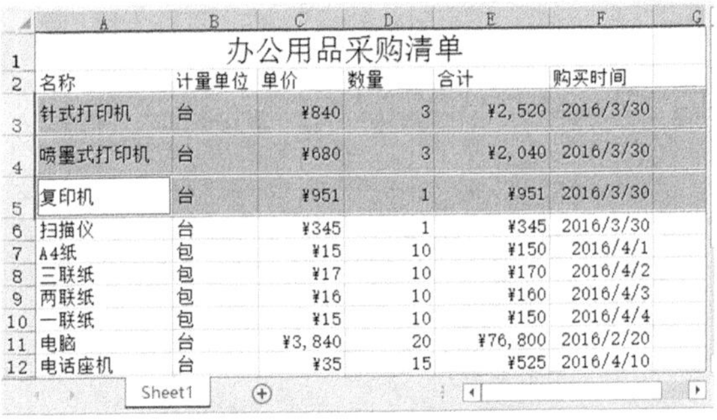

图 12-62 调整行高

12.3.5 复制与移动单元格区域

在编辑 Excel 工作表时，若数据输错了位置，不必重新输入，可将其移动到正确的单元格区域；若单元格区域数据与其他区域数据相同，为了避免重复输入，提高效率，可采用复制的方法编辑工作表。

1. 复制单元格区域

步骤 1 打开随书光盘中的"素材 \ch03\ 学院人员统计表 .xlsx"文件，选中单元格区域 A3:C3，按 Ctrl+C 组合键进行复制，如图 12-63 所示。

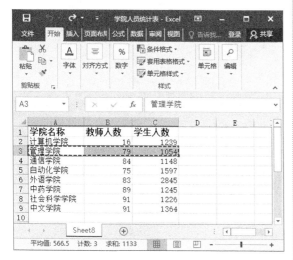

图 12-63　复制单元格区域

步骤 2 选择目标位置（如选定目标区域的第 1 个单元格 A11），按 Ctrl+V（粘贴）组合键，单元格区域即被复制到单元格区域 A11:C11 中，如图 12-64 所示。

2. 移动单元格区域

移动单元格区域的方法是先选中单元格区域，按 Ctrl+X 组合键将此区域剪切到剪贴板中，然后通过粘贴（按 Ctrl+V 组合键）的方式将数据移到目标区域，如图 12-65 所示。

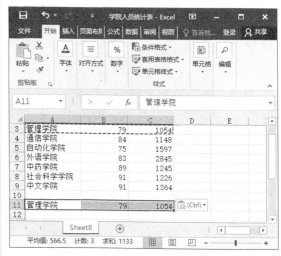

图 12-64　粘贴单元格区域

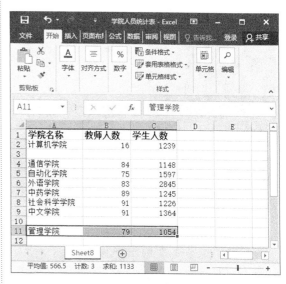

图 12-65　移动单元格区域

12.4　高效办公技能实战

12.4.1　快速创建销售报表

Excel 2016 内置有多种模板，使用这些模板可以快速创建工作表。下面以创建一个销售报表为例介绍使用模板创建报表的方法。

步骤 1 单击操作系统左下角的【开始】按钮，在弹出的【开始】菜单中选择【Excel 2016】选项，如图 12-66 所示。

图 12-66 选择【Excel 2016】选项

步骤 2 启动 Excel 2016，打开如图 12-67 所示的工作界面，在其中可以看到 Excel 2016 提供的模板类型。

图 12-67 启动 Excel 工作界面

步骤 3 在模板类型中选中需要的模板，如果预设的模板类型中没有自己需要的模板，那么可以在【搜索联机模板】文本中输入想要搜索的模板类型。例如输入"销售"，然后单击【搜索】按钮，即可搜索到与销售有关的 Excel 模板，如图 12-68 所示。

步骤 4 单击自己需要的销售类型，例如单击【日程销售报表】模板类型，就打开【日常销售报表】对话框，如图 12-69 所示。

步骤 5 单击【创建】按钮，即可开始下载模板，如图 12-70 所示。

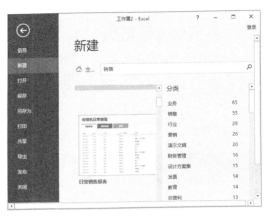

图 12-68 选择模板类型

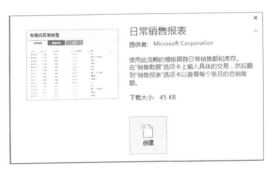

图 12-69 【日常销售报表】对话框

图 12-70 开始下载模板

步骤 6 下载完毕后，即可完成使用模板创建销售报表的操作并进入销售报表编辑界面，如图 12-71 所示。

步骤 7 切换到【文件】选项卡，进入【文件】设置界面，在左侧的列表中选择【另保存】选项，并在右侧选择【这台电脑】选项，如图 12-72 所示。

步骤 8 单击【浏览】按钮，打开【另存为】对话框，在【保存位置】下拉列表中选择要保存文件的路径和文件夹，在【文件名】文本框中输入"日常销售报表"，在【保存类型】

下拉列表中选择文件的保存类型。单击【保存】按钮，将创建的"日常销售报表"保存到计算机的磁盘中，如图 12-73 所示。

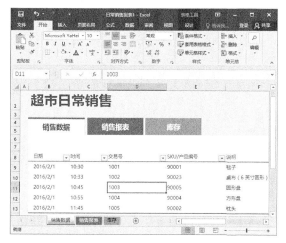

图 12-71　销售报表编辑界面

图 12-72　选择【另存为】选项

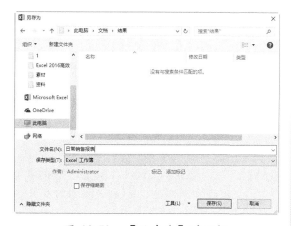

图 12-73　【另存为】对话框

12.4.2　修改员工信息表

本实例介绍修改员工信息表的方法。通过练习，用户可以熟练地掌握单元格、行与列的操作，具体的修改步骤如下。

步骤 1　打开随书光盘中的"素材 \ch07\ 员工信息表 .xlsx"工作簿，选中单元格区域 A1:H1，单击【开始】选项卡下【对齐方式】选项组中【合并后居中】按钮，如图 12-74 所示。

图 12-74　合并后居中单元格区域

步骤 2　选中单元格区域 J2:J12，按 Ctrl+X 组合键，剪切单元格内容，如图 12-75 所示。

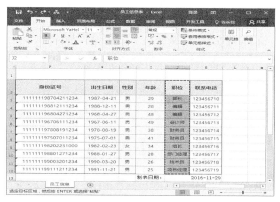

图 12-75　剪切选中的单元格区域

步骤 3　选中 E2 单元格，鼠标右键单击，在弹出的快捷菜单中，选择【插入剪切的单元格】选项，如图 12-76 所示。

步骤 4　此时原单元格区域 J2:J12 中的内容插入到了单元格区域 E2:E12 中，如图 12-77 所示。

步骤 5　选中单元格区域 A2:H22，然后在

【开始】选项卡中单击【单元格】选项组中的【格式】按钮，在弹出的下拉菜单中选择【自动调整列宽】选项，如图 12-78 所示。

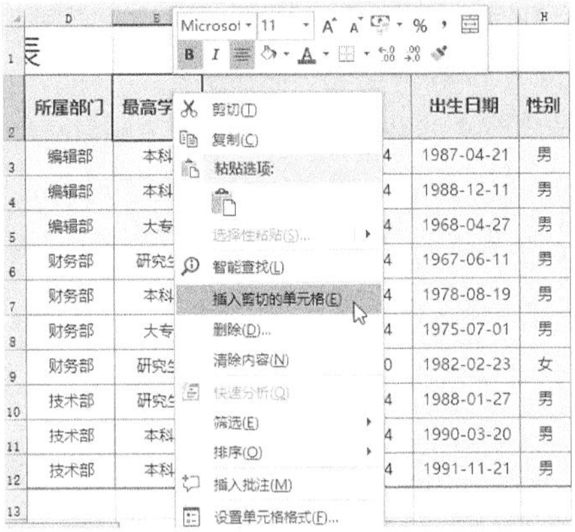

图 12-76　选择【插入剪切的单元格】选项

图 12-77　粘贴剪切的单元格区域

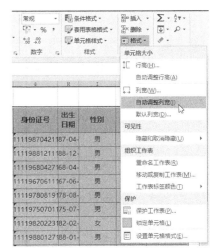

图 12-78　选择【自动调整列宽】选项

步骤 6 操作完成后，即可看到选择的单元格区域，根据内容自动调整了列宽，如图 12-79 所示。

图 12-79　调整之后的员工信息表

12.5 疑难问题解答

问题 1：在删除工作表时，为什么总弹出"此操作将关闭工作簿并且不保存……"的提示对话框？

解决：出现这种情况时，请检查要删除的工作表是否是该工作簿中唯一的工作表。如果是，就会弹出删除工作表时的错误提示对话框。所以，若要避免该情况的出现，那么就要保证删除该工作表后工作簿中至少还有一个工作表。

问题 2：在将工作表另存为工作簿时，为什么总弹出"运行时错误 1004"的提示对话框？

解决：出现这种情况时，请先检查文件要另存的路径是否不存在，或查看要保存的工作簿与当前打开的工作簿是否同名。如果是，请更改保存路径或文件名称。

第13章

编辑报表——工作表数据的输入与编辑

● **本章导读**

在Excel的单元格内可以输入各种类型的数据，包括文本、数字、日期和时间等。本章将为读者介绍在单元格中输入与编辑数据的方法与技巧。

● **学习目标**

◎ 掌握 Excel 的输入技巧

◎ 掌握快速填充单元格数据的方法

◎ 掌握修改与编辑单元格数据的方法

◎ 掌握设置文本格式的方法

◎ 掌握设置工作表边框的方法

◎ 掌握使用内置样式设置工作表的方法

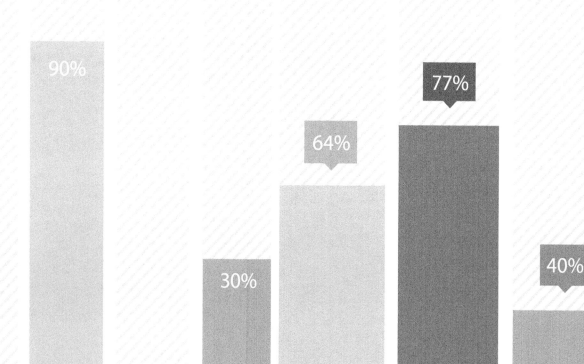

13.1 在单元格中输入数据

在单元格中输入的数值主要包括 4 种，分别是文本、数值、日期和时间、特殊符号等，下面分别介绍输入的方法。

13.1.1 输入文本

单元格中的文本包括字母、汉字、数字、空格和符号等，每个单元格最多可包含 32000 个字符。文本是 Excel 工作表中常见的数据类型之一。在单元格中输入文本的具体操作步骤如下。

步骤 1 启动 Excel 2016，新建一个工作簿。单击选中单元格 A1，输入所需的文本。例如，输入"春眠不觉晓"，此时编辑栏中将会自动显示输入的内容，如图 13-1 所示。

图 13-1 直接在单元格中输入文本

步骤 2 单击选中单元格 A2，在编辑栏中输入文本"处处闻啼鸟"，此时单元格中会显示输入的内容，然后按 Enter 键，即可确定输入，如图 13-2 所示。

图 13-2 在编辑栏中输入文本

提示 在默认情况下，Excel 会将输入文本的对齐方式设置为"左对齐"。

在输入文本时，若文本的长度大于单元格的列宽，文本会自动占用相邻的单元格，若相邻的单元格中已存在数据，则会截断显示，如图 13-3 所示。被截断显示的文本依然存在，只需增加单元格的列宽即可完全显示。

图 13-3 文本截断显示

提示 如果想在一个单元格中输入多行文本，就在换行处按 Alt+Enter 组合键即可换行。如图 13-4 所示。

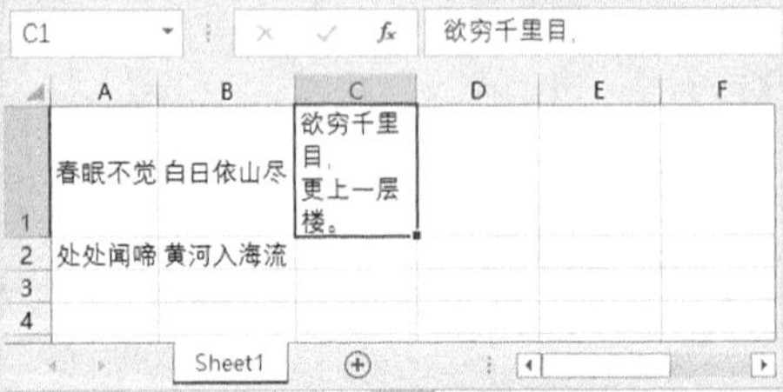

图 13-4 换行显示的文本

以上只是输入的一些普通文本，若要输入一长串全部由数字组成的文本，例如直接输入手机号、身份证号等，系统会自动将其作为数字处理，并以科学计数法显示。如图 13-5 所示。

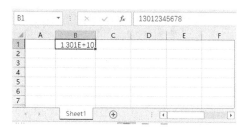

图 13-5　按数字类型处理的数据

针对该问题，在输入数字时，在数字前面添加一个英文单引号"'"即可解决。如图 13-6 所示。

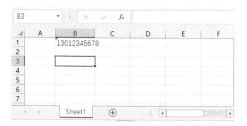

图 13-6　在数字前面添加一个单引号

添加单引号后，虽然能够以数字形式显示完整的文本，但单元格左上角会显示一个绿色的倒三角标记，提示存在错误。单击，选中该单元格，其前面会显示一个错误图标，单击图标右侧的下拉按钮，在弹出的下拉列表框中选择【错误检查选项】选项，如图 13-7 所示。弹出【Excel 选项】对话框，在【错误检查规则】列表中取消选中【文本格式的数字或者前面有撇号的数字】复选框，单击【确定】按钮，如图 13-8 所示。经过以上设置以后，系统将不再对此类错误进行检查，即不会显示绿色的倒三角标记。

> **提示**　若只是想隐藏当前单元格的错误标记，在图 13-7 中，选择【忽略错误】选项即可。

图 13-7　选择【忽略错误】选项

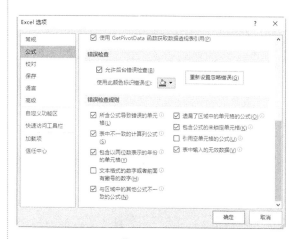

图 13-8　【Excel 选项】对话框

13.1.2　输入数值

在 Excel 中输入的数值型数据可以是整数、小数、分数或科学计数等，它是 Excel 中使用得最多的数据类型。输入数值型数据与输入文本的方法相同，这里不再赘述。

与输入文本不同的是，在单元格中输入数值型数据时，在默认情况下，Excel 会将其对齐方式设置为"右对齐"，如图 13-9 所示。

另外，若要在单元格中输入分数，如果直接输入，系统会自动将其显示为日期。因此，在输入分数时，为了与日期型数据区分，需要在其前面加一个零和一个空格。例如，若输入"1/3"，则显示为日期形式"1 月 3 日"，若输入"0 1/3"，才会显示为分数"1/3"，如图 13-10 所示。

图 13-9　输入数值并右对齐显示

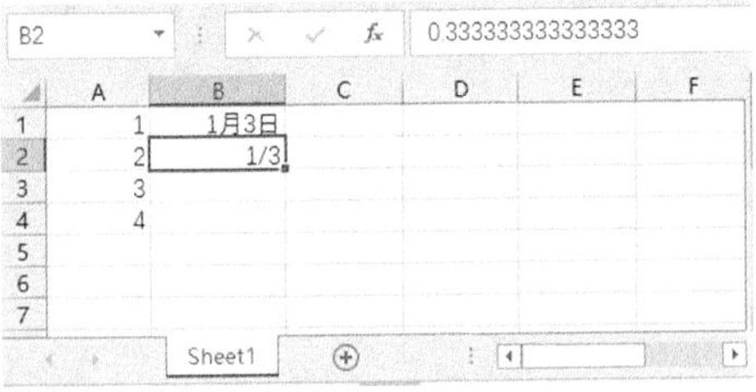

图 13-10　输入分数

13.1.3 输入日期和时间

日期和时间也是 Excel 工作表中常见的数据类型之一。在单元格中输入日期和时间型数据时，在默认情况下，Excel 会将其对齐方式设置为"右对齐"。若要在单元格中输入日期和时间，需要遵循特定的规则。

1. 输入日期

在单元格中输入日期型数据时，请使用斜线"/"或者连字符"-"分隔日期的年、月、日。例如，输入"2016/11/11"或者"2016-11-11"，按 Enter 键后，单元格中显示的日期格式均为"2016-11-11"，如果要获取系统当前的日期，按 Ctrl+; 组合键即可，如图 13-11 所示。

图 13-11　输入日期

提示　默认情况下，输入的日期以类似"2016/11/11"的格式来显示，用户通过设置单元格的格式还可以改变其显示的形式，具体操作步骤将在后面详细介绍。

2. 输入时间

在单元格中输入时间型数据时，请使用冒号":"分隔时间的小时、分、秒。若使用 12 小时制表示时间，就需要在时间后面添加一个空格，然后输入 am（上午）或 pm（下午）。如果要获取系统当前的时间，按 Ctrl+ Shift+;组合键即可，如图 13-12 所示。

图 13-12　输入时间

提示　如果 Excel 不能识别输入的数据是日期还是时间，系统就会将其视为文本进行处理，并在单元格中以靠左的方式对齐，如图 13-13 所示。

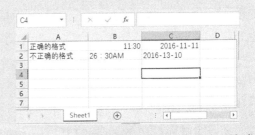

图 13-13　输入不能识别的数据时的显示方式

13.1.4 输入特殊符号

在 Excel 工作表中的单元格内输入特殊

符号的具体操作如下。

步骤 1 选中需要插入特殊符号的单元格，例如选中单元格 A1，然后单击【插入】选项卡【符号】组中的【符号】按钮，即可打开【符号】对话框，切换到【符号】选项卡，在【子集】下拉菜单中选择【数学运算符】选项，从弹出的列表框中选择"√"，如图 13-14 所示。

步骤 2 单击【插入】按钮，再单击【关闭】按钮，即可完成特殊符号的插入操作，如图 13-15 所示。

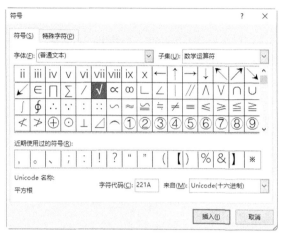

图 13-14　选择特殊符号"√"

图 13-15　插入的特殊符号

13.2 快速填充单元格数据

为了提高向工作表中输入数据的效率，降低输入错误率，Excel 提供了快速输入数据的功能，常用的快速填充表格数据的方法有使用填充柄填充、使用填充命令填充等。

13.2.1 使用填充柄

填充柄是位于单元格右下角的方块，使用它可以有规律地快速填充单元格，具体的操作步骤如下。

步骤 1 启动 Excel 2016，新建一个空白文档，输入相关数据内容，然后将光标定位在单元格 B2 右下角的方块上，如图 13-16 所示。

步骤 2 当光标变为╋状时，向下拖动光标到 B5，即可快速填充选定的单元格。填

充后的单元格与 B2 的内容相同，如图 13-17 所示。

图 13-16　定位光标位置

填充后，右下角有一个【自动填充选项】

图标 ，单击图标 右侧的下三角按钮，在弹出的下拉列表框中设置填充的内容，如图 13-18 所示。

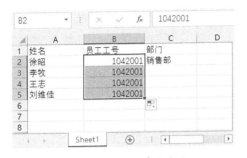

图 13-17　快速填充数据

默认情况下，系统以【复制单元格】的形式进行填充。若选择【填充序列】选项，B3:B5 中的值将以"1"为步长进行递增，如图 13-19 所示。若选择【仅填充格式】选项，B3:B5 的格式将与 B2 的格式一致，但并不填充内容。若选择【不带格式填充】选项，B3:B5 的值将与 B1 一致，但并不应用于 B2 的格式。

图 13-18　设置填充内容

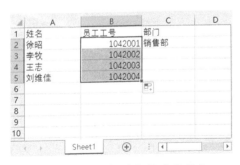

图 13-19　以序列方式填充数据

提示　对于数值序列，在使用填充柄的同时按住 Ctrl 键不放，单元格会默认以递增的形式填充，类似于选择【填充序列】选项。

13.2.2　数值序列填充

对于数值型数据，不仅能以复制、递增的形式快速填充，还能以等差、等比的形式快速填充。使用填充柄能以复制和递增的形式快速填充。下面介绍如何以等差的形式快速填充，具体的操作步骤如下。

步骤 1　启动 Excel 2016，新建一个空白文档，在 A1 和 A2 中分别输入"1"和"3"，然后选中区域 A1:A2，将光标定位于 A2 右下角的方块上，如图 13-20 所示。

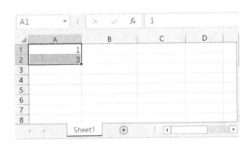

图 13-20　放置光标位置

步骤 2　当光标变为 ✚ 状时，向下拖动光标到 A6，然后释放光标，此时单元格按照值为"2"的等差数列的形式进行填充，如图 13-21 所示。

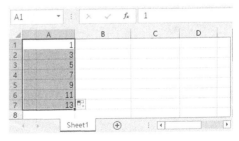

图 13-21　以序列方式填充数据

如果想以等比序列方法填充数据，就按

照以下操作步骤进行。

步骤 1 在单元格中输入有等比序列的前两个数据，例如分别在单元格 A1 和 A2 中输入 "2" 和 "4"，然后选中这两个单元格，将鼠标指针移到单元格 A2 的右下角，此时指针变成 "+" 状，按住鼠标右键向下拖动至该序列的最后一个单元格，释放鼠标，从弹出的下拉菜单中选择【等比序列】选项，如图 13-22 所示。

图 13-22　选择【等比序列】选项

步骤 2 此时已将该序列的后续数据依次填充到了相应的单元格中，如图 13-23 所示。

图 13-23　快速填充等比序列

13.2.3　文本序列填充

除了使用填充命令填充文本序列外，用户还可使用填充柄来填充文本序列，具体的操作步骤如下。

步骤 1 启动 Excel 2016，新建一个空白文档，在 A1 中输入文本 "床前明月光"，然后将光标定位在 A1 右下角的方块上，如图 13-24 所示。

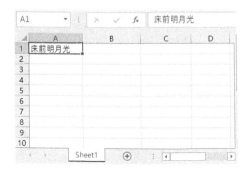

图 13-24　定位光标位置

步骤 2 当光标变为 **+** 状时，向下拖动光标到 A5，然后释放光标，单元格将按照相同的文本进行填充，如图 13-25 所示。

图 13-25　以文本序列填充数据

13.2.4　日期或时间序列填充

用日期或时间序列填充时，同样有两种方法：使用填充柄和使用填充命令。不同的是，对于文本序列和数值序列填充，系统默认以复制的形式填充，而对于日期或时间序列，默认以递增的形式填充，具体的操作步骤如下：

步骤 1 启动 Excel 2016，新建一个空白文档，在 A1 中输入日期 "2016/10/01"，然后将光标定位在 A1 右下角的方块上，如

13-26 所示。

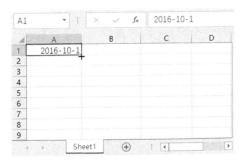

图 13-26　输入日期

步骤 2 当光标变为 ✚ 状时，向下拖动光标到 A8，然后释放光标，单元格将以递增的形式默认填充，如图 13-27 所示。

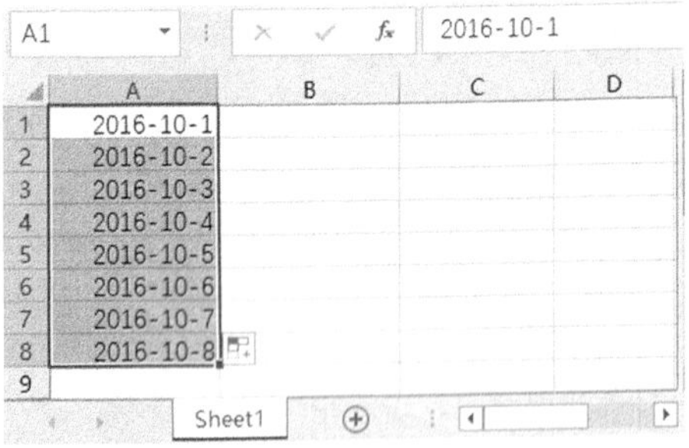

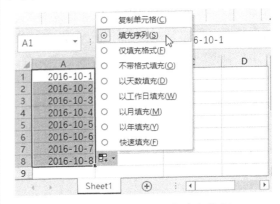

图 13-27　以递增方式填充数据

> **提示**
> 　　按住 Ctrl 键不放，再拖动鼠标，这时单元格将以复制的形式进行填充，如图 13-28 所示。 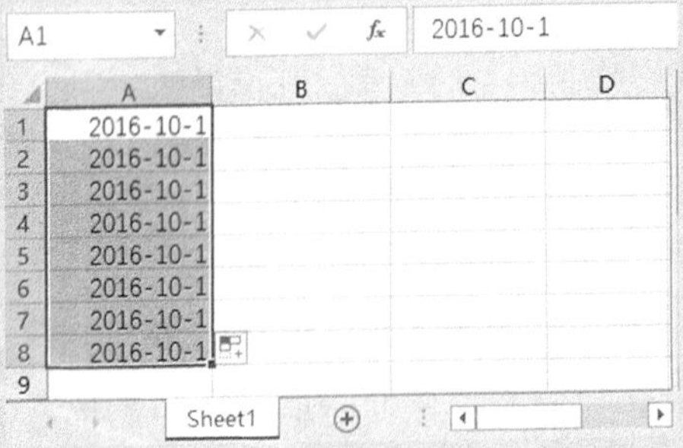
>
>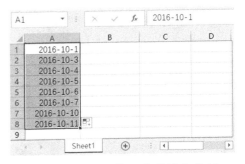
>
> 图 13-28　以复制方式填充数据

步骤 3 填充后，单击图标 右侧的下三角按钮，会弹出填充的各个选项，默认情况下，系统以【填充序列】的形式进行填充，

如图 13-29 所示。

○ 复制单元格(C)
◉ 填充序列(S)
○ 仅填充格式(F)
○ 不带格式填充(O)
○ 以天数填充(D)
○ 以工作日填充(W)
○ 以月填充(M)
○ 以年填充(Y)
○ 快速填充(F)

图 13-29　以递增方式填充数据

步骤 4 若选择【以工作日填充】选项，每周工作日为 6 天，因此将以原日期作为周一，按工作日递增进行填充，不包括周日，如图 13-30 所示。

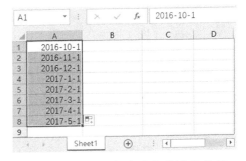

图 13-30　以工作日方式填充数据

步骤 5 若选择【以月填充】选项，将按照月份递增进行填充，如图 13-31 所示。

图 13-31　以月份递增方式填充数据

步骤 6 若选择【以年填充】选项，将按照年份递增进行填充，如图 13-32 所示。

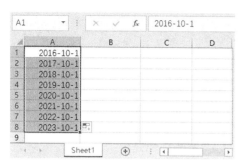

图 13-32　以年递增方式填充数据

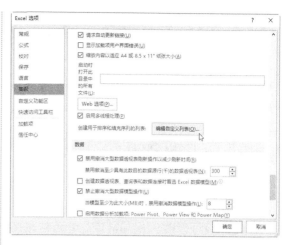

图 13-34　【Excel 选项】对话框

图 13-35　【自定义序列】对话框

13.2.5　自定义序列填充

在进行一些较特殊的有规律的序列填充时，若以上的方法均不能满足需求，用户还可以自定义序列填充，具体的操作步骤如下。

步骤 1　启动 Excel 2016，新建一个空白文档，切换到【文件】选项卡，进入文件操作界面，选择左侧列表中的【选项】命令，如图 13-33 所示。

图 13-33　文件操作界面

步骤 2　弹出【Excel 选项】对话框，选择左侧的【高级】选项，然后在右侧的【常规】栏中单击【编辑自定义列表】按钮，如图 13-34 所示。

步骤 3　弹出【自定义序列】对话框，在【输入序列】文本框中依次输入自定义的序列，单击【添加】按钮，如图 13-35 所示。

步骤 4　添加完成后，依次单击【确定】按钮，返回到工作表中。在 A1 单元格中输入"人事部"，然后拖动填充柄，系统将以自定义序列填充单元格，如图 13-36 所示。

图 13-36　自定义填充序列

13.3 修改与编辑数据

在工作表中修数据改时，可以通过编辑栏修改或者直接在单元格中修改。

13.3.1 通过编辑栏修改

选中需要修改的单元格，编辑栏中就会显示该单元格的信息，如图 13-37 所示。单击编辑栏即可修改。例如将 C9 单元格中的内容"员工聚餐"改为"外出旅游"，如图 13-38 所示。

图 13-37　选中要修改的单元格数据

图 13-38　修改单元格数据

13.3.2 在单元格中直接修改

选中需要修改的单元格，然后直接输入数据，原单元格中的数据将被覆盖。双击单元格或者按 F2 键，单元格中的数据将被激活，然后也可以直接修改。

13.3.3 删除单元格中的数据

若只是想清除某个（或某些）单元格中的内容，就先选中要清除内容的单元格，然后按 Delete 键即可。使用菜单命令删除单元格数据的具体操作如下。

步骤 1 打开需要删除数据的文件，选中要删除的单元格，如图 13-39 所示。

图 13-39　选中要删除的单元格

步骤 2 在【开始】选项卡的【单元格】选项组中单击【删除】按钮，在弹出的菜单中选择【删除单元格】命令，如图 13-40 所示。

图 13-40　选择【删除单元格】命令

步骤 3 弹出【删除】对话框，选中【右侧单元格左移】单选按钮，如图 13-41 所示。

图 13-41　【删除】对话框

步骤 4 单击【确定】按钮，即可将右侧单元格中的数据向左移动一列，如图 13-42 所示。

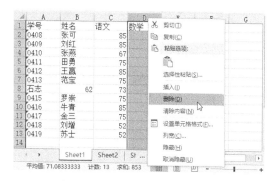

图 13-42　删除后的效果

步骤 5 将光标移至 D 处，当光标变成↓状时鼠标右击，在弹出的快捷菜单中选择【删除】命令，如图 13-43 所示。

图 13-43　选择【删除】命令

步骤 6 此时 D 列中的数据已被删除，同时右侧单元格中的数据会向左移动一列，如图 13-44 所示。

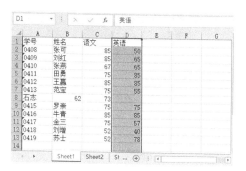

图 13-44　删除数据

13.3.4　查找和替换数据

Excel 2016 提供的查找和替换功能，可以帮助用户快速定位到要查找的信息，还可以批量地修改信息。

1. 查找数据

下面以"图书信息"表为例，查找内容为"21 世纪出版社"的记录，具体的操作步骤如下。

步骤 1 打开随书光盘中的"素材 \ch08\ 图书信息 .xlsx"文件，如图 13-45 所示。

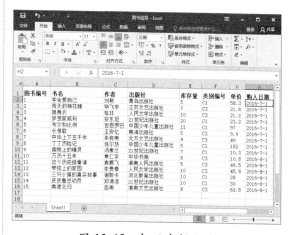

图 13-45　打开素材文件

步骤 2 在【开始】选项卡的【编辑】组中，单击【查找和选择】 🔍 的下三角按钮，在弹出的下拉列表框中选择【查找】选项，如图 13-46 所示。

图 13-46　选择【查找】选项

步骤 3 弹出【查找和替换】对话框,在【查找内容】文本框中输入"21 世纪出版社",如图 13-47 所示。

图 13-47　【查找和替换】对话框

> **提示** 按 Ctrl+F 组合键,弹出【查找和替换】对话框。

步骤 4 单击【查找全部】按钮,在下方将列出符合条件的全部记录,单击每一个记录,即可快速定位到该记录所在的单元格,如图 13-48 所示。

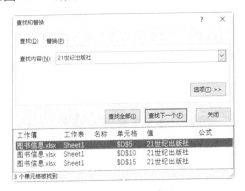

图 13-48　开始查找

> **提示** 单击【选项】按钮,还可以设置查找的范围、格式、是否区分大小写、是否单元格匹配等属性,如图 13-49 所示。

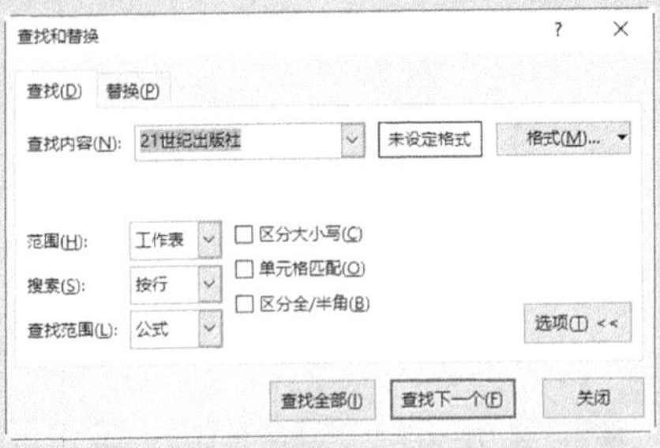

图 13-49　单击【选项】按钮

2. 替换数据

下面使用替换功能,将内容为"21 世纪出版社"的记录全部替换为"清华大学出版社",具体的操作步骤如下。

步骤 1 打开素材文件,单击【开始】选项卡下【编辑】组中的【查找和选择】按钮,在弹出的下拉列表框中选择【替换】选项。

步骤 2 弹出【查找和替换】对话框,在【查找内容】文本框中输入要查找的内容,在【替换为】文本框中输入替换后的内容,如图 13-50 所示。

图 13-50　【查找和替换】对话框

步骤 3 设置完成后,单击【查找全部】按钮,在下方将列出符合条件的全部记录,如图 13-51 所示。

步骤 4 单击【全部替换】按钮,弹出

Microsoft Excel对话框,提示已完成替换操作,如图 13-52 所示。

图 13-51　开始查找

图 13-52　信息提示对话框

步骤 5 单击【确定】按钮,然后单击【关闭】按钮,即可关闭【查找和替换】对话框。返

回 Excel 表,此时所有内容为"21世纪出版社"的记录均替换为"清华大学出版社",如图 13-53 所示。

图 13-53　替换数据

> **提示**　在进行查找和替换时,如果不能确定完整的搜索信息,可以使用通配符"?"和"*"来代替不能确定的部分信息。其中,"?"表示一个字符,"*"表示一个或多个字符。

13.4　设置文本格式

单元格是工作表的基本组成单位,也是用户进行操作的最小单位。在 Excel 2016 中,用户可以根据需要设置单元格中文本的大小、颜色、方向等。

13.4.1　设置字体和字号

默认的情况下,Excel 2016 表格中的文字格式是黑色、宋体和 11 号,如果对该文字格式不满意,可以更改。下面以"工资表"为例介绍设置单元格文字字体和字号的方法与技巧。具体的操作步骤如下。

步骤 1 打开随书光盘中的"素材 \ch08\ 工资表 .xlsx"文件,如图 13-54 所示。

步骤 2 选中要设置字体的单元格,例如选定 A1 单元格,切换到【开始】选项卡,单击【字体】组中【字体】右侧的下三角按钮,在弹出的下拉列表中选择【隶书】字体样式,如图 13-55 所示。

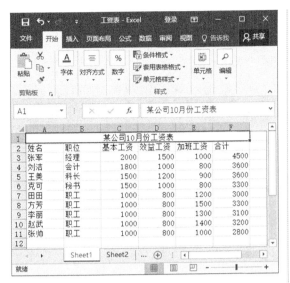

图 13-54　打开素材文件

图 13-56　选择字号

图 13-55　选择字体样式

> **提示**　将光标定位在某个选项中，可以预览设置字体后的效果。

步骤 3　选中要设置字号的单元格，例如选定 A1 单元格。在【开始】选项卡的【字体】组中，单击【字号】右侧的下三角按钮，在弹出的下拉列表框中选择要设置的字号，如图 13-56 所示。

> **提示**　字号的数值越大，表示设置的字形越大。在【字号】的下拉列表框中可以看到，最大的字号是 72 号，但实际上 Excel 支持的最大字号为 409 磅。因此，若是在下拉列表框中没有找到所需的字号，可在【字号】文本框中直接输入字号数值，按 Enter 键确认即可。

步骤 4　使用同样的方法，设置其他单元格的字体和字号，最后的显示效果如图 13-57 所示。

图 13-57　显示效果

除此之外，选中单元格后，鼠标右键单击，将弹出浮动工具条和快捷菜单，通过浮动工具条中的【字体】和【字号】按钮也可设置字体和字号，如图 13-58 所示。

图 13-58　浮动工具条

另外，在弹出的快捷菜单中选择【设置单元格格式】命令，弹出【设置单元格格式】对话框，切换到【字体】选项卡，通过【字体】和【字号】下拉列表框也可设置字体和字号，如图 13-59 所示。

图 13-59　【字体】选项卡

13.4.2　设置文字颜色

默认的情况下，Excel 2016 表格中的文字颜色是黑色的，如果对该文字的颜色不满意，可以对其进行更改。

步骤 1 选中需要设置文字颜色的单元格，如图 13-60 所示。

图 13-60　选中单元格

步骤 2 在【开始】选项卡中，单击【字体】选项组中【字体颜色】 ▲ 按钮右侧的下三角按钮，在弹出的调色板中单击需要的文字颜色即可，如图 13-61 所示。

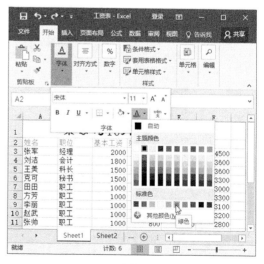

图 13-61　选择文字的颜色

步骤 3 如果调色板中没有需要的颜色，用户可以自定义颜色，在弹出的调色板中选择【其他颜色】选项，如图 13-62 所示。

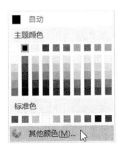

图 13-62 【其他颜色】选项

步骤 4 弹出【颜色】对话框，在【标准】选项卡中选择需要的颜色，如图 13-63 所示。

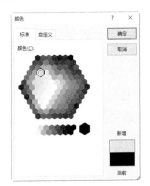

图 13-63 【标准】选项卡

步骤 5 如果【标准】选项卡中没有自己需要的颜色，用户可以选择【自定义】选项卡，调整出适合的颜色，如图 13-64 所示。

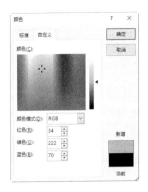

图 13-64 【自定义】选项卡

步骤 6 单击【确定】按钮，即可应用定义的文字颜色，如图 13-65 所示。

图 13-65 显示效果

> **提示**　此外，在要改变颜色的文字上右击，在弹出的浮动工具条中的【字体颜色】列表中也可以设置文字颜色。或者单击【字体】选项组右侧的 按钮，在弹出的【设置单元格格式】对话框中也可以设置文字颜色。

13.4.3 设置对齐方式

Excel 2016 允许为单元格数据设置的对齐方式有左对齐、右对齐和合并居中对齐等。默认情况下单元格中的文字是左对齐，数字是右对齐。为了使工作表整齐，用户可以设置对齐方式。

步骤 1 打开需要设置数据对齐格式的文件，如图 13-66 所示。

步骤 2 选中要设置格式的单元格，鼠标右击，在弹出的快捷菜单中选择【设置单元格格式】命令，如图 13-67 所示。

步骤 3 打开【设置单元格格式】对话框，切换到【对齐】选项卡，设置【水平对齐】为【居中】，【垂直对齐】为【居中】，如

图 13-68 所示。

置后的效果，即每个单元格的数据都居中显示，如图 13-69 所示。

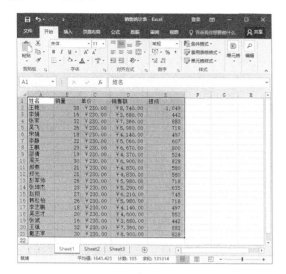

图 13-66　打开素材文件

图 13-68　【对齐】选项卡

图 13-67　选择【设置单元格格式】命令

步骤 **4** 单击【确定】按钮，即可查看设

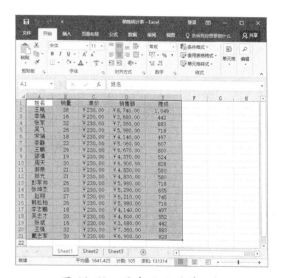

图 13-69　居中显示的单元格

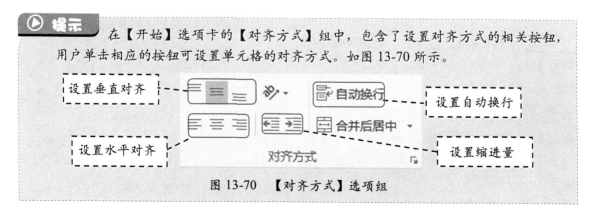

▶提示　　在【开始】选项卡的【对齐方式】组中，包含了设置对齐方式的相关按钮，用户单击相应的按钮可设置单元格的对齐方式。如图 13-70 所示。

图 13-70　【对齐方式】选项组

【对齐方式】组中的参数功能如下。

（1）设置垂直对齐

用于设置垂直对齐的按钮共有 3 个：【顶端对齐】按钮 ≡、【垂直居中】按钮 ≡ 和【底端对齐】≡ 按钮。

① 【顶端对齐】按钮：使数据沿单元格的顶端对齐。

② 【垂直居中】按钮：使数据在单元格的垂直方向居中。

③ 【底端对齐】按钮：使数据沿单元格的底端对齐。

（2）设置水平对齐

用于设置水平对齐的按钮有 3 个：【左对齐】按钮 ≡、【居中对齐】按钮 ≡ 和【右对齐】按钮 ≡。

【左对齐】按钮：使数据在单元格中靠左对齐。

① 【居中对齐】按钮：使数据在单元格的水平方向居中。

② 【右对齐】按钮：使数据在单元格内靠右对齐。

（3）设置缩进量

用于设置缩进量的按钮共有 2 个：【减少缩进量】按钮 ≡ 和【增加缩进量】按钮 ≡。

① 【减少缩进量】按钮：用于减少单元格边框与文字间的边距。

② 【增加缩进量】按钮：用于增加单元格边框与文字间的距离。

13.5 设置工作表的边框

在编辑 Excel 工作表时，工作表默认显示的表格线是灰色的，并且打印不出来。如果需要将表格线打印出来，就需要对表格边框进行设置。

13.5.1 使用功能区进行设置

下面以"水果销售日报表"为例，介绍如何使用功能区设置边框线，具体的操作步骤如下。

步骤 1 打开随书光盘中的"素材 \ch08\ 水果销售日报表 .xlsx"文件，选中区域 A2:F10，如图 13-71 所示。

步骤 2 在【开始】选项卡的【字体】组中，单击【边框】右侧的下三角按钮，在弹出的下拉列表框中选择【所有框线】选项，如图 13-72 所示。

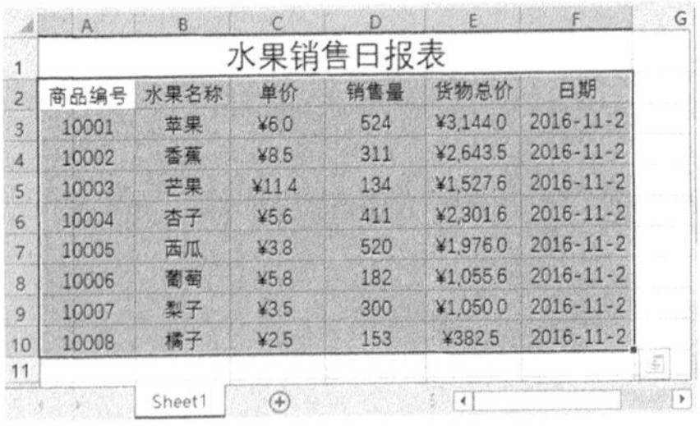

图 13-71　打开素材文件

步骤 3 此时选中区域内的每个单元格已被设置框线，如图 13-73 所示。

步骤 4 选中区域 A2:F10，重复步骤 2，在弹出的下拉列表框中选择【粗外侧框线】选项，设置后的效果如图 13-74 所示。

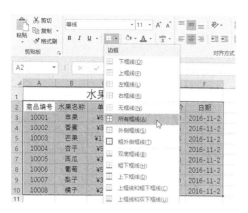

图 13-72 选择【所有框线】选项

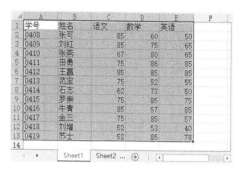

图 13-75 选中要设置的单元格区域

图 13-73 添加框线

图 13-74 选择【粗外侧框线】选项

13.5.2 设置边框线型

为了使工作表看起来更清晰，重点更突出，结构更分明，可以为工作表添加边框线。具体的操作步骤如下。

步骤 **1** 打开需要设置边框和底纹的文件，选中要设置的单元格区域，如图 13-75 所示。

步骤 **2** 鼠标右击，在弹出的快捷菜单中选择【设置单元格格式】命令，在打开的【单元格格式】对话框中切换到【边框】选项卡，

在【样式】列表中选择线条的样式，然后单击【外边框】按钮，如图 13-76 所示。

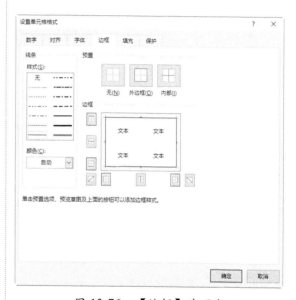

图 13-76 【边框】选项卡

步骤 **3** 在【样式】列表中再次选择线条的样式，然后单击【内部】按钮，如图 13-77 所示。

步骤 **4** 单击【确定】按钮，完成边框线的添加，如图 13-78 所示。

> 💡 **提示**
>
> 在【开始】选项卡中，选择【字体】选项组中【边框】按钮右侧的·按钮，在弹出的下拉菜单中选择【线型】选项，然后在其子菜单中选择线型，也可以为工作表添加边框线。

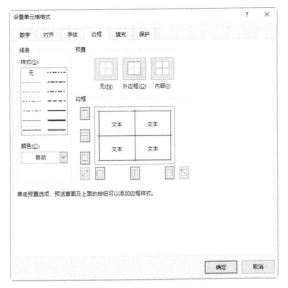

图 13-77　单击【内部】按钮

	A	B	C	D	E	F
1	学号	姓名	语文	数学	英语	
2	0408	张可	85	60	50	
3	0409	刘红	85	75	65	
4	0410	张燕	67	80	65	
5	0411	田勇	75	86	85	
6	0412	王赢	85	85	85	
7	0413	范宝	75	52	55	
8	0414	石志	62	73	50	
9	0415	罗崇	75	85	75	
10	0416	牛青	85	57	85	
11	0417	金三	75	85	57	
12	0418	刘增	52	53	40	
13	0419	苏士	52	85	78	
14						

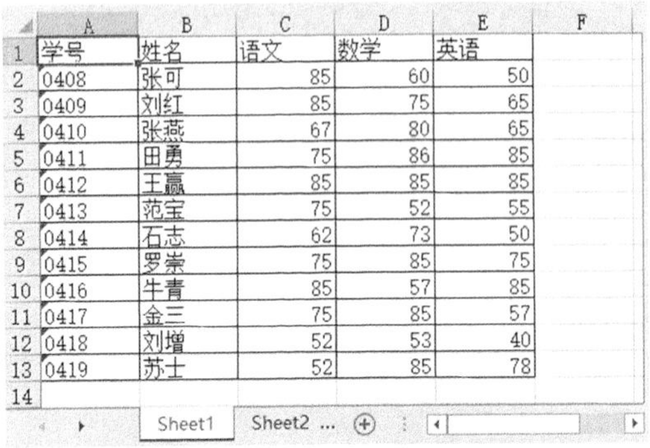

图 13-78　为单元格添加边框

13.6 使用内置样式设置工作表

工作表的内置样式包括表格样式与单元格样式，使用内置样式可以美化工作表。单元格样式是一组已定义好的格式特征，若要在一个表格中应用多种样式，就要使用自动套用单元格样式功能。

13.6.1 套用内置表格样式

Excel 内置有 60 种表格样式，用户可以自动地套用这些定义好的表格样式，以提高工作的效率。下面以应用浅色表格样式为例，介绍套用内置表格样式的操作步骤。

步骤 1 打开随书光盘中的“素材 \ch08\ 工资表”文件，选中要套用表格样式的区域，如图 13-79 所示。

	A	B	C	D	E	F
1	某公司10月份工资表					
2	姓名	职位	基本工资	效益工资	加班工资	合计
3	张军	经理	2000	1500	1000	4500
4	刘洁	会计	1800	1000	800	3600
5	王美	科长	1500	1200	900	3600
6	克可	秘书	1500	1000	800	3300
7	田田	职工	1000	800	1200	3000
8	方芳	职工	1000	800	1500	3300
9	李丽	职工	1000	800	1300	3100
10	赵武	职工	1000	800	1400	3200
11	张帅	职工	1000	800	1000	2800
12						
13						

图 13-79　打开素材文件

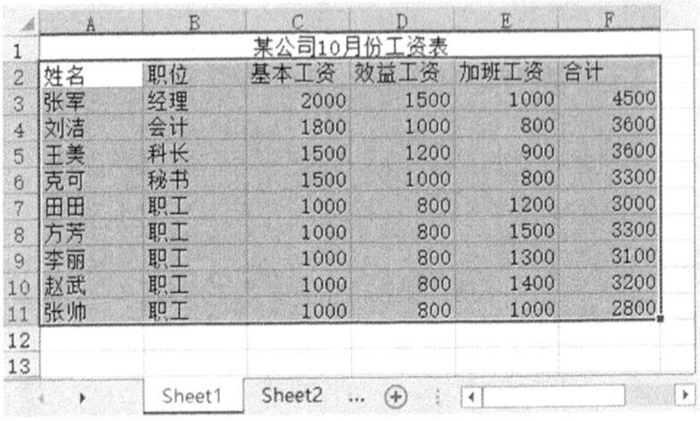

步骤 2 在【开始】选项卡中，选择【样式】选项组中的【套用表格格式】按钮 套用表格格式▾，在弹出的下拉菜单中选择【浅色】面板中的样式，如图 13-80 所示。

图 13-80　浅色表格样式

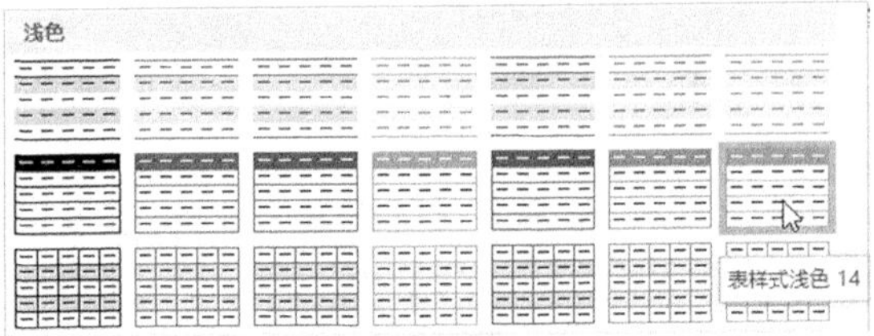

步骤 3 单击选中的样式，弹出【套用表格式】对话框，单击【确定】按钮即可将样式套用，如图 13-81 所示。

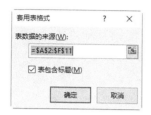

图 13-81　【套用表格式】对话框

步骤 4 套用样式后单击任一单元格，功能区都会出现【设计】选项卡，然后单击【表格样式】组中的任一样式，即可更改样式，如图 13-82 所示。

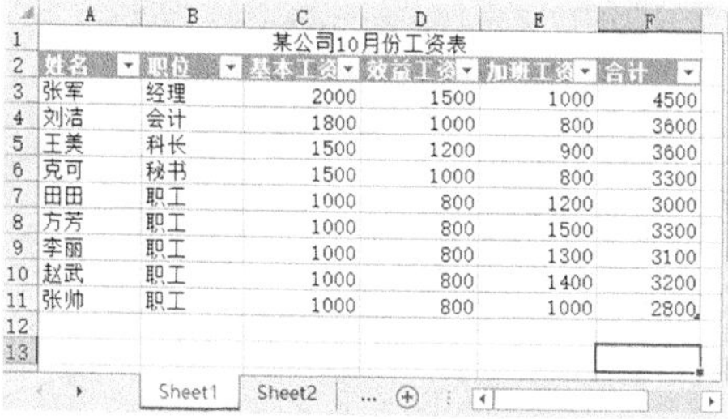

某公司10月份工资表

姓名	职位	基本工资	效益工资	加班工资	合计
张军	经理	2000	1500	1000	4500
刘洁	会计	1800	1000	800	3600
王美	科长	1500	1200	900	3600
克可	秘书	1500	1000	800	3300
田田	职工	1000	800	1200	3000
方芳	职工	1000	800	1500	3300
李丽	职工	1000	800	1300	3100
赵武	职工	1000	800	1400	3200
张帅	职工	1000	800	1000	2800

图 13-82　显示效果

13.6.2 套用内置单元格样式

Excel 2016 内置的单元格样式包括单元格文本样式、背景样式、标题样式和数字样式。下面以添加单元格背景样式为例，介绍套用内置单元格样式的方法。

步骤 1 打开随书光盘中的“素材 \ch08\ 学生成绩统计表”文件。选择“语文”成绩的单元格，在【开始】选项卡中，选择【样式】选项组中的【单元格样式】按钮 单元格样式，在弹出的下拉菜单中选择【好】样式，即可改变单元格的背景，如图 13-83 所示。

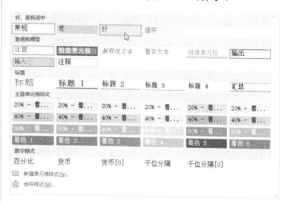

图 13-83　选择单元格背景样式

步骤 2 将“数学”成绩下面的单元格设置为【适中】样式，即可改变单元格的背景。按照相同的方法改变其他单元格的背景，最终的效果如图 13-84 所示。

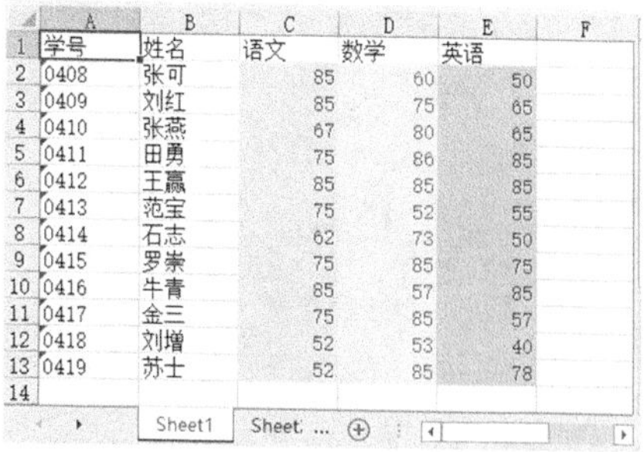

学号	姓名	语文	数学	英语
0408	张可	85	60	50
0409	刘红	85	75	65
0410	张燕	67	80	65
0411	田勇	75	86	85
0412	王赢	85	85	85
0413	范宝	75	52	55
0414	石志	62	73	50
0415	罗崇	75	85	75
0416	牛青	85	57	85
0417	金三	75	85	57
0418	刘增	52	53	40
0419	苏士	52	85	78

图 13-84　应用背景样式的效果

13.7 高效办公技能实战

13.7.1 自定义单元格样式

如果 Excel 系统内置的单元格样式不能满足用户的需要，用户可以自定义单元格样式，具体的操作步骤如下。

步骤 1 在【开始】选项卡中，单击【样式】选项组中的【单元格样式】按钮，在弹出的下拉列表中选择【新建单元格样式】选项，如图 13-85 所示。

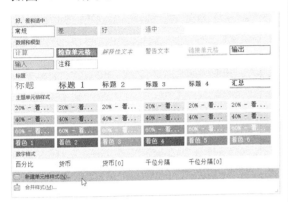

图 13-85　选择【新建单元格样式】选项

步骤 2 弹出【样式】对话框，在【样式名】文本框中输入"自定义"，如图 13-86 所示。

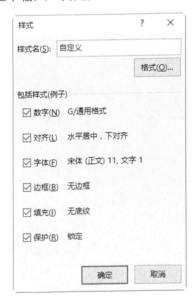

图 13-86　【样式】对话框

步骤 3 单击【格式】按钮，在弹出的【设置单元格格式】对话框中设置数字、字体、边框和填充等样式，然后单击【确定】按钮，如图 13-87 所示。

步骤 4 新建的样式即可出现在【单元格样式】下拉列表中，如图 13-88 所示。

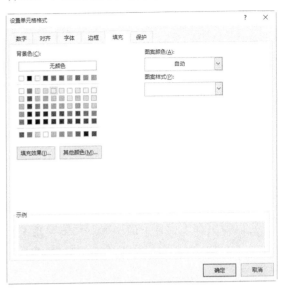

图 13-87　【填充】选项卡

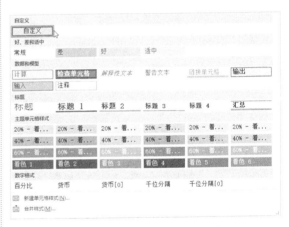

图 13-88　自定义的单元格样式

13.7.2 设置物资采购清单

通过本例的练习，读者可以掌握设置单元格格式、套用单元格样式、设置单元格中数据的类型和对齐方式等方法。

步骤 1 打开随书光盘中的"素材 \ch13\ 物资采购登记表 .xlsx"文件，如图 13-89 所示。

步骤 2 选中单元格区域 A1:G1，在【开始】选项卡中，单击【对齐方式】选项组中的【合并后居中】按钮，即可合并单元格，并将数据居中显示，如图 13-90 所示。

图 13-89　打开素材文件

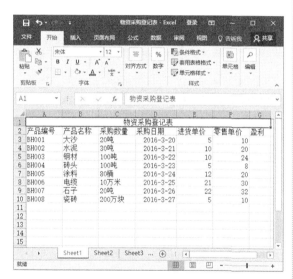

图 13-90　合并单元格

步骤 3 选中 A1:G10 单元格区域，在【开始】选项卡中，单击【对齐方式】选项组中的【垂直居中】按钮和【居中】按钮，即可完成居中对齐格式的设置，如图 13-91 所示。

步骤 4 选中单元格 A1，在【开始】选项卡中，选择【字体】下拉列表中的【黑体】选项，选择【字号】下拉列表中的 18 选项，单击【字体】选项组中的【加粗】按钮 Ｂ，如图 13-92 所示。

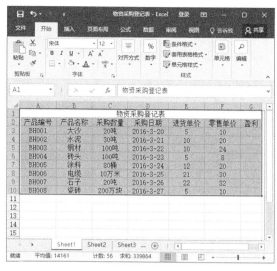

图 13-91　居中显示

图 13-92　加粗、加大字体

步骤 5 选中 A 列、B 列和 C 列，鼠标右击，在弹出的快捷菜单中选择【设置单元格格式】选项，弹出【设置单元格格式】对话框，切换到【数字】选项卡，在【分类】列表框中选择【文本】选项，然后单击【确定】按钮，即可把选择区域设置为文本类型，如图 13-93 所示。

步骤 6 选中 D 列，右击，在弹出的快捷菜单中选择【设置单元格格式】选项，弹出【设置单元格格式】对话框，切换到【数字】选项卡，在【分类】列表框中选择【日期】选项，然后单击【确定】按钮即可，如图 13-94 所示。

图 13-93　设置文本类型格式

图 13-95　设置货币数据类型

步骤 8 设置后的工作表如图 13-96 所示。

图 13-96　工作表的显示效果

图 13-94　设置日期数据格式

步骤 7 选中 E 列、F 列和 G 列，鼠标右击，在弹出的快捷菜单中选择【设置单元格格式】选项，弹出【设置单元格格式】对话框，切换到【数字】选项卡，在【分类】列表框中选择"货币"选项，将【小数位数】设置为"1"，在【货币符号】下拉列表中选择"￥"选项，然后单击【确定】按钮，即可把选择区域设置为货币类型，如图 13-95 所示。

步骤 9 选中单元格区域 A2:G10，在【开始】选项卡中，单击【样式】选项组中的【套用表格格式】按钮，在弹出的下拉菜单中选择【中等深浅】选项中的一种，如图 13-97 所示。

步骤 10 弹出【套用表格格式】对话框，单击【确定】按钮，即可对数据区域添加样式，如图 13-98 所示。

步骤 11 套用表格样式后，在表头只带筛

选功能，如果想要去掉筛选功能，就切换到【开
始】选项卡，单击【编辑】组中的【排序和筛选】
按钮，在弹出的下拉列表中选择【筛选】选项，
如图 13-99 所示。

图 13-97　【套用表格式】对话框

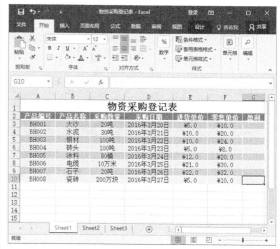

图 13-100　取消筛选功能

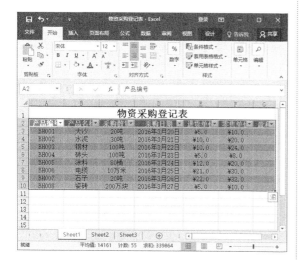

图 13-98　应用表格式

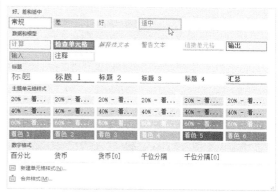

图 13-101　选择单元格样式

步骤 14 选择完毕后，即可为单元格区域
添加预设的单元格样式，如图 13-102 所示。

图 13-99　选择【筛选】选项

步骤 12 此时已取消了表格样式当中的筛
选功能，如图 13-100 所示。

步骤 13 选中 G3:G10 单元格区域，然后单
击【开始】选项卡下【样式】组中的【单元
格样式】按钮，在弹出的单元格样式面板中
选择【适中】单元格样式，如图 13-101 所示。

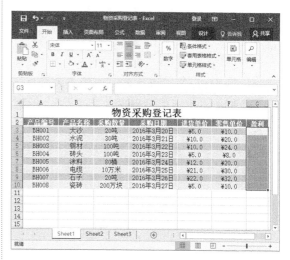

图 13-102　应用单元格样式后的效果

步骤 15 选中 G3:G10 单元格，在 Excel 公式编辑栏中输入用于计算盈利的公式 "=F3-E3"，如图 13-103 所示。

步骤 16 输入完毕后，按 Enter 键确认，即可计算出所有商品的盈利数据。至此就完成了物资采购清单的美化操作，最后的工作表显示效果如图 13-104 所示。

图 13-103 输入公式计算数据

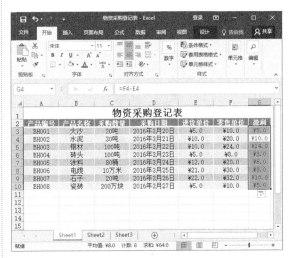

图 13-104 快速计算所有盈利数据

13.8 疑难问题解答

问题 1：如何在表格中输入负数？

解答：输入负数有两种方法，一种就是直接在数字前输入"减号"，如果这个负数是分数的话，就需要将分数置于括号中；另一种方法是在单纯的数字外加单括号"()"，这个单括号是在英文半角状态下输入的，例如在单元格中输入"(2)"，结果就是"–2"，不过这个方法有点麻烦，而且不能用于公式中。

问题 2：当文本过长时，如何实现单元格的自动换行呢？

解答：当出现这种情况时，只须双击文本过长的单元格，将光标移至需要换行的位置，按 ALT+Enter 组合键后，单元格中的内容即可强制换行显示。

第14章

丰富报表——
使用图表与图形
丰富报表内容

● **本章导读**

　　通过插入图表，用户能更加直观地分析数据的走向和差异；通过添加图片、形状、艺术字等元素，能够丰富报表内容。本章为读者介绍 Excel 图表与图形的使用。

● **学习目标**

◎ 掌握使用图表的方法

◎ 掌握使用图片的方法

◎ 掌握使用自选图形的方法

◎ 掌握使用 SmartArt 图形的方法

◎ 掌握使用艺术字的方法

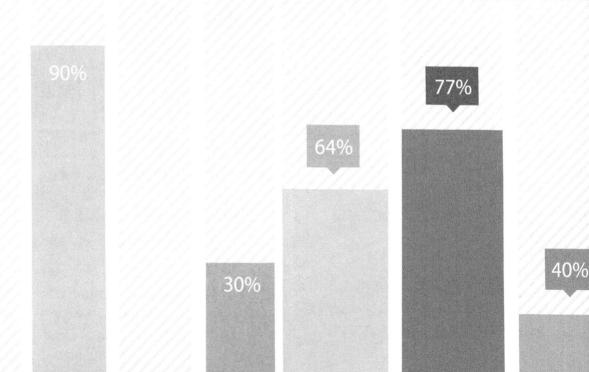

14.1 使用图表

Excel 2016 不但提供了多种内部的图表类型，而且用户还可以自定义图表，所以图表类型是十分丰富的。

14.1.1 创建图表的方法

在 Excel 2016 之中，用户有 3 种创建图表的方法，分别是使用快捷键创建、使用功能区创建和使用图表向导创建。

1. 使用快捷键创建图表

通过 F11 键或 Alt+F1 组合键都可以快速地创建图表。不同的是，前者只能创建工作表图表，后者只能创建嵌入式图表。其中，嵌入式图表就是与工作表数据在一起或者与其他嵌入式图表在一起的图表，而工作表图表是特定的工作表，只是单独的图表。

使用快捷键创建图表的具体操作步骤如下。

步骤 1 打开随书光盘中的“素材\ch14\图书销售表.xlsx”文件，选中单元格 A1:E7，如图 14-1 所示。

图书销售				
名称	一季度	二季度	三季度	四季度
图书A	625	500	645	650
图书B	300	350	150	250
图书C	400	450	500	350
图书D	500	475	300	450
图书E	650	600	700	820

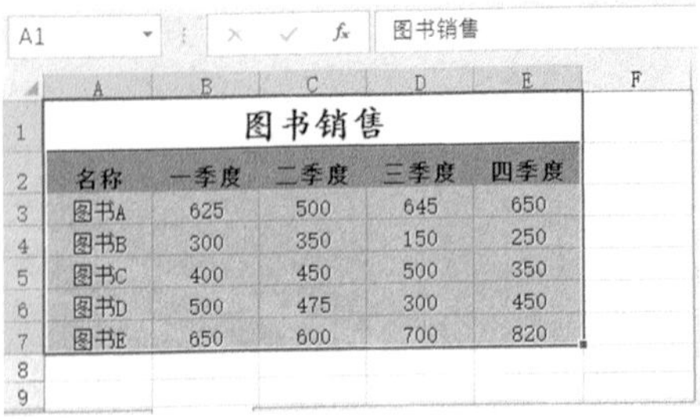

图 14-1　选中单元格

步骤 2 按 F11 键，即可插入一个名为“Chart1”的工作表图表，并根据所选区域的数据创建该图表，如图 14-2 所示。

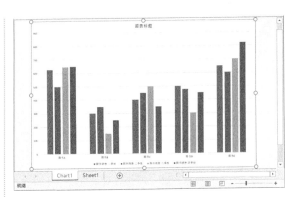

图 14-2　创建图表

步骤 3 单击 Sheet1 标签，返回到工作表，选中同样的区域，按下 Alt+F1 组合键，即可在当前工作表中创建一个嵌入式图表，如图 14-3 所示。

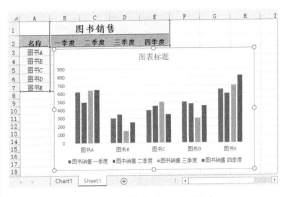

图 14-3　创建嵌入式图表

2. 使用功能区创建图表

使用功能区创建图表是最常用的方法，具体的操作步骤如下。

步骤 1 打开随书光盘中的“素材\ch14\图书销售表.xlsx”文件。选中单元格区域 A1:E7，在【插入】选项卡中，单击【图表】

组的【柱形图】按钮，在弹出的下拉列表框中选择【簇状柱形图】选项 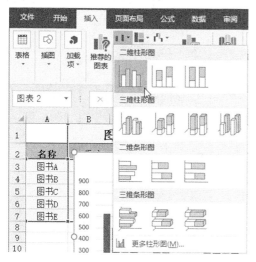，如图 14-4 所示。

图 14-4　选择图表类型

步骤 2 此时即创建一个簇状柱形图，如图 14-5 所示。

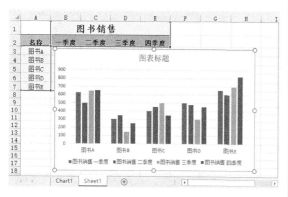

图 14-5　创建簇状柱形图

3.　使用图表向导创建图表

使用图表向导也可以创建图表，具体的操作步骤如下。

步骤 1 打开随书光盘中的"素材 \ch14 图书销售表 .xlsx"文件。选中单元格区域 A1:E7，在【插入】选项卡中，单击【图表】组中的 按钮，弹出【插入图表】对话框，如图 14-6 所示。

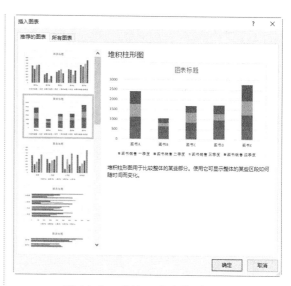

图 14-6　【插入图表】对话框

步骤 2 在该对话框中选择任意一种图表类型，单击【确定】按钮，即可在当前工作表中创建一个图表，如图 14-7 所示。

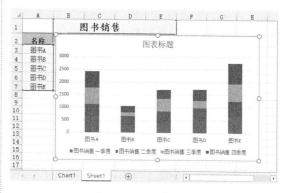

图 14-7　创建图表

14.1.2　创建迷你图表

迷你图表是一种小型图表，可放在工作表内的单个单元格中，迷你图表可以显示一系列数值的趋势。若要创建迷你图，必须先选中要分析的数据区域，然后选中要放置迷你图的位置。

在 Excel 2016 中提供了三种类型的迷你图表：折线图、柱形图和盈亏图。下面介绍如何创建折线图。

步骤 1 打开随书光盘中的"素材\ch14\图书销售表.xlsx"文件,在【插入】选项卡中,单击【迷你图】组的【折线图】按钮,如图14-8所示。

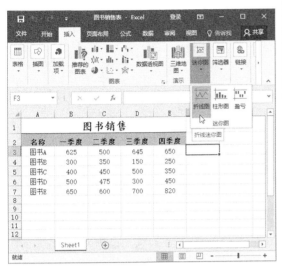

图 14-8　单击【折线图】按钮

步骤 2 弹出【创建迷你图】对话框,将光标定位在【数据范围】右侧的框中,然后在工作表中拖动鼠标选中数据区域B3:F7,使用同样的方法,在【位置范围】框中设置放置迷你图的位置,如图14-9所示。

图 14-9　【创建迷你图】对话框

步骤 3 设置完成后,单击【确定】按钮,迷你图即创建完成,如图14-10所示。

步骤 4 在【设计】选项卡的【显示】组中,选中【高点】和【低点】复选框,此时迷你

图中将标识出数据区域的最高点及最低点,如图14-11所示。

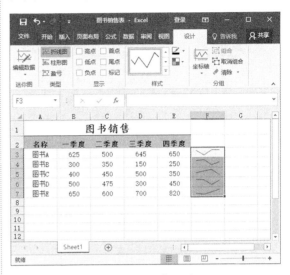

图 14-10　创建迷你图

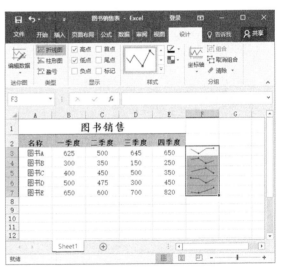

图 14-11　添加最高点与最低点

14.1.3 更改图表类型

在建立图表时已经选择了图表类型,但如果用户觉得创建后的图表不能直观地表达工作表中的数据,用户还可以更改图表类型。

步骤 1 打开需要更改图表的文件,选中

需要更改类型的图表，然后切换到【设计】选项卡，在【类型】选项组中单击【更改图表类型】按钮，如图 14-12 所示。

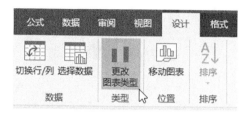

图 14-12 单击【更改图表类型】按钮

步骤 2 打开【更改图表类型】对话框，在【图表类型】列表框中选择【柱形图】选项，然后在图表类型列表框中选择【簇状柱形图】选项，如图 14-13 所示。

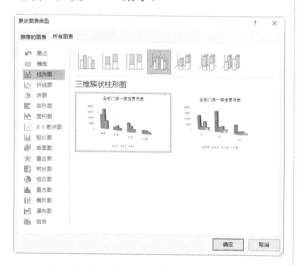

图 14-13 【更改图表类型】对话框

步骤 3 单击【确定】按钮，即可更改图表的类型，如图 14-14 所示。

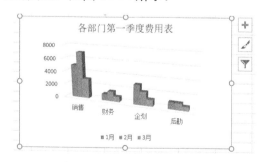

图 14-14 更改图表的类型

步骤 4 选择图标，然后将鼠标放到图表的边或角上，会出现方向箭头，拖曳鼠标即可改变图表大小，如图 14-15 所示。

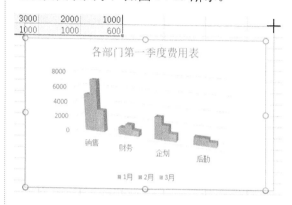

图 14-15 更改图表的大小

14.1.4 使用图表样式

在 Excel 2016 中创建图表后，系统会根据创建的图表，提供多种图表样式。使用图表样式的具体步骤如下。

步骤 1 打开需要美化的 Excel 文件，选中需要美化的图表，如图 14-16 所示。

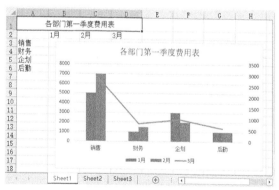

图 14-16 选中要美化的图表

步骤 2 切换到【设计】选项卡，在【图表样式】选项组中单击【更改颜色】按钮，在弹出的颜色面板中选择颜色块，如图 14-17 所示。

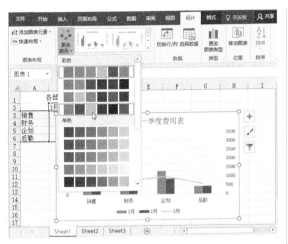

图 14-17　选择图表样式

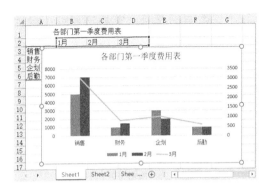

图 14-18　更改图表的颜色

步骤 3 返回到 Excel 工作界面，此时可以看到更改颜色后的图表显示效果，如图 14-18 所示。

步骤 4 单击【图表样式】组中的【其他】按钮，打开【图表样式】面板，选择需要的图表样式即可，如图 14-19 所示。

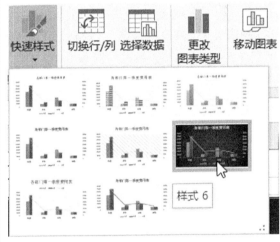

图 14-19　应用图表样式

14.2　使用图片

为了使 Excel 工作表图文并茂，需要在工作表中插入图片或联机图片。Excel 插图具有很好的视觉效果，使用它可以美化文档，丰富工作表内容。

14.2.1　插入本地图片

Excel 2016 支持的图形格式有位图文件格式和矢量图文件格式，其中位图文件格式包括 BMP、PNG、JPG 和 GIF 格式；矢量图文件格式包括 CGM、WMF、DRW 和 EPS 等格式。

在 Excel 中，将本地存储的图片插入到工作表中的具体步骤如下。

步骤 1 启动 Excel 2016，新建一个空白工作簿，如图 14-20 所示。

步骤 2 单击【插入】选项卡下【插图】选项组中的【图片】按钮，如图 14-21 所示。

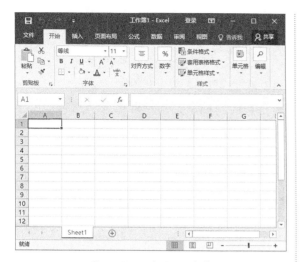

图 14-20 空白工作簿

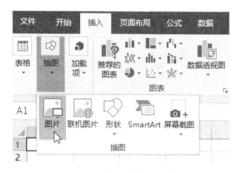

图 14-21 单击【图片】按钮

步骤 3 弹出【插入图片】对话框，选择保存图片的位置，然后选中要插入工作表的图片，如图 14-22 所示。

图 14-22 选中要插入的图片

步骤 4 单击【插入】按钮，即可将图片插入到 Excel 工作表中，如图 14-23 所示。

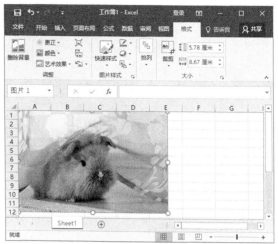

图 14-23 插入图片

14.2.2 插入联机图片

联机图片是指网络中的图片。通过搜索找到喜欢的图片，将其插入到工作表中的具体操作步骤如下。

步骤 1 打开 Excel 工作表，单击【插入】选项卡下【插图】选项组中的【联机图片】按钮，如图 14-24 所示。

图 14-24 单击【联机图片】按钮

步骤 2 弹出【插入图片】对话框，在其中可以插入 Office.com 剪贴画，也可以通过必应图像搜索网络中的图片。例如在【必应图像搜索】文本框中输入"玫瑰"，单击【搜索】按钮 🔍，如图 14-25 所示。

步骤 3 在搜索的结果中，选中要插入工作表中的联机图片，单击【插入】按钮，如图 14-26 所示。

图 14-25 【插入图片】对话框

图 14-26 选中要插入的联机图片

步骤 4 此时，即可将选中的图片插入到工作表中，如图 14-27 所示。

图 14-27 插入联机图片

14.2.3 应用图片样式

Excel 2016 预设有多种图片样式，使用这些样式可以一键美化图片。这些预设样式包括旋转、阴影、边框和形状的多种组合。为图片添加图片样式的操作步骤如下。

步骤 1 新建一个空白工作簿，插入图片，然后选中插入的图片，在【图片工具】→【格式】选项卡中单击【图片样式】选项组中的 按钮，弹出【快速样式】下拉列表，如图 14-28 所示。

图 14-28 【快速样式】列表

步骤 2 选择一种合适的样式，然后单击即可应用该样式，如图 14-29 所示。

图 14-29 应用图片样式

14.2.4　添加图片效果

如果想为图片添加更多的效果，可以单击【图片样式】选项组中的【图片效果】按钮，在弹出的下拉菜单中选择相应的选项即可。

添加图片效果的具体步骤如下。

步骤 1 选择插入的图片，在【图片工具】→【格式】选项卡中，单击【图片样式】选项组中的【图片效果】按钮，弹出的【图片效果】下拉列表选项，如图 14-30 所示。

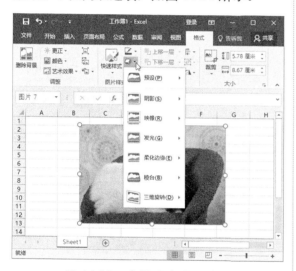

图 14-30　选择图片效果样式

步骤 2 选择【预设】选项，其子列表包含了 12 种可应用于相片中的效果。图 14-31 为应用了【预设 12】后的效果。

步骤 3 选择【阴影】选项，其子列表包括在图片背后应用的 9 种外部阴影、在图片之内使用的 9 种内部阴影，以及 5 种不同类型的透视阴影。图 14-32 为应用了【右下对角透视】后的效果。

步骤 4 选择【映像】选项，其子列表包括了以 1 磅、4 磅、8 磅偏移量提供的紧密映像、半映像和全映像的 9 种效果，图 14-33 为应

用了【全映像，4pt 偏移量】的效果。

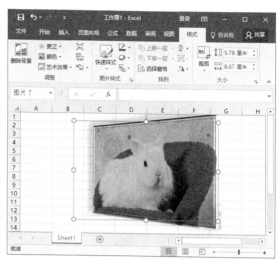

图 14-31　添加图片效果

图 14-32　调整图片的阴影效果

步骤 5 选择【发光】选项，其子列表包括多种发光效果，选择任意一种即可为图片添加发光效果，也可以通过选择底部的【其他亮色】选项，从 1600 万种颜色中任选一种发光颜色。图 14-34 为添加发光效果的图片。

步骤 6 选择【柔化边缘】选项，其子列表包括 1、2.5、5、10、25 和 50 磅羽化图片

边缘的值。图 14-35 是应用了"25 磅"的柔化效果。

图 14-33　调整图片的映像效果

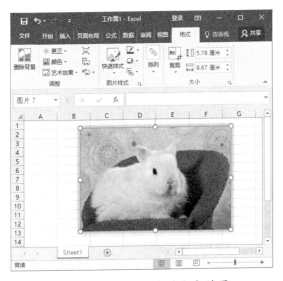

图 14-34　调整图片的发光效果

步骤 7 选择【棱台】选项，其子列表提供了多种类型的棱台效果，选择预设中的一种，即可为图片添加棱台效果，如图 14-36 所示。

步骤 8 选择【三维旋转】选项，其子列表提供了 25 种类型三维旋转效果，选择预设中的一种后，即可为图片添加三维旋转效果，如图 14-37 所示。

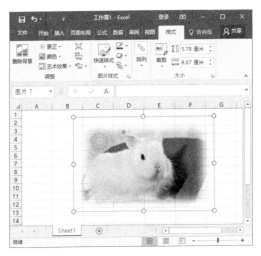

图 14-35　调整图片的柔化边缘效果

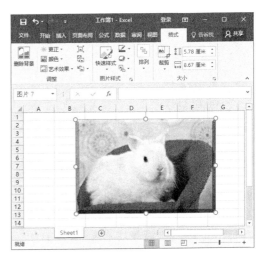

图 14-36　调整图片的棱台效果

图 14-37　调整图片的三维旋转效果

14.3 使用自选形状

Excel 2016 中内置有 8 大类图形，分别为线条、矩形、基本形状、箭头总汇、公式形状、流程图、星与旗帜、标注等。单击【插入】选项卡下【插图】选项组中的【形状】按钮，在弹出的下拉列表中，根据需要从中选择合适的图形对象。

14.3.1 绘制自选形状

在 Excel 工作表中绘制形状的具体步骤如下。

步骤 1 新建一个空白工作簿，在【插入】选项卡单击【插图】选项组中的【形状】按钮，弹出形状下拉列表，在形状列表中单击选择要插入的形状，如图 14-38 所示。

步骤 2 返回到工作表中，在任意位置处单击并拖动鼠标，即可绘制出相应的图形，如图 14-39 所示。

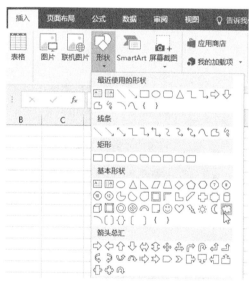

图 14-38 选择要插入的形状

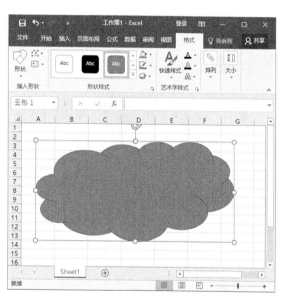

图 14-39 插入形状

提示 当在工作表区域内添加并选择图形时，会在功能区出现【绘图工具】→【格式】选项卡，此时可以对形状对象进行相关格式的设置，如图 14-40 所示。

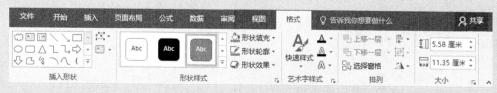

图 14-40 【绘图工具 - 格式】选项卡

14.3.2 在形状中添加文字

许多形状都提供插入文字的功能，具体的操作步骤如下。

步骤 1 在 Excel 工作表中插入形状后，右击形状，在弹出的快捷菜单中选择【编辑文字】选项，此时形状中就会出现输入光标，如图 14-41 所示。

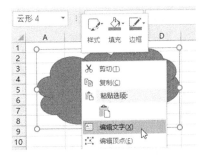

图 14-41 选择【编辑文字】选项

步骤 2 在光标处输入文字即可，如图 14-42 所示。

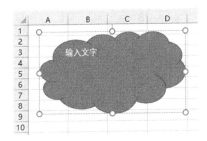

图 14-42 输入文字

> **提示** 当形状包含"文本"字样时，单击对象即可进入编辑模式。若要退出编辑模式，首先确定对象被选中，然后按 Esc 键即可。

14.3.3 设置形状样式

适当的设置图形样式，可以使图形更具有说服力。设置图形的具体操作步骤如下。

步骤 1 在 Excel 工作表中插入一个形状，

如图 14-43 所示。

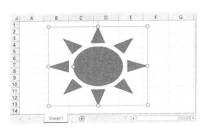

图 14-43 插入一个形状

步骤 2 选中形状，单击【绘图工具】→【格式】选项卡【形状样式】组中的【其他】按钮，在弹出的下拉列表中选择"强烈效果 - 金色，强调颜色 4"样式，效果如图 14-44 所示。

图 14-44 选择形状样式

步骤 3 单击【绘图工具】→【格式】选项卡【形状样式】组中的【形状轮廓】按钮，在弹出的下拉列表中选择【红色】轮廓，如图 14-45 所示。

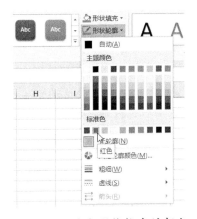

图 14-45 改变形状轮廓的颜色

步骤 4 最终效果如图 14-46 所示。

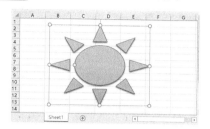

图 14-46　最终显示效果

14.3.4　添加形状效果

为形状添加形状效果，例如阴影和三维效果等，可以增强形状的立体感，起到强调形状视觉效果的作用。为形状添加效果的操作步骤如下。

步骤 1 选中要添加形状效果的形状，如图 14-47 所示。

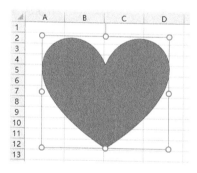

图 14-47　选中形状

步骤 2 在【绘图工具】→【格式】选项卡中，单击【形状样式】选项组中的【形状效果】按钮 形状效果 ，在弹出的下拉列表中选择形状效果选项，包括预设、阴影、映像、发光等，如图 14-48 所示。

步骤 3 如果想为形状添加阴影效果，就选择【阴影】选项，然后在其子列表中选择需要的阴影样式。添加阴影后的形状效果如图 14-49 所示。

步骤 4 如果想为形状添加预设效果，就选择【预设】选项，然后在其子列表中选择

需要的预设样式。添加预设样式后的形状效果如图 14-50 所示。

图 14-48　【形状效果】下拉列表

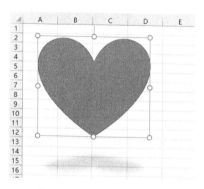

图 14-49　添加阴影效果

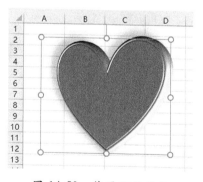

图 14-50　使用预设效果

> **提示**　使用相同的方法，还可以为形状添加发光、映像、三维旋转等效果，这里不再赘述。

14.4 使用 SmartArt 图形

SmartArt 图形是数据信息的艺术表示形式，在多种不同的布局中创建 SmartArt 图形，可以快速、轻松、高效地表达信息。

14.4.1 创建 SmartArt 图形

在创建 SmartArt 图形之前，应清楚需要通过 SmartArt 图形表达什么信息以及是否希望信息以某种特定方式显示。创建 SmartArt 图形的具体操作步骤如下。

步骤 1 单击【插入】选项卡下【插图】选项组中的 SmartArt 按钮，弹出【选择 SmartArt 图形】对话框，如图 14-51 所示。

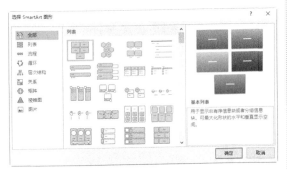

图 14-51 【选择 SmartArt 图形】对话框

步骤 2 选择左侧列表中的【层次结构】选项，在右侧的列表框中选择【组织结构图】选项，单击【确定】按钮，如图 14-52 所示。

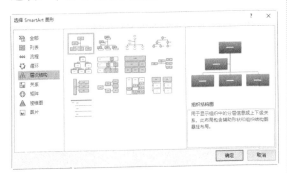

图 14-52 选择要插入的结构

步骤 3 此时已在工作表中插入了选择的 SmartArt 图形，如图 14-53 所示。

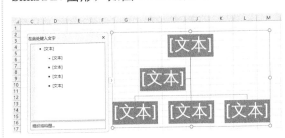

图 14-53 插入的形状

步骤 4 在【在此处键入文字】窗格中添加如图 14-54 所示的内容，SmartArt 图形会自动更新显示的内容。

图 14-54 输入文字

14.4.2 改变 SmartArt 图形的布局

有时通过改变 SmartArt 图形的布局可以改变其外观，使图形更具有层次感。

改变悬挂结构

步骤 1 选中 SmartArt 图形的最上层形状，在【设计】选项卡下【创建图形】选项组中，单击【布局】按钮，在弹出的下拉菜单中选择【左悬挂】选项，如图 14-55 所示。

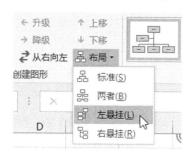

图 14-55　选择【左悬挂】选项

步骤 2 此时已改变 SmartArt 图形结构，如图 14-56 所示。

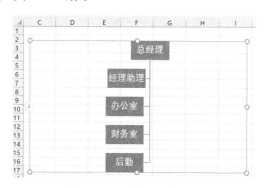

图 14-56　改变悬挂结构

2. 改变布局样式

步骤 1 单击【SMARTART 工具】→【设计】选项卡下【版式】选项组右侧的按钮，在弹出的列表中选择【水平层次结构】形式，如图 14-57 所示。

步骤 2 此时已快速更改 SmartArt 图形的布局，如图 14-58 所示。

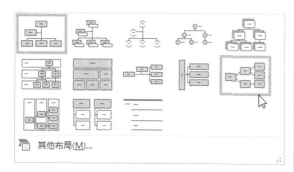

图 14-57　选择布局样式

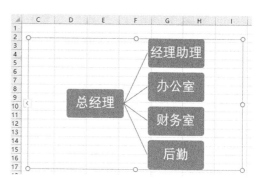

图 14-58　快速更改布局样式

⊙ 提示 在【布局】下拉列表中选择【其他布局】选项，打开【选择 SmartArt 图形】对话框，在其中也可以选择需要的布局样式，如图 14-59 所示。

图 14-59　【选择 SmartArt 图形】对话框

14.4.3 更改 SmartArt 图形的样式

更改 SmartArt 图形的样式的具体操作步骤如下。

步骤 1 选中 SmartArt 图形，在【SMARTART 工具】→【设计】选项卡的【SmartArt 样式】选项组中单击右侧的【其他】按钮，在弹出的下拉列表中选择【三维】组中的【优雅】类型样式，如图 14-60 所示。

步骤 2 更改后的 SmartArt 图形样式如图 14-61 所示。

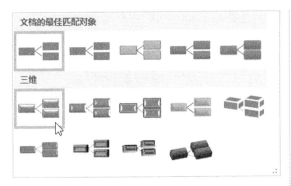

图 14-60　选择形状样式

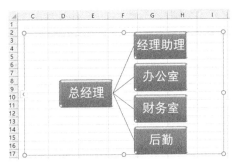

图 14-61　应用形状样式

14.4.4　更改 SmartArt 图形的颜色

更改 SmartArt 图形颜色的具体操作步骤如下。

步骤 1 选中需要更改颜色的 SmartArt 图形，单击【SMARTART 工具】→【设计】选项卡【SmartArt 样式】选项组中的【更改颜色】按钮，在弹出的下拉列表中选择【彩色】选项组中的一种样式，如图 14-62 所示。

图 14-62　更改形状颜色

步骤 2 更改 SmartArt 图形颜色后的效果如图 14-63 所示。

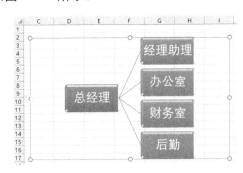

图 14-63　更改颜色后的显示效果

14.5　使用艺术字

在工作表中除了可以插入图形外，还可以插入艺术字、文本框和其他对象。艺术字是一个文字样式库，用户将艺术字添加到 Excel 文档中可以制作出美观的表格。

14.5.1　添加艺术字

在工作表中添加艺术字的具体步骤如下。

步骤 1 在 Excel 工作表的【插入】选项卡中，单击【文本】选项组中的【艺术字】按钮，弹出【艺术字】下拉列表，如图 14-64 所示。

图 14-64 选择艺术字样式

步骤 2 单击所需的艺术字样式，即可在工作表中插入艺术字文本框，如图 14-65 所示。

图 14-65 艺术字文本框

步骤 3 将光标定位在工作表的艺术字文本框中，删除预定的文字，输入作为艺术字的文本，如图 14-66 所示。

图 14-66 输入文字

步骤 4 单击工作表中的任意位置，即可完成艺术字的输入，如图 14-67 所示。

图 14-67 完成艺术字的输入

14.5.2 设置艺术字样式

在【艺术字样式】组中可以快速更改艺术字的样式以及清除艺术字样式，具体的操作步骤如下。

步骤 1 选中艺术字，在【格式】选项卡中，单击【艺术字样式】选项组中的【快速样式】按钮，在弹出的下拉列表中选择需要的样式，如图 14-68 所示。

图 14-68 选择艺术字样式

步骤 2 选中艺术字，单击【艺术字样式】选项组中的【文本填充】按钮，自定义设置艺术字字体的填充样式与颜色，如图 14-69 所示。

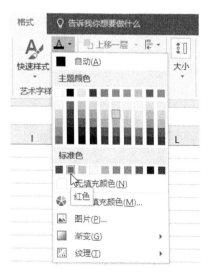

图 14-69 设置艺术字的颜色

步骤 3 选中艺术字，单击【艺术字样式】选项组中的【文本轮廓】按钮 A⁻，自定义设置艺术字字体的轮廓样式，如图 14-70 所示。

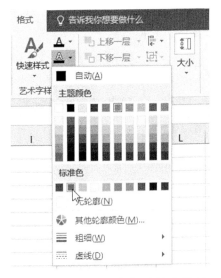

图 14-70　设置艺术字的轮廓样式

步骤 4 单击【艺术字样式】选项组中的【文本效果】按钮 A⁻，在弹出的菜单中设置艺术字的阴影、映像、发光、棱台、三维旋转以及转换等效果，如图 14-71 所示。

图 14-71　设置艺术字的文本效果

14.6 高效办公技能实战

14.6.1 为工作表添加图片背景

Excel 2016 支持将 jpg、gif、bmp、png 等格式的图片设置为工作表的背景。下面以"工资表"为例介绍其具体的操作步骤。

步骤 1 打开需要设置图片背景的工作表，切换到【页面布局】选项卡，单击【页面设置】组的【背景】按钮，如图 14-72 所示。

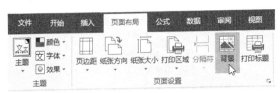

图 14-72　单击【背景】按钮

步骤 2 弹出【插入图片】对话框，单击【来自文件】右侧的【浏览】按钮，如图 14-73 所示。

图 14-73　【插入图片】对话框

步骤 3 弹出【工作表背景】对话框，选择计算机中的素材图片作为背景图片，单击【插入】按钮，如图 14-74 所示。

图 14-74　为工作表选择背景图片

步骤 4 返回到工作表，可以看到插入背景图片后的效果，如图 14-75 所示。

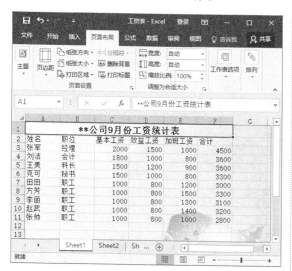

图 14-75　插入图片背景后的效果

> **提示**
> 用于背景图片的颜色尽量不能太深，否则会影响工作表中数据的显示。插入背景图片后，在【页面布局】选项卡单击【页面设置】组的【删除背景】按钮，可以清除背景图片。

14.6.2　绘制订单处理流程图

本例介绍订单处理流程图的制作方法。具体操作步骤如下。

步骤 1 启动 Excel 2016，新建一个空白文档，将其保存为"网上零售订单处理流程图 .xlsx"，在【插入】选项卡中，单击【文本】选项组中的【文本框】按钮，绘制一个横排文本框，如图 14-76 所示。

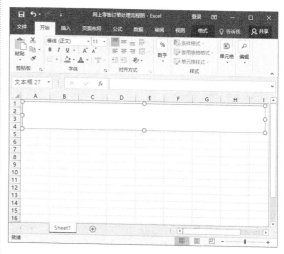

图 14-76　绘制横排文本框

步骤 2 将光标定位在工作表中的文本框中，输入"网上零售订单处理流程图"，将字号设为"28"，套用"填充 - 白色，轮廓 - 着色 2，清晰阴影 - 着色 2"艺术字样式，在【文本效果】→【映像】选项中将文本设置为"紧密映像，接触"效果，如图 14-77 所示。

步骤 3 在【插入】选项卡中单击【插图】选项组中的 SmartArt 按钮，弹出【选择 SmartArt 图形】对话框，如图 14-78 所示。

步骤 4 选择【流程】选项，在右侧选择【垂直蛇形流程】样式，单击【确定】按钮，如图 14-79 所示。

图 14-77　输入文字并设置文字样式

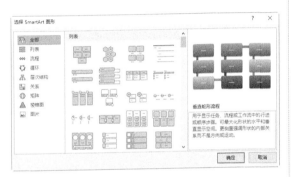

图 14-78　【选择 SmartArt 图形】对话框

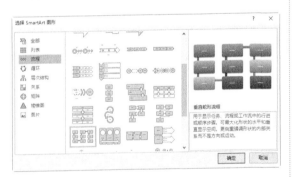

图 14-79　选择要插入的形状

步骤 5 此时已在工作表中插入了 SmartArt 图形。然后在【文本】文本框中输入如图 14-80 所示文本内容。

步骤 6 选择"提交订单"形状，右击，在弹出的快捷菜单中选择【更改形状】选项，然后从其子菜单中选择【椭圆】形状，如

图 14-81 所示。

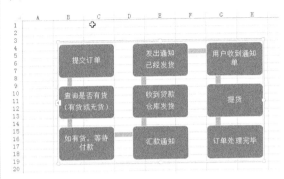

图 14-80　输入文字

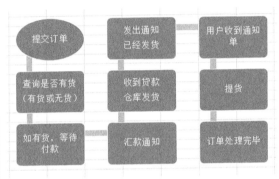

图 14-81　改变形状

步骤 7 重复步骤6，修改"订单处理完毕"的形状，如图 14-82 所示。

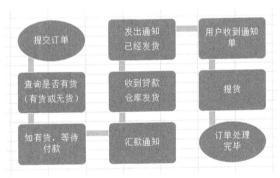

图 14-82　改变形状

步骤 8 选择SmartArt图形，在【SMARTART 工具】→【设计】选项卡中单击【SmartArt 样式】选项组中的 按钮，在弹出的下拉列表中的【三维】栏中选择【优雅】图标，改变后的样式如图 14-83 所示。

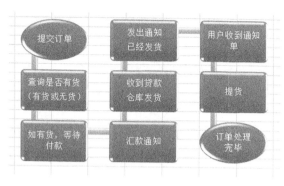

图 14-83　添加形状样式

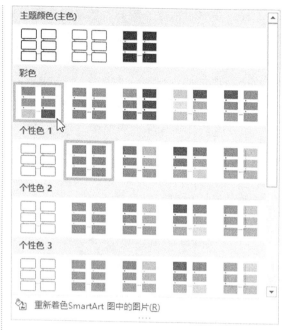

步骤 9 选择 SmartArt 图形，在【SMARTART 工具】→【设计】选项卡中，单击【SmartArt 样式】选项组中的【更改颜色】按钮，在弹出的下拉列表中选择【彩色】选项中的某种样式，如图 14-84 所示。

图 14-84　添加形状颜色

步骤 10 选择样式后，最终效果如图 14-85 所示。

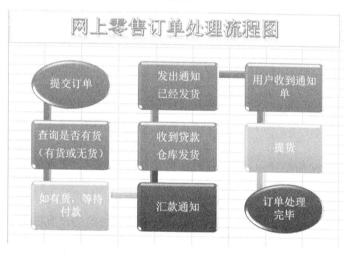

图 14-85　最终的显示效果

14.7　疑难问题解答

问题 1：在创建图表的过程中，如果需要将默认图表中的数据系列更改为其他数值，该如何操作？

答：在图表创建完成后，如果想要重新设置数据系列的值，或者是添加新的数据系列，都需要在选中图表后，鼠标右键单击，从弹出的快捷菜单中选择【选择数据】选项，打开【选择数据源】对话框。如果是添加新的数据系列，就单击【添加】按钮即可；如果是重新修改已有的数据系列，就单击【编辑】按钮即可。

问题 2：在工作表中如何将多个图表连接为一个整体形成一个图片呢？

答：在工作表的操作界面中，按住 Ctrl 键或 Shift 键不放，依次单击选中需要连为整体的图表。然后鼠标右键单击，即可弹出相应的快捷菜单。在弹出的快捷菜单中选择【组合】→【组合】选项，即可将选中的多个图表连接成一个图片。需要提示的是，此时形成的图片不具备图表的特征，如果用户需要恢复，就再次右击形成的图片，在弹出的快捷菜单中选择【组合】→【取消组合】菜单项即可。

第15章

计算报表——使用公式与函数计算数据

● **本章导读**

　　公式和函数是 Excel 的重要组成部分，有着强大的计算功能，其中，函数是 Excel 的预定义内置公式。熟练地掌握公式和函数的用法，可使用户分析和处理工作表中数据的效率大大提高。本章将为读者介绍使用公式与函数计算报表数据的方法。

● **学习目标**

◎ 掌握使用公式计算数据的方法

◎ 掌握使用函数计算数据的方法

◎ 掌握内置函数的使用方法

◎ 掌握自定义函数的使用方法

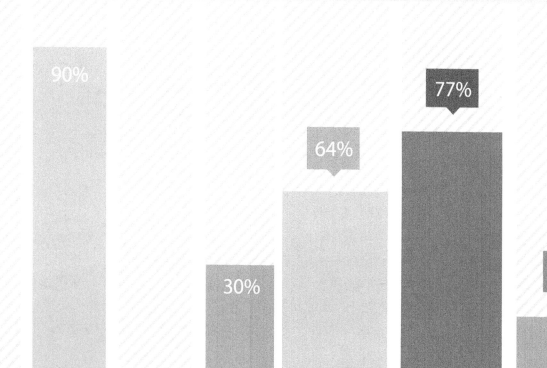

15.1 使用公式计算数据

面对大量的 Excel 数据，如果逐个计算、处理，会浪费大量的人力和时间，灵活使用公式可以大大提高数据分析的能力和效率。

15.1.1 输入公式

使用公式计算数据的首要条件是在 Excel 表格中输入公式，常见的输入公式的方法有手动输入和单击输入两种，下面分别进行介绍。

1. 手动输入

在选中的单元格中输入等号"="，在其后面输入公式。输入时，字符会同时出现在单元格和编辑栏中，如图 15-1 所示。

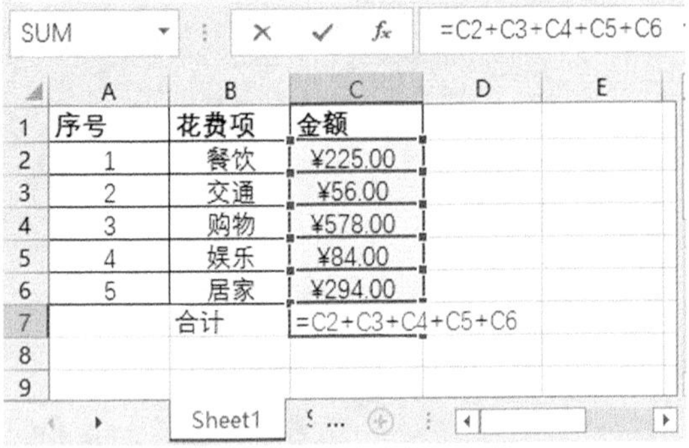

图 15-1 手动输入公式

2. 单击输入

单击输入更加简单、快速，不容易出问题。例如直接单击单元格引用，在单元格 A3 中输入公式"=A1+A2"，具体操作如下。

步骤 1 在 Excel 2016 中新建一个空白工作簿，在 A1 中输入"23"，在 A2 中输入"15"，选中单元格 A3，输入等号"="，此时状态栏里会显示"输入"字样，如图 15-2 所示。

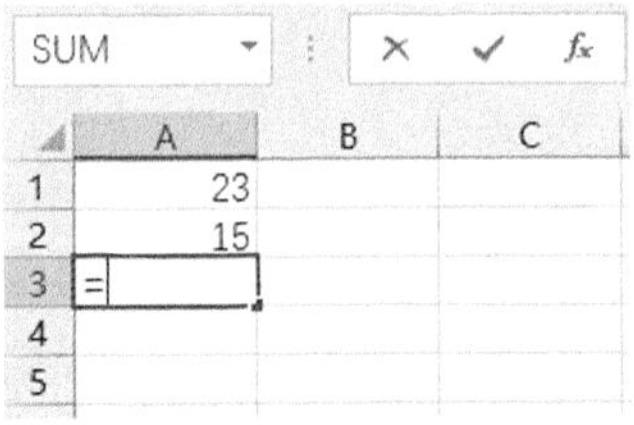

图 15-2 输入"="符号

步骤 2 单击单元格 A1，此时 A1 单元格的周围会显示一个活动虚线框，同时单元格引用出现在单元格 A3 和编辑栏中，如图 15-3 所示。

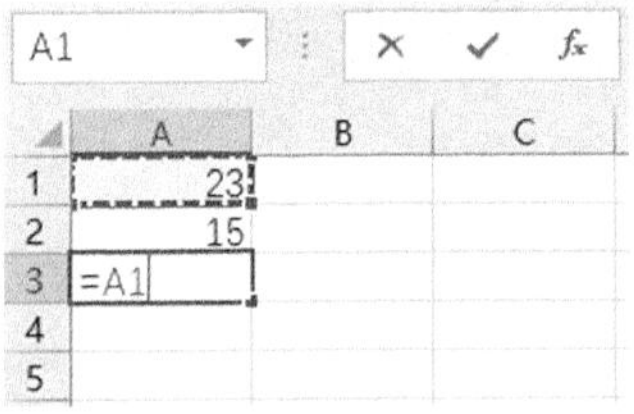

图 15-3 单击 A1 单元格

步骤 3 输入加号"+"，实线边框会代替虚线边框，状态栏里会再次出现"输入"字样，如图 15-4 所示。

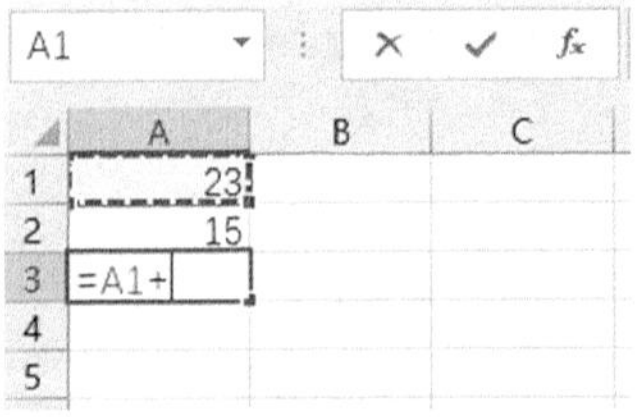

图 15-4 输入"+"符号

步骤 4 单击单元格 A2，将单元格 A2 添加到公式中，如图 15-5 所示。

步骤 5 单击编辑栏中的 ✓ 按钮，或按

Enter 键结束公式的输入，在 A3 单元格中即可计算出 A1 和 A2 单元格中值的和，如图 15-6 所示。

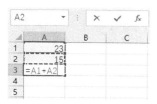

	A	B	C
1	23		
2	15		
3	=A1+A2		
4			
5			

图 15-5 单击 A2 单元格

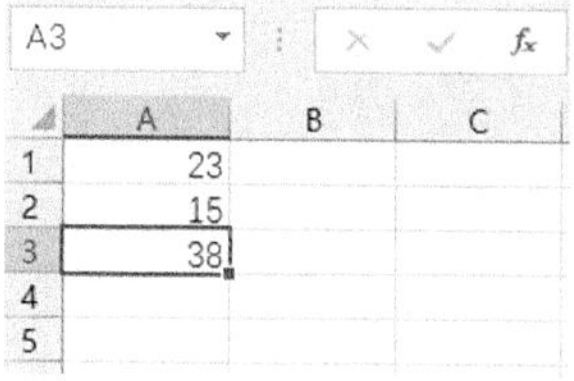

	A	B	C
1	23		
2	15		
3	38		
4			
5			

图 15-6 计算出的单元格的和

15.1.2 修改公式

在单元格中输入的公式并不是一成不变的，有时也需要修改。修改公式的方法与修改单元格的内容相似，下面介绍两种最常用的方法。

1. 在单元格中修改

选中要修改公式的单元格，然后双击该单元格，进入编辑状态，此时单元格中会显示出公式，接下来就可以对公式进行修改，修改完成后按 Enter 键确认即可，如图 15-7 所示。

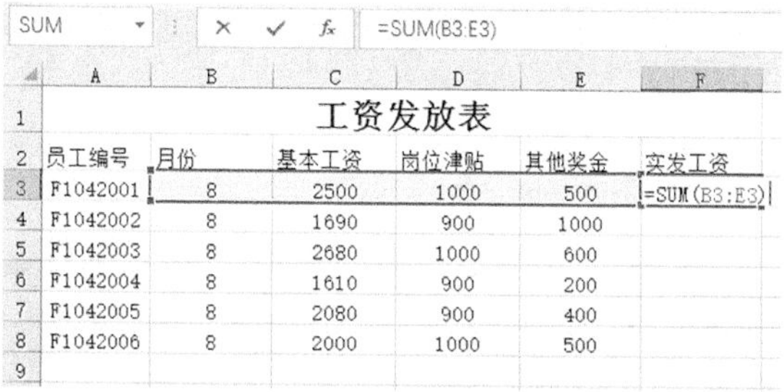

	A	B	C	D	E	F
1	工资发放表					
2	员工编号	月份	基本工资	岗位津贴	其他奖金	实发工资
3	F1042001	8	2500	1000	500	=SUM(B3:E3)
4	F1042002	8	1690	900	1000	
5	F1042003	8	2680	1000	600	
6	F1042004	8	1610	900	200	
7	F1042005	8	2080	900	400	
8	F1042006	8	2000	1000	500	
9						

图 15-7 在单元格中修改公式

2. 在编辑栏中修改

选中要修改公式的单元格，在编辑栏中会显示该单元格所使用的公式，然后在编辑栏内直接对公式进行修改，修改完成后按 Enter 键确认即可，具体操作如下。

步骤 1 新建一个空白工作簿，在其中输入数据，将其保存为“员工工资统计表”，在 H3 单元格中输入“=E3+F3”，如图 15-8 所示。

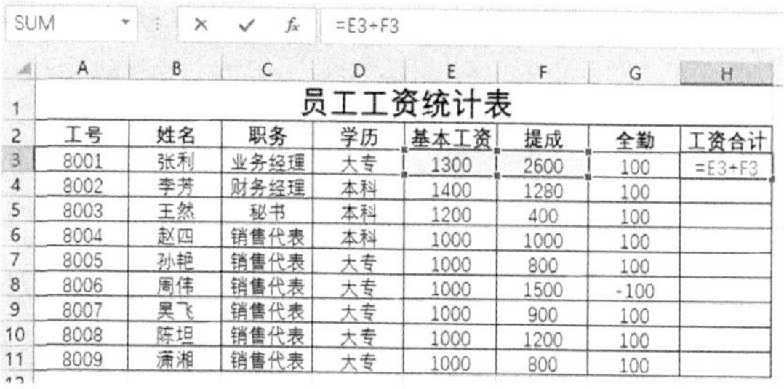

	A	B	C	D	E	F	G	H
1	员工工资统计表							
2	工号	姓名	职务	学历	基本工资	提成	全勤	工资合计
3	8001	张利	业务经理	大专	1300	2600	100	=E3+F3
4	8002	李芳	财务经理	本科	1400	1280	100	
5	8003	王然	秘书	本科	1200	400	100	
6	8004	赵四	销售代表	本科	1000	1000	100	
7	8005	孙艳	销售代表	大专	1000	800	100	
8	8006	周伟	销售代表	大专	1000	1500	-100	
9	8007	吴飞	销售代表	大专	1000	900	100	
10	8008	陈坦	销售代表	大专	1000	1200	100	
11	8009	潇湘	销售代表	大专	1000	800	100	

图 15-8 输入公式

步骤 2 按 Enter 键，即可计算出工资的合计值，如图 15-9 所示。

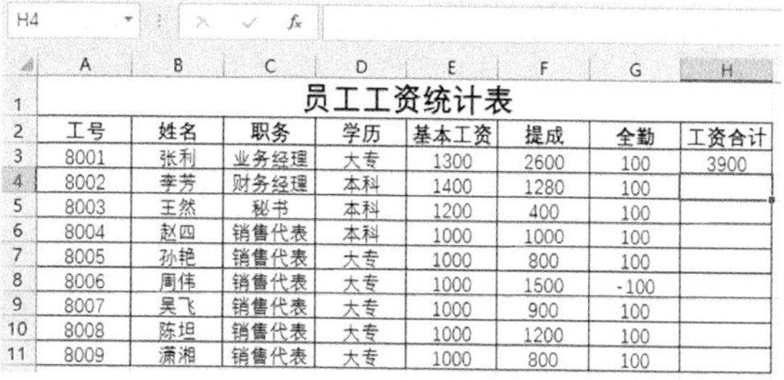

	A	B	C	D	E	F	G	H
1	员工工资统计表							
2	工号	姓名	职务	学历	基本工资	提成	全勤	工资合计
3	8001	张利	业务经理	大专	1300	2600	100	3900
4	8002	李芳	财务经理	本科	1400	1280	100	
5	8003	王然	秘书	本科	1200	400	100	
6	8004	赵四	销售代表	本科	1000	1000	100	
7	8005	孙艳	销售代表	大专	1000	800	100	
8	8006	周伟	销售代表	大专	1000	1500	-100	
9	8007	吴飞	销售代表	大专	1000	900	100	
10	8008	陈坦	销售代表	大专	1000	1200	100	
11	8009	潇湘	销售代表	大专	1000	800	100	

图 15-9 计算工资合计值

步骤 3 输入完成，发现没有加“全勤”项的工资，选中 H3 单元格，在编辑栏中对该公式进行修改，如图 15-10 所示。

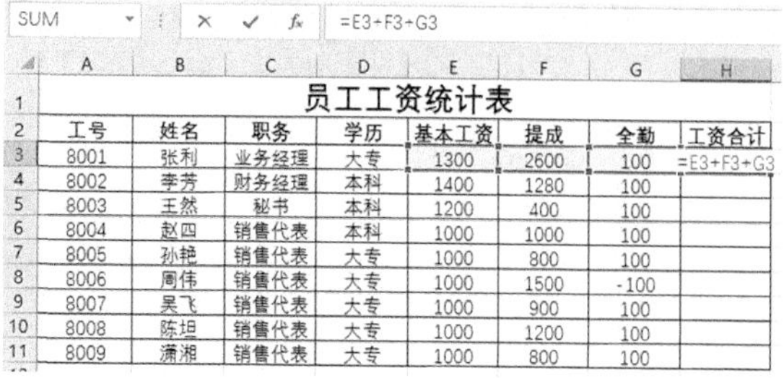

	A	B	C	D	E	F	G	H
1	员工工资统计表							
2	工号	姓名	职务	学历	基本工资	提成	全勤	工资合计
3	8001	张利	业务经理	大专	1300	2600	100	=E3+F3+G3
4	8002	李芳	财务经理	本科	1400	1280	100	
5	8003	王然	秘书	本科	1200	400	100	
6	8004	赵四	销售代表	本科	1000	1000	100	
7	8005	孙艳	销售代表	大专	1000	800	100	
8	8006	周伟	销售代表	大专	1000	1500	-100	
9	8007	吴飞	销售代表	大专	1000	900	100	
10	8008	陈坦	销售代表	大专	1000	1200	100	
11	8009	潇湘	销售代表	大专	1000	800	100	

图 15-10 修改公式

步骤 4 按 Enter 键确认，此时单元格内的数值则会发生相应的变化，如图 15-11 所示。

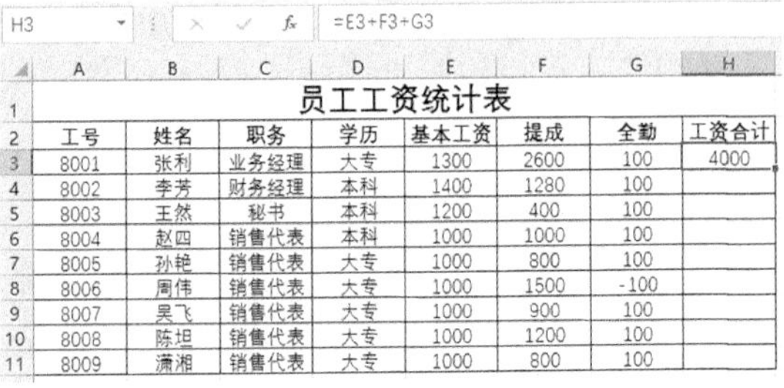

工号	姓名	职务	学历	基本工资	提成	全勤	工资合计
8001	张利	业务经理	大专	1300	2600	100	4000
8002	李芳	财务经理	本科	1400	1280	100	
8003	王然	秘书	本科	1200	400	100	
8004	赵四	销售代表	本科	1000	1000	100	
8005	孙艳	销售代表	大专	1000	800	100	
8006	周伟	销售代表	大专	1000	1500	-100	
8007	吴飞	销售代表	大专	1000	900	100	
8008	陈坦	销售代表	大专	1000	1200	100	
8009	潇湘	销售代表	大专	1000	800	100	

图 15-11　计算出合计值

15.1.3 编辑公式

在公式中可以包含各种算术运算符、常量、变量、函数、单元格地址等，本节介绍如何对公式进行编辑。

1. 移动公式

移动公式是指将创建好的公式移动到其他单元格中，具体操作如下。

步骤 1 打开“员工工资统计表”文件，如图 15-12 所示。

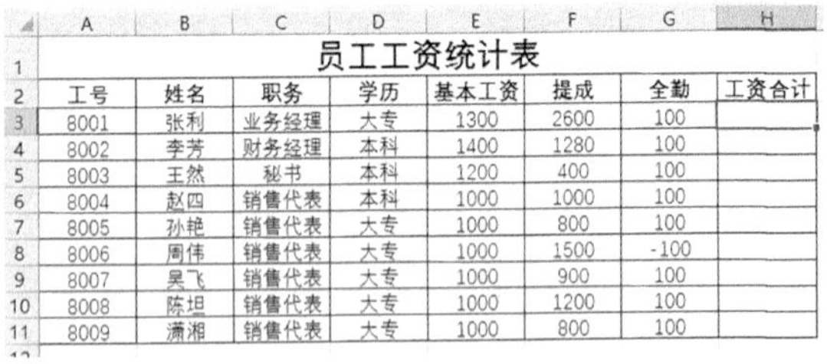

工号	姓名	职务	学历	基本工资	提成	全勤	工资合计
8001	张利	业务经理	大专	1300	2600	100	
8002	李芳	财务经理	本科	1400	1280	100	
8003	王然	秘书	本科	1200	400	100	
8004	赵四	销售代表	本科	1000	1000	100	
8005	孙艳	销售代表	大专	1000	800	100	
8006	周伟	销售代表	大专	1000	1500	-100	
8007	吴飞	销售代表	大专	1000	900	100	
8008	陈坦	销售代表	大专	1000	1200	100	
8009	潇湘	销售代表	大专	1000	800	100	

图 15-12　打开文件

步骤 2 在单元格 H3 中输入公式“=SUM(E3:G3)”，按 Enter 键即可求出“工资合计”，如图 15-13 所示。

步骤 3 选中单元格 H3，在该单元格的边框上按住鼠标左键，将其拖曳到其他单元格，如图 15-14 所示。

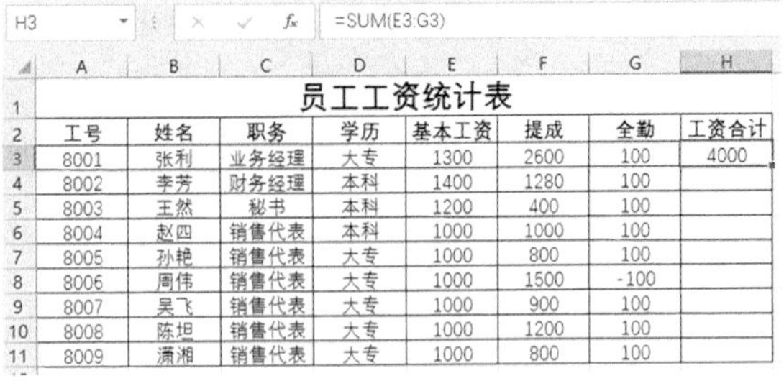

工号	姓名	职务	学历	基本工资	提成	全勤	工资合计
8001	张利	业务经理	大专	1300	2600	100	4000
8002	李芳	财务经理	本科	1400	1280	100	
8003	王然	秘书	本科	1200	400	100	
8004	赵四	销售代表	本科	1000	1000	100	
8005	孙艳	销售代表	大专	1000	800	100	
8006	周伟	销售代表	大专	1000	1500	-100	
8007	吴飞	销售代表	大专	1000	900	100	
8008	陈坦	销售代表	大专	1000	1200	100	
8009	潇湘	销售代表	大专	1000	800	100	

图 15-13　输入公式求和

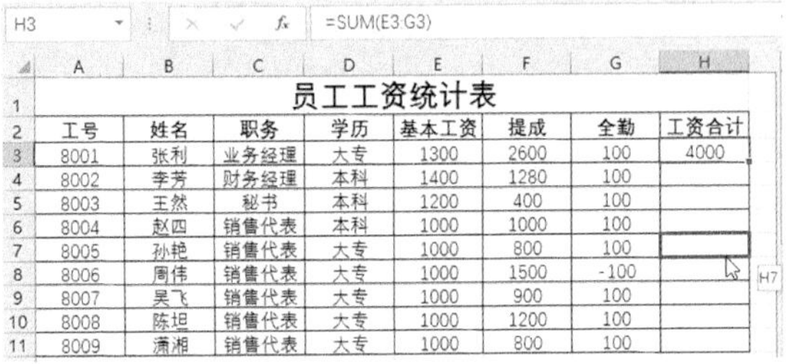

工号	姓名	职务	学历	基本工资	提成	全勤	工资合计
8001	张利	业务经理	大专	1300	2600	100	4000
8002	李芳	财务经理	本科	1400	1280	100	
8003	王然	秘书	本科	1200	400	100	
8004	赵四	销售代表	本科	1000	1000	100	
8005	孙艳	销售代表	大专	1000	800	100	
8006	周伟	销售代表	大专	1000	1500	-100	
8007	吴飞	销售代表	大专	1000	900	100	
8008	陈坦	销售代表	大专	1000	1200	100	
8009	潇湘	销售代表	大专	1000	800	100	

图 15-14　移动公式

步骤 4 释放鼠标左键后即可完成公式移动，移动后值不发生变化，仍为“4000”，如图 15-15 所示。

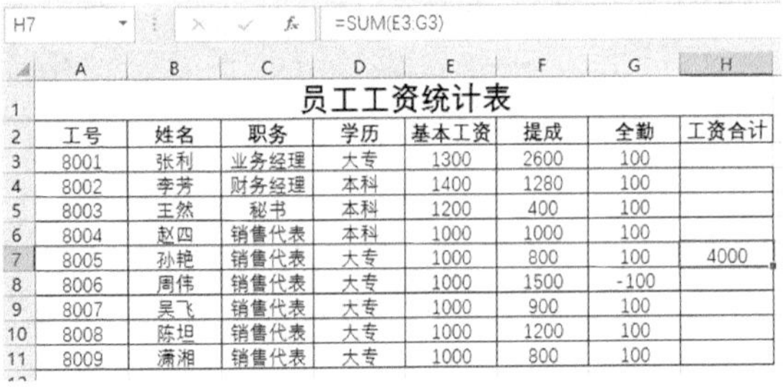

工号	姓名	职务	学历	基本工资	提成	全勤	工资合计
8001	张利	业务经理	大专	1300	2600	100	
8002	李芳	财务经理	本科	1400	1280	100	
8003	王然	秘书	本科	1200	400	100	
8004	赵四	销售代表	本科	1000	1000	100	
8005	孙艳	销售代表	大专	1000	800	100	4000
8006	周伟	销售代表	大专	1000	1500	-100	
8007	吴飞	销售代表	大专	1000	900	100	
8008	陈坦	销售代表	大专	1000	1200	100	
8009	潇湘	销售代表	大专	1000	800	100	

图 15-15　移动公式后的值不变

提示 在 Excel 2016 中移动公式时，无论使用哪一种单元格引用，公式内的单元格引用不会更改，即还保持原始的公式内容。

2. 复制公式

复制公式就是把创建好的公式复制到其他单元格中，具体操作如下。

步骤 1 打开“员工工资统计表”文件，在单元格 H3 中输入公式“=SUM(E3:G3）”，按 Enter 键计算出“工资合计”，如图 15-16 所示。

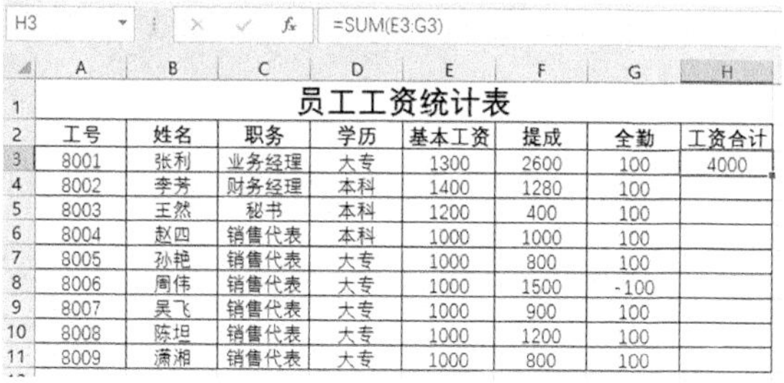
H3 =SUM(E3:G3)

	A	B	C	D	E	F	G	H
1	员工工资统计表							
2	工号	姓名	职务	学历	基本工资	提成	全勤	工资合计
3	8001	张利	业务经理	大专	1300	2600	100	4000
4	8002	李芳	财务经理	本科	1400	1280	100	
5	8003	王然	秘书	本科	1200	400	100	
6	8004	赵四	销售代表	本科	1000	1000	100	
7	8005	孙艳	销售代表	大专	1000	800	100	
8	8006	周伟	销售代表	大专	1000	1500	-100	
9	8007	吴飞	销售代表	大专	1000	900	100	
10	8008	陈坦	销售代表	大专	1000	1200	100	
11	8009	潇湘	销售代表	大专	1000	800	100	

图 15-16 计算工资合计

步骤 2 选中H3单元格，在【开始】选项卡中，单击【剪贴板】选项组中的【复制】按钮，该单元格的边框以虚线显示，如图 15-17 所示。

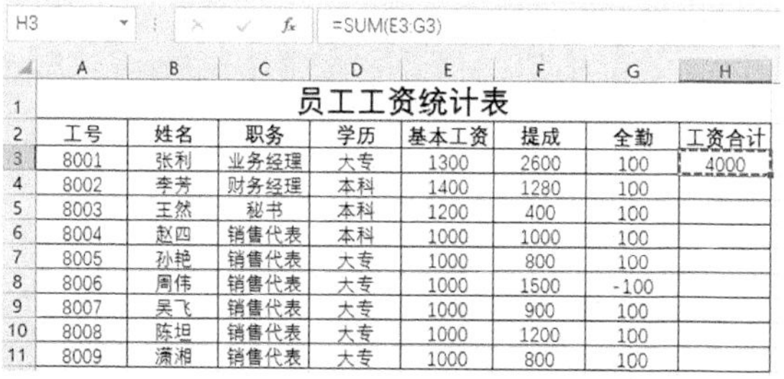
H3 =SUM(E3:G3)

	A	B	C	D	E	F	G	H
1	员工工资统计表							
2	工号	姓名	职务	学历	基本工资	提成	全勤	工资合计
3	8001	张利	业务经理	大专	1300	2600	100	4000
4	8002	李芳	财务经理	本科	1400	1280	100	
5	8003	王然	秘书	本科	1200	400	100	
6	8004	赵四	销售代表	本科	1000	1000	100	
7	8005	孙艳	销售代表	大专	1000	800	100	
8	8006	周伟	销售代表	大专	1000	1500	-100	
9	8007	吴飞	销售代表	大专	1000	900	100	
10	8008	陈坦	销售代表	大专	1000	1200	100	
11	8009	潇湘	销售代表	大专	1000	800	100	

图 15-17 复制公式

步骤 3 选中单元格 H6，单击【剪贴板】选项组中的【粘贴】按钮，即可将公式粘贴到该单元格中。和移动公式不同的是，此时值发生了变化，E6 单元格中显示的公式为“=SUM(E6:G6)”，即复制公式时，公式根据单元格的引用情况发生变化，如图 15-18 所示。

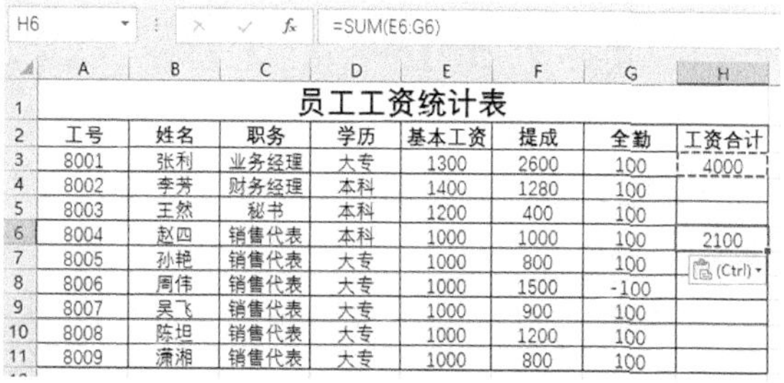
H6 =SUM(E6:G6)

	A	B	C	D	E	F	G	H
1	员工工资统计表							
2	工号	姓名	职务	学历	基本工资	提成	全勤	工资合计
3	8001	张利	业务经理	大专	1300	2600	100	4000
4	8002	李芳	财务经理	本科	1400	1280	100	
5	8003	王然	秘书	本科	1200	400	100	
6	8004	赵四	销售代表	本科	1000	1000	100	2100
7	8005	孙艳	销售代表	大专	1000	800	100	(Ctrl)
8	8006	周伟	销售代表	大专	1000	1500	-100	
9	8007	吴飞	销售代表	大专	1000	900	100	
10	8008	陈坦	销售代表	大专	1000	1200	100	
11	8009	潇湘	销售代表	大专	1000	800	100	

图 15-18 粘贴公式

步骤 4 按 Ctrl 键或单击右侧的 (Ctrl) 图标，弹出【粘贴】面板，如图 15-19 所示。单击相应的按钮，即可应用粘贴格式、数值、公式、源格式、链接、图片等。若单击 123 按钮，则表示只粘贴数值，粘贴后 H6 单元格中的值仍为“4000”。

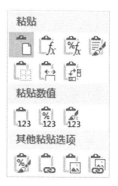

图 15-19 【粘贴】面板

15.1.4 公式审核

公式审核主要用于调试复杂的公式，可以采用单独计算公式的各个部分的方法。在遇到下面的情况时经常需要审核公式。

（1）输入的公式出现错误提示时。

（2）输入公式的计算结果与实际需求不符时。

（3）需要查看公式各部分的计算结果时。

（4）逐步查看公式计算过程时。

在 Excel 2016 中，使用【公式求值】命令或者使用快捷键 F9 可以快速地审核公式。

1. 使用【公式求值】命令调试

使用【公式求值】命令审核公式的具体操作步骤如下。

步骤 1 打开包含有公式的任意一个工作簿，选中 A4 单元格，单击【公式】选项卡下【公式审核】组中的【公式求值】按钮 公式求值，

如图 15-20 所示。

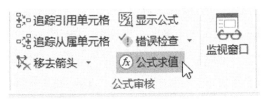

图 15-20 【公式审核】组

步骤 2 弹出【公式求值】对话框,在【引用】下显示引用的单元格。在【求值】显示框中可以看到求值公式,并在第一个表达式 "A1" 下带有下划线,如图 15-21 所示。

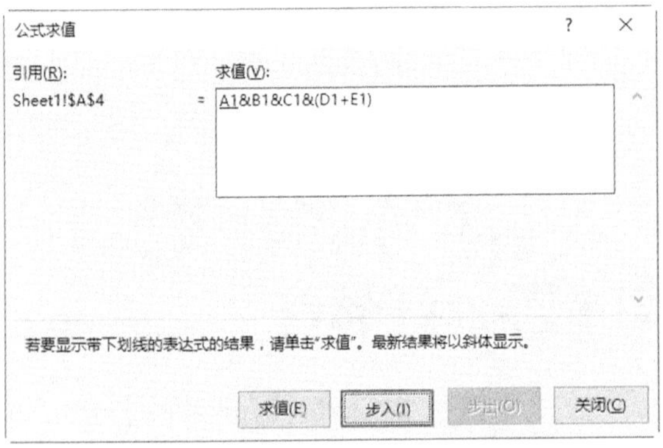

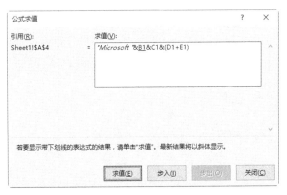

图 15-21 【公式求值】对话框

步骤 3 单击【步入】按钮,即可将【求值】显示框分为两部分,下方显示 "A1" 的值,如图 15-22 所示。

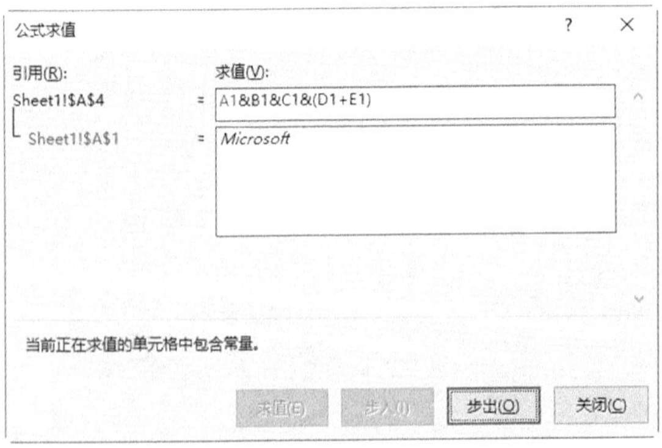

图 15-22 单击【步入】按钮

步骤 4 单击【步出】按钮,即可在【求值】显示框中计算出表达式 "A1" 的结果,如图 15-23 所示。

图 15-23 显示求值结果

 单击【求值】按钮将直接计算表达式的结果,单击【步入】按钮则首先显示表达式数据,再单击【步出】按钮才是计算表达式的结果。

步骤 5 使用同样的方法单击【求值】或【步入】按钮,即可连续分步计算每个表达式的计算结果,如图 15-24 所示。

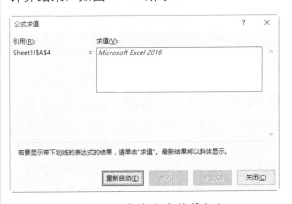

图 15-24 连续分步计算数据

2. 使用 F9 键调试

使用【公式求值】命令可以分步计算结果,但不能计算任意部分的结果。如果要显示公式任意部分的计算结果,就需要使用 F9 键进行审核。

步骤 1 打开包含有公式的任意一个工作簿,选中 A4 单元格,按 F2 键,即可在 A4 单元格中显示公式,如图 15-25 所示。

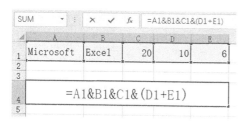

图 15-25　显示单元格中公式

步骤 2 选中公式中的 "A1&B1"，如图 15-26 所示。

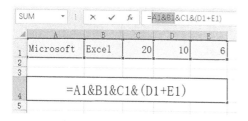

图 15-26　选中公式

步骤 3 按 F9 键，即可计算出公式中 "A1&B1" 的计算结果，如图 15-27 所示。

步骤 4 使用同样的方法可以计算出公式中其他部分的结果，如图 15-28 所示。

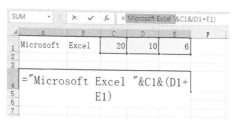

图 15-27　显示计算结果

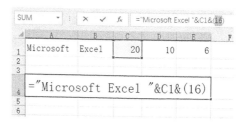

图 15-28　显示其他公式的计算结果

> **提示**　使用 F9 键调试公式后，单击编辑栏中的【取消】按钮✕或按 Ctrl+Z 组合键、Esc 键均可退回到公式模式。如果按 Enter 键或单击编辑栏中的【输入】按钮✓，调试部分将会以计算结果代替公式显示。

15.2 使用函数计算数据

Excel 函数是一些已经定义好的公式，通过参数接收数据并返回结果。大多数情况下函数返回的是计算的结果，不过也可以返回文本、引用、逻辑值、数组或者工作表的信息。

15.2.1 输入函数

在 Excel 2016 中，输入函数的方法有手动输入和使用函数向导输入两种方法，其中手动输入函数和输入普通的公式一样，这里不再重述，下面介绍使用函数向导输入函数。

步骤 1 启动 Excel 2016，新建一个空白文档，在单元格 A1 中输入 "－100"，如图 15-29 所示。

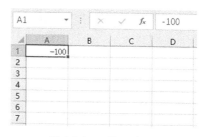

图 15-29　输入数值

步骤 2 选中 A2 单元格，在【公式】选项卡中单击【函数库】选项组中的【插入函数】按钮，或者单击编辑栏上的【插入函数】按钮 f_x，弹出【插入函数】对话框，如图 15-30 所示。

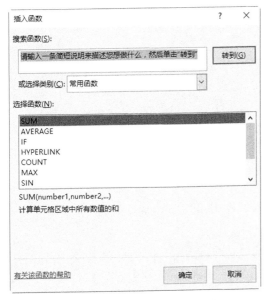

图 15-30 【插入函数】对话框

步骤 3 在【或选择类别】下拉列表中选择【数学与三角函数】选项，在【选择函数】列表框中选中 ABS 选项（绝对值函数），列表框的下方会出现关于该函数功能的简单说明，如图 15-31 所示。

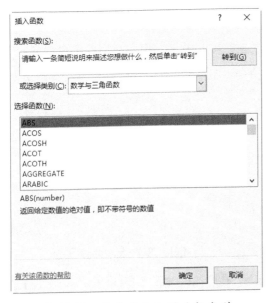

图 15-31 选中要插入的函数类型

步骤 4 单击【确定】按钮，弹出【函数参数】对话框，在 Number 文本框中输入"A1"，或先单击 Number 文本框后面的【折叠】按钮，再单击 A1 单元格，如图 15-32 所示。

图 15-32 【函数参数】对话框

步骤 5 单击【确定】按钮，即可将单元格 A1 中数值的绝对值求出，显示在单元格 A2 中，如图 15-33 所示。

图 15-33 计算出数值

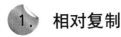 对于函数参数，可以直接输入数值、单元格或单元格区域引用，也可以使用鼠标在工作表中选中单元格或单元格区域。

15.2.2 复制函数

函数的复制通常有两种情况，即相对复制和绝对复制。

1. 相对复制

所谓相对复制，就是将单元格中的函数表达式复制到一个新单元格中后，原来函数表达式中相对引用的单元格区域将随新单元格位置的变化而作相应的调整。相对复制的具体操作如下。

步骤 1 新建一个空白工作簿，在其中输入数据，将其保存为"学生成绩统计表"文件，在单元格 F2 中输入"=SUM(C2:E2)"，按 Enter 键计算"总成绩"，如图 15-34 所示。

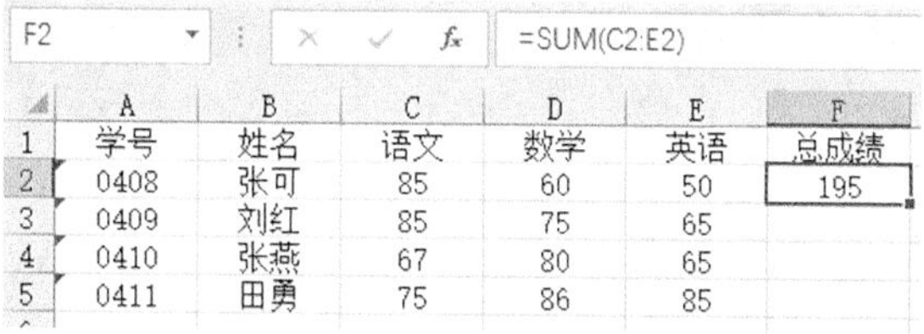

图 15-34　计算"总成绩"

步骤 2 选中 F2 单元格，然后切换到【开始】选项卡，单击【剪贴板】选项组中的【复制】按钮，或者按 Ctrl+C 组合键，选中 F3:F5 单元格，然后单击【剪贴板】选项组中的【粘贴】按钮，或者按 Ctrl+V 组合键，即可将函数复制到目标单元格，计算出其他学生的"总成绩"，如图 15-35 所示。

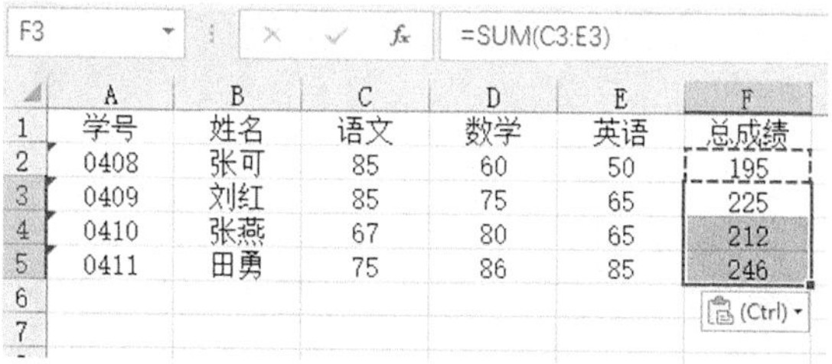

图 15-35　计算其他人员的"总成绩"

2. 绝对复制

所谓绝对复制，就是将单元格中的函数表达式复制到一个新单元格中后，原来函数表达式中绝对引用的单元格区域不随新单元格位置的变化而作相应的调整。绝对复制的具体操作如下。

步骤 1 打开"学生成绩统计表"文件，在单元格 F2 中输入"=SUM($C$2:$E$2)"，

按 Enter 键，如图 15-36 所示。

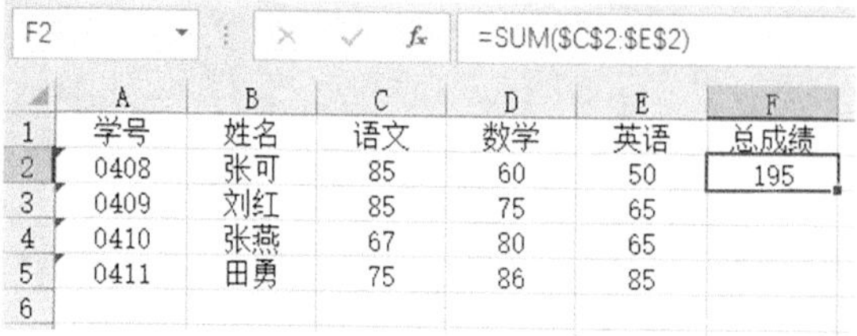

图 15-36　计算"总成绩"

步骤 2 在【开始】选项卡中，单击【剪贴板】选项组中的【复制】按钮，或者按 Ctrl+C 组合键，选中 F3:F5 单元格，然后单击【剪贴板】选项组中的【粘贴】按钮，或者按 Ctrl+V 组合键，可以看到函数和计算结果并没有改变，如图 15-37 所示。

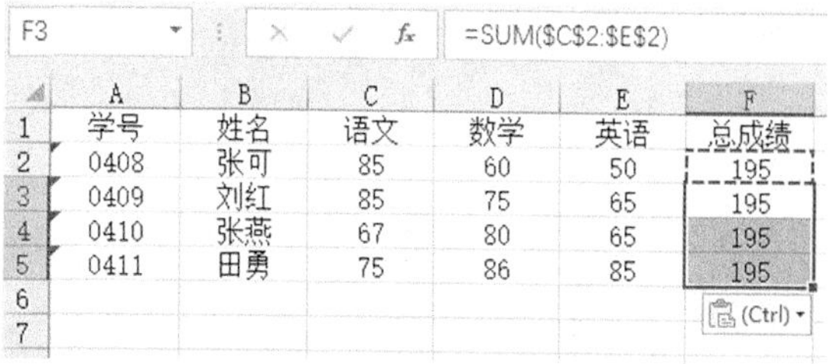

图 15-37　计算其他人员的"总成绩"

15.2.3　修改函数

下面以上一小节中绝对复制的表达式输入错误为例，例如将"$E$2"误输入为"$E#2"，介绍修改函数的方法，具体操作步骤如下。

步骤 1 选中需要修改的单元格，将鼠标定位在编辑栏中的错误处，如图 15-38 所示。

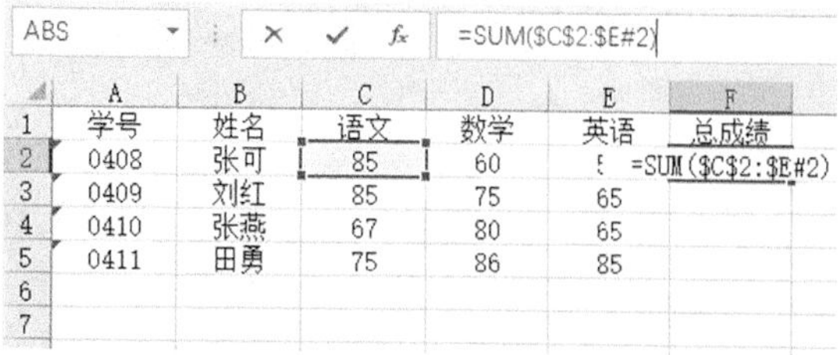

图 15-38　找到错误信息

步骤 2 按 Del 键或 Backspace 键删除错误

内容，如图 15-39 所示。

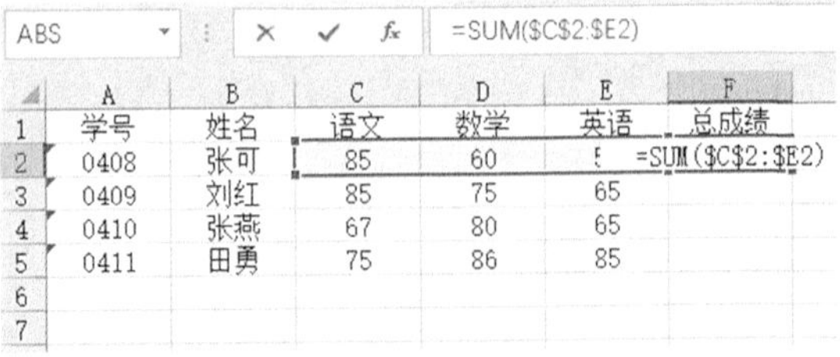

图 15-39　删除错误信息

步骤 3 输入正确内容，如图 15-40 所示。

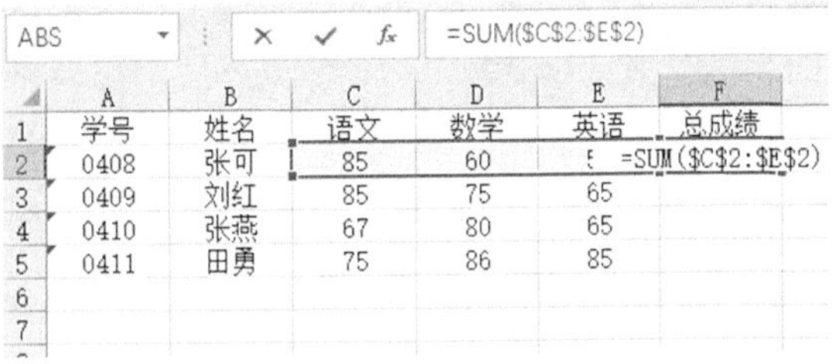

图 15-40　输入正确内容

步骤 4 按 Enter 键，即可计算出学生的"总成绩"，如图 15-41 所示。

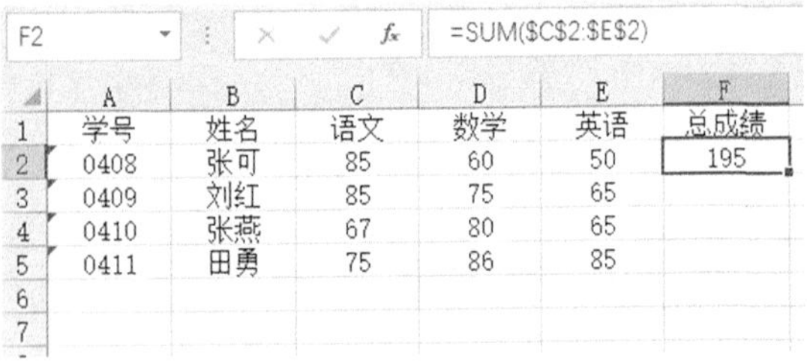

图 15-41　计算数值

如果是函数的参数输入有误，可选中函数所在的单元格，单击编辑栏中的【插入函数】按钮 f_x，再次打开【函数参数】对话框，然后重新输入正确的函数参数即可。如将上

一小节绝对复制中"张可"的"总成绩"参数输入错误，具体的修改步骤如下。

步骤 1 选中函数所在的单元格，单击编辑栏中的【插入函数】按钮 f_x，打开【函数参数】对话框，如图 15-42 所示。

图 15-42　【函数参数】对话框

步骤 2 单击 Number 1 文本框右边的选择区域按钮，然后选择正确的参数即可，如图 15-43 所示。

图 15-43　选择正确的参数

15.3 常用系统内置函数

Excel 常用的内置函数包括文本函数、日期与时间函数、统计函数、财务函数、数据库函数等，使用这些函数，可以轻松计算工作表中的数据。

15.3.1　文本函数

文本函数是在公式中处理字符串的函数。例如，使用文本函数可以转换大小写、确定字符串的长度、提取文本中的特定字符等。

假设要统计员工的出生年代是否在 20 世纪 80 年代，就需要查找身份证号码的第 9 位是否为 "8"，从而判断其是否是 "80 后"。下面介绍使用文本函数中的 FIND 函数来计算，具体的操作步骤如下。

步骤 1 打开随书光盘中的 "素材 \ch15\ 文本函数 \Find 函数 .xlsx" 文件，如图 15-44 所示。

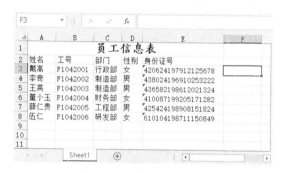

图 15-44　打开素材文件

步骤 2 选中单元格 F3，在其中输入函数 "=FIND("8" ,E3,9)"，按 Enter 键，即可在 E3 中查找出从第 9 位字符开始出现数字 "8" 的起始位置编号，如图 15-45 所示。

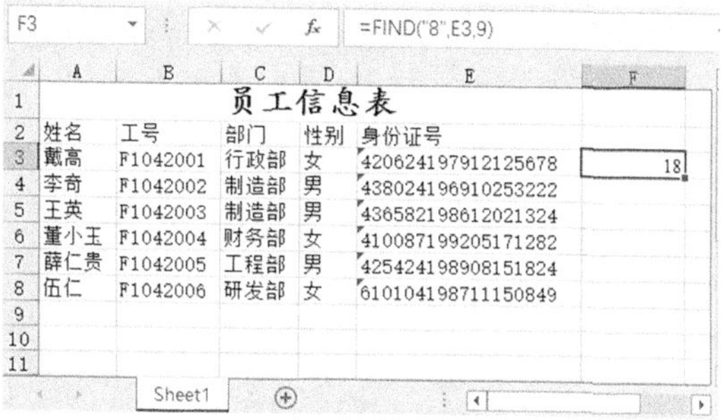

图 15-45　输入函数

步骤 3 利用填充柄的快速填充功能，完成其他单元格的操作，如图 15-46 所示。

步骤 4 判断是否是 "80 后"。在 G3 单元格中输入 "=IF(F3=9," 80 后 "," 不是 80 后 ")"，按 Enter 键，并利用快速填充功能，完成其他单元格的操作，如图 15-47 所示。

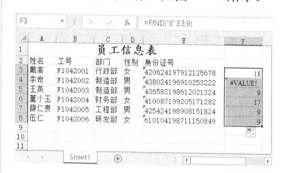

图 15-46　快速填充公式

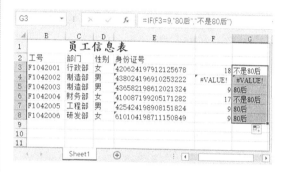

图 15-47　输入函数并计算结果

> **提示**　通过 IF 函数判断 F3 单元格是否为 "9"，若是 "9"，则为 80 后。

15.3.2　日期与时间函数

在利用 Excel 处理问题时，经常会用到日期和时间函数。下面通过实例介绍日期和时间函数的使用。

公司每年都有新员工和离职的员工，这时可以利用 YEAR 函数统计员工在本公司的工作年限。具体的操作步骤如下。

步骤 1 打开随书光盘中的 "素材 \ch15\ 日期和时间函数 \Year 函数 .xlsx" 文件，如图 15-48 所示。

步骤 2 选中单元格 D3，在其中输入函数

"=YEAR(TODAY())-YEAR(C3)"，按 Enter 键，此时显示的是日期，而不是年限值。接下来设置其数据类型。在【开始】选项卡中单击【数字】组右下角的按钮，弹出【设置单元格格式】对话框，切换到【数字】选项卡，在【分类】列表框中选择【常规】选项，如图 15-49 所示。

图 15-48　打开素材文件

图 15-49　【设置单元格格式】对话框

步骤 3 单击【确定】按钮，即可显示出正确的"工作年限"，如图 15-50 所示。

图 15-50　输入函数计算工作年限

> **提示** 先使用 TODAY() 获取系统当前的日期，再使用 YEAR 函数提取系统当前的年份。

步骤 4 利用填充柄的快速填充功能统计其他员工的工作年限，如图 15-51 所示。

图 15-51　快速填充数据

> **提示** 使用 MONTH 和 DAY 函数可以分别返回一个日期数据对应的月份和日期，它们的用法与 YEAR 函数类似。

15.3.3 统计函数

统计函数是对数据进行统计分析以及筛选的函数。它能使 Excel 用户从复杂的数据中筛选出有效的数据。下面通过实例介绍统计函数的使用。

假设某公司的考勤表记录了员工的出勤情况，若要统计缺勤的总人数，这时就可以使用统计函数中的 COUNT 函数来计算，具体的操作步骤如下。

步骤 1 新建一个空白文档，在其中输入相关数据，如图 15-52 所示。

步骤 2 在单元格 B9 中输入函数"=COUNT(C2:C8)"，按 Enter 键，即可得到"缺勤总人数"，如图 15-53 所示。

> **提示** 表格中的"正常"表示不缺勤，"0"表示缺勤。

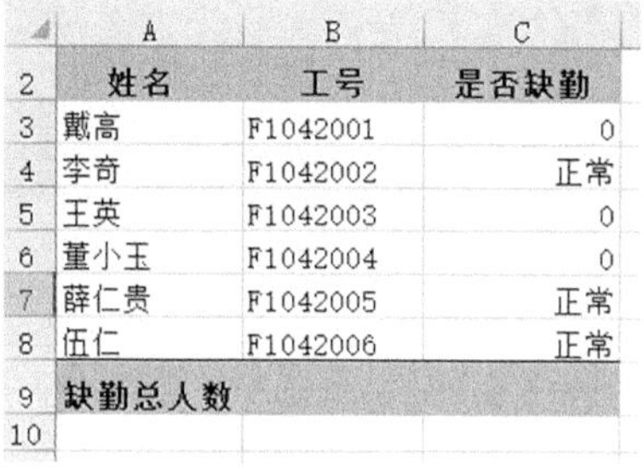

	A	B	C
2	姓名	工号	是否缺勤
3	戴高	F1042001	0
4	李奇	F1042002	正常
5	王英	F1042003	0
6	董小玉	F1042004	0
7	薛仁贵	F1042005	正常
8	伍仁	F1042006	正常
9	缺勤总人数		
10			

图 15-52　输入相关数据

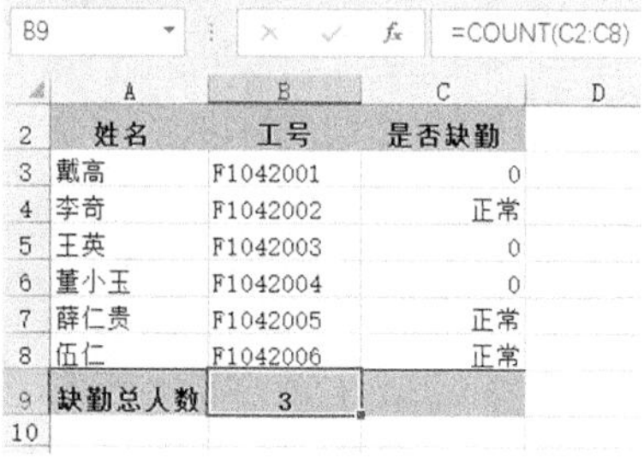

B9　=COUNT(C2:C8)

	A	B	C	D
2	姓名	工号	是否缺勤	
3	戴高	F1042001	0	
4	李奇	F1042002	正常	
5	王英	F1042003	0	
6	董小玉	F1042004	0	
7	薛仁贵	F1042005	正常	
8	伍仁	F1042006	正常	
9	缺勤总人数	3		
10				

图 15-53　输入函数计算数据

15.3.4 财务函数

财务函数作为 Excel 中最常用函数之一，为财务和会计核算（记账、算账和报账）提供了诸多便利。下面通过实例介绍财务函数的使用。

假设张三 2016 年年底向银行贷款了 20 万元购房，年利率为 5.5%，要求按等额本息方式还款，每月的月末还款，十年内还清，若要计算张三每月的总还款额，这时可以使用财务函数中的 PMT 函数来计算。具体的操作步骤如下。

步骤 1 打开随书光盘中的“素材 \ch15\ 财务函数 \Pmt 函数 .xlsx”文件，如图 15-54 所示。

步骤 2 选中单元格 B6，在其中输入函数“=PMT(B3/12, B4,B2, ,0)”，按 Enter 键，即可计算出每月的应还款金额，如图 15-55 所示。

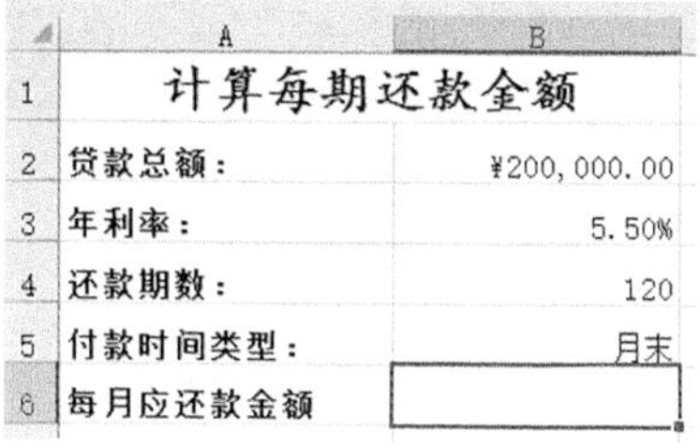

	A	B
1	计算每期还款全额	
2	贷款总额：	¥200, 000. 00
3	年利率：	5. 50%
4	还款期数：	120
5	付款时间类型：	月末
6	每月应还款金额	

图 15-54　打开素材文件

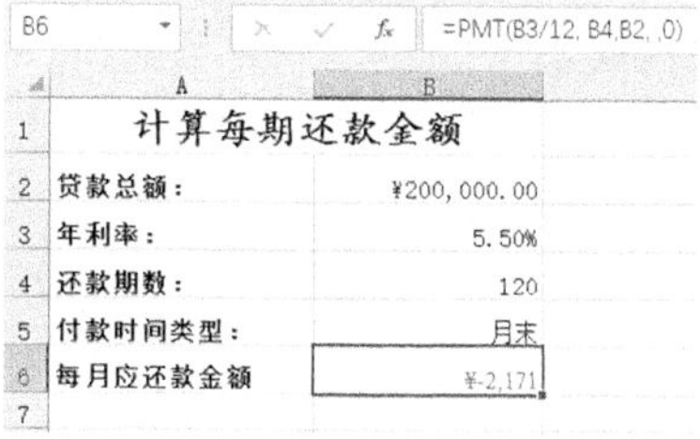

B6　=PMT(B3/12, B4,B2, ,0)

	A	B
1	计算每期还款全额	
2	贷款总额：	¥200, 000. 00
3	年利率：	5. 50%
4	还款期数：	120
5	付款时间类型：	月末
6	每月应还款金额	¥-2,171
7		

图 15-55　输入函数

15.3.5 数据库函数

数据库函数是通过对存储在数据清单或数据库中的数据进行分析，并判断其是否符合特定条件的函数。下面通过实例介绍数据库函数的使用。

假设需要统计员工信息表中男女员工的人数，这时可以使用数据库函数中的 DCOUNT 函数来计算，具体的操作步骤如下。

步骤 1 打开随书光盘中的“素材 \ch15\ 数据库函数 \Dcount 函数 .xlsx”文件，选中单元格 C12，在其中输入函数“=DCOUNT($A$2:$C$8,2,A10:C11)”，按 Enter 键，即可计算出公司女员工的数量，如图 15-56 所示。

步骤 2 选中 C12，按下 Ctrl+C 组合键，再选中 C16，按下 Ctrl+V 组合键，将函数复制粘贴到单元格 C16 中，按 Enter 键，即可计算出公司男员工的数量，如图 15-57 所示。

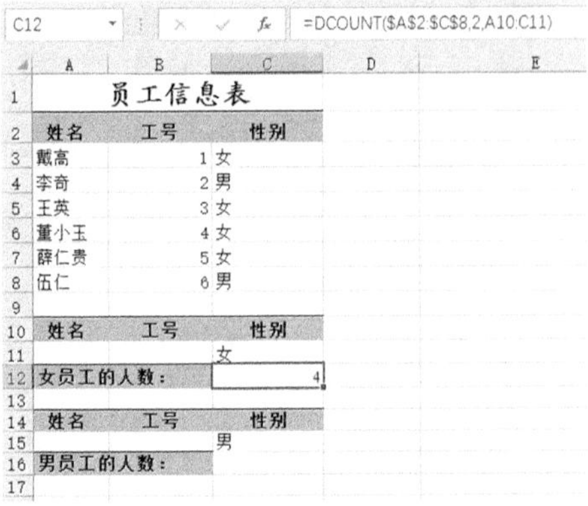

| C12 | : | × | ✓ | fx | =DCOUNT($A$2:$C$8,2,A10:C11) |

图 15-56　输入函数

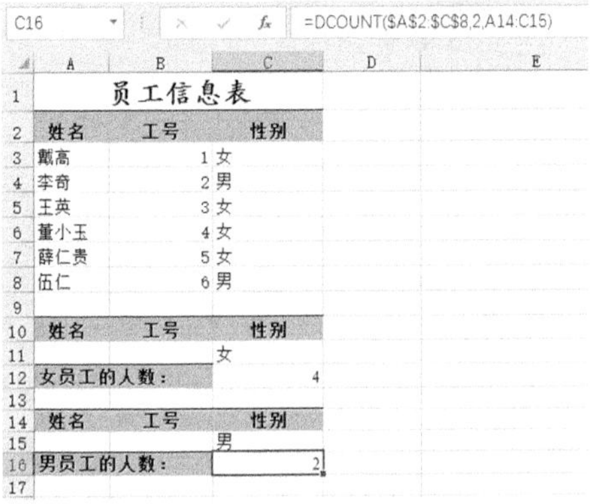

| C16 | : | × | ✓ | fx | =DCOUNT($A$2:$C$8,2,A14:C15) |

图 15-57　复制函数

15.3.6 逻辑函数

逻辑函数是进行条件匹配、真假值判断或进行多重复合检验的函数。下面通过实例介绍逻辑函数的使用。

假设学生的总成绩大于等于 160 分判断为合格，否则为不合格，这时就可以使用 IF 函数进行判断。具体的操作步骤如下。

步骤 1 打开随书光盘中的"素材 \ch15\ 逻辑函数 \If 函数 .xlsx"文件，选中单元格 E3，在其中输入函数"=IF(D3>=160,"合格","不合格")"，按 Enter 键，即可判断单元格 E3 是否为合格，如图 15-58 所示。

步骤 2 利用填充柄的快速填充功能，完成对其他学生的成绩的判断，如图 15-59 所示。

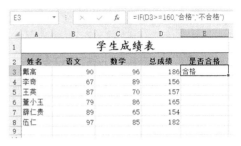

| E3 | : | × | ✓ | fx | =IF(D3>=160,"合格","不合格") |

图 15-58　输入函数

| E3 | : | × | ✓ | fx | =IF(D3>=160,"合格","不合格") |

图 15-59　快速填充函数

15.3.7 查找与引用函数

查找与引用函数的主要功能是查询各种信息，在数据量很多的工作表中，该类函数非常有效。下面通过实例介绍查找与引用函数的使用。

假设某超市在周末将推出打折商品，并将其放到"特价区"，现在需要用标签标识出商品的原价、折扣和现价等，这时就可以使用查找与引用函数中的 INDEX 函数来计算。具体的操作步骤如下。

步骤 1 打开随书光盘中的"素材 \ch15\ 查找与引用函数 \Index 函数 .xlsx"文件，如图 15-60 所示。

步骤 2 选中单元格 B10，在其中输入函数"=INDEX($A$2:$D$7,MATCH(B9,A2:A7,0),B1)"，按 Enter 键，即可显示"香蕉"的"原价"，如图 15-61 所示。

步骤 3 选中单元格 B11，在其中输入函数"=INDEX($A$2:$D$7,MATCH(B9,A2:A7,0),C1)"，按 Enter 键，即可显示"香蕉"的"折

扣”，如图 15-62 所示。

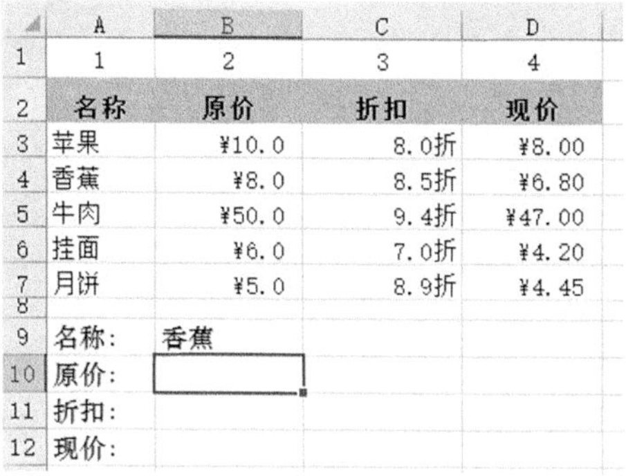

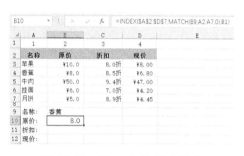

	A	B	C	D
1	1	2	3	4
2	名称	原价	折扣	现价
3	苹果	¥10.0	8.0折	¥8.00
4	香蕉	¥8.0	8.5折	¥6.80
5	牛肉	¥50.0	9.4折	¥47.00
6	挂面	¥6.0	7.0折	¥4.20
7	月饼	¥5.0	8.9折	¥4.45
8				
9	名称：	香蕉		
10	原价：			
11	折扣：			
12	现价：			

图 15-60　打开素材文件

B10　=INDEX($A$2:$D$7,MATCH(B9,A2:A7,0),B1)

	A	B	C	D	E
1	1	2	3	4	
2	名称	原价	折扣	现价	
3	苹果	¥10.0	8.0折	¥8.00	
4	香蕉	¥8.0	8.5折	¥6.80	
5	牛肉	¥50.0	9.4折	¥47.00	
6	挂面	¥6.0	7.0折	¥4.20	
7	月饼	¥5.0	8.9折	¥4.45	
8					
9	名称：	香蕉			
10	原价：	8.0			
11	折扣：				
12	现价：				

图 15-61　输入函数计算原价

B11　=INDEX($A$2:$D$7,MATCH(B9,A2:A7,0),C1)

	A	B	C	D	E
1	1	2	3	4	
2	名称	原价	折扣	现价	
3	苹果	¥10.0	8.0折	¥8.00	
4	香蕉	¥8.0	8.5折	¥6.80	
5	牛肉	¥50.0	9.4折	¥47.00	
6	挂面	¥6.0	7.0折	¥4.20	
7	月饼	¥5.0	8.9折	¥4.45	
8					
9	名称：	香蕉			
10	原价：	8.0			
11	折扣：	8.5			
12	现价：				
13					

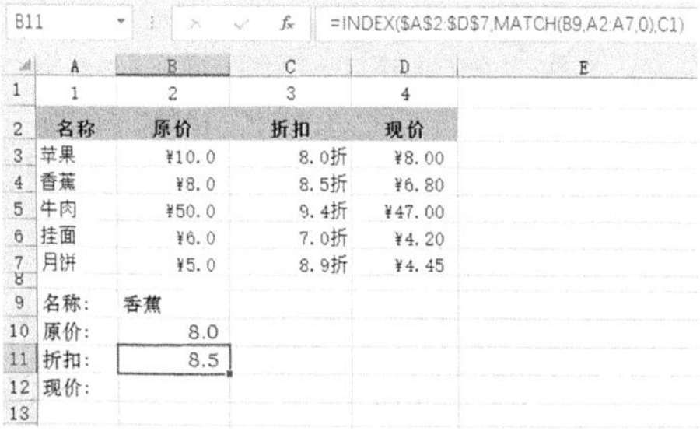

图 15-62　输入函数计算折扣

步骤 4 选中单元格 B12，在其中输入函数“=INDEX($A$2:$D$7,MATCH(B9,A2:A7,0),D1)”，按 Enter 键，即可显示“香蕉”的“现价”，如图 15-63 所示。

步骤 5 将 B10、B12 的单元格类型设置为【货币】，小数位数为“1”，然后将单元格 B11 设置为【自定义】类型，并在【类型】文本框中输入“0.0“折””，单击【确定】按钮，如图 15-64 所示。

B12　=INDEX($A$2:$D$7,MATCH(B9,A2:A7,0),D1)

	A	B	C	D	E
1	1	2	3	4	
2	名称	原价	折扣	现价	
3	苹果	¥10.0	8.0折	¥8.00	
4	香蕉	¥8.0	8.5折	¥6.80	
5	牛肉	¥50.0	9.4折	¥47.00	
6	挂面	¥6.0	7.0折	¥4.20	
7	月饼	¥5.0	8.9折	¥4.45	
8					
9	名称：	香蕉			
10	原价：	8.0			
11	折扣：	8.5			
12	现价：	6.8			
13					

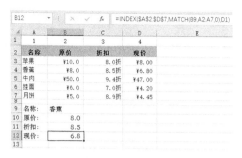

图 15-63　输入函数计算现价

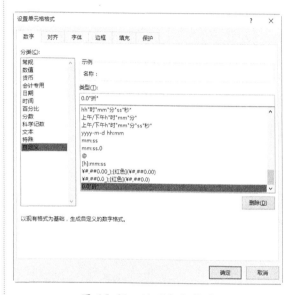

图 15-64　设置数据格式

步骤 6 制作商品的标签。打印表格后，将图 15-65 中的范围剪切下来即可形成打折商品标签。

	A	B	C	D
1	1	2	3	4
2	名称	原价	折扣	现价
3	苹果	¥10.0	8.0折	¥8.00
4	香蕉	¥8.0	8.5折	¥6.80
5	牛肉	¥50.0	9.4折	¥47.00
6	挂面	¥6.0	7.0折	¥4.20
7	月饼	¥5.0	8.9折	¥4.45
8				
9	名称：	香蕉		
10	原价：	¥8.0		
11	折扣：	8.5折		
12	现价：	¥6.8		
13				

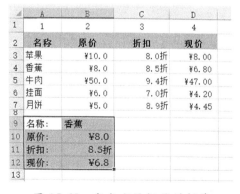

图 15-65　完成商品标签的制作

15.4 使用自定义函数

在 Excel 中，除了能直接使用内置的函数来统计、处理和分析工作表中的数据外，还可以利用其内置的 VBA 功能自己定义函数来完成特定的功能。

15.4.1 创建自定义函数

下面利用 VBA 编辑器，自定义一个函数，该函数的作用是通过包含链接的网站名称，从中提取出链接网址。具体的操作步骤如下。

步骤 1 打开随书光盘中的 "素材\ch15\自定义函数 .xlsx" 文件，A 列中显示了包含链接的网站名称，需要在 B 列中提取出链接，如图 15-66 所示。

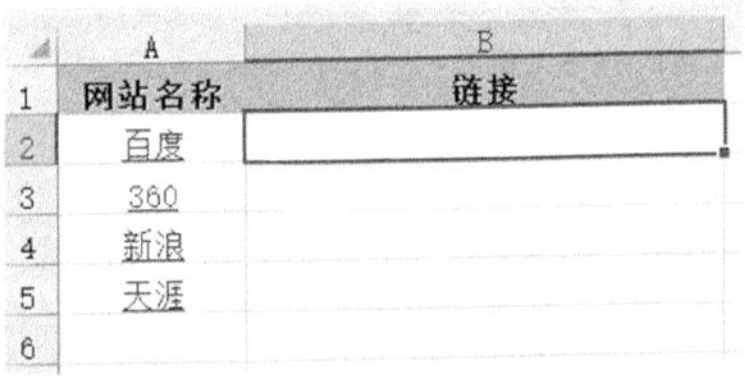

图 15-66　打开素材文件

步骤 2 切换到【文件】选项卡，进入文件操作界面，单击左侧的【另存为】命令，进入【另存为】窗口，在右侧选择【计算机】选项，然后单击【浏览】按钮，如图 15-67 所示。

图 15-67　【另存为】工作界面

步骤 3 弹出【另存为】对话框，单击【保存类型】右侧的下拉按钮，在弹出的下拉列表框中选择【Excel 启用宏的工作簿（*.xlsm）】选项，然后单击【保存】按钮，如图 15-68 所示。

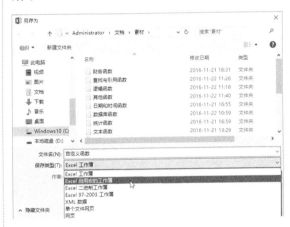

图 15-68　选择保存类型

步骤 4 返回到工作表中，选择【开发工具】选项卡，单击【代码】组的 Visual Basic 按钮，如图 15-69 所示。

图 15-69　【代码】选项组

步骤 5 打开 Visual Basic 编辑器，依次选择【插入】→【模块】选项，如图 15-70 所示。

步骤 6 此时将插入一个新模块，并进入新模块的编辑窗口，在窗口中输入代码，如图 15-71 所示。

```
Public Function Web(x As Range)
Web = x.Hyperlinks(1).Address
End Function
```

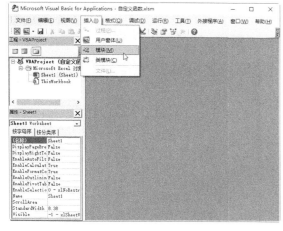

图 15-70　选择【模块】选项

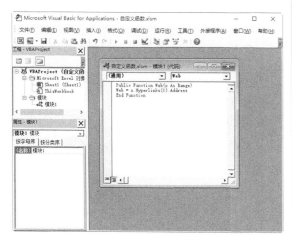

图 15-71　输入代码

步骤 7 输入完成后，单击工具栏中的【保存】按钮，弹出 Microsoft Excel 对话框，提示文档的部分内容可能包含文档检查器无法删除的个人信息，单击【确定】按钮，如图 15-72 所示。至此，自定义函数 Web() 创建完毕。

图 15-72　Microsoft Excel 对话框

15.4.2 使用自定义函数

下面利用创建的自定义函数提取网址链接，具体的操作步骤如下。

步骤 1 接上面的操作步骤，返回到工作表中，选中 B2 单元格，在其中输入函数"=Web(A2)"，如图 15-73 所示。

图 15-73　输入函数

步骤 2 按 Enter 键，即可提取出单元格 A2 中包含的网址，如图 15-74 所示。

图 15-74　计算结果

步骤 3 利用填充柄的快速填充功能，提取其他网站的网址，如图 15-75 所示。

图 15-75　快速填充函数计算结果

15.5 高效办公技能实战

15.5.1 制作贷款分析表

本实例介绍贷款分析表的制作方法，具体的操作步骤如下。

步骤 1 新建一个空白文件，在其中输入相关数据，如图 15-76 所示。

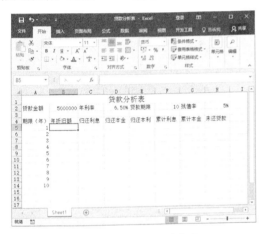

图 15-76 输入相关数据

步骤 2 在单元格 B5 中输入函数"=SYD ($B$2,$B$2*$H$2,$F$2,A5)"，按 Enter 键，即可计算出该项设备第一年的折旧额，如图 15-77 所示。

图 15-77 输入函数计算数据

步骤 3 利用快速填充功能，计算该项每年的折旧额，如图 15-78 所示。

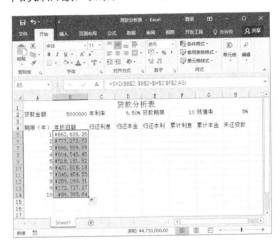

图 15-78 复制函数计算"年折旧额"

步骤 4 选中单元格 C5，输入函数"=IPMT ($D$2, A5,$F$2,$B$2)"，按 Enter 键，即可计算出该项第一年的"归还利息"，然后利用快速填充功能，计算每年的"归还利息"，如图 15-79 所示。

图 15-79 输入函数计算归还利息

步骤 5 选中单元格 D5，输入函数"=PPMT ($D$2, A5,$F$2,$B$2)"，按 Enter 键，即可计算出该项第一年的"归还本金"，然后利用快速填充功能，计算每年的"归还本金"，如图 15-80 所示。

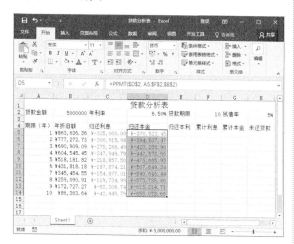

图 15-80　输入函数计算归还本金

步骤 6 选中单元格 E5，输入函数"=PMT ($D$2, $F$2,$B$2)"，按 Enter 键，即可计算出该项第一年的"归还本利"，然后利用快速填充功能，计算每年的"归还本利"，如图 15-81 所示。

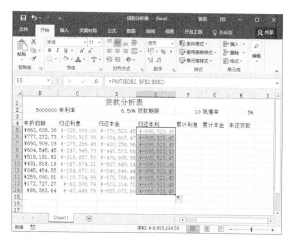

图 15-81　输入函数计算归还本利

步骤 7 选中单元格 F5，输入函数"=CU MIPMT($D$2,$F$2,$B$2,1,A5,0)"，按 Enter

键，即可计算出该项第一年的"累计利息"，然后利用快速填充功能，计算每年的"累计利息"，如图 15-82 所示。

图 15-82　输入函数计算累计利息

步骤 8 选中单元格 G5，输入函数"=CU MPRINC($D$2,$F$2,$B$2,1,A5,0)"，按 Enter 键，即可计算出该项第一年的"累计本金"，然后利用快速填充功能，计算每年的"累计本金"，如图 15-83 所示。

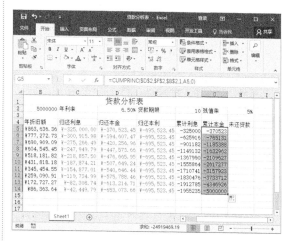

图 15-83　输入函数计算累计本金

步骤 9 选中单元格 H5，输入函数"=$B$2+ G5"，按 Enter 键，即可计算出该项第一年的"未还贷款"，如图 15-84 所示。

步骤 10 利用快速填充功能，计算每年的

"未还贷款"，如图 15-85 所示。

图 15-84　输入函数计算未还贷款

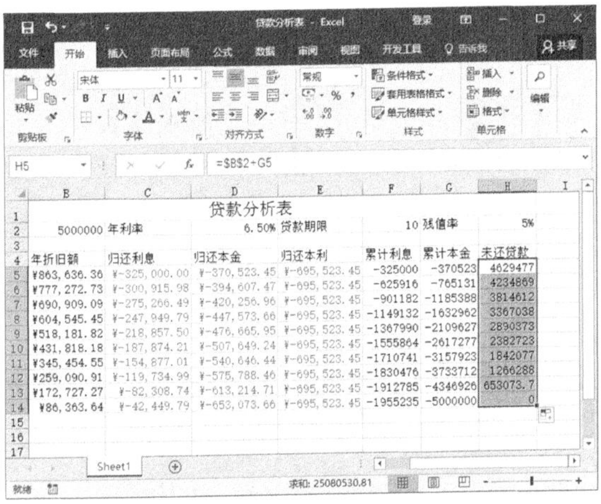

图 15-85　计算其他年份的未还贷款额

15.5.2　检查员工加班统计表

员工加班统计表需要详细记录每位员工的加班日期、开始加班时间及加班结束时间，并依据加班标准计算出每位员工的加班费。因此，加班表必须要准确、合理，制作完加班表后检查加班表就显得尤为重要。

1. 公式求值

使用公式求值可以调试公式，检查输入的公式是否正确。

步骤 1 打开随书光盘中的"素材 \ch15\ 员工加班统计表 .xlsx"工作簿，选中 J3 单元格，如图 15-86 所示。

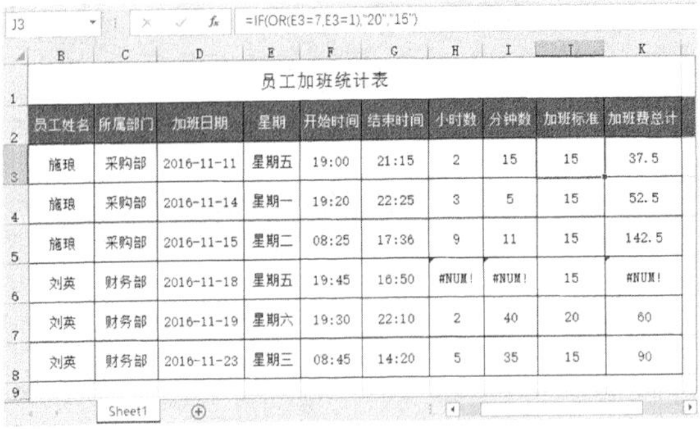

图 15-86　素材文件

步骤 2 单击【公式】选项卡下【公式审核】选项组中的【公式求值】按钮，如图 15-87 所示。

图 15-87　【公式审核】选项组

步骤 3 弹出【公式求值】对话框，单击【求值】按钮，查看带下划线的表达式的结果，如图 15-88 所示。

图 15-88　【公式求值】对话框

步骤 4 单击【求值】按钮，直至计算出最终结果。如果计算过程及结果有误，则需要修改公式，并重复调试公式。如果计算过程及结果无误，单击【关闭】按钮，如图 15-89 所示。

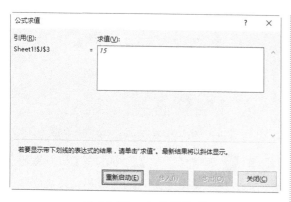

图 15-89　公式最终值

2. 追踪错误及错误检查

如果表中数据较多且不易观察时，使用错误检查可直接检查出包含错误的单元格，结合错误追踪命令可以方便地修改错误。

步骤 1 单击【公式】选项卡下【公式审核】选项组中的【错误检查】按钮 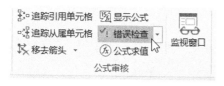，如图 15-90 所示。

图 15-90　【公式审核】选项组

步骤 2 弹出【错误检查】对话框，即可选中第一个存在错误的单元格 H6 并在对话框中显示错误信息，如图 15-91 所示。

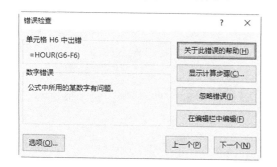

图 15-91　【错误检查】对话框

步骤 3 单击【公式】选项卡【公式审核】选项组中的【错误检查】按钮 错误检查 右侧

的下三角按钮，在弹出的下拉列表中选择【追踪错误】选项，如图 15-92 所示。

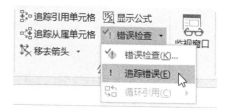

图 15-92　选择【追踪错误】选项

步骤 4 系统自动用箭头标识出影响 H6 单元格值的单元格，如图 15-93 所示。

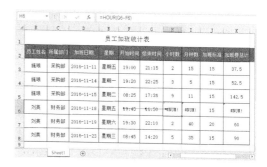

图 15-93　标识出追踪单元格

步骤 5 结合【错误检查】对话框中的提示错误信息以及错误追踪结果，判断错误存在的原因。这里可以看到 G6 单元格中的结束时间小于 F6 单元格中的开始时间。根据实际情况进行修改，选中 G6 单元格，在编辑栏中修改时间为"21:09:00"，按 Enter 键，完成修改，如图 15-94 所示。

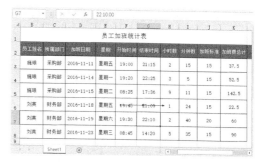

图 15-94　修改错误数值

步骤 6 在【错误检查】对话框中单击【继续】按钮，如图 15-95 所示。

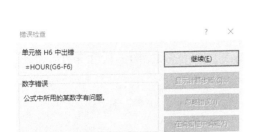

图 15-95 【错误检查】对话框

图 15-96 Microsoft Excel 对话框

所示。

提示 在执行错误检查过程中执行其他操作，【错误检查】对话框将处于不可用状态，【关于此错误的帮助】按钮将显示【继续】按钮，只有单击该按钮，才可以继续执行错误检查操作。

步骤 7 如果无错误，将弹出 Microsoft Excel 对话框，提示"已完成对整个工作表的错误检查"，单击【确定】按钮，如图 15-96

步骤 8 单击【公式】选项卡下【公式审核】组中的【移去箭头】按钮 移去箭头 ，移去箭头，如图 15-97 所示。

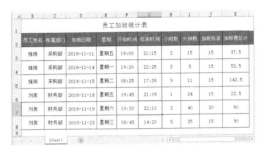

图 15-97 错误检查完毕

至此，就完成了检查员工加班统计表的操作。

15.6 疑难问题解答

问题 1：为什么在输入的公式中会出现"＃NAME？"错误信息？

解答：出现这种情况是因为在公式中使用了 Excel 不能识别的文本。比如：使用了不存在的名称。解决此问题的方法是：切换到【公式】选项卡，然后在【定义的名称】组中单击【定义名称】下三角按钮，从弹出的下拉菜单中选择【定义名称】选项，即可打开【定义名称】对话框。如果公式中输入的名称没有被列出，就在【名称】文本框中输入相应的名称，再单击【确定】按钮即可。

问题 2：在使用 Excel 函数计算数据的过程中经常会用到一些函数公式，那么如何在 Excel 工作表中将计算公式显示出来，以方便公式的核查呢？

解答：在 Excel 工作界面中首先选中需要显示公式的任一单元格，然后选择【公式】选项，在打开的工具栏中选择【公式审核】工具栏，再单击其中的【显示公式】按钮，即可将 Excel 工作界面中的单元格的公式显示出来，而如果想要恢复单元格的显示方式，就再单击一次【显示公式】即可。

第16章

分析报表——工作表数据的管理与分析

● **本章导读**

　　使用 Excel 2016 可对工作表中的数据进行分析，例如通过 Excel 的排序功能可对数据表中的内容按照特定的规则排序；使用筛选功能可使满足用户条件的数据单独显示；使用数据透视表或数据透视图可以分析、查询数据等。本章将为读者介绍工作表数据管理与分析的方法。

● **学习目标**

◎ 掌握使用透视表分析数据的方法
◎ 掌握使用透视图分析数据的方法
◎ 掌握通过筛选分析数据的方法
◎ 掌握通过排序分析数据的方法
◎ 掌握使用分类汇总分析数据的方法
◎ 掌握使用合并计算分析数据的方法

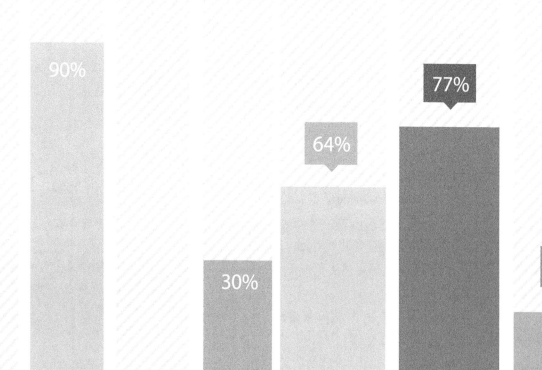

16.1 通过筛选分析数据

Excel 2016 提供了多种筛选数据的方法，包括单条件筛选、多条件筛选和高级筛选。通过筛选数据，用户可以分析数据中的规律。

16.1.1 单条件筛选

单条件筛选是将符合某项条件的数据筛选出来。例如在销售表中，要将产品为冰箱的销售记录筛选出来。具体的操作步骤如下。

步骤 1 打开随书光盘中的"素材 \ch16\ 销售表 .xlsx"文件，将光标定位在数据区域内的任意单元格，如图 16-1 所示。

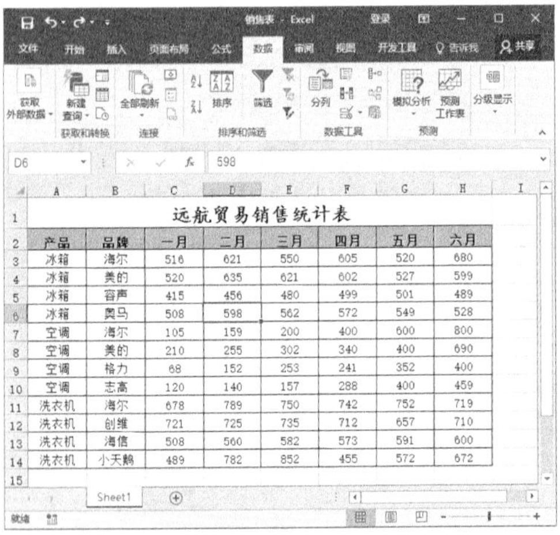

图 16-1 打开素材文件

步骤 2 在【数据】选项卡中，单击【排序和筛选】组中的【筛选】按钮 ，进入自动筛选状态，此时在标题行每列的右侧会出现一个下三角按钮，如图 16-2 所示。

步骤 3 单击【产品】列右侧的下三角按钮，在弹出的下拉列表框中取消已选中的【全选】复选框，勾选【冰箱】复选框，然后单击【确定】按钮，如图 16-3 所示。

步骤 4 此时系统将筛选出产品为冰箱的销售记录，其他记录则被隐藏了起来，如

图 16-4 所示。

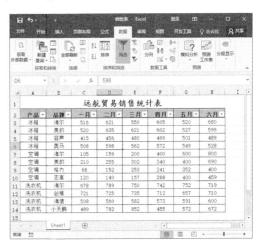

图 16-2 单击【筛选】按钮

图 16-3 设置单件筛选

> **提示** 进行筛选操作后，在列标题右侧的下三角按钮上将显示"漏斗"图标，将光标定位在"漏斗"图标上，即可显示出相应的筛选条件。

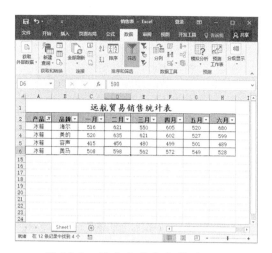

图 16-4　筛选出符合条件的记录

16.1.2　多条件筛选

多条件筛选是将符合多个条件的数据筛选出来。例如将销售表中品牌分别为海尔和美的的销售记录筛选出来，具体的操作步骤如下。

步骤 1 重复上一节中步骤 1 和步骤 2，单击【品牌】列右侧的下三角按钮，在弹出的下拉列表框中取消已选中的【全选】复选框，选中【海尔】和【美的】复选框，然后单击【确定】按钮，如图 16-5 所示。

图 16-5　设置多条件筛选

步骤 2 此时系统已筛选出品牌为海尔和

美的的销售记录，其他记录被隐藏了起来，如图 16-6 所示。

远航贸易销售统计表							
产品	品牌	一月	二月	三月	四月	五月	六月
冰箱	海尔	516	621	550	605	520	680
冰箱	美的	520	635	621	602	527	599
空调	海尔	105	159	200	400	600	800
空调	美的	210	255	302	340	400	690
洗衣机	海尔	678	789	750	742	752	719

图 16-6　筛选出符合条件的记录

> **提示**　若要清除筛选，在【数据】选项卡中，单击【排序和筛选】组的【清除】按钮 ▼清除 即可。

16.1.3　高级筛选

如果要对多个数据列设置复杂的筛选条件，就需要使用 Excel 提供的高级筛选功能。例如将一月份和二月份销售量均大于 500 的记录筛选出来，具体的操作步骤如下。

步骤 1 打开随书光盘中的"素材 \ch16\ 销售表 .xlsx"文件，在单元格区域 J2:K3 中分别输入字段名和筛选条件，然后在【数据】选项卡中，单击【排序和筛选】组的【高级】按钮 ▼高级，如图 16-7 所示。

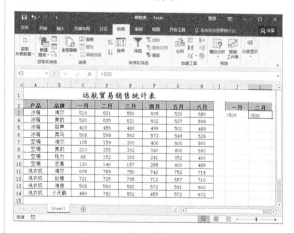

图 16-7　单击【高级】按钮

步骤 2 弹出【高级筛选】对话框，选中

【在原有区域显示筛选结果】单选按钮，在【列表区域】中选中单元格区域 A2:H4，如图 16-8 所示。

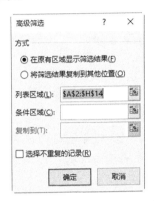

图 16-8　【高级筛选】对话框

图 16-9　设置【条件区域】

提示　若在【高级筛选】对话框中选中【将筛选结果复制到其他位置】单选按钮，则【复制到】输入框将呈高亮显示，在其中选中单元格区域，筛选的结果即复制到所选的单元格区域中。

提示　在选择【条件区域】时，一定要包含【条件区域】的字段名。

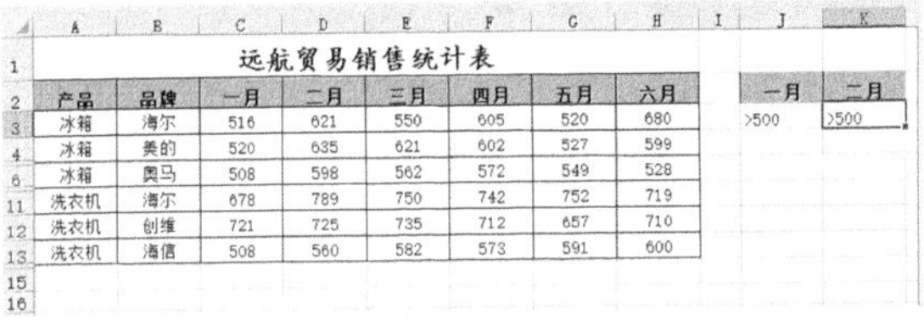

步骤 3　在【条件区域】中选中单元格区域 J2:K3，单击【确定】按钮，如图 16-9 所示。

步骤 4　此时系统已在选定的列表区域中筛选出了符合条件的记录，如图 16-10 所示。

图 16-10　筛选出符合条件的记录

由上可知，在使用高级筛选功能之前，应先建立一个条件区域，用来指定筛选的数据必须满足的条件，并且在条件区域中要求包含作为筛选条件的字段名。

16.2　通过排序分析数据

Excel 2016 提供了多种排序方法，用户根据需要可以进行单条件排序或多条件排序，也可以按照行列排序，还可以自定义排序。

16.2.1　单条件排序

单条件排序是依据一个条件对数据进行排序。例如要对销售表中的"一月"销售量进行升序排序，具体的操作步骤如下。

步骤 1　打开随书光盘中的"素材 \ch16\ 销售表 .xlsx"文件，将光标定位在【一月】列中的任一单元格，如图 16-11 所示。

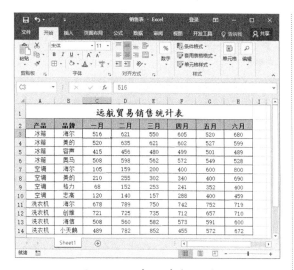

图 16-11　打开素材文件

步骤 2 在【数据】选项卡中，单击【排序和筛选】组中的【升序】按钮 ↓，即可对该列进行升序排序，如图 16-12 所示。

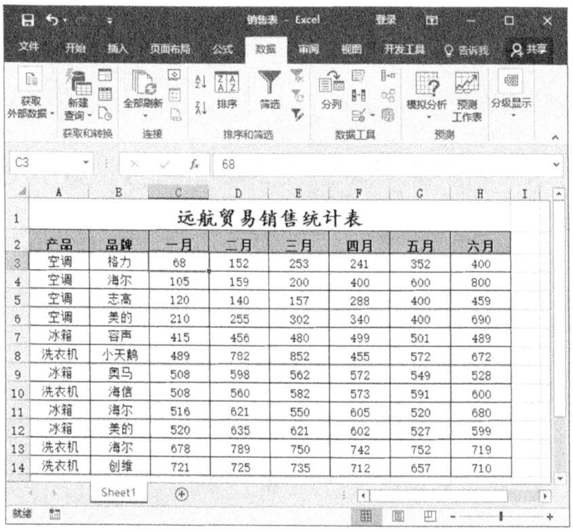

图 16-12　单击【升序】按钮

提示 若单击【降序】按钮 ↓，即可对该列进行降序排序。

此外，将光标定位在要排序列的任意单元格，鼠标右击，在弹出的快捷菜单中依次选择【排序】→【升序】选项或【排序】选项，也可快速排序，如图 16-13 所示。或者在【开始】选项卡的【编辑】组中，单击【排序和

筛选】的下三角按钮，在弹出的下拉列表框中选择【升序】或【降序】选项，同样可以进行排序，如图 16-14 所示。

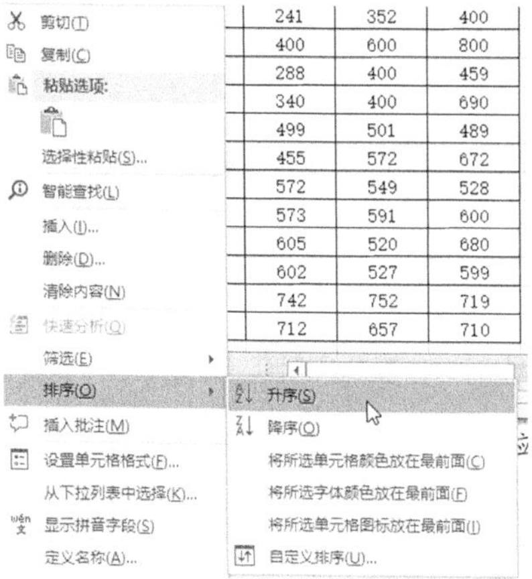

图 16-13　选择【升序】选项

图 16-14　选择【升序】或【降序】选项

提示 由于数据表中有多列数据，如果仅对一列或几列排序，就会打乱整个数据表中数据的对应关系，因此应谨慎使用排序操作。

16.2.2 多条件排序

多条件排序是依据多个条件对数据表进行排序。例如，要对销售表中的"一月"销售量进行升序排序；当"一月"销售量相等时，以此为基础对"二月"销售量进行升序排序；以此类推，对 6 个月份都进行升序排序，具体的操作步骤如下。

步骤 1 打开随书光盘中的"素材\ch16\销售表－多条件排序.xlsx"文件，将光标定位在数据区域中的任意单元格，然后在【数据】选项卡中，单击【排序和筛选】组中的【排序】按钮↕↑，如图 16-15 所示。

图 16-15　单击【排序】按钮

> **提示**　鼠标右击，在弹出的快捷菜单中依次选择【排序】→【自定义排序】选项，也可弹出【排序】对话框。

步骤 2 弹出【排序】对话框，单击【主要关键字】右侧的下拉按钮，在弹出的下拉列表框中选择【一月】选项，使用同样的方法，设置【排序依据】和【次序】分别为【数值】和【升序】选项，如图 16-16 所示。

图 16-16　设置【主要关键字】的排序条件

步骤 3 单击【添加条件】按钮，将添加一个【次要关键字】选项，如图 16-17 所示。

图 16-17　单击【添加条件】按钮

步骤 4 重复步骤 2 和步骤 3，分别设置 6 个月份的排序条件，设置完成后，单击【确定】按钮，如图 16-18 所示。

图 16-18　设置其余【次要关键字】的排序条件

步骤 5 此时系统已对 6 个月份按数值进行了升序排序，如图 16-19 所示。

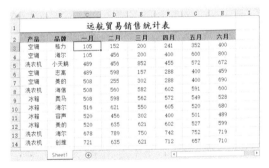

图 16-19　完成的多条件排序

> **提示**　在 Excel 2016 中，多条件排序最多可设置 64 个关键字。如果进行排序的数据没有标题行，或者让标题行也参与排序，那么在【排序】对话框中取消已选中的【数据包含标题】复选框即可。

16.2.3　自定义排序

除了按照系统提供的排序规则进行排序外，用户还可自定义排序，具体的操作步骤如下。

步骤 1 打开随书光盘中的"素材 \ch16\ 工资表 .xlsx"文件，选择【文件】选项卡，进入文件操作界面，单击左侧列表中的【选项】命令，如图 16-20 所示。

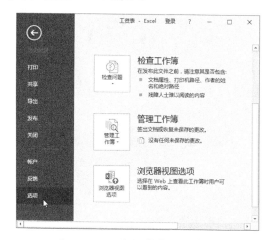

图 16-20　单击【选项】命令

步骤 2 弹出【Excel 选项】对话框，在左侧选择【高级】选项，然后在右侧单击【常规】区域中的【编辑自定义列表】按钮，如图 16-21 所示。

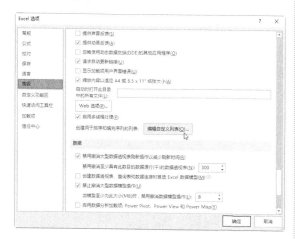

图 16-21　单击【编辑自定义列表】按钮

步骤 3 弹出【自定义序列】对话框，在【输入序列】文本框中输入如图 16-22 所示的序列，然后单击【添加】按钮。

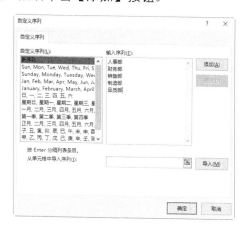

图 16-22　输入自定义的序列

步骤 4 添加完成后，依次单击【确定】按钮，返回到工作表中，将光标定位在数据区域内的任意单元格，在【数据】选项卡中，单击【排序和筛选】组中的【排序】按钮，如图 16-23 所示。

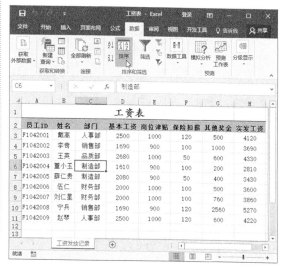

图 16-23　单击【排序】按钮

步骤 5 弹出【排序】对话框，单击【主要关键字】右侧的下拉按钮，在弹出的下拉列表框中选择【部门】选项，然后在【次序】的下拉列表框中选择【自定义序列】选项，如图 16-24 所示。

图 16-24　设置【主要关键字】的排序条件

步骤 6 弹出【自定义序列】对话框，在【自定义序列】列表框中选择相应的序列，然后单击【确定】按钮，如图 16-25 所示。

图 16-25　选择自定义序列

步骤 7 返回到【排序】对话框，可以看到【次序】的下拉列表已经设置为自定义的序列，单击【确定】按钮，如图 16-26 所示。

图 16-26　单击【确定】按钮

步骤 8 此时系统已按照自定义的序列对数据进行了排序，如图 16-27 所示。

员工 ID	姓名	部门	基本工资	岗位津贴	保险扣薪	其他奖金	实发工资
F1042001	戴高	人事部	2500	1000	120	500	4120
F1042009	赵琴	人事部	2500	1000	120	600	4220
F1042006	伍仁	财务部	2000	1000	100	500	3600
F1042007	刘仁星	财务部	2000	1000	100	760	3860
F1042002	李奇	销售部	1690	900	100	1000	3690
F1042008	宁兵	销售部	1690	900	120	2560	5270
F1042004	董小玉	制造部	1610	900	100	200	2810
F1042005	薛仁贵	制造部	2080	900	50	400	3430
F1042003	王英	品质部	2680	1000	50	600	4330

图 16-27　完成的自定义排序

16.3　使用数据透视表分析数据

数据透视表是一种深入分析数值数据，进行快速汇总大量数据的交互式报表。用来创建数据透视表的数据源可以是当前工作表中的数据，也可以来源于外部数据。

16.3.1　创建数据透视表

数据透视表要求数据源的格式是矩形数据库，并且通常情况下，数据源中要包含用于描述数据的字段和要汇总的值或数据。

下面利用电器销售表作为数据源生成数据透视表，显示出每种产品以及产品中包含的各品牌的年度总销售额，具体的操作步骤如下。

步骤 1 打开随书光盘中的"素材 \ch16\ 电器销售表 .xlsx"文件，在【插入】选项卡中，单击【表格】组的【数据透视表】按钮 🗂，如图 16-28 所示。

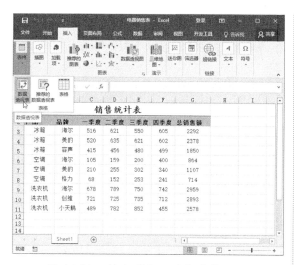

图 16-28　单击【数据透视表】按钮

步骤 2 弹出【创建数据透视表】对话框，选中【选择一个表或区域】单选按钮，将光标定位在【表/区域】右侧的文本框中，然后在工作表中选中单元格区域 A2:G11 作为数据源，在下方选中【新工作表】单选按钮，单击【确定】按钮，如图 16-29 所示。

图 16-29　【创建数据透视表】对话框

步骤 3 此时将创建一个新工作表，工作表中包含一个空白的数据透视表，在右侧将出现【数据透视表字段】窗格，并且在功能区中会出现【分析】和【设计】选项卡，如图 16-30 所示。

图 16-30　空白的数据透视表

提示　在【创建数据透视表】对话框中，用户还可选择外部数据作为数据源。此外，既可以选择将数据透视表放置在新工作表中，也可选择将其放置在当前工作表中。

步骤 4 接下来添加字段。在【数据透视表字段】窗格中，从【选择要添加到报表的字段】区域中选择"产品"字段，按住左键不放，将其拖动到下方的【行】列表框中，将"品牌"字段也拖动到【行】列表框中，然后将"总销售额"字段拖动到【Σ值】列表框中，在左侧可以看到添加字段后的数据透视表，如图 16-31 所示。

图 16-31　手动创建的数据透视表

另外，Excel 2016 新引入了"推荐的数据透视表"功能，通过该功能，系统将快速扫描数据，并列出可供选择的数据透视表，用户只需选择其中一种，即可自动创建数据透视表，具体的操作步骤如下。

步骤 1 在【插入】选项卡中，单击【表格】组的【推荐的数据透视表】按钮 ，弹出【推荐的数据透视表】对话框，在左侧列表框中选择需要的类型，在右侧可预览效果，然后单击【确定】按钮，如图 16-32 所示。

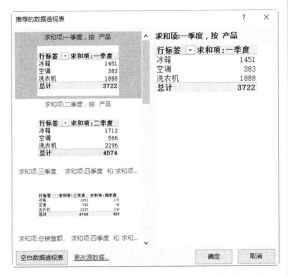

图 16-32　在左侧列表框中选择需要的类型

步骤 2 此时系统将自动创建所选的数据透视表，如图 16-33 所示。

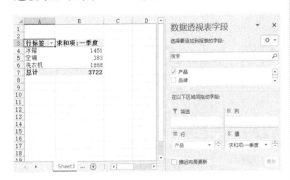

图 16-33　自动创建的数据透视表

16.3.2 通过调整字段分析数据

通过调整数据透视表的字段，可以分析工作表数据信息，调整字段的内容包括添加字段、删除字段、移动字段、设置字段等。

1. 添加字段

通常情况下，主要有 3 种添加字段的方法。

（1）拖动字段。用户可直接将【选择要添加到报表的字段】区域中的字段拖动到下方的【在以下区域间拖动字段】区域中。

（2）勾选字段前面的复选框。在【选择要添加到报表的字段】区域中勾选字段前面的复选框，数据透视表会根据该字段的特点自动添加到【在以下区域间拖动字段】区域中。

（3）通过鼠标右击添加。选择要添加的字段，鼠标右击，在弹出的快捷菜单中选择要添加到的区域，即可添加该字段，如图 16-34 所示。

图 16-34　自动创建的数据透视表

2. 移动字段

用户不仅可以在数据透视表的区域间移动字段，还可在同一区域中移动字段，具体的操作步骤如下。

步骤 1 打开随书光盘中的"素材 \ch16\ 电

器销售表 – 数据透视表 .xlsx" 文件，如图
16-35 所示。

图 16-35　打开素材文件

步骤 2 在【数据透视表字段】窗格中，
选择【行】列表框中的"产品"字段，将其
拖动到"品牌"字段的下方，此时数据透视
表的布局会自动发生改变，如图 16-36 所示。

图 16-36　将"产品"字段拖动到【行】框中

步骤 3 在【Σ值】列表框中单击"总销售额"
字段，在弹出的下拉列表框中选择【移至开头】
选项，如图 16-37 所示。

步骤 4　"总销售额"字段移动到【Σ值】
列表框的开头，此时数据透视表的布局会自
动发生改变，如图 16-38 所示。

以上介绍了在同一区域中移动字段的两
种方法，若要在区域间移动字段，将字段直
接拖动到其他的区域中，或者单击选择字段，
在弹出的下拉列表框中选择【移动到行标签】、
【移动到列标签】等选项，都可在区域间移

动字段，方法与上述类似，这里不再赘述。

图 16-37　选择【移至开头】选项

图 16-38　数据透视表的布局发生改变

3. 删除字段

通常情况下，删除字段的方法有 2 种。

在窗格中选中要删除的字段，直接将其
拖动到区域外，可删除该字段，如图 16-39
所示。

图 16-39　拖动删除字段

在【以下区域间拖动字段】区域中单击

要删除的字段，在弹出的下拉列表框中选择【删除字段】选项，即可删除该字段，如图16-40 所示。

图 16-40 选择【删除字段】选项

4. 设置字段

设置字段包括重命名字段、设置字段的数字格式、设置字段的汇总和筛选方式、设置布局和打印等。例如在电器销售表中，若需要数据透视表显示每季度的销售平均值，而非总和，就需要设置字段，具体的操作步骤如下。

步骤 1 打开随书光盘中的"素材\ch16\电器销售表 -- 数据透视表 .xlsx"文件，选中单元格 B3，在【分析】选项卡中，单击【活动字段】组的【字段设置】按钮，如图 16-41 所示。

图 16-41 单击【字段设置】按钮

步骤 2 弹出【值字段设置】对话框，在【自定义名称】文本框中输入新名称"平均值项：一季度"，在【值字段汇总方式】列表框中选择【平均值】选项，单击【数字格式】按钮，如图 16-42 所示。

图 16-42 【值字段设置】对话框

步骤 3 弹出【设置单元格格式】对话框，选择【分类】列表框中的【数值】选项，在右侧将【小数位数】设置为"0"，如图16-43 所示。

图 16-43 【设置单元格格式】对话框

步骤 4 依次单击【确定】按钮，返回到工作表，此时数据透视表将显示一季度的销售平均值，如图 16-44 所示。

步骤 5 使用同样的方法，设置"二季度"和"总销售额"字段，将它们的汇总方式设置为"平均值"，并设置数字格式，如图16-45 所示。

步骤 6 在【数据透视表字段】窗格中，

单击【行】列表框中的"产品"字段，在弹出的下拉列表框中选择【字段设置】选项，如图 16-46 所示。

行标签 ▼	平均值项:一季度	求和项:二季度	求和项:总销售额
⊟冰箱	484	1712	6520
海尔	516	621	2292
美的	520	635	2378
容声	415	456	1850
⊟空调	128	566	2685
格力	68	152	714
海尔	105	159	864
美的	210	255	1107
⊟洗衣机	629	2296	8430
创维	721	725	2893
海尔	678	789	2959
小天鹅	489	782	2578
总计	414	4574	17635

图 16-44　显示销售平均值

行标签 ▼	平均值项:一季度	平均值项:二季度	平均值项:总销售额
⊟冰箱	484	571	2173
海尔	516	621	2292
美的	520	635	2378
容声	415	456	1850
⊟空调	128	189	895
格力	68	152	714
海尔	105	159	864
美的	210	255	1107
⊟洗衣机	629	765	2810
创维	721	725	2893
海尔	678	789	2959
小天鹅	489	782	2578
总计	414	508	1959

图 16-45　添加其他季度的平均值

图 16-46　选择【字段设置】选项

步骤 7 弹出【字段设置】对话框，切换到【布局和打印】选项卡，在【布局】区域中选中【以表格形式显示项目标签】单选按钮，单击【确定】按钮，如图 16-47 所示。

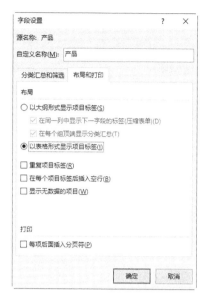

图 16-47　【字段设置】对话框

步骤 8 返回到工作表中，此时数据透视表已发生改变，如图 16-48 所示。

行标签 ▼	品牌	平均值项:一季度	平均值:二季度	平均值项:总销售额
⊟冰箱	海尔	516	621	2292
	美的	520	635	2378
	容声	415	456	1850
冰箱 汇总		484	571	2173
⊟空调	格力	68	152	714
	海尔	105	159	864
	美的	210	255	1107
空调 汇总		128	189	895
⊟洗衣机	创维	721	725	2893
	海尔	678	789	2959
	小天鹅	489	782	2578
洗衣机 汇总		629	765	2810
总计		414	508	1959

图 16-48　数据透视表发生变化

> **提示** 由于报表中【∑ 值】列表框中的字段称为值字段，其他三个列表框中的字段称为字段，因此当设置字段时，对话框分别为【值字段设置】和【字段设置】，且两种类型的字段可设置的选项也不同。

16.3.3 通过调整布局分析数据

在添加或设置字段时数据透视表的布局会自动变化。此外，还可通过功能区来设置数据视表布局，具体的操作步骤如下。

步骤 1 打开随书光盘中的"素材 \ch12\ 电器销售表 -- 数据透视表 .xlsx"文件，将光标定位在数据透视表中，在【设计】选项卡中，单击【布局】组的【分类汇总】按钮，在弹出的下拉列表框中选择【在组的底部显示所有分类汇总】选项，如图 16-49 所示。

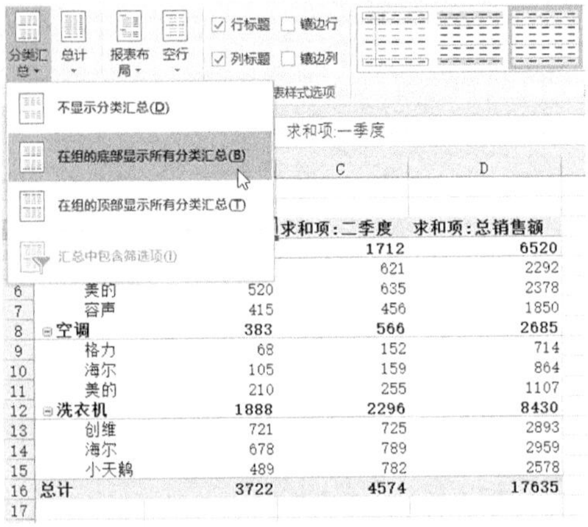

图 16-49 【分类汇总】下拉列表

步骤 2 此时数据透视表的布局已发生改变，如图 16-50 所示。

步骤 3 在【设计】选项卡中，单击【布局】组的【报表布局】按钮，在弹出的下拉列表框中选择【以压缩形式显示】选项，如图 16-51 所示。

步骤 4 此时数据透视表的布局再次发生改变，如图 16-52 所示。

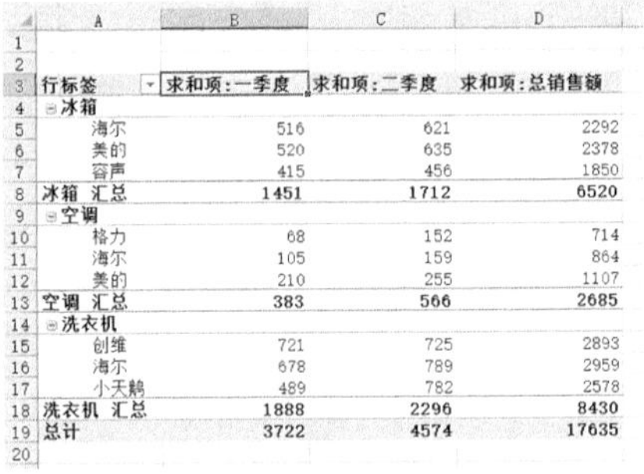

图 16-50 数据透视表发生变化

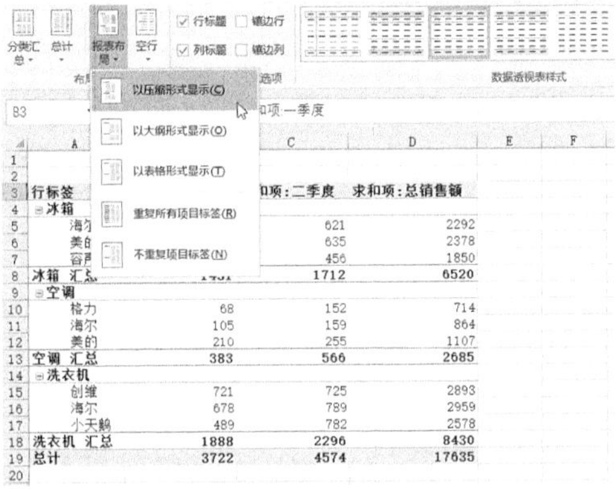

图 16-51 选择【以压缩形式显示】选项

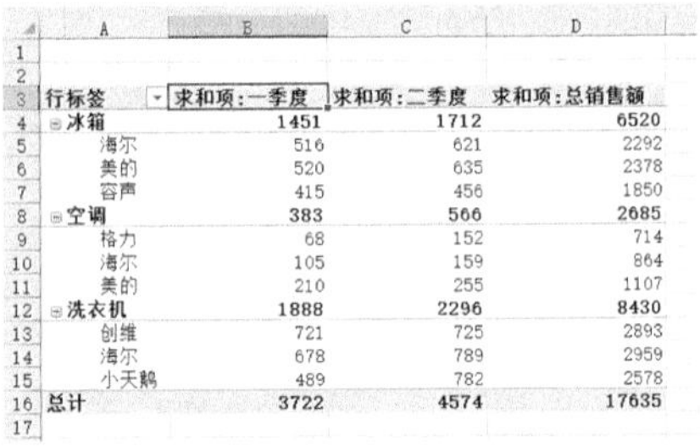

图 16-52 数据透视表布局发生变化

16.4 使用数据透视图分析数据

与数据透视表一样，数据透视图也是交互式的。它是另一种数据表现形式，主要使用图表来描述数据的特性。

16.4.1 利用源数据创建

下面以电器销售表中的数据作为源数据，创建数据透视图，具体的操作步骤如下。

步骤 1 打开随书光盘中的"素材 \ch16\ 电器销售表 .xlsx"文件，将光标定位在数据区域中的任意单元格，在【插入】选项卡中，单击【图表】组的【数据透视图】按钮，如图 16-53 所示。

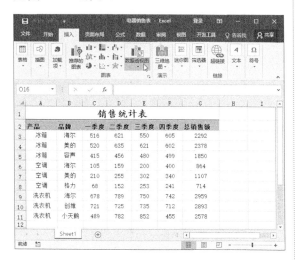

图 16-53 单击【数据透视图】按钮

步骤 2 弹出【创建数据透视表】对话框，选中【选择一个表或区域】单选按钮，将光标定位在【表 / 区域】右侧的文本框中，然后在工作表中选中单元格区域 A2:G11 作为数据源，在下方选中【新工作表】单选按钮，单击【确定】按钮，如图 16-54 所示。

图 16-54 【创建数据透视表】对话框

步骤 3 此时将创建一个新工作表，工作表中包含一个空白的数据透视图，在右侧将出现【数据透视图字段】窗格，并且在功能区中会出现【分析】、【设计】和【格式】选项卡，如图 16-55 所示。

图 16-55 空白的数据透视图

提示 创建数据透视图时会默认创建数据透视表，如果将数据透视表删除，那么透视图也随之变为普通图表。

步骤 4 接下来添加字段。在【数据透视图字段】窗格中，从【选择要添加到报表的字段】区域中选中【产品】、【品牌】和【总销售额】3 个复选框，系统将根据该字段的特点自动添加到下方的【在以下区域间拖动字段】区域中，如图 16-56 所示。

图 16-56 添加字段

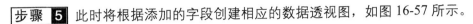

步骤 5 此时将根据添加的字段创建相应的数据透视图，如图 16-57 所示。

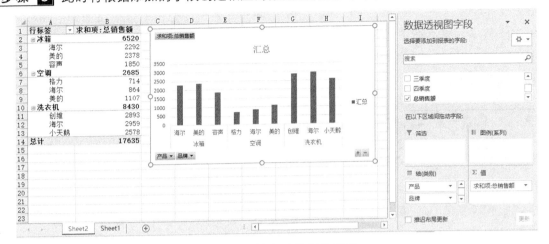

图 16-57　创建的数据透视图

16.4.2 利用数据透视表创建

下面利用数据透视表创建数据透视图，具体的操作步骤如下。

步骤 1 打开随书光盘中的"素材 \ch16\ 电器销售表 – 数据透视表 .xlsx"文件，将光标定位在数据透视表中，在【分析】选项卡中，单击【工具】组的【数据透视图】按钮，如图 16-58 所示。

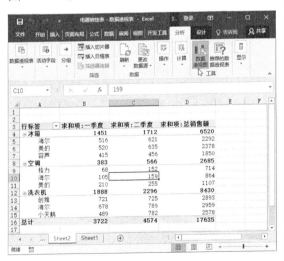

图 16-58　单击【数据透视图】按钮

步骤 2 弹出【插入图表】对话框，选中需要的图表类型，单击【确定】按钮，如图 16-59 所示。

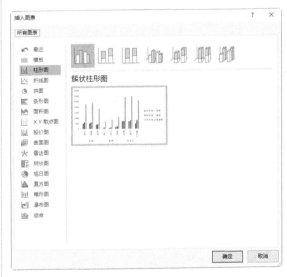

图 16-59　【插入图表】对话框

步骤 3 此时将利用数据透视表创建一个数据透视图，如图 16-60 所示。

> **提示** 用户不能创建 XY 散点图、气泡图和股价图等类型的数据透视图。

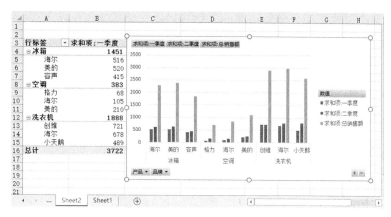

图 16-60　创建数据透视图

16.4.3　通过调整字段分析数据

与普通图表不同的是，数据透视图中包含一些字段按钮，通过这些按钮可筛选图表中的数据，具体的操作步骤如下。

步骤 1 打开随书光盘中的"素材\ch16\电器销售表 - 数据透视图 .xlsx"文件，默认情况下，数据透视图中会显示字段按钮，如图 16-61 所示。

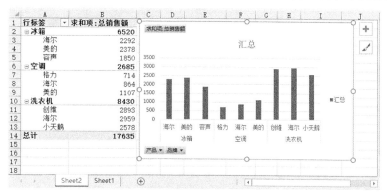

图 16-61　打开素材文件

步骤 2 单击数据透视图中【产品】字段右侧的下三角按钮，在弹出的下拉列表框中取消选中【全选】复选框，选中【冰箱】复选框，然后单击【确定】按钮，如图 16-62 所示。

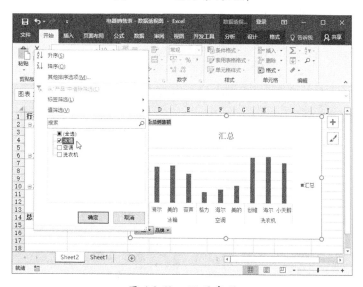

图 16-62　设置字段

步骤 3 此时数据透视图中只显示出冰箱的销售情况，如图 16-63 所示。

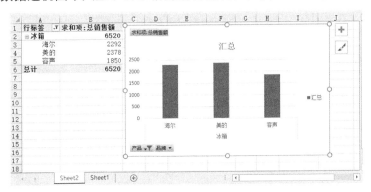

图 16-63　数据透视图

步骤 4 若要隐藏字段按钮，选中数据透视图，在【分析】选项卡的【显示 / 隐藏】组中，单击【字段按钮】的下三角按钮，在弹出的下拉列表框中选择【全部隐藏】选项，如图 16-64 所示。

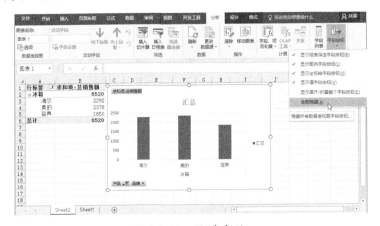

图 16-64　隐藏字段

步骤 5 此时将隐藏全部的字段按钮，如图 16-65 所示。

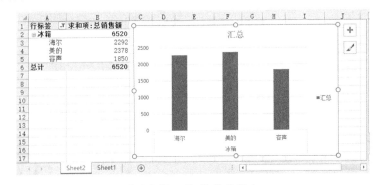

图 16-65　隐藏字段按钮

> **▶ 提示**　数据透视表和数据透视图是双向连接起来的，当一个发生结构或数据变化时，另一个也会发生同样的变化。

16.5 通过分类汇总分析数据

分类汇总是对数据清单中的数据进行分类，在分类的基础上汇总数据。进行分类汇总时，用户无须创建公式，系统会自动对数据进行求和、求平均值和计数等运算。但是，在进行分类汇总工作之前，需要对数据进行排序，即分类汇总是在有序的数据基础上实现的。

16.5.1 简单分类汇总

要进行分类汇总的数据列表，要求每一列数据都要有列标题。Excel 将依据列标题来决定如何创建分类，以及进行何种计算。下面在工资表中，依据发薪日期进行分类，并且统计出每个月所有部门实发工资的总和，具体的操作步骤如下。

步骤 1 打开随书光盘中的"素材\ch16\工资表.xlsx"文件，将光标定位在 D 列中的任意单元格，在【数据】选项卡中，单击【排序和筛选】组的【升序】按钮，对该列进行升序排序，如图 16-66 所示。

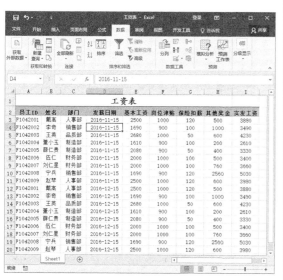

图 16-66　单击【升序】按钮

步骤 2 排序完成后，在【数据】选项卡中，单击【分级显示】组的【分类汇总】按钮

，如图 16-67 所示。

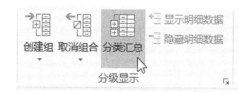

图 16-67　单击【分类汇总】按钮

步骤 3 弹出【分类汇总】对话框，单击【分类字段】右侧的下三角按钮，在弹出的下拉列表框中选择【发薪日期】选项，在【汇总方式】的下拉列表框中选择【求和】选项，在【选定汇总项】列表框中选中【实发工资】复选框，然后单击【确定】按钮，如图 16-68 所示。

图 16-68　【分类汇总】对话框

步骤 4 此时工资表将依据发薪日期进行分类汇总，并统计出每月的实发工资总和，如图 16-69 所示。

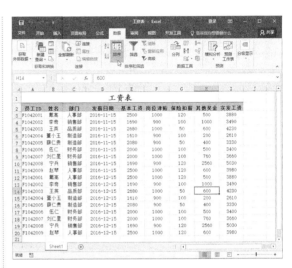

图 16-69　简单分类汇总的结果

> **提示** 汇总方式除了求和以外，还有最大值、最小值、计数、乘积、方差等，用户可根据需要进行选择。

图 16-70　单击【排序】按钮

图 16-71　设置【主要关键字】和【次要关键字】

16.5.2　多重分类汇总

多重分类汇总是指依据两个或更多个分类项，对工作表中的数据进行分类汇总。下面在工资表中，先依据发薪日期汇总出每月的实发工资情况，再依据部门汇总出每个部门的实发工资情况，具体的操作步骤如下。

步骤 1 打开随书光盘中的"素材\ch16\工资表.xlsx"文件，将光标定位在数据区域内的任意单元格，在【数据】选项卡中，单击【排序和筛选】组的【排序】按钮，如图16-70所示。

步骤 2 弹出【排序】对话框，设置【主要关键字】为"发薪日期"，设置【排序依据】和【次序】分别为"数值"和"升序"，然后单击【添加条件】按钮，并设置【次要关键字】为"部门"，单击【确定】按钮，如图16-71所示。

步骤 3 返回到工作表，接下来设置分类汇总。将光标定位在数据区域内的任意单元格，在【数据】选项卡中，单击【分级显示】组的【分类汇总】按钮，如图16-72所示。

图 16-72　单击【分类汇总】按钮

步骤 4 弹出【分类汇总】对话框，在【分类字段】的下拉列表框中选择【发薪日期】选项，在【汇总方式】的下拉列表框中选择【求和】选项，在【选定汇总项】列表框中选中【实发工资】复选框，然后单击【确定】按钮，如图16-73所示。

步骤 5 此时已建立了简单分类汇总，再次单击【分级显示】组的【分类汇总】按钮，如图16-74所示。

步骤 6 弹出【分类汇总】对话框，在【分类字段】的下拉列表框中选择【部门】选项，在【汇总方式】的下拉列表框中选择【求和】选项，在【选定汇总项】列表框中选中【实发工资】复选框，取消选中【替换当前分类汇总】复选框，单击【确定】按钮，如图 16-75 所示。

图 16-73 设置条件

图 16-74 单击【分类汇总】按钮

图 16-75 【分类汇总】对话框

步骤 7 此时即建立两重分类汇总，如图 16-76 所示。

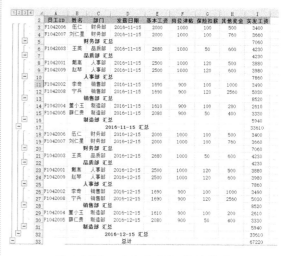

图 16-76 两重分类汇总的结果

提示 建立分类汇总后，如果修改明细数据，汇总数据将会自动更新。

16.5.3 清除分类汇总

如果不再需要分类汇总，可以将其清除，具体的操作步骤如下。

步骤 1 将光标定位在数据区域内的任意单元格，在【数据】选项卡中，单击【分级显示】组的【分类汇总】按钮，如图 16-77 所示。

图 16-77 单击【分类汇总】按钮

步骤 2 弹出【分类汇总】对话框，单击【全部删除】按钮，然后单击【确定】按钮，如图 16-78 所示。

步骤 3 此时将清除工作表中所有的分类汇总，如图 16-79 所示。

图 16-78　单击【全部删除】按钮

图 16-79　清除工作表中所有的分类汇总

> **提示**　在【数据】选项卡的【分类汇总】组中，单击【取消组合】右侧的下三角按钮，在弹出的下拉列表框中选择【清除分级显示】选项，可清除左侧的分类列表，但不会删除分类汇总数据，如图 16-80 所示。

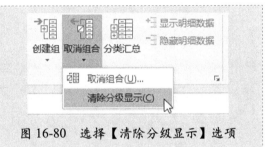

图 16-80　选择【清除分级显示】选项

16.6 通过合并计算分析数据

在日常工作中，我们经常使用 Excel 表来统计数据，当工作表过多时，可能需要在各工作表之间不停地切换，这样不仅烦琐，且容易出错。Excel 2016 提供的合并计算功能可完美地解决这一问题，使用该功能可以将多个格式相同的工作表合并到一个主表中，便于对数据进行更新和汇总。

16.6.1 按位置合并计算

当多个数据源区域中的数据是按照相同的顺序排列并使用相同的行和列标签时，可使用按位置合并计算。下面将销售表中 3 个工作表合并到一个总表中，并计算出总销售数量和总销售额，具体的操作步骤如下。

步骤 1　打开随书光盘中的"素材 \ch16\ 小米手机销售表 .xlsx"文件，选中单元格区域 D3:E7，在【公式】选项卡中，单击【定义的名称】组的【定义名称】按钮，如图 16-81 所示。

图 16-81　单击【定义名称】按钮

步骤 2 弹出【新建名称】对话框,在【名称】文本框中输入"一月",单击【确定】按钮,如图 16-82 所示。

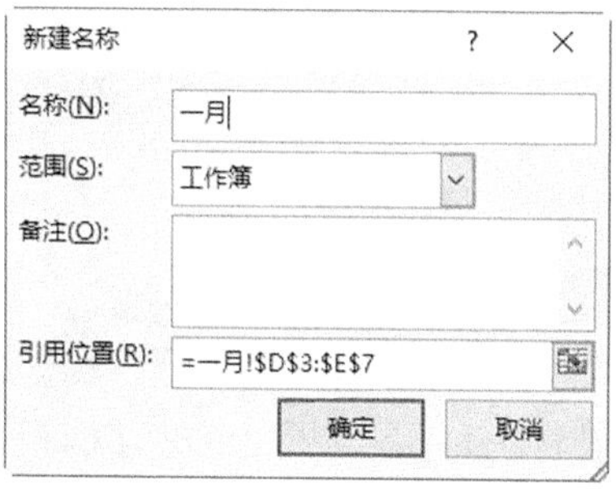

图 16-82　在【名称】文本框中输入名称

步骤 3 分别切换到"二月"和"三月"工作表,重复步骤 1 和步骤 2,为这两个工作表中的相同单元格区域新建名称。然后单击"汇总"标签,切换到"汇总"工作表,选中单元格 D3,在【数据】选项卡中,单击【数据工具】组的【合并计算】按钮🔌,如图 16-83 所示。

图 16-83　单击【合并计算】按钮

步骤 4 弹出【合并计算】对话框,在【引用位置】文本框中输入"一月",单击【添加】按钮,如图 16-84 所示。

步骤 5 此时在【所有引用位置】列表框中显示出添加的名称,重复步骤 4,添加"二月"和"三月",如图 16-85 所示。

步骤 6 单击【确定】按钮,返回到工作表,此时"汇总"工作表中将统计出前 3 个月的总数量及总销售额,如图 16-86 所示。

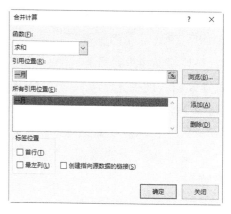

图 16-84　单击【添加】按钮

图 16-85　添加其余的名称

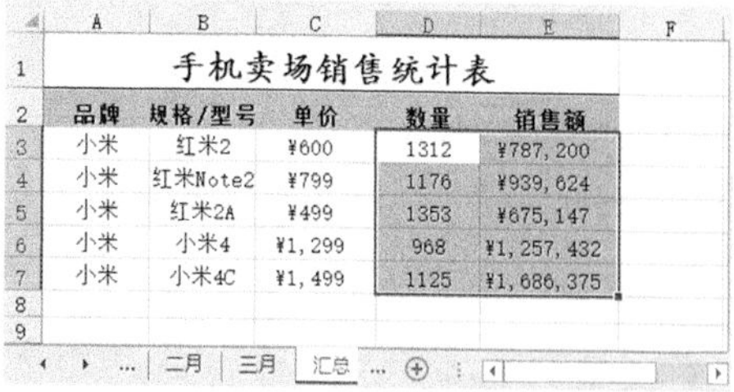

手机卖场销售统计表					
品牌	规格/型号	单价	数量	销售额	
小米	红米2	¥600	1312	¥787,200	
小米	红米Note2	¥799	1176	¥939,624	
小米	红米2A	¥499	1353	¥675,147	
小米	小米4	¥1,299	968	¥1,257,432	
小米	小米4C	¥1,499	1125	¥1,686,375	

图 16-86　按位置合并计算后的结果

> 💡 **提示**　在合并前要确保每个数据区域都采用列表格式,每列都具有标签,同一列中包含相似的数据,并且在列表中没有空行或空列。

16.6.2 按分类合并计算

当数据源区域中包含相同分类的数据,

但数据的排列位置却不一样时，可以按分类进行合并计算，它的方法与按位置合并计算类似，具体的操作步骤如下。

步骤 1 打开随书光盘中的"素材 \ch16\ 手机销售表 .xlsx"文件，可以看到，"一分店"和"二分店"工作表中数据的排列位置不一样，但包含相同分类的数据，如图 16-87 和图 16-88 所示。

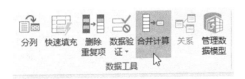

图 16-87 "一分店"工作表

图 16-88 "二分店"工作表

步骤 2 单击【汇总】标签，切换到【汇总】工作表，选中单元格 A1，在【数据】选项卡中，单击【数据工具】组的【合并计算】按钮，如图 16-89 所示。

图 16-89 单击【合并计算】按钮

步骤 3 弹出【合并计算】对话框，将光标定位在【引用位置】文本框中，然后选中"一分店"工作表中的单元格区域 B2:E12，

单击【添加】按钮，如图 16-90 所示。

图 16-90 添加"一分店"数据

步骤 4 使用同样的方法，添加"二分店"工作表中的单元格区域 B2:E13，然后选中【首行】和【最左列】复选框，单击【确定】按钮，如图 16-91 所示。

图 16-91 添加"二分店"数据

步骤 5 此时系统将 2 个工作表快速合并到【汇总】工作表中，并对各项进行求和运算，选中【单价】列，按 Delete 键删除，最终效果如图 16-92 所示。

图 16-92 按分类合并计算的结果

16.7 高效办公技能实战

16.7.1 让表中序号不参与排序

有些统计表中的第一列是序号，在对该表格进行数据排序时，如果不想让表格中的序号列参与排序，可以采用以下方法对表格数据进行排序。

步骤 1 打开随书光盘中的“素材 \ch16\ 员工工资统计表 .xlsx”文件，如图 16-93 所示。

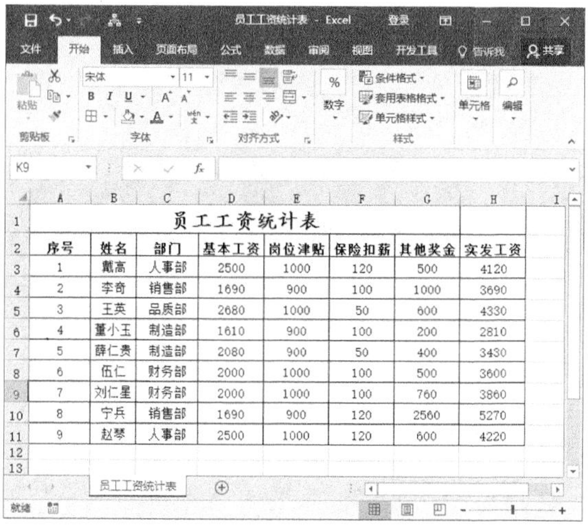

员工工资统计表							
序号	姓名	部门	基本工资	岗位津贴	保险扣薪	其他奖金	实发工资
1	戴高	人事部	2500	1000	120	500	4120
2	李奇	销售部	1690	900	100	1000	3690
3	王英	品质部	2680	1000	50	600	4330
4	董小玉	制造部	1610	900	100	200	2810
5	薛仁贵	制造部	2080	900	50	400	3430
6	伍仁	财务部	2000	1000	100	500	3600
7	刘仁星	财务部	2000	1000	100	760	3860
8	宁兵	销售部	1690	900	120	2560	5270
9	赵琴	人事部	2500	1000	120	600	4220

图 16-93　打开素材文件

步骤 2 插入空白列。选中单元格 B2，并右击，从弹出的下拉菜单中选择【插入】选项，即可打开【插入】对话框，然后在【插入】区域内选中【整列】单选按钮，如图 16-94 所示。

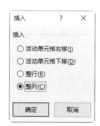

图 16-94　【插入】对话框

步骤 3 单击【确定】按钮，即可在 A 列和 B 列之间插入一列，如图 16-95 所示。

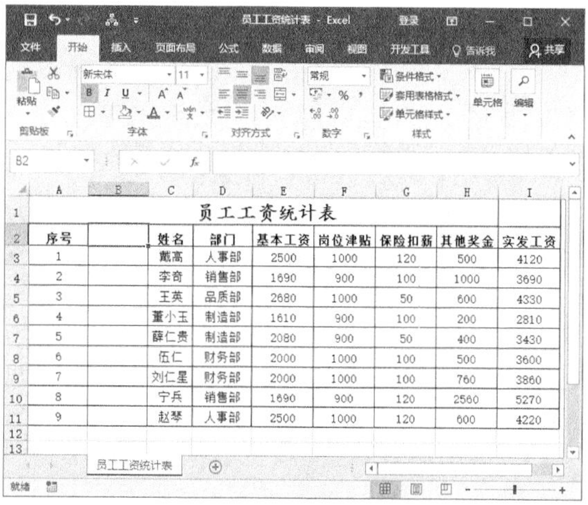

员工工资统计表								
序号		姓名	部门	基本工资	岗位津贴	保险扣薪	其他奖金	实发工资
1		戴高	人事部	2500	1000	120	500	4120
2		李奇	销售部	1690	900	100	1000	3690
3		王英	品质部	2680	1000	50	600	4330
4		董小玉	制造部	1610	900	100	200	2810
5		薛仁贵	制造部	2080	900	50	400	3430
6		伍仁	财务部	2000	1000	100	500	3600
7		刘仁星	财务部	2000	1000	100	760	3860
8		宁兵	销售部	1690	900	120	2560	5270
9		赵琴	人事部	2500	1000	120	600	4220

图 16-95　插入空白列

步骤 4 选中需要排序的数据区域，如这里选中 E3:E11 单元格，然后单击【数据】选项卡【排序和筛选】组中的【排序】按钮，弹出【排序提醒】对话框，在其中选中【以当前选定区域排序】单选按钮，如图 16-96 所示。

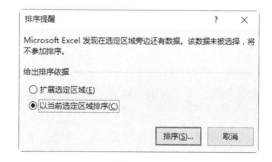

图 16-96　【排序提醒】对话框

步骤 5 单击【排序】按钮，打开【排序】对话框，设置排序的主要关键字为“基本工资”，设置排序依据为“数值”，设置次序为

"降序"，如图 16-97 所示。

图 16-97 【排序】对话框

步骤 6 单击【确定】按钮，返回到工作表中，即可对表中的基本工资列数据进行从高到低的顺序排序，此时可发现"序号"一列并未参与排序，如图 16-98 所示。

图 16-98 排序结果

步骤 7 排序之后，为了使表格看起来更加美观，可以将插入的空白列删除，选中 B 列，鼠标右击，在弹出的快捷菜单中选择【删除】

选项，如图 16-99 所示。

图 16-99 选择【删除】选项

步骤 8 删除空白列后的最终显示效果如图 16-100 所示。

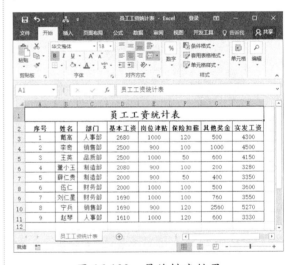

图 16-100 最终排序结果

16.7.2 分类汇总销售统计表

下面制作一个销售统计表，通过本节的学习，读者可掌握对销售统计表中的数据进行排序与分类汇总、创建分组以及分级显示分类汇总的数据等技能。具体的操作步骤如下。

步骤 1 打开随书光盘中的"素材 \ch16\ 销售统计表 .xlsx"文件，将光标定位在数据区域内的任意单元格，在【数据】选项卡中，单击【排序和筛选】组的【排序】按钮，如图 16-101 所示。

环球电器有限公司16年销售业绩统计表								
工号	姓名	部门	城市	一季度	二季度	三季度	四季度	总销售额
F1042001	程小雷	销售1组	北京总部	2563	5562	4515	4152	16792
F1042006	张艳	销售1组	北京总部	3652	2575	5874	5884	17985
F1042007	卢红	销售1组	北京总部	4511	1254	4512	2145	12422
F1042004	张红军	销售2组	北京总部	3124	2987	2659	3542	12312
F1042005	刘丽	销售2组	北京总部	1452	1542	3254	2654	8902
F1042008	李恬	销售2组	北京总部	3244	3354	3256	3654	13508
F1042002	李成	销售3组	上海分部	5286	6511	6554	4111	22462
F1042009	肖珍	销售3组	上海分部	4352	3475	3568	2586	13981
F1042012	佟大大	销售3组	上海分部	2641	5154	5124	1542	14461
F1042003	刘艳	销售4组	上海分部	4345	4352	5326	4385	18408
F1042010	郭佼	销售4组	上海分部	4125	5421	5412	1542	16500
F1042011	彭健	销售4组	上海分部	1452	1245	1124	1245	5066

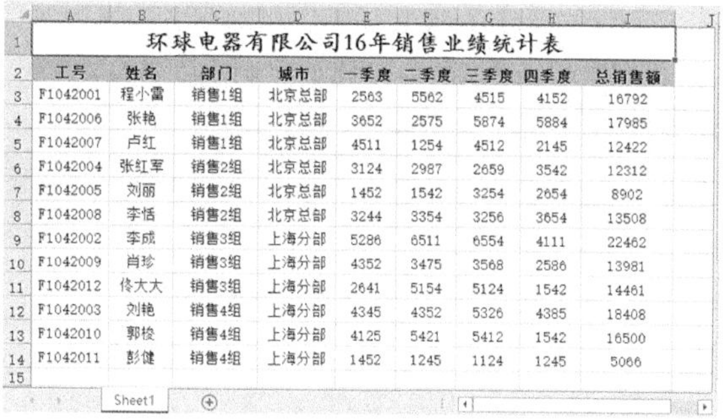

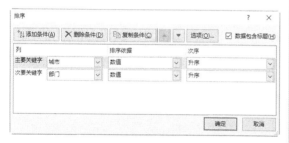

图 16-101 单击【排序】按钮

步骤 2 弹出【排序】对话框，设置【主要关键字】为“城市”，设置【排序依据】和【次序】分别为“数值”和“升序”，然后单击【添加条件】按钮，并设置【次要关键字】为“部门”，单击【确定】按钮，如图 16-102 所示。

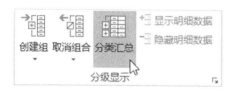

图 16-102 设置主要关键字和次要关键字

步骤 3 完成排序后，将光标定位在数据区域内的任意单元格，在【数据】选项卡中，单击【分级显示】组的【分类汇总】按钮，如图 16-103 所示。

图 16-103 单击【分类汇总】按钮

步骤 4 弹出【分类汇总】对话框，在【分类字段】的下拉列表框中选择【城市】选项，在【汇总方式】的下拉列表框中选择【求和】选项，在【选定汇总项】列表框中选中【总销售额】复选框，然后单击【确定】按钮，如图 16-104 所示。

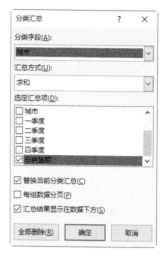

图 16-104 【分类汇总】对话框

步骤 5 此时已建立了简单分类汇总，再次单击【分级显示】组的【分类汇总】按钮，如图 16-105 所示。

环球电器有限公司16年销售业绩统计表								
工号	姓名	部门	城市	一季度	二季度	三季度	四季度	总销售额
F1042001	程小雷	销售1组	北京总部	2563	5562	4515	4152	16792
F1042006	张艳	销售1组	北京总部	3652	2575	5874	5884	17985
F1042007	卢红	销售1组	北京总部	4511	1254	4512	2145	12422
F1042004	张红军	销售2组	北京总部	3124	2987	2659	3542	12312
F1042005	刘丽	销售2组	北京总部	1452	1542	3254	2654	8902
F1042008	李恬	销售2组	北京总部	3244	3354	3256	3654	13508
			北京总部 汇总					81921
F1042002	李成	销售3组	上海分部	5286	6511	6554	4111	22462
F1042009	肖珍	销售3组	上海分部	4352	3475	3568	2586	13981
F1042012	佟大大	销售3组	上海分部	2641	5154	5124	1542	14461
F1042003	刘艳	销售4组	上海分部	4345	4352	5326	4385	18408
F1042010	郭佼	销售4组	上海分部	4125	5421	5412	1542	16500
F1042011	彭健	销售4组	上海分部	1452	1245	1124	1245	5066
			上海分部 汇总					90878
			总计					172799

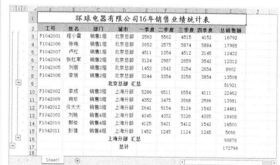

图 16-105 单击【分类汇总】按钮

步骤 6 弹出【分类汇总】对话框，在【分类字段】的下拉列表框中选择【部门】选项，在【汇总方式】的下拉列表框中选择【求和】选项，在【选定汇总项】列表框中选中【总销售额】复选框，取消选中【替换当前分类汇总】复选框，然后单击【确定】按钮，如图 16-106 所示。

步骤 7 此时即建立了两重分类汇总，如图 16-107 所示。

步骤 8 选中单元格区域 E2:H2，在【数据】选项卡中单击【分级显示】组的【创建组】按钮，如图 16-108 所示。

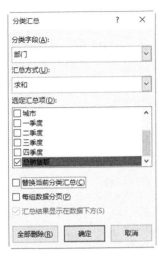

图 16-106 【分类汇总】对话框

	A	B	C	D	E	F	G	H	I
1	环球电器有限公司16年销售业绩统计表								
2	工号	姓名	部门	城市	一季度	二季度	三季度	四季度	总销售额
3	F1042001	程小霞	销售1组	北京总部	2563	5562	4515	4152	16792
4	F1042006	张艳	销售1组	北京总部	3652	2575	5874	5884	17985
5	F1042007	卢红	销售1组	北京总部	4511	1254	4512	2145	12422
6			销售1组 汇总						47199
7	F1042004	张红军	销售2组	北京总部	3124	2987	2659	3542	12312
8	F1042005	刘丽	销售2组	北京总部	1452	1542	3254	2654	8902
9	F1042008	李恬	销售2组	北京总部	3244	3354	3256	3654	13508
10			销售2组 汇总						34722
11				北京总部 汇总					81921
12	F1042002	李成	销售3组	上海分部	5286	6511	6554	4111	22462
13	F1042009	肖珍	销售3组	上海分部	4352	3475	3568	2586	13981
14	F1042012	佟大大	销售3组	上海分部	2641	5154	5124	1542	14461
15			销售3组 汇总						50904
16	F1042003	刘艳	销售4组	上海分部	4345	4352	5326	4385	18408
17	F1042010	郭峻	销售4组	上海分部	4125	5421	5412	1542	16500
18	F1042011	彭健	销售4组	上海分部	1452	1245	1124	1245	5066
19			销售4组 汇总						39974
20				上海分部 汇总					90878
21			总计						172799

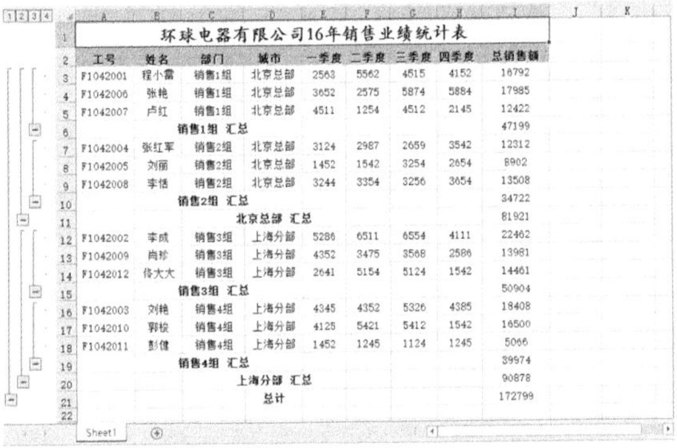

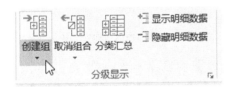

图 16-107 建立的两重分类汇总

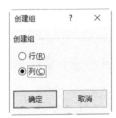

图 16-108 单击【创建组】按钮

步骤 9 弹出【创建组】对话框，选中【列】单选按钮，单击【确定】按钮，如图 16-109 所示。

图 16-109 选中【列】单选按钮

步骤 10 此时将为 E 列到 H 列创建一个分组，如图 16-110 所示。

	A	B	C	D	E	F	G	H	I
1	环球电器有限公司16年销售业绩统计表								
2	工号	姓名	部门	城市	一季度	二季度	三季度	四季度	总销售额
3	F1042001	程小霞	销售1组	北京总部	2563	5562	4515	4152	16792
4	F1042006	张艳	销售1组	北京总部	3652	2575	5874	5884	17985
5	F1042007	卢红	销售1组	北京总部	4511	1254	4512	2145	12422
6			销售1组 汇总						47199
7	F1042004	张红军	销售2组	北京总部	3124	2987	2659	3542	12312
8	F1042005	刘丽	销售2组	北京总部	1452	1542	3254	2654	8902
9	F1042008	李恬	销售2组	北京总部	3244	3354	3256	3654	13508
10			销售2组 汇总						34722
11				北京总部 汇总					81921
12	F1042002	李成	销售3组	上海分部	5286	6511	6554	4111	22462
13	F1042009	肖珍	销售3组	上海分部	4352	3475	3568	2586	13981
14	F1042012	佟大大	销售3组	上海分部	2641	5154	5124	1542	14461
15			销售3组 汇总						50904
16	F1042003	刘艳	销售4组	上海分部	4345	4352	5326	4385	18408
17	F1042010	郭峻	销售4组	上海分部	4125	5421	5412	1542	16500
18	F1042011	彭健	销售4组	上海分部	1452	1245	1124	1245	5066
19			销售4组 汇总						39974
20				上海分部 汇总					90878
21			总计						172799

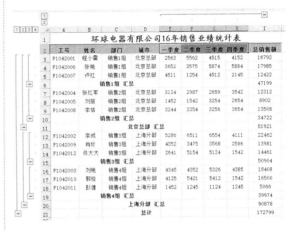

图 16-110 为 E 列到 H 列创建一个分组

提示 用户可以将工作表中的数据创建成多个组进行显示，除了上面在列方向上创建分组外，还可以在行方向上创建分组。

步骤 11 在列方向上创建分组后，单击上方的⊟按钮，如图 16-111 所示。

	A	B	C	D	E	F	G	H	I
1	环球电器有限公司16年销售业绩统计表								
2	工号	姓名	部门	城市	一季度	二季度	三季度	四季度	总销售额
3	F1042001	程小霞	销售1组	北京总部	2563	5562	4515	4152	16792
4	F1042006	张艳	销售1组	北京总部	3652	2575	5874	5884	17985
5	F1042007	卢红	销售1组	北京总部	4511	1254	4512	2145	12422
6			销售1组 汇总						47199
7	F1042004	张红军	销售2组	北京总部	3124	2987	2659	3542	12312
8	F1042005	刘丽	销售2组	北京总部	1452	1542	3254	2654	8902
9	F1042008	李恬	销售2组	北京总部	3244	3354	3256	3654	13508

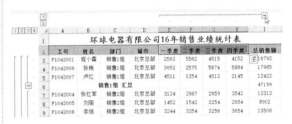

图 16-111 单击上方的⊟按钮

步骤 12 此时将隐藏组中的列，如图 16-112 所示。

	A	B	C	D	I
1	环球电器有限公司16年销售业绩统计表				
2	工号	姓名	部门	城市	总销售额
3	F1042001	程小霞	销售1组	北京总部	16792
4	F1042006	张艳	销售1组	北京总部	17985
5	F1042007	卢红	销售1组	北京总部	12422
6			销售1组 汇总		47199
7	F1042004	张红军	销售2组	北京总部	12312
8	F1042005	刘丽	销售2组	北京总部	8902
9	F1042008	李恬	销售2组	北京总部	13508

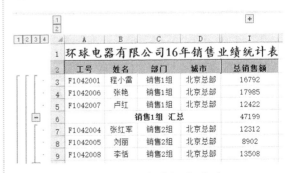

图 16-112 隐藏组中的列

步骤 13 单击工作表左侧列表中的 2 按钮，将显示一级和二级数据，即对总计和城市进行汇总，如图 16-113 所示。

步骤 14 单击工作表左侧列表中的 3 按钮，将显示一二三级数据，即对总计、城市和部门进行汇总，如图 16-114 所示。

图 16-113　显示二级分类汇总

图 16-114　显示三级分类汇总

16.8　疑难问题解答

问题 1： 如何查找工作表中具有数据有效性的单元格？

解答： 在工作表中快速查找到具有数据有效性的单元格的具体方法为：打开一个工作簿，单击【开始】选项卡下【编辑】组中的【查找和选择】按钮，在弹出的下拉列表中选择【数据验证】选项，这样工作表中具有数据有效性的单元格区域将被选中。

问题 2： 在进行多重分类汇总操作时，为什么会出现操作失败的现象？

解答： 出现这种情况的原因在于：在【分类汇总】对话框中选中了【替换当前分类汇总】复选框，这意味着这是一次普通的分类汇总。所以要进行多重分类汇总必须在【分类汇总】对话框中取消选中【替换当前分类汇总】复选框。

第 4 篇
Power Point 高效办公

现代办公中经常用到产品演示、技能培训、业务报告。一个好的PPT能使公司的会议、报告、产品销售更加高效、清晰和容易。本周学习PPT幻灯片的制作和演示方法。

第17章

制作幻灯片——PowerPoint 2016 的基本操作

● **本章导读**

　　PowerPoint 2016 是 Office 2016 办公系列软件的一个重要组成部分,主要用于创建和编辑幻灯片,使会议或授课变得更加直观、丰富。本章将为读者介绍 PowerPoint 2016 的基本操作。

● **学习目标**

◎ 掌握创建演示文稿的方法

◎ 掌握幻灯片的基本操作

◎ 掌握在幻灯片中输入文本的方法

◎ 掌握设置文本字体格式的方法

◎ 掌握设置文本段落格式的方法

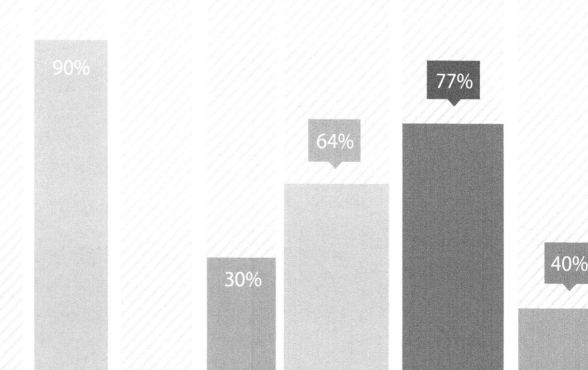

17.1 新建演示文稿

进行演示文稿制作前，需要掌握演示文稿的基本操作，如创建、保存、打开和关闭等。

17.1.1 创建空白演示文稿

创建空白演示文稿的方法有两种，一种是启动时创建，一种是通过【新建】界面进行创建，下面分别进行介绍。

 1. 启动时创建空白演示文稿

步骤 1 启动 PowerPoint 2016，弹出如图 17-1 所示的 PowerPoint 界面。

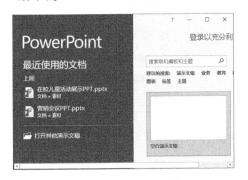

图 17-1　PowerPoint 启动界面

步骤 2 单击【空白演示文稿】选项，即可创建一个空白演示文稿，如图 17-2 所示。

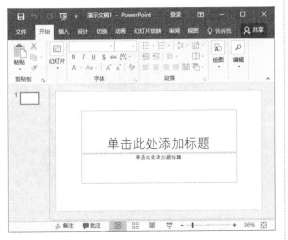

图 17-2　空白演示文稿

2. 通过【新建】界面创建空白演示文稿

步骤 1 在 PowerPoint 2016 窗口中切换到【文件】选项卡，如图 17-3 所示。

图 17-3　切换到【文件】选项卡

步骤 2 进入【文件】界面，选择【新建】选项，进入【新建】界面，如图 17-4 所示，单击【空白演示文稿】链接，即可创建一个新的空白演示文稿。

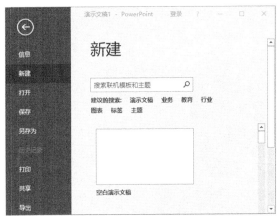

图 17-4　【新建】界面

17.1.2 根据主题创建演示文稿

在 PowerPoint 2016 中提供了多个设计主题，用户可选择喜欢的主题来创建演示文稿，具体操作如下。

步骤 **1** 在 PowerPoint 2016 窗口中切换到【文件】选项卡，进入【文件】界面，在【建议搜索】一栏里选择【教育】主题，如图 17-5 所示。

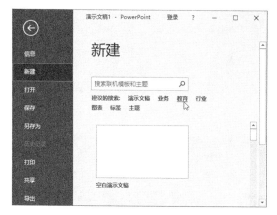

图 17-5　选择【教育】主题

步骤 **2** 搜索后可对教育主题进行分类，在右侧的【分类】栏里进行选择，如图 17-6 所示。

图 17-6　搜索结果

步骤 **3** 在【分类】栏里，单击【教育】类型，从弹出的教育主题模板里选择一种，例如选择【在线儿童教育演示文稿、相册（宽屏）】主题，如图 17-7 所示。

步骤 **4** 弹出【在线儿童教育演示文稿、相册（宽屏）】对话框，单击【创建】按钮，如图 17-8 所示。

步骤 **5** 应用后的主题效果如图 17-9 所示。

图 17-7　选择主题模板

图 17-8　单击【创建】按钮

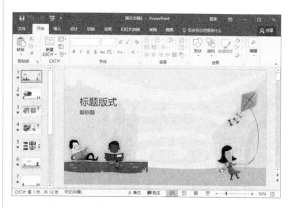

图 17-9　使用主题类型创建演示文稿

17.1.3 根据模板创建演示文稿

PowerPoint 2016 为用户提供了多种类型的模板，如"积分"、"平板"、"环保"等，根据模板创建演示文稿的具体操作步骤如下。

步骤 **1** 在 PowerPoint 2016 窗口中切换到【文件】选项卡，进入【文件】界面，单击

【新建】选项，在新建界面中选择一种模板，例如选择【环保】模板，如图 17-10 所示。

图 17-10　选择【环保】模板

步骤 **2** 弹出【环保】对话框，单击【创建】按钮，如图 17-11 所示。

步骤 **3** 应用所选模板的演示文稿效果如图 17-12 所示。

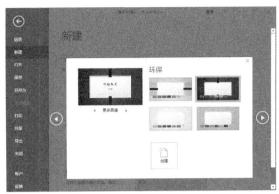

图 17-11　单击【创建】按钮

图 17-12　根据模板创建演示文稿

17.2　幻灯片的基本操作

在 PowerPoint 2016 中，一个 PowerPoint 文件可称为一个演示文稿。一个演示文稿由多张幻灯片组成，每张幻灯片都可以进行基本操作，包括插入、删除、复制、隐藏等。

17.2.1　添加幻灯片

在演示文稿中添加幻灯片的常见方法有以下两种。

第一种方法是单击【开始】选项卡【幻灯片】选项组中的【新建幻灯片】按钮，在弹出的列表中选择幻灯片的类型，例如选择【标题幻灯片】选项，则新建的标题幻灯片即显示在左侧的【幻灯片】窗格中，如图 17-13 所示。

第二种方法是在【幻灯片】窗格中鼠标右键单击，在弹出的快捷菜单中选择【新建幻灯片】选项，即可快速新建幻灯片，如图 17-14 所示。

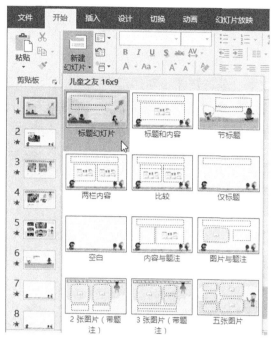

图 17-13 【新建幻灯片】列表

图 17-14 选择【新建幻灯片】选项

17.2.2 选择幻灯片

下面介绍选择单张幻灯片、选择连续幻灯片以及选择不连续的幻灯片的方法。

1. 选择单张幻灯片

在演示文稿中，单击需要选定的幻灯片

即可选择该幻灯片，如图 17-15 所示。

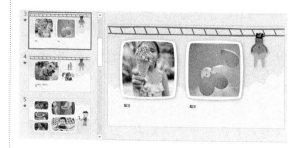

图 17-15 选择单张幻灯片

2. 选择连续的幻灯片

选择连续的幻灯片的方法是：在按住 Shift 键的同时，单击需要选定的连续的幻灯片的第一张和最后一张幻灯片即可，如图 17-16 所示。

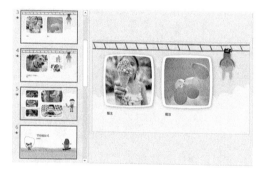

图 17-16 选择连续的幻灯片

3. 选择多张不连续的幻灯片

选择不连续的幻灯片，须先按 Ctrl 键，再分别单击需要选定的幻灯片，如图 17-17 所示。

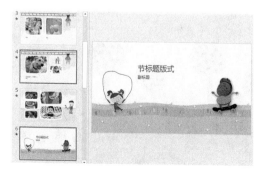

图 17-17 选择不连续的幻灯片

17.2.3 更改幻灯片

如果对所添加的幻灯片版式不满意，还可以对其进行修改，具体操作步骤如下。

步骤 1 选中要更改版式的幻灯片，单击【开始】选项卡下【幻灯片】组中的【幻灯片版式】按钮，在弹出的下拉列表中选择一种幻灯片版式，例如选择【两栏内容】版式，如图 17-18 所示。

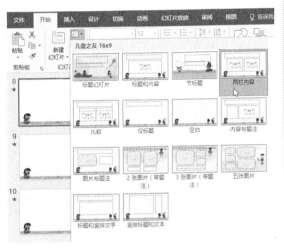

图 17-18 选中要更改版式的幻灯片

步骤 2 此时选中的幻灯片就会以【两栏内容】版式显示，如图 17-19 所示。

图 17-19 更改后的幻灯片的版式

> **提示** 更换已添加内容幻灯片的版式时，添加内容的位置会改变。

17.2.4 移动幻灯片

用户通过移动幻灯片可以改变幻灯片的位置。单击需要移动的幻灯片并按住鼠标左键，拖曳幻灯片至目标位置，如图 17-20 所示，松开鼠标左键即可，如图 17-21 所示。此外，通过剪切并粘贴的方式也可以移动幻灯片。

图 17-20 选中需要移动的幻灯片

图 17-21 移动幻灯片

17.2.5 复制幻灯片

在制作演示文稿的过程中，一个相同版本的幻灯片需要添加不同的图片和文字时，可通过复制幻灯片的方式复制相同的幻灯片。复制幻灯片的方法有以下两种。

1. 使用【复制】按钮

选中幻灯片，单击【开始】选项卡下【剪贴板】组中【复制】按钮后的下三角按钮，在弹出的下拉列表中单击【复制】按钮，即可复制所选幻灯片，如图 17-22 所示。

图 17-22　单击【复制】按钮

2. 使用【复制】命令

在目标幻灯片上鼠标右键单击，在弹出的快捷菜单中选择【复制】命令，即可复制幻灯片，如图 17-23 所示。

图 17-23　选择【复制】命令

17.2.6 删除幻灯片

在创建演示文稿的过程中常常需要删除一些不需要的幻灯片，具体的删除方法为：在【幻灯片】窗格中选中要删除的幻灯片，按 Delete 键即可快速删除选中的幻灯片页面。还可以选中要删除的幻灯片页面，鼠标右键单击，在弹出的快捷菜单中选择【删除幻灯片】命令，如图 17-24 所示。

图 17-24　选择【删除幻灯片】命令

17.3 添加与编辑文本内容

在幻灯片中添加与编辑文本内容是制作幻灯片的基础，添加的内容包括文本、符号、公式等。

17.3.1 使用占位符添加文本

在普通视图中，幻灯片会出现"单击此处添加标题"或"单击此处添加副标题"等提示文本框，这种文本框统称为"文本占位符"，如图 17-25 所示。

在文本占位符中输入文本是最基本、最方便的一种输入方式。在文本占位符上单击即可输入文本。同时，输入的文本会自动替换文本占位符中的提示性文字，如图 17-26 所示。

图 17-25　文本占位符

图 17-26　输入文字

图 17-29　输入文字

17.3.2　使用文本框添加文本

除了在幻灯片内的"文本占位符"中输入文本外，还可以在幻灯片内的任何位置自建一个文本框输入文本。具体操作步骤如下。

步骤 1 单击【插入】选项下【文本】组内的【文本框】按钮，在弹出的下拉列表中选择【横排文本框】选项，如图 17-27 所示。

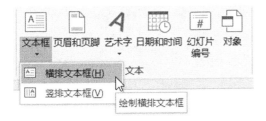

图 17-27　选择【横排文本框】选项

步骤 2 在幻灯片内鼠标左键单击，即可出现创建好的文本框，用户可根据需求按住鼠标并拖动鼠标指针来改变文本框的位置及大小，如图 17-28 所示。

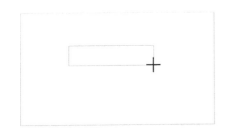

图 17-28　绘制横排文本框

步骤 3 单击文本框即可输入文本，例如输入"幻灯片操作"，如图 17-29 所示。

提示 如果需要在幻灯片中添加竖排文字，则需要插入【竖排文本框】，然后在该文本框中输入文字，例如输入"幻灯片操作"，如图 17-30 所示。

图 17-30　绘制竖排文本框

17.3.3　在幻灯片中添加符号

有时需要在文本框里添加一些特定的符号来辅助内容，具体操作如下。

步骤 1 选中文本框，将光标定位在文本内容第一行的开头处，然后单击【插入】选项卡下【符号】组中的【符号】按钮，如图 17-31 所示。

图 17-31　单击【符号】按钮

步骤 2 弹出【符号】对话框，打开【字体】文本框的下拉列表，选择需要的字体，例如选择 Windings 选项，然后选中需要使用的字符，如图 17-32 所示。

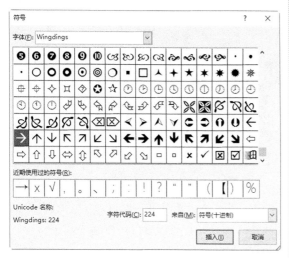

图 17-32　【符号】对话框

步骤 3 单击【插入】按钮，插入完成后再单击【确定】按钮，退出【符号】对话框，此时文本框内出现了插入的新符号，如图 17-33 所示。

图 17-33　插入符号

步骤 4 依照上述步骤，分别在文本框的第二行和第三行开头插入相同的符号，完成后的效果如图 17-34 所示。

图 17-34　插入其他行的符号

17.3.4　选择与移动文本

如果要更改文本或者设置文本的字体样式，须将鼠标光标定位置要选中文本的起始位置，按住鼠标左键并拖曳鼠标，选择结束，释放鼠标左键即可选中文本，如图 17-35 所示。

图 17-35　选中文本

在 PowerPoint 2016 中文本都是在文本框中显示，用户可以根据需要移动文本的位置。其方法是：选中要移动的文本框，按住鼠标左键并拖曳，至合适位置释放鼠标左键即可完成移动文本框的操作，如图 17-36 所示。

图 17-36　移动文本框

17.3.5　复制与粘贴文本

复制和粘贴文本是常用的文本操作，复制并粘贴文本的具体操作步骤如下。

步骤 1 选中要复制的文本，如图 17-37 所示。

步骤 2 单击【开始】选项卡下【剪贴板】组中【复制】按钮后的下三角按钮，在弹出的下拉列表中选择【复制】命令，如图 17-38 所示。

图 17-37　选中要复制的文本

图 17-38　选择【复制】命令

17.3.6　删除与恢复文本

在幻灯片中，对于那些不需要的文本可以按 Delete 或 BackSpace 键将其删除，删除后的内容还可以使用【恢复】按钮恢复。

步骤 1 将鼠标光标定位在要删除文本的后方，如图 17-41 所示。

图 17-41　定位要删除文本的位置

步骤 2 在键盘上按 BackSpace 键即可删除一个字符，如果要删除多个字符，可按多次 BackSpace 键，如图 17-42 所示。

图 17-42　删除文本

如果不小心将不该删除的文本删除了，按 Ctrl+Z 组合键或单击快速访问工具栏中的【撤销】按钮，即可恢复删除的文本。撤销后，若又希望恢复操作，则可按 Ctrl+Y 组合键或单击快速访问工具栏中的【恢复】按钮，恢复文本。

步骤 3 选中要粘贴到的幻灯片页面，单击【开始】选项卡下【剪贴板】组中【粘贴】按钮后的下三角按钮，在弹出的下拉列表中选择【保留源格式】选项，如图 17-39 所示。

图 17-39　选择【保留源格式】选项

步骤 4 此时已完成了文本的粘贴操作，如图 17-40 所示。

图 17-40　粘贴的文本

17.4　设置字体格式

输入文本后可按需求对文字进行设置，在【开始】选项卡【字体】组中可以设置文字的字体、大小和颜色等。

17.4.1　设置字体样式

当在幻灯片中输入文字后，有时系统默认的字体样式不能满足需要，这时用户可以通过设置幻灯片中文字的字体样式来满足需要。设置字体样式的具体操作如下。

步骤 1 选中文本，单击【开始】选项卡下【字体】组右下角的小斜箭头，弹出【字体】对话框，单击【中文字体的】右侧的下拉按钮，从弹出的列表中选择需要用到的字体类型，例如选择【微软雅黑】类型，如图 17-43 所示。

图 17-43　【字体】对话框

步骤 2 单击【确定】按钮，应用后的字体效果如图 17-44 所示。

步骤 3 如需要改变文字的字体样式，同样可在【字体】对话框对字体样式进行设置。

打开【字体】对话框【字体样式】的下拉列表，根据需要选择一种字体样式，然后单击【确定】按钮即可，如图 17-45 所示。

图 17-44　设置字体样式

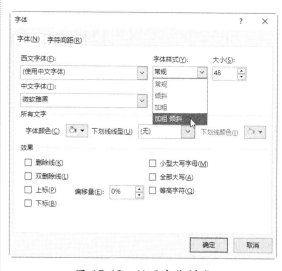

图 17-45　设置字体样式

步骤 4 设置字号大小。调节【大小】文本框中的上下按钮或者直接在文本框中输入字体的大小，例如设置 "50" 号字体，然后单击【确定】按钮即可，如图 17-46 所示。

图 17-46　设置字号大小

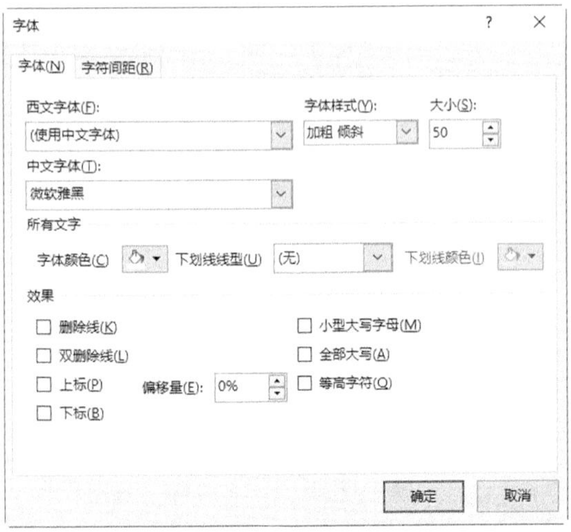

17.4.2　设置字符间距

在幻灯片中，如果文本内容的间距单一，看上去就会比较枯燥，下面介绍如何设置字体间距，具体操作步骤如下。

步骤 1 选中需要设置字体间距的文本内容，单击【开始】选项卡下【字体】组中的【字体】按钮，打开【字体】对话框，选择【字体间距】选项卡，在【间距】下拉列表中选择【加宽】选项，设置度量值为"10 磅"，如图 17-47 所示。

图 17-47　设置字符间距

步骤 2 单击【确定】按钮，显示效果如图 17-48 所示。

图 17-48　显示效果

17.4.3　使用艺术字

在 PowerPoint 2016 中可以使用艺术字美化幻灯片，还可以将现有文本设置为艺术字样式。

步骤 1 新建演示文稿，删除文本占位符，单击【插入】选项卡下【文本】选项组中的【艺术字】按钮，在弹出的下拉列表中选择一种艺术字样式，如图 17-49 所示。

图 17-49　选择艺术字样式

步骤 2 此时已在幻灯片页面中插入【请在此放置您的文字】艺术字文本框，如图 17-50 所示。

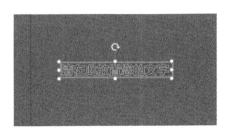

图 17-50　插入的艺术字文本框

步骤 3 删除文本框中的文字，输入要设置艺术字的文本，在空白位置处单击就完成了艺术字的插入，如图 17-51 所示。

图 17-51　输入艺术字

步骤 4 选中插入的艺术字，将会显示【格式】选项卡，在【形状样式】和【艺术字样式】选项组中设置艺术字的样式，如图 17-52 所示。

图 17-52　【格式】选项卡

17.4.4　设置字体颜色

PowerPoint 2016 中的字体默认为黑色，如果需要突出幻灯片中某一部分重要的内容，可以设置显眼的字体颜色来强调此内容。设置字体颜色的具体操作如下。

步骤 1 选中需要设置的字体，弹出【字体设置】快捷栏，在该快捷栏中选择【字体颜色】按钮，如图 17-53 所示。或单击【开始】选项卡【字体】组内的【字体颜色】按钮，如图 17-54 所示。

步骤 2 打开【字体颜色】下拉列表，在下拉列表中的【主题颜色】和【标准色】选项中选择一种颜色进行设置，例如在【标准色】选项中选择"绿色"，如图 17-55 所示。

步骤 3 或者在【字体颜色】下拉列表中

选择【其他颜色】选项，弹出【颜色】对话框，切换到【标准】选项卡，选择其中一种颜色，然后单击【确定】按钮即可，如图 17-56 所示。

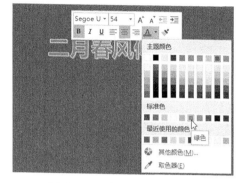

图 17-53　字体设置快捷栏

图 17-54　【字体】组

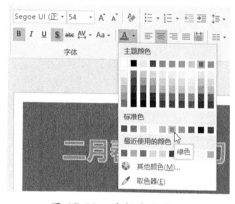

图 17-55　选择字体颜色

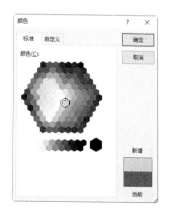

图 17-56　【颜色】对话框

17.5 设置段落格式

本节主要讲述设置段落格式的方法，包括对齐方式、缩进及间距与行距等的设置。

17.5.1 设置对齐方式

段落对齐方式包括左对齐、右对齐、居中对齐、两端对齐和分散对齐等。不同的对齐方式可以达到不同的效果。设置对其方式的操作步骤如下。

步骤 1 选中幻灯片中需要设置对齐方式的段落，单击【开始】选项卡【段落】选项组中的【居中】按钮，如图 17-57 所示。

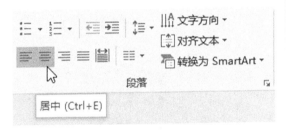

图 17-57 单击【居中】按钮

步骤 2 设置后的效果如图 17-58 所示。

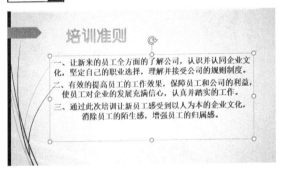

图 17-58 居中显示段落文本

步骤 3 或者使用【段落】对话框设置对

齐方式。将光标定位在段落中，单击【开始】选项卡【段落】选项组中的【段落】按钮，弹出【段落】对话框，在【常规】区域的【对齐方式】下拉列表中选择【分散对齐】选项，单击【确定】按钮，如图 17-59 所示。

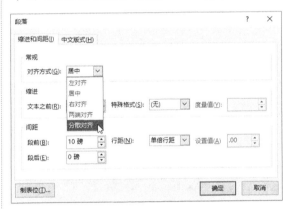

图 17-59 【段落】对话框

步骤 4 设置后的效果如图 17-60 所示。

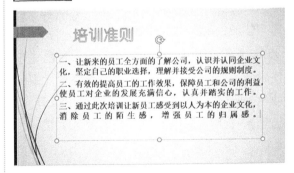

图 17-60 分散对齐段落文本

17.5.2 设置缩进方式

段落缩进有两种方式：一种是首行缩进，另一种是悬挂缩进。

1. 首行缩进方式

首行缩进是将段落中的第一行从左向右缩进一定的距离,首行外的其他行保持不变。具体操作如下。

步骤 1 将光标定位于段落中,单击【开始】选项卡下【段落】右下角的小斜箭头 ,弹出【段落】对话框,在【缩进】区域内的【特殊格式】下拉列表中选择【首行缩进】选项,在【度量值】文本框中输入"2 厘米",如图 17-61 所示。

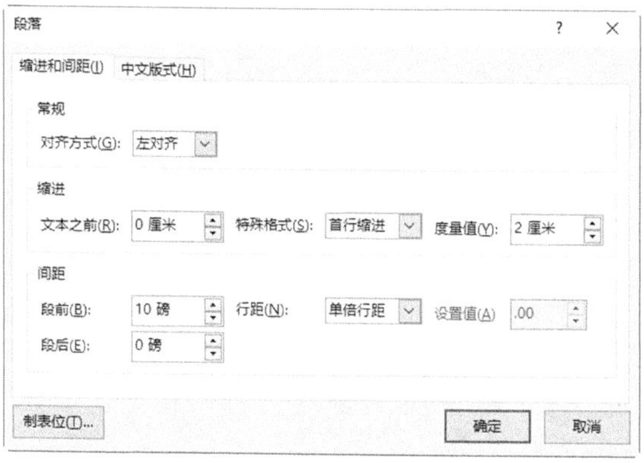

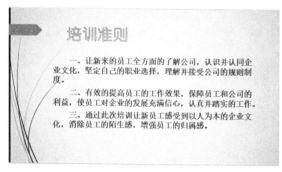

图 17-61　【段落】对话框

步骤 2 单击【确定】按钮,应用后的效果如图 17-62 所示。

图 17-62　首行缩进显示

2. 悬挂缩进方式

悬挂缩进是指段落的首行文本不加改变,而首行以外的文本缩进一定的距离。悬挂缩进的具体操作如下。

步骤 1 将光标定位于段落中,单击【开始】选项卡【段落】右下角的小斜箭头 ,弹出【段落】对话框,在【缩进】区域内的【特殊格式】下拉列表中选择【悬挂缩进】选项,在【文本之前】文本框内输入"2 厘米",在【度量值】文本框内输入"2 厘米",如图 17-63 所示。

图 17-63　输入悬挂缩进值

步骤 2 单击【确定】按钮,悬挂缩进方式应用到选中的段落中,效果如图 17-64 所示。

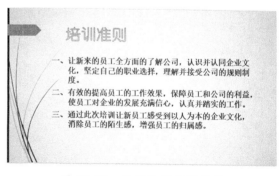

图 17-64　段落悬挂缩进显示

17.5.3　间距与行距设置

段落行距包括段前距、段后距,行距。段前距和段后距是指当前段与上一段或下一段之间的距离。行距是指段内中各行的距离。设置间距和行距的具体操作如下。

步骤 1 单击【开始】选项卡【段落】右下角的小斜箭头，弹出【段落】对话框，【间距】区域内的【段前】文本框和【段后】文本框中分别输入"10磅"、"10磅"，打开【行距】的下拉列表选择【1.5倍行距】选项，如图17-65所示。

图 17-65　设置段落间距

步骤 2 单击【确定】按钮，完成段落的间距和行距设置，效果如图17-66所示。

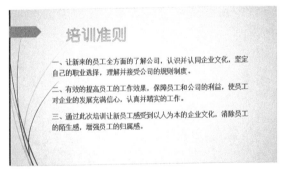

图 17-66　段落显示效果

17.5.4　添加项目符号或编号

为幻灯片中的文本添加项目符号和编号可以使文本有条理。为文本添加项目符号或编号的具体操作如下。

步骤 1 在幻灯片上需要添加项目符号或编号的文本占位符或表中选中文本，如图17-67所示。

图 17-67　选中文本

步骤 2 单击【开始】选项卡下【段落】组中的【项目符号】按钮，打开其下拉列表，从选项中选择一种项目符号样式，如图17-68所示。

图 17-68　选择项目符号类型

步骤 3 应用后的效果如图17-69所示。

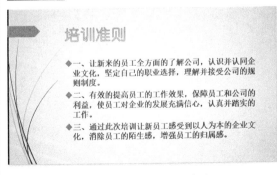

图 17-69　添加项目符号

步骤 4 单击【开始】选项卡下【段落】组中的【编号】按钮 ，打开其下拉列表，从选项中选择一种编号样式，如图 17-70 所示。

步骤 5 选择后将应用到文本中，显示效果如图 17-71 所示。

图 17-70　选择段落编号类型

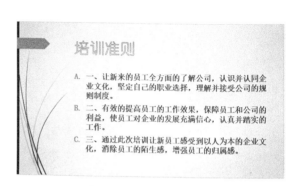

图 17-71　添加段落编号

17.6 高效办公技能实战

17.6.1 添加图片项目符号

在 PowerPoint 中除了直接为文本添加项目符号外，还可以导入图片作为项目符号。具体的操作步骤如下。

步骤 1 打开随书光盘中的 "素材 \ch17\ 目录 .pptx" 文件，选中要添加项目符号的文本，如图 17-72 所示。

步骤 2 在【开始】选项卡中，单击【段落】组中【项目符号】右侧的下三角按钮，在弹出的下拉列表中选择【项目符号和编号】选项，如图 17-73 所示。

步骤 3 弹出【项目符号和编号】对话框，单击【图片】按钮，如图 17-74 所示。

步骤 4 进入【插入图片】窗口，在其中

单击【来自文件】右侧的【浏览】按钮，如图 17-75 所示。

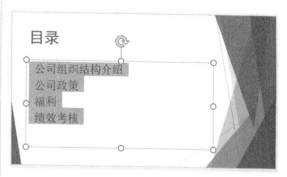

图 17-72　选中要添加项目符号的文本

步骤 5 弹出【插入图片】对话框，在计算机中选择要插入的图片，并单击【插入】按钮，如图 17-76 所示。

图 17-73　选择【项目符号和编号】选项

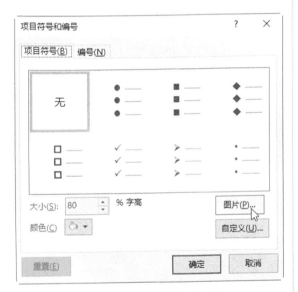

图 17-74　单击【图片】按钮

图 17-75　单击【浏览】按钮

图 17-76　选择要插入的图片

步骤 6 此时已将本地计算机中的图片制作成项目符号添加到文本中，如图 17-77 所示。

图 17-77　将图片制作成项目符号添加到文本中

17.6.2 保存幻灯片中的特殊字体

有时在播放幻灯片时，幻灯片中的一些漂亮字体却变成了普通字体，甚至格式变乱，从而严重地影响到演示的效果。此时，可以将幻灯片中的特殊字体保存到幻灯片中。

步骤 1 打开随书光盘中的"素材 \ch17\ 公司会议 . pptx"文件，切换到【文件】选项卡，在弹出的列表中选择【另存为】选项，如图 17-78 所示。

步骤 2 在【另存为】区域，单击【浏览】

按钮,选择保存路径,单击下方的【工具】按钮,在弹出的下拉列表中选择【保存选项】选项,如图 17-79 所示。

图 17-78　选择【另存为】选项

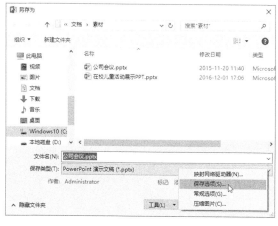

图 17-79　选择【保存选项】选项

步骤 3 弹出【PowerPoint 选项】对话框,

选中【将字体嵌入文件】复选框,之后选中【嵌入所有字符(适于其他人编辑)】单选按钮,如图 17-80 所示。

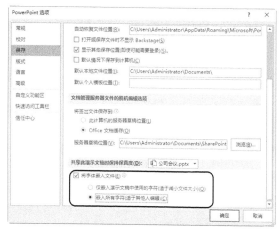

图 17-80　【PowerPoint 选项】对话框

步骤 4 单击【确定】按钮,返回【另存为】对话框,然后单击【保存】按钮,即可保存幻灯片中的字体,如图 17-81 所示。

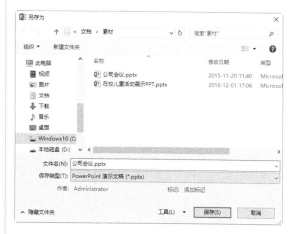

图 17-81　【另存为】对话框

17.7 疑难问题解答

问题 1: 如何以只读、副本等方式打开演示文稿?

解答: 在演示文稿的工作界面中,切换到【文件】选项卡,进入文件操作界面,单击左侧列表中的【打开】命令，然后选择【计算机】选项，单击右侧的【浏览】按钮，在弹出的【打开】对话框中选择要打开的演示文稿，单击【打开】右侧的下三角按钮，在弹出的下拉列表中选择【以只读方式打开】或【以副本方式打开】等选项，即可以只读、副本等方式打开演示文稿。

问题 2：如何将自定义字体嵌入到演示文稿中？

解答：在 PowerPoint 2016 中可以使用第三方字体，但如果客户端未安装该字体，那么演示文稿将无法显示。为了解决这一问题，即可以使用 PowerPoint 提供的字体嵌入功能，在工作界面中切换到【文件】选项卡，选择左侧列表中的【选项】命令，弹出【PowerPoint 选项】对话框，在左侧选择【保存】选项，然后在右侧底部选中【将字体嵌入文件】复选框，即可将第三方字体嵌入到演示文稿中。

第18章

编辑幻灯片——丰富演示文稿的内容

● **本章导读**

在幻灯片中添加艺术字、图片、图表或图形，可以使幻灯片的内容更加生动、形象。本章将为读者介绍在 PowerPoint 2016 中添加艺术字、表格、图表、图形等元素的基本操作知识，通过对这些知识的学习，用户可以制作出内容丰富的演示文稿。

● **学习目标**

◎ 掌握添加并设置艺术字样式的方法

◎ 掌握插入并设置图片样式的方法

◎ 掌握插入并设置形状样式的方法

◎ 掌握插入并编辑表格样式的方法

◎ 掌握插入并编辑 SmartArt 图形的方法

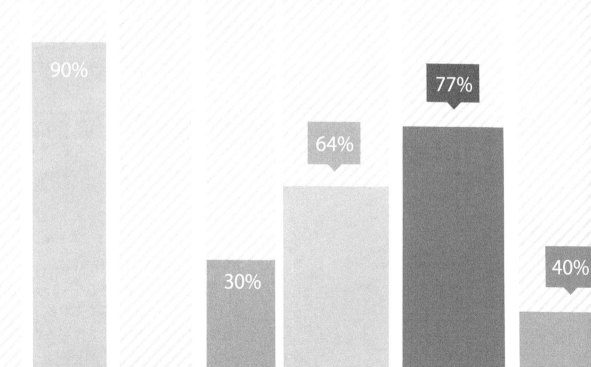

18.1 添加并设置艺术字样式

利用 PowerPoint 2016 添加艺术字的功能，可以创建带阴影的、旋转的或拉伸的文字效果，也可以按照预定义的形状创建文字。

18.1.1 插入艺术字

PowerPoint 2016 提供了约 20 种预设的艺术字样式，用户只须选择需要的样式，即可快速插入艺术字样式，从而美化幻灯片。具体的操作步骤如下。

步骤 1 新建一个空白演示文稿，将占位符删除，然后在【插入】选项卡中，单击【文本】组中的【艺术字】按钮 ◢，在弹出的下拉列表中可以看到系统预设的多种艺术字样式，如图 18-1 所示。

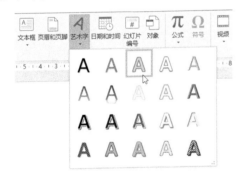

图 18-1 【艺术字】下拉列表

步骤 2 在弹出的下拉列表中选择需要的样式，此时在幻灯片中将自动插入一个艺术字文本框，如图 18-2 所示。

图 18-2 插入一个艺术字文本框

步骤 3 单击该文本框，重新输入文字内容，例如输入"年终总结报告"，即可成功插入艺术字，如图 18-3 所示。

图 18-3 在文本框中重新输入文字内容

18.1.2 更改艺术字的样式

插入艺术字以后，用户还可自行更改艺术字的样式，包括更改文本的填充、轮廓以及文本效果等内容。选中艺术字，此时在功能区将增加【格式】选项卡，通过该选项卡下【艺术字样式】组中的各命令按钮即可更改艺术字的样式，如图 18-4 所示。

图 18-4 【艺术字样式】组

下面介绍更改艺术字样式的方法。

步骤 1 选中艺术字，在【格式】选项卡中，单击【艺术字样式】组的【文本效果】右侧的下三角按钮，在弹出的下拉列表中可以看到系统提供了多种效果，例如选择【发光】选项，在右侧弹出的子列表中选择需要的效果，如图 18-5 所示。

> **提示**　若选择【其他亮色】选项，可以对发光的艺术字进行更多颜色的设置。

步骤 2　完成操作后即可为艺术字应用发光的效果，如图 18-6 所示。

图 18-5　选择文本效果

图 18-6　为艺术字应用发光的效果

步骤 3　若选择【三维旋转】选项，在右侧弹出的子列表中选择需要的效果，如

图 18-7 所示。

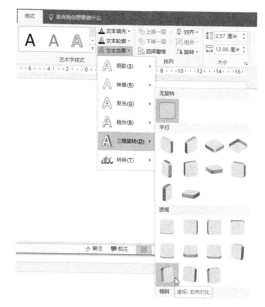

图 18-7　选择【三维旋转】选项

步骤 4　此时已为艺术字应用三维旋转的效果，如图 18-8 所示。

图 18-8　为艺术字应用三维旋转效果

> **提示**　通过文本效果功能，还可以为艺术字添加转换、棱台、阴影等效果，具体的操作方法与添加发光和三维旋转相似，这里不再赘述。

18.2　插入并设置图片样式

图片是丰富演示文稿一个重要的角色，通过图片的点缀，可以美化整个演示文稿，给人一种活跃的色彩。

18.2.1 插入本地图片

在 PowerPoint 2016 中常用的图片格式有jpg、bmp、png、gif 等，插入图片的具体操作步骤如下。

步骤 1 新建一个空白演示文稿，在【插入】选项卡中，单击【图像】组的【图片】按钮，如图 18-9 所示。

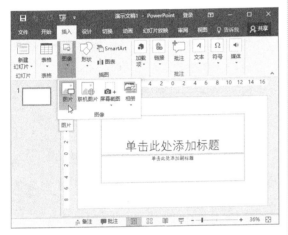

图 18-9 单击【图片】按钮

步骤 2 弹出【插入图片】对话框，找到图片在计算机中的保存位置，选中该图片，然后单击【插入】按钮，如图 18-10 所示。

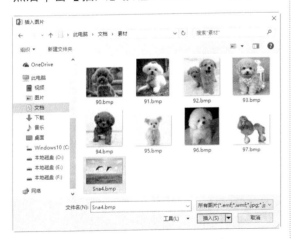

图 18-10 选中要插入的图片

步骤 3 此时已在幻灯片中插入了一张图片，如图 18-11 所示。

图 18-11 在幻灯片中插入一张图片

18.2.2 插入联机图片

在 PowerPoint 2016 中，除了能够使用本地的图片外，用户还可插入联机图片。具体的操作步骤如下。

步骤 1 选中要插入联机图片的幻灯片，在【插入】选项卡中，单击【图像】组的【联机图片】按钮，如图 18-12 所示。

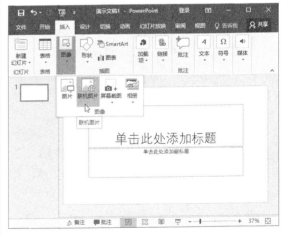

图 18-12 单击【联机图片】按钮

步骤 2 弹出【插入图片】对话框，在【必应图像搜索】右侧的文本框内输入搜索的内容，例如输入"足球"，然后单击右侧的【搜索】按钮，如图 18-13 所示。

图 18-13 【插入图片】对话框

步骤 3 此时将联机搜索出关于足球的图片,选中需要的图片,单击下方的【插入】按钮,如图 18-14 所示。

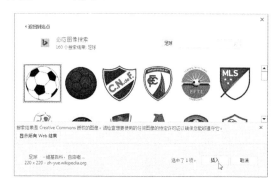

图 18-14 选中需要的图片

提示 搜索出图片后,通常在下方会出现一个提示框,提示版权信息,单击【显示所有 Web 结果】按钮,即可显示出所有的搜索结果。

步骤 4 此时已成功插入联机图片,如图 18-15 所示。

图 18-15 成功插入联机图片

18.2.3 为图片设置样式

插入图片后,还可以为图片设置样式。例如为图片添加阴影或发光效果,更改图片的亮度、对比度或模糊度等。具体的操作步骤如下。

步骤 1 选中图片,在【格式】选项卡中单击【图片样式】组中的【其他】按钮 ,在弹出的下拉列表中选择需要的样式,如图 18-16 所示。

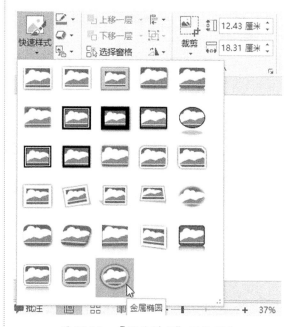

图 18-16 【图片样式】下拉列表

步骤 2 此时已将图片设置为相应的样式,如图 18-17 所示。

步骤 3 在【格式】选项卡中,单击【图片样式】组中【图片边框】右侧的下三角按钮,在弹出的下拉列表中选择需要的颜色,如图 18-18 所示。

步骤 4 此时已为图片设置了相应的边框颜色,如图 18-19 所示。

步骤 5 在【格式】选项卡中,单击【图片样式】组中【图片效果】右侧的下三角按钮,在弹出的下拉列表中选择合适的效果，如图 18-20 所示。

图 18-17　设置样式

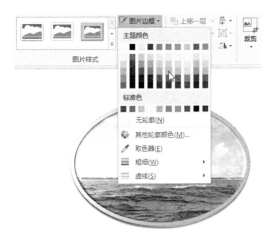

图 18-18　选择颜色

图 18-19　设置相应的边框颜色

步骤 6 图片应用效果如图 18-21 所示。

步骤 7 在【格式】选项卡中，单击【图片样式】组中【图片版式】右侧的下三角按钮，在弹出的下拉列表中选择合适的版式，如图 18-22 所示。

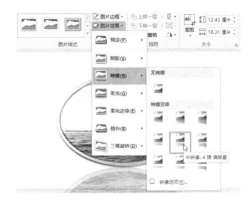

图 18-20　选择效果

图 18-21　应用效果

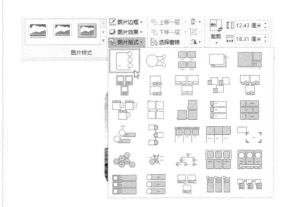

图 18-22　选择版式

步骤 8 为图片设置的版式如图 18-23 所示。

图 18-23　设置的版式

18.3 插入并设置形状样式

在 PowerPoint 2016 中，用户可为幻灯片添加各种线条、方框、箭头等元素，这些元素称之为形状。通过添加各种形状，将极大地丰富幻灯片的内容。

18.3.1 绘制形状

在幻灯片中绘制的形状主要包括线条、矩形、箭头总汇、公式形状、流程图、星与旗帜、标注和动作按钮等类型。在幻灯片中绘制形状的操作步骤如下。

步骤 1 选中要绘制形状的幻灯片，在【开始】选项卡中，单击【绘图】组中的【其他】按钮，在弹出的下拉列表中选择形状类型，例如选择【基本形状】区域中的【太阳形】选项，如图 18-24 所示。

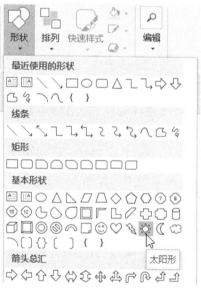

图 18-24　选择【太阳形】选项

> **提示**
> 在【最近使用的形状】区域中可以快速找到最近使用过的形状。

步骤 2 此时光标变为+状，在幻灯片中按住左键不放，拖动鼠标绘制形状，如图 18-25 所示。

图 18-25　拖动鼠标绘制形状

步骤 3 释放鼠标，即可绘制一个太阳形状，如图 18-26 所示。

图 18-26　绘制一个太阳形状

步骤 4 重复上述步骤，也可绘制其他类型的形状，如图 18-27 所示。

图 18-27　绘制其他类型的形状

18.3.2 设置形状的样式

用户可以根据需要设置形状的样式，包

括设置形状的颜色、填充颜色轮廓以及形状的效果等。具体的操作步骤如下。

步骤 1 打开随书光盘中的"素材 \ch18\ 排列形状 .pptx"文件，单击选择笑脸形状，然后在【格式】选项卡中，单击【形状样式】组中的【其他】按钮，在弹出的下拉列表中选择需要的样式，如图 18-28 所示。

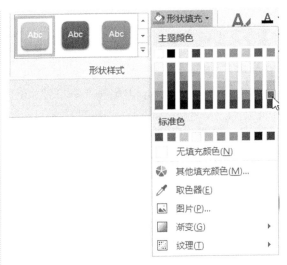

图 18-30 选择颜色

步骤 4 此时已设置了形状的填充，如图 18-31 所示。

图 18-31 设置形状的填充

图 18-28 选择样式

步骤 2 此时已快速设置了形状的样式，如图 18-29 所示。

图 18-29 快速设置形状的样式

步骤 3 若要设置形状的填充颜色，在【格式】选项卡中，单击【形状样式】组中【形状填充】右侧的下三角按钮，在弹出的下拉列表中选择合适的颜色，如图 18-30 所示。

步骤 5 若要设置形状的轮廓，在【格式】选项卡中，单击【形状样式】组中【形状轮廓】右侧的下三角按钮，在弹出的下拉列表中选择【粗细】选项，然后在右侧弹出的子列表中选择轮廓的粗细，如图 18-32 所示。

步骤 6 重复步骤 5，在弹出的下拉列表中选择【主题颜色】区域中的轮廓颜色，即可设置轮廓的粗细及颜色，如图 18-33 所示。

> **提示** 在【格式】选项卡中，单击【形状样式】组中的【形状效果】按钮，在弹出的下拉列表中还可设置形状的效果，读者可自行练习，这里不再赘述。

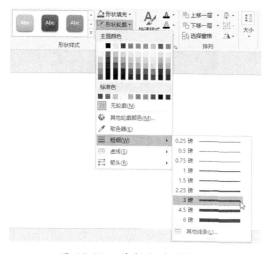

图 18-32　选择轮廓的粗细

图 18-33　设置轮廓的粗细及颜色

18.3.3　在形状中添加文字

除了在文本框中可以添加文字外，用户还可在形状中添加文字。具体的操作步骤如下。

步骤 1 启动 PowerPoint 2016，新建一个空白演示文稿，如图 18-34 所示。

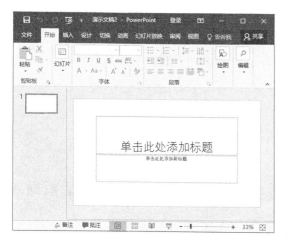

图 18-34　新建一个空白演示文稿

步骤 2 将幻灯片中的占位符删除，使用前面小节介绍的方法，插入 3 个矩形和 2 个右箭头形状，如图 18-35 所示。

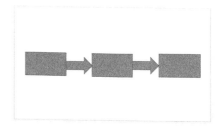

图 18-35　插入 3 个矩形和 2 个右箭头形状

步骤 3 选中形状，在【格式】选项卡的【形状样式】组中，设置形状的样式，如图 18-36所示。

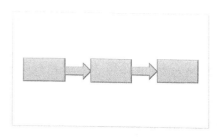

图 18-36　设置形状的样式

步骤 4 单击左侧的矩形，直接输入文字，例如输入"接受客户投诉"，如图 18-37所示。

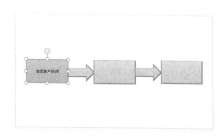

图 18-37　在左侧的矩形中输入文字

步骤 5 单击选中输入文字的矩形，在【开始】选项卡的【字体】组中，设置其字体和字号，如图 18-38 所示。

步骤 6 重复步骤 4 和步骤 5，在另外 2 个矩形中输入文字，并设置格式，如图 18-39所示。

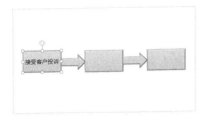

图 18-38　设置文字的字体和字号

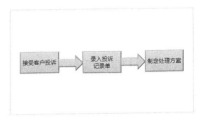

图 18-39　在另外 2 个矩形中输入文字并设置格式

18.4 插入并编辑表格

表格是展示大量数据的有效工具之一，使用表格工具可归纳和汇总数据，从而使数据更加清晰和美观。本节介绍在 PowerPoint 2016 中创建表格以及美化表格的方法。

18.4.1 创建表格

在 PowerPoint 2016 中有多种方法创建表格，包括直接插入表格、手动绘制表格、从 Word 中复制和粘贴表格、创建 Excel 电子表格等，下面介绍两种常用的创建表格的方法。

1. 快速插入表格

快速插入表格的具体操作步骤如下。

步骤 1 新建一个空白演示文稿，将占位符删除，然后在【插入】选项卡中，单击【表格】组中的【表格】按钮，在弹出的下拉列表的【绘制表格】区域中拖动鼠标选中表格的行列，此时该区域顶部将显示出选择的行列数，在幻灯片中则会显示出表格的预览图像，如图 18-40 所示。

步骤 2 选中需要的行列后，鼠标左键单击，即可在幻灯片中快速插入指定行列的表格，如图 18-41 所示。

> **提示** 该方法最多只能插入 8 行和 10 列的表格。

图 18-40　拖动鼠标选中表格的行列

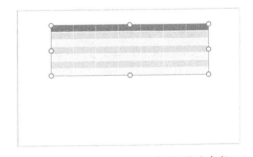

图 18-41　快速插入指定行列的表格

2. 通过【插入表格】对话框插入表格

通过【插入表格】对话框，用户可选择插

入任意行列数的表格。具体的操作步骤如下。

步骤 1 在【插入】选项卡中，单击【表格】组中的【表格】按钮，在弹出的下拉列表中选择【插入表格】选项，如图 18-42 所示。

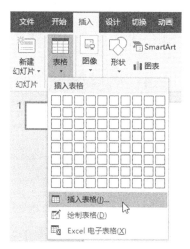

图 18-42　选择【插入表格】选项

步骤 2 弹出【插入表格】对话框，在【行数】和【列数】文本框中分别输入行数和列数的精确数值，单击【确定】按钮，即可插入指定行列的表格，如图 18-43 所示。

图 18-43　【插入表格】对话框

18.4.2　在表格中输入文字

下面通过制作成绩表来介绍在表格中输入文字的具体操作方法。

步骤 1 单击第一行的第一个单元格，即将光标定位在该单元格中，输入文字"姓名"，如图 18-44 所示。

步骤 2 使用步骤 1 的方法，将光标定位在其他单元格中，分别输入相应的文字，即成功制作一个成绩表，如图 18-45 所示。

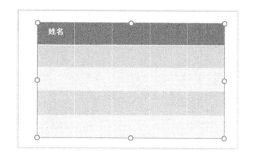

图 18-44　在第一行的第一个单元格中输入文字

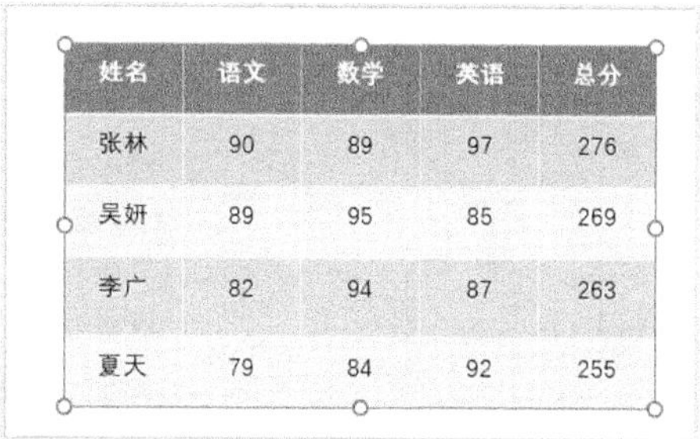

姓名	语文	数学	英语	总分
张林	90	89	97	276
吴妍	89	95	85	269
李广	82	94	87	263
夏天	79	84	92	255

图 18-45　在其他单元格中输入文字

18.4.3　设置表格的边框

表格创建完成后，可以为其设置边框，从而突出显示表格的内容。具体的操作步骤如下。

步骤 1 将光标定位在表格的边框上，单击选中整个表格，然后在【设计】选项卡中，单击【表格样式】组中【边框】右侧的下三角按钮，在弹出的下拉列表中选择某一选项，即可为表格添加对应的边框。例如选择【所有框线】选项，如图 18-46 所示。

步骤 2 此时已为表格添加所有的边框线，如图 18-47 所示。

步骤 3 设置边框的样式、粗细及颜色。单击表格中任意单元格，然后在【设计】选项卡中，单击【绘图边框】组中【笔样式】右侧的下三角按钮，在弹出的下拉列表中选择需要的样式，如图 18-48 所示。

步骤 4 在【笔划粗细】的下拉列表中选

择粗细，在【笔颜色】的下拉列表中选择需要的颜色，如图 18-49 所示。

标，如图 18-50 所示。

图 18-46　选择【所有框线】选项

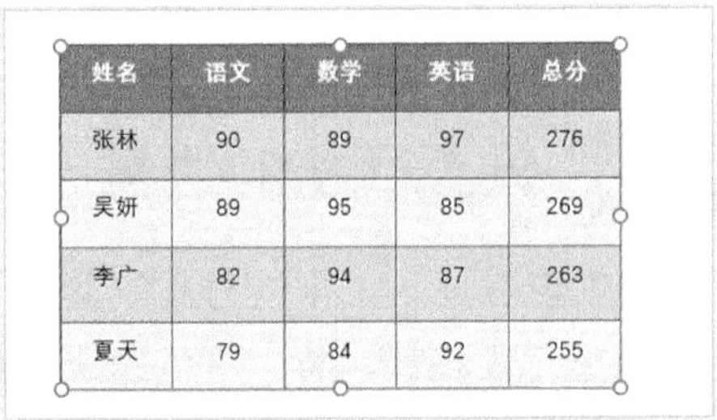

图 18-49　选择边框的粗细和颜色

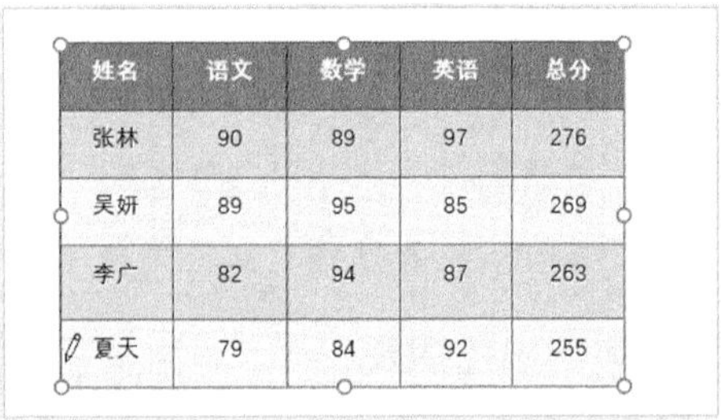

图 18-47　为表格添加所有的边框线

图 18-50　在左边框的右侧从上到下拖动鼠标

步骤 6 此时在左边框上重新绘制一条边框线。使用同样的方法，为其他边框绘制边框线，如图 18-51 所示。

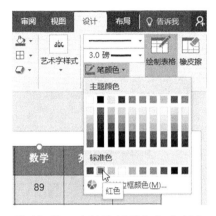

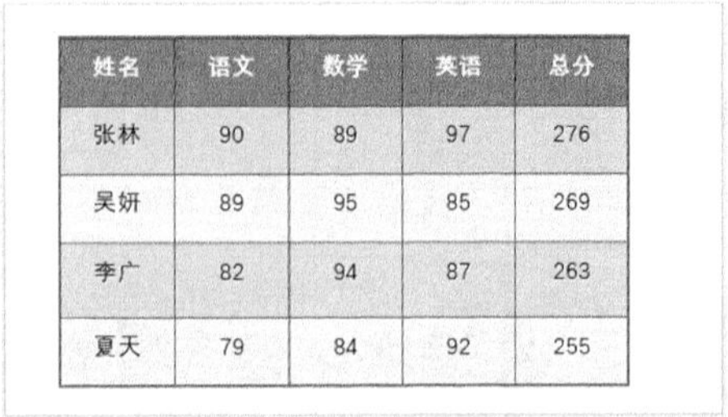

图 18-51　为表格绘制边框线

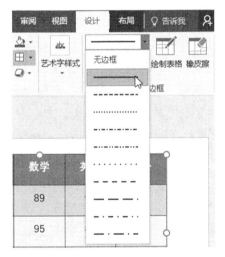

图 18-48　选择需要的样式

步骤 5 此时光标变为笔的形状 ，按住左键不放，在左边框的右侧从上到下拖动鼠

18.4.4 设置表格的样式

创建表格及输入文字内容后，往往还需要根据实际情况来设置表格的样式。具体的操作步骤如下。

步骤 1 将光标定位在表格的边框上，单击整个表格，选中后在【设计】选项卡的【表格样式选项】组中选中【第一列】复选框，此时系统将自动设置第一列的样式，如图 18-52 所示。

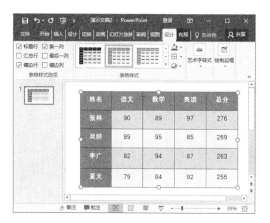

图 18-52　设置第一列的样式

步骤 2 在【设计】选项卡中，单击【表格样式】组的【其他】按钮 ，在弹出的下拉列表中选择合适的表格样式，如图 18-53 所示。

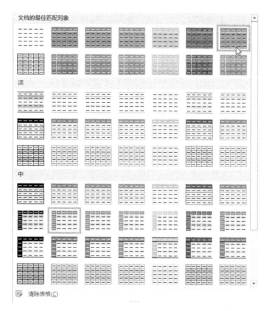

图 18-53　选择表格样式

▶ **提示**

若选择【清除表格】选项，即可清除应用的表格样式，还能清除使用其他方法设置的样式。

步骤 3 此时已将表格设置为相应的样式，如图 18-54 所示。

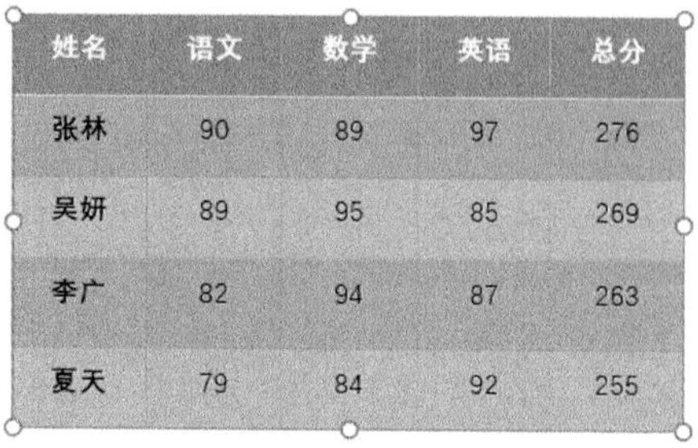

姓名	语文	数学	英语	总分
张林	90	89	97	276
吴妍	89	95	85	269
李广	82	94	87	263
夏天	79	84	92	255

图 18-54　设置样式

步骤 4 设置表格的底纹。在【设计】选项卡中单击【表格样式】组中【底纹】右侧的下三角按钮，在弹出的下拉列表中即可选择底纹的类型。例如选择【渐变】选项，然后在右侧弹出的子列表中选择渐变的类型，如图 18-55 所示。

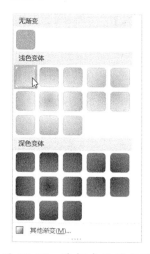

图 18-55　选择底纹的类型

步骤 5 此时已为表格设置渐变色作为底纹，如图 18-56 所示。

步骤 6 设置表格的效果。在【设计】选项卡中，单击【表格样式】组中【效果】右侧的下三角按钮，在弹出的下拉列表中即可选择效果的类型。例如选择【单元格凹凸效果】选项，然后在右侧弹出的子列表中选择具体的效果，如图 18-57 所示。

步骤 7 此时已为表格设置相应的效果，如图 18-60 所示。

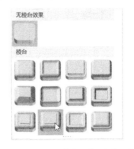

图 18-56　为表格设置渐变色底纹　　图 18-57　选择效果类型　　图 18-58　为表格设置效果

18.5 插入并编辑图表

形象直观的图表与文字数据更容易让人理解，插入幻灯片的图表可以使演示文稿的演示效果更加清晰明了。

18.5.1 插入图表

在 PowerPoint2013 中插入的图表有各种类型，包括柱形图、折线图、饼图、条形图、面积图等。下面以插入柱形图为例，介绍插入图表的操作步骤。

步骤 1 新建一个"标题和内容"幻灯片，如图 18-59 所示。

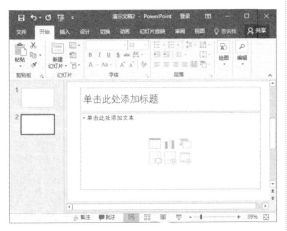

图 18-59　新建一个"标题和内容"幻灯片

步骤 2 在【插入】选项卡中，单击【插图】组中的【图表】按钮，或者直接单击幻灯片编辑窗口中的【插入图表】按钮，如图 18-60 所示。

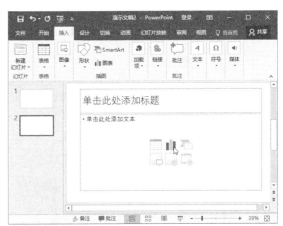

图 18-60　单击【插入图表】按钮

步骤 3 弹出【插入图表】对话框，选择要使用的图表类型，然后单击【确定】按钮，如图 18-61 所示。

步骤 4 此时系统会自动弹出 Excel 2016 软件的工作界面，并在其中列出了一些示例数据，如图 18-62 所示。

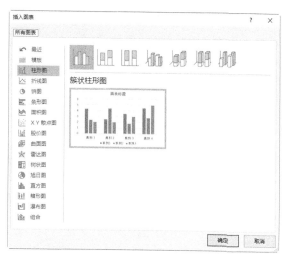

图 18-61　选择要使用的图表类型

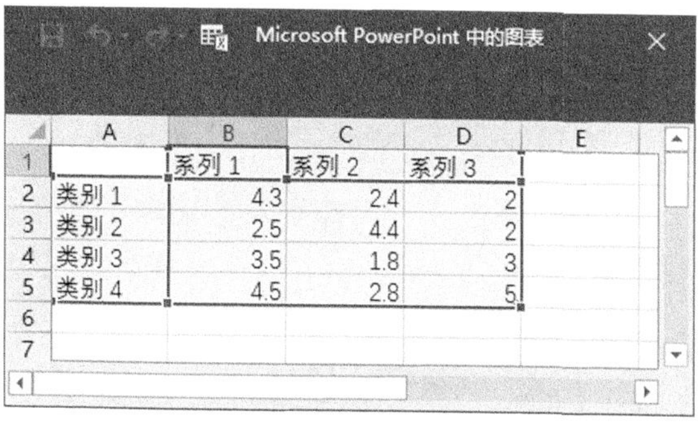

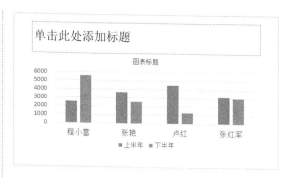

图 18-64　成功插入一个图表

18.5.2　更改图表的样式

插入图表后，还可根据需要设置图表的样式，使其更加美观，具体的操作步骤如下。

步骤 1 选中要更改样式的图表，在【设计】选项卡中，单击【图表样式】组中的【其他】按钮 ▾ ，在弹出的下拉列表中选择合适的样式，如图 18-65 所示。

图 18-62　Excel 2016 软件的工作界面

步骤 5 在 Excel 中重新输入用来构建图表的数据，然后单击右上角的【关闭】按钮，关闭 Excel 电子表格，如图 18-63 所示。

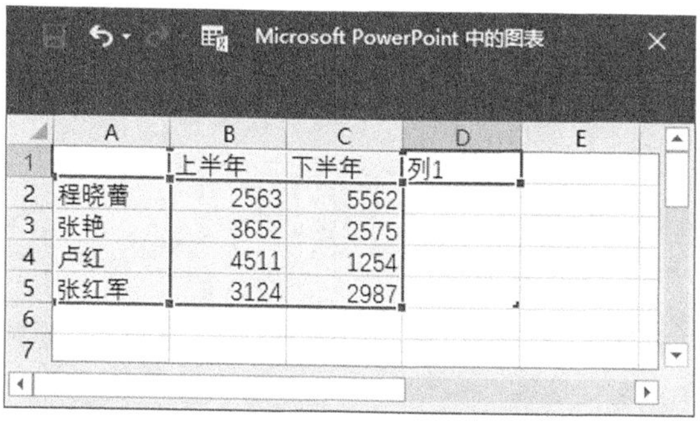

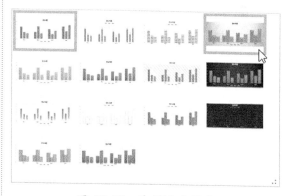

图 18-65　选择图表样式

步骤 2 更改图表的样式如图 18-66 所示。

图 18-63　在 Excel 中重新输入数据

步骤 6 自动返回到 PowerPoint 工作界面，即可成功插入一个图表，如图 18-64 所示。

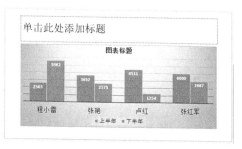

图 18-66　更改图表的样式

18.5.3 更改图表类型

PowerPoint 2016 允许用户更改图表的类型，具体的操作步骤如下。

步骤 1 选中要更改类型的图表，在【设计】选项卡中，单击【类型】组中的【更改图表类型】按钮，如图 18-67 所示。

图 18-67　单击【更改图表类型】按钮

> **提示**　选中图表后，鼠标右键单击，在弹出的快捷菜单中选择【更改图表类型】命令，也可完成更改图表类型的操作，如图 18-68 所示。 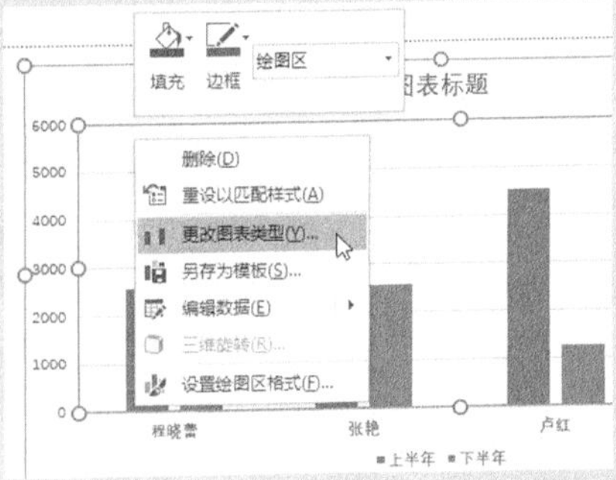
>
> 图 18-68　选择【更改图表类型】命令

步骤 2 弹出【更改图表类型】对话框，在其中选择其他类型的图表样式，然后单击【确定】按钮，如图 18-69 所示。

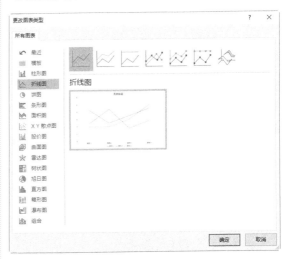

图 18-69　【更改图表类型】对话框

步骤 3 操作完成后即可更改图表的类型，如图 18-70 所示。

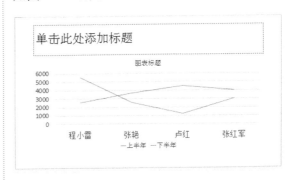

图 18-70　更改图表的类型

18.6 插入并编辑 SmartArt 图形

SmartArt 图形是信息与观点的视觉表示形式，通过选择多种不同的布局可以创建 SmartArt 图形，从而快速、轻松和有效地传达信息。

18.6.1 创建 SmartArt 图形

组织结构图是 SmartArt 图形的一种类型，该图形方式表示组织结构的管理结构，如某个公司内的一个管理部门与子部门。在 PowerPoint 2016 中，通过使用 SmartArt 图形，可以创建组织结构图，具体操作如下。

步骤 **1** 打开 PowerPoint2016，新建一张幻灯片，将版式设置为"标题与内容"版式，然后在幻灯片中单击【插入 SmartArt 图形】按钮，如图 18-71 所示。

图 18-71　单击【插入 SmartArt 图形】按钮

步骤 **2** 弹出【选择 SmartArt 图形】对话框，在对话框中选择【层次结构】区域内【组织结构图】选项，然后单击【确定】按钮即可，如图 18-72 所示。

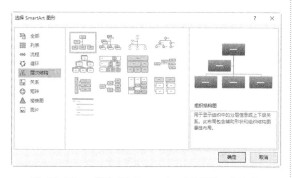

图 18-72　【选择 SmartArt 图形】对话框

步骤 **3** 在幻灯片中创建的组织结构图如图 18-73 所示。

步骤 **4** 在幻灯片中的组织结构图内的【文本】框内鼠标左键单击，直接输入文本内容，如图 18-74 所示。

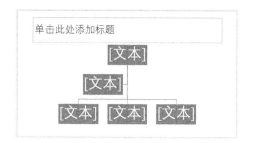

图 18-73　插入组织结构图

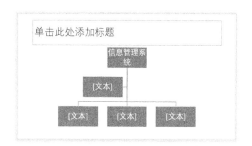

图 18-74　输入文字

18.6.2 添加与删除形状

在幻灯片内创建完 SmartArt 图形后，可以在现有的图形中添加或删除图形，具体操作如下。

步骤 **1** 单击幻灯片中创建好的 SmartArt 图形，单击距离要添加新形状的位置最近的现有形状，如图 18-75 所示。

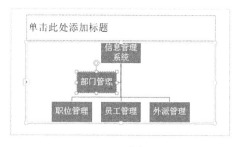

图 18-75　选择图形

步骤 **2** 单击【SmartArt 工具 - 设计】选项卡下【创建图形】组中的【添加形状】选项，然后打开其下拉列表，选择【在后面添加形状】选项，如图 18-76 所示。

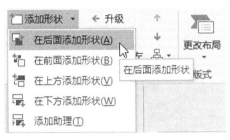

图 18-76　选择【在后面添加形状】选项

步骤 3 此时可在所选形状的后面添加一个新的形状,且该形状处于选中的状态,如图 18-77 所示。

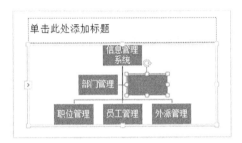

图 18-77　添加新形状

步骤 4 在添加的形状内输入文本,效果如图 18-78 所示。

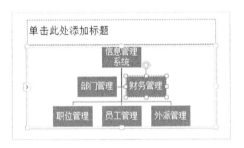

图 18-78　输入文字

步骤 5 如需要在 SmartArt 图形中删除一个形状,单击要删除的形状,按 Delete 键即可。如果要删除整个 SmartArt 图形,单击 SmartArt 图形后按 Delete 键即可。

18.6.3　更改形状的样式

插入 SmartArt 图形后,可以更改其中一个或多个形状的颜色和轮廓等样式,具体操作如下。

步骤 1 单击 SmartArt 图形中的一个形状,选中"信息管理"形状,单击【SmartArt 工具 - 格式】选项卡下【形状样式】组右侧的【其他】按钮,从弹出的菜单中选择【细微效果 - 橙色,强调颜色 2】选项,如图 18-79 所示。

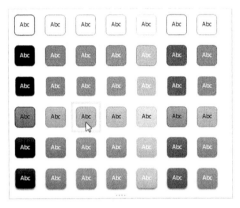

图 18-79　设置形状样式

步骤 2 应用后的效果如图 18-80 所示。

图 18-80　最终的显示效果

> **提示** 通过单击【形状样式】组中的【形状填充】和【形状轮廓】按钮,可以具体更改形状的填充效果、形状的轮廓效果;通过单击【形状效果】按钮,可以为形状添加映像、发光、阴影等效果。

18.6.4　更改 SmartArt 图形的布局

创建好 SmartArt 图形后,根据需要可以改变 SmartArt 图形的布局方式,具体操作如下。

步骤 1 选中幻灯片中的 SmartArt 图形，单击【SmartArt 工具 - 设计】选项卡下【版式】组中的【其他】按钮，从打开的下拉列表中选择【层次结构】选项，如图 18-81 所示。

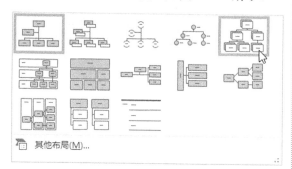

图 18-81　选择【层次结构】选型

步骤 2 应用后的布局效果如图 18-82 所示。

图 18-82　应用布局后的效果

步骤 3 或者选择【版式】组中的【其他】选项子菜单中的【其他布局】选项，弹出【选择 SmartArt 图形】对话框，从对话框中选择【关系】区域内的【基本射线图】选项，如图 18-83 所示。

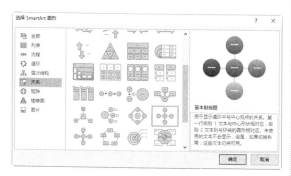

图 18-83　【选择 SmartArt 图形】对话框

步骤 4 单击【确定】按钮，最终的效果如图 18-84 所示。

图 18-84　最终的显示效果

18.6.5　更改 SmartArt 图形的样式

更改 SmartArt 图形样式的具体操作如下。

步骤 1 选中幻灯片中的 SmartArt 图形，单击【SmartArt 工具 - 设计】选项卡下【SmartArt 样式】组中的【更改颜色】按钮，从弹出的菜单选项中选择【彩色】区域内的【彩色 - 着色】选项，如图 18-85 所示。

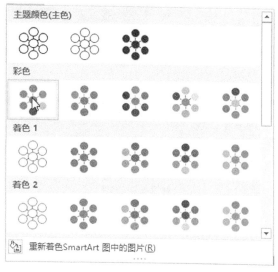

图 18-85　更改 Smart Art 颜色样式

步骤 2 更改颜色样式的效果如图 18-86 所示。

图 18-86　应用颜色样式后的效果

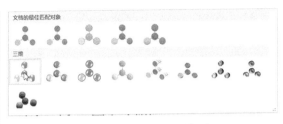

图 18-87　选择【优雅】选项

步骤 3 单击【SmartArt 工具 - 设计】选项卡下【SmartArt 样式】组中的【快速样式】区域内右侧的【其他】按钮，从弹出来的菜单选项中选择【优雅】选项，如图 18-87 所示。

步骤 4 应用后的效果如图 18-88 所示。

图 18-88　应用快速样式

18.7　高效办公技能实战

18.7.1　将文本转换为 SmartArt 图形

在演示文稿中，将文本转换为 SmartArt 图形的具体操作如下。

步骤 1 新建一张幻灯片，设置为【标题与内容】版式，在【单击此处添加文本】的【占位符】中输入文本，如图 18-89 所示。

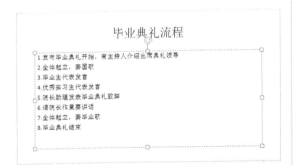

图 18-89　输入文本信息

步骤 2 单击内容文字占位符的边框，选

中文本外的边框，如图 18-90 所示。

图 18-90　选中文本外的边框

步骤 3 单击【开始】选项卡下【段落】组中的【转换为 SmartArt 图形】按钮，从打开的下拉列表中选择【基本流程】选项，如图 18-91 所示。

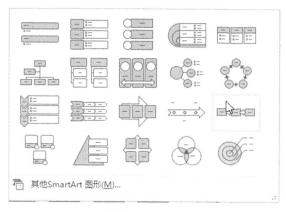

图 18-91　选择 Smart Art 图形类型

步骤 4　应用后的效果如图 18-92 所示。

图 18-92　Smart Art 图形

步骤 5　单击【SmartArt 工具 - 设计】选项卡下【布局】组内【快速浏览】区域右侧的【其

他】选项，从弹出来的菜单中选中【基本蛇形流程】选项，如图 18-93 所示。

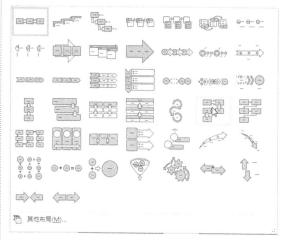

图 18-93　选择 SmartArt 图形

步骤 6　应用后的效果如图 18-94 所示。

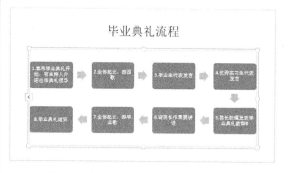

图 18-94　Smart Art 图形应用效果

18.7.2　使用 PowerPoint 创建电子相册

随着数码相机的不断普及，利用电脑制作电子相册的人越来越多。在 PowerPoint 2016 中，用户可轻松创建电子相册。具体的操作步骤如下。

步骤 1　启动 PowerPoint 2016，新建一个空白演示文稿，将其保存为"电子相册 .pptx"，如图 18-95 所示。

步骤 2　在【插入】选项卡中，单击【图像】组中的【相册】按钮，如图 18-96 所示。

图 18-95　新建一个空白演示文稿

图 18-96　单击【相册】按钮

步骤 3 弹出【相册】对话框，在其中单击【文件/磁盘】按钮，如图 18-97 所示。

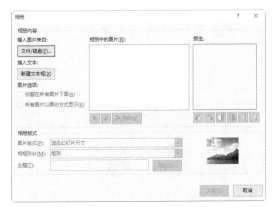

图 18-97　单击【文件/磁盘】按钮

步骤 4 弹出【插入新图片】对话框，在计算机中选中要插入的图片，单击【插入】按钮，如图 18-98 所示。

图 18-98　选中要插入的图片

步骤 5 返回到【相册】对话框，在【相册中的图片】列表框中即可查看所选的图片，选中图片 "90" 前面的复选框，然后单击【向下】按钮 ↓，如图 18-99 所示。

图 18-99　单击【向下】按钮

步骤 6 此时可调整该图片在相册中的位置。然后单击【图片版式】右侧的下拉按钮，在弹出的下拉列表中选择【1 张图片】选项，如图 18-100 所示。

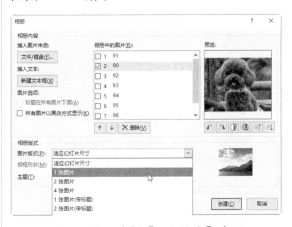

图 18-100　选择【1 张图片】选项

▶ **提示**　选中图片后，单击【向上】按钮 ↑ 或【删除】按钮，可上移或删除图片。

步骤 7 单击【相框形状】右侧的下拉按钮，在弹出的下拉列表中选择【圆角矩形】选项，如图 18-101 所示。

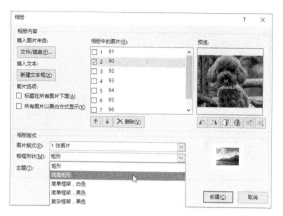

图 18-101 选择【圆角矩形】选项

步骤 8 单击【主题】右侧的【浏览】按钮，如图 18-102 所示。

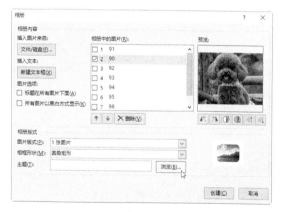

图 18-102 单击【浏览】按钮

步骤 9 弹出【选择主题】对话框，在其中选择演示文稿使用的主题，并单击【选择】按钮选择主题，如图 18-103 所示。

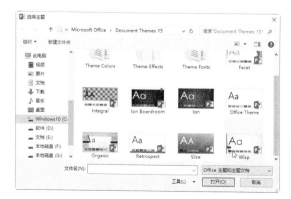

图 18-103 选择主题

步骤 10 返回到【相册】对话框，单击【创建】按钮，如图 18-104 所示。

图 18-104 单击【创建】按钮

步骤 11 此时可自动创建一个电子相册的演示文稿。该演示文稿使用了所选的主题，每张幻灯片中只有 1 张图片，并且图片的形状为圆角矩形，如图 18-105 所示。

图 18-105 创建的电子相册演示文稿

步骤 12 在【视图】选项卡中，单击【演示文稿视图】组中的【幻灯片浏览】按钮，可查看每张幻灯片的缩略图，如图 18-106 所示。

步骤 13 单击【快速访问工具栏】中的【保存】按钮，即可保存制作的电子相册。

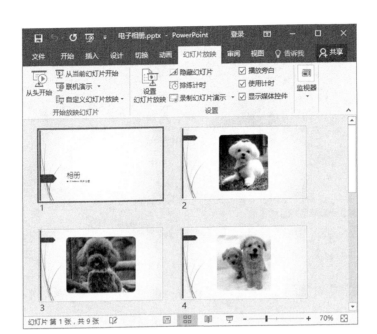

图 18-106　幻灯片浏览视图

18.8　疑难问题解答

问题 1：为什么在 PowerPoint 2016 中没有剪贴画相关选项？

解答：在 PowerPoint 2016 中，微软公司取消了插入剪贴画功能，替代该功能的是插入联机图片功能。用户可在【插入】选项卡中单击【图像】组中的【联机图片】按钮，弹出【插入图片】对话框，在【必应图像搜索】文本框中输入要搜索的图片，即可搜索网上的相关剪贴画和图片。

问题 2：如何编辑形状的点，以制作自定义的形状？

解答：选中形状后，鼠标右键单击，在弹出的快捷菜单中选择【编辑顶点】命令，此时形状边框上将出现多个黑色的顶点，单击选中各个顶点，拖动鼠标，即可制作出自定义的形状。此外，选中顶点后，在顶点两侧将出现两个白色的调节柄，单击各调节柄，还可设置形状轮廓线的弧度。

第**19**章 美化幻灯片——让演示文稿有声有色

● 本章导读

在制作的幻灯片中添加各种多媒体元素，会使幻灯片的内容更加富有感染力；在演示文稿中添加适当的动画效果，可以使演示文稿的播放效果更加形象，也可以通过动画使一些原本复杂的内容逐步变得便于观众理解。本章即为读者介绍在PowerPoint 2016中添加音频、视频以及创建动画元素的方法。

● 学习目标

◎ 掌握音频在 PowerPoint 中的应用
◎ 掌握视频在 PowerPoint 中的应用
◎ 掌握创建各类动画元素的方法

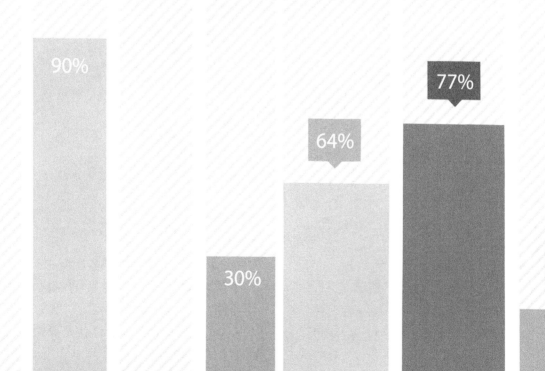

19.1 音频在 PowerPoint 中的运用

在幻灯片中可以插入音频文件,通过音频的搭配使用,可使幻灯片的内容更加丰富多彩。

19.1.1 添加音频

在 PowerPoint 中添加的音频来源有多种,可以是直接联机搜索出来的声音,也可以是本地计算机中的音频文件,还可以是用户自己录制的声音。下面以添加本地计算机上的音频文件为例,介绍添加音频文件的具体操作步骤。

步骤 1 打开随书光盘中的"素材 \ch19\ 添加声音 .pptx"文件,如图 19-1 所示。

图 19-1　打开素材文件

步骤 2 在【插入】选项卡中,单击【媒体】组中的【音频】按钮,在弹出的下拉列表中选择【PC 上的音频】选项,如图 19-2 所示。

图 19-2　选择【PC 上的音频】选项

步骤 3 弹出【插入音频】对话框,在计算机中选择要添加的声音文件,单击【插入】按钮,如图 19-3 所示。

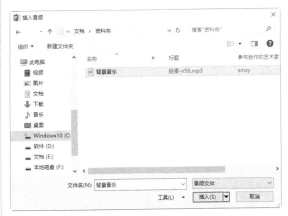

图 19-3　选择要添加的声音文件

步骤 4 此时可将本地计算机中的声音文件添加到当前幻灯片中,此时幻灯片中有一个喇叭图标，如图 19-4 所示。

图 19-4　将声音文件添加到当前幻灯片中

19.1.2 播放音频

在幻灯片中插入音频文件后,可以播放该音频文件以试效果。播放音频的方法有以下两种。

(1)直接将光标定位在音频文件上,

其下方会显示出一个播放条，单击【播放／暂停】按钮▶，即可播放文件，如图 19-5 所示。

图 19-5　在播放条中单击【播放／暂停】按钮

> **提示**
>
> 在播放条中，单击【向前／向后移动】按钮◀▶可以调整播放的速度，单击◀)按钮可以调整声音的大小。

（2）单击音频文件，此时功能区中增加了【播放】选项卡，单击【预览】组中的【播放】按钮，即可播放文件，如图 19-6 所示。

图 19-6　单击【预览】组中的【播放】按钮

19.1.3　设置播放选项

在幻灯片中插入音频文件后，可以设置播放选项，包括设置音量大小、播放开始时间、是否跨幻灯片播放等内容。选中音频文件，在【播放】选项卡中，通过【音频选项】组中的各命令按钮即可设置播放选项，如图 19-7 所示。

图 19-7　【音频选项】组

各按钮的作用分别如下：

【音量】：用于设置音频的音量大小。单击【音量】按钮，在弹出的下拉列表中可根据需要选择音量大小，如图 19-8 所示。

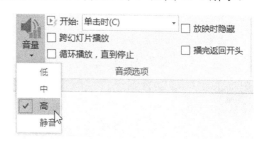

图 19-8　选择音量的大小

【开始】：用于设置音频开始播放的时间。单击【开始】右侧的下三角按钮，在弹出的下拉列表中若选择【单击时】选项，表示只有在单击音频图标时开始播放声音；若选择【自动】选项，表示在放映幻灯片时会自动播放声音，如图 19-9 所示。

图 19-9　设置音频开始播放的时间

【跨幻灯片播放】：若选中该复选框，当演示文稿中包含多张幻灯片时，声音会一直播放，直到播放完成，不会因此切换幻灯片而中断。

【循环播放，直到停止】：若选中该复选框，在放映幻灯片时声音将一直重复播放，直到退出当前幻灯片。

【放映时隐藏】：若选中该复选框，放映幻灯片时将不会显示音频图标。

【播完返回开头】：若选中该复选框，声音播放完成后将返回至音频的开头，而不是停在末尾。

19.1.4 设置音频样式

PowerPoint 2016 共提供了 2 种音频样式：无样式和在后台播放。在【播放】选项卡中，通过【音频样式】组可设置相应的音频样式。

若选择【音频样式】组中的【无样式】选项，可将音频文件设置为无任何样式，此时在【音频选项】组中可以看到无样式状态下的各选项设置，如图 19-10 所示。

图 19-10　选择【无样式】选项

若选择【音频样式】组中的【在后台播放】选项，那么在放映幻灯片时，会隐藏音频图标，但音频文件会自动在后台开始播放，并且一直循环播放，直到退出幻灯片放映状态。用户可在【音频选项】组中查看在后台播放样式下的各选项设置，如图 19-11 所示。

图 19-11　选择【在后台播放】选项

19.1.5 添加淡入或淡出效果

若一个演示文稿中有多个不同风格的音频文件，当连续播放不同的声音时，可能声音之间的转换非常突兀，此时就需要为其添加淡入或淡出效果。

在【播放】选项卡中，通过【编辑】组中【淡化持续时间】区域中的【淡入】和【淡出】2个选项即可添加淡入或淡出效果，如图 19-12 所示。

图 19-12　【编辑】组

在【淡入】文本框中输入具体的时间，或者单击右侧的微调按钮，即可在声音开始的几秒钟内使用淡入效果。

同理，在【淡出】文本框中输入具体的时间，或者单击右侧的微调按钮，即可在声音结束的几秒钟内使用淡出效果。

19.1.6 剪裁音频

用户根据需要可对音频文件进行修剪，只保留需要的部分，使其和幻灯片的播放环境更加适宜。具体的操作步骤如下。

步骤 1 在幻灯片中选中要进行剪裁的音频文件，在【播放】选项卡中，单击【编辑】组中的【剪裁音频】按钮，如图 19-13 所示。

图 19-13　单击【剪裁音频】按钮

步骤 2 弹出【剪裁音频】对话框，在该对话框中可以看到音频文件的持续时间、开始时间及结束时间等信息，如图 19-14 所示。

步骤 3 将光标定位在最左侧的绿色标记上，当变为双向箭头↔状时，按住左键不放，拖动鼠标，即可修剪音频文件的开头部分，如图 19-15 所示。

步骤 4 同理，将光标定位在最右侧的红色标记上，当变为双向箭头↔状时，按住左键不放，拖动鼠标，即可修剪音频文件的末尾部分，如图 19-16 所示。

图 19-14 【剪裁音频】对话框

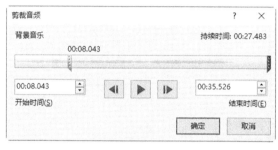

图 19-15 拖动左侧的绿色标记修剪开头部分

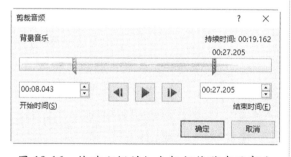

图 19-16 拖动右侧的红色标记修剪末尾部分

步骤 5 若要进行更精确的剪裁，单击选中开头或末尾标记，然后单击下方的【上一帧】按钮◀或【下一帧】按钮▶，或者直接在【开

始时间】和【结束时间】微调框中输入具体的数值，即可剪裁出更为精确的声音文件，如图 19-17 所示。

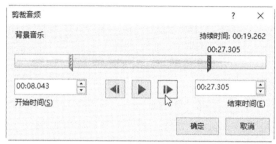

图 19-17 剪裁出更为精确的声音文件

步骤 6 剪裁完成后，单击【播放】按钮▶，可以试听调整后的声音效果，如图 19-18 所示。

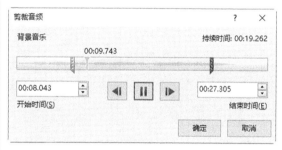

图 19-18 单击【播放】按钮检查调整后的效果

步骤 7 若试听结果符合需求，单击【确定】按钮，即完成剪裁音频的操作。

19.1.7 删除音频

若要删除幻灯片中添加的音频文件，首先单击该文件，选中后按 Delete 键即可将该音频文件删除。

19.2 视频在 PowerPoint 中的运用

在使用 PowerPoint 的时候经常需要播放视频，用户可直接将视频插入到 PowerPoint 中，以增强演示文稿的视觉效果，丰富幻灯片。

19.2.1 添加视频

在PowerPoint中添加的视频来源有多种，可以是直接联机搜索出来的视频，也可以是本地计算机中的视频文件。下面以添加本地视频为例，介绍如何在PowerPoint中添加视频文件。

步骤 1 打开随书光盘中的"素材 \ch19\ 插入视频 .pptx"文件，如图 19-19 所示。

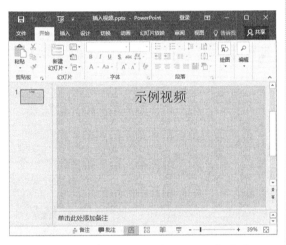

图 19-19　打开"插入视频 .pptx"文件

步骤 2 在【插入】选项卡中，单击【媒体】组中的【视频】按钮，在弹出的下拉列表中选择【PC 上的视频】选项，如图 19-20 所示。

图 19-20　选择【PC 上的视频】选项

步骤 3 弹出【插入视频文件】对话框，在计算机中选择要添加的视频文件，单击【插入】按钮，如图 19-21 所示。

步骤 4 在幻灯片中添加所选的视频如图 19-22 所示。

图 19-21　选择要添加的视频文件

图 19-22　在幻灯片中添加所选的视频

19.2.2 预览视频

在幻灯片中插入视频文件，可以播放该视频文件以预览效果。用户可有 2 种方法播放视频。

（1）选中视频文件后，此时功能区中增加了【格式】和【播放】2 个选项卡，在这 2 个选项卡中，单击【预览】组中的【播放】按钮，即可播放视频，如图 19-23 所示。

图 19-23　单击【预览】组中的【播放】按钮

（2）选中视频文件后，下方会出现工具栏，在其中单击【播放／暂停】按钮▶，即可播放视频，如图19-24所示。

图 19-24 在播放条中单击【播放／暂停】按钮

19.2.3 设置视频的颜色效果

在 PowerPoint 中添加视频后，不仅可以重新设置视频的颜色，还可以调整视频的亮度和对比度。具体的操作步骤如下。

步骤 1 打开随书光盘中的"素材 \ch19\ 示例视频 .pptx"文件，选中视频后，单击下方工具栏中的【播放／暂停】按钮，播放视频，如图19-25所示。

图 19-25 播放视频

步骤 2 在【格式】选项卡中，单击【调整】组中的【更正】按钮，在弹出的下拉列表中即可设置亮度和对比度。例如选择【亮度：0%（正常）对比度：+40%】选项，如图19-26所示。

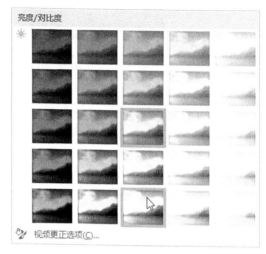

图 19-26 选择亮度和对比度

步骤 3 调整亮度和对比度后的效果如图19-27所示。

图 19-27 调整亮度和对比度后的效果

步骤 4 在【格式】选项卡中，单击【调整】组中的【颜色】按钮，在弹出的下拉列表中为视频重新着色。例如选择【蓝色，着色5浅色】选项，如图19-28所示。

图 19-28 选择颜色

步骤 5 为视频着色之后的效果如图19-29所示。

步骤 6 若对当前的着色效果不满意，在

【颜色】的下拉列表中选择【其他变体】选项，然后在右侧弹出的子列表中即可选择更多的颜色。例如选择【标准色】区域中的【红色】选项，如图 19-30 所示。

图 19-29　为视频着色之后的效果

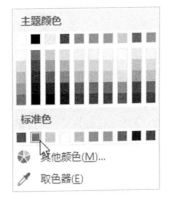

图 19-30　选择更多的颜色

步骤 7 此时已将视频着色为红色，如图 19-31 所示。

图 19-31　将视频着色为红色

步骤 8 若要自定义亮度、对比度及颜色，在【颜色】下拉列表中选择【视频颜色选项】选项，弹出【设置视频格式】窗格，在下方的【视频】选项中即可自定义视频颜色、亮度和对比度等，如图 19-32 所示。

图 19-32　【设置视频格式】窗格

19.2.4　设置视频的样式

设置视频的样式包括设置视频的形状、边框、效果等内容。设置视频样式的操作步骤如下。

步骤 1 打开随书光盘中的"素材 \ch19\ 示例视频 .pptx"文件，选中视频后，单击下方工具栏中的【播放 / 暂停】按钮，播放视频，如图 19-33 所示。

图 19-33　播放视频

步骤 2 在【格式】选项卡中，单击【视频样式】组中的【其他】按钮，在弹出的下拉列表中选择系统预设的样式。例如选择【中等】区域中选择【棱台形椭圆，黑色】选项，如图 19-34 所示。

步骤 3 设置视频样式后的效果如图 19-35 所示。

步骤 4 若要设置视频的形状，在【格式】选项卡中单击【视频样式】组中的【视频形状】

按钮,在弹出的下拉列表中设置视频的形状。例如选择【矩形】区域中的【圆角矩形】选项,如图19-36所示。

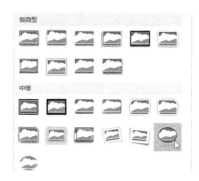

图 19-34 选择系统预设的样式

图 19-35 设置视频样式

图 19-36 选择视频形状

步骤 5 此时已将视频的形状设置为圆角矩形,如图19-37所示。

图 19-37 将视频形状设置为圆角矩形

步骤 6 若要设置视频边框的颜色,在【格式】选项卡中,单击【视频样式】组中【视频边框】右侧的下三角按钮,在弹出的下拉列表中选择合适的颜色,如图19-38所示。

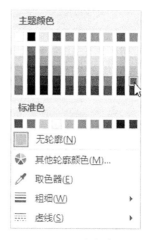

图 19-38 选择颜色

提示 在【视频边框】的下拉列表中选择【粗细】和【虚线】选项可为边框设置粗细和线型。

步骤 7 设置的视频边框的颜色如图19-39所示。

图 19-39 设置视频边框的颜色

步骤 8 若要设置视频的效果,在【格式】选项卡中,单击【视频样式】组中的【视频效果】按钮,在弹出的下拉列表中即可设置效果。例如选择【预设】子列表中的【预设9】选项,如图19-40所示。

步骤 9 设置的视频效果如图 19-41 所示。

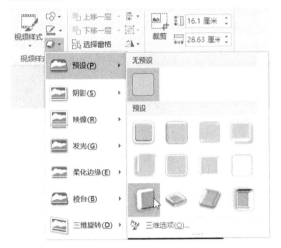

图 19-40　选择效果

图 19-41　设置视频的效果

19.2.5　剪裁视频

用户可根据需要对视频文件进行修剪，只保留需要的部分，具体的操作步骤如下。

步骤 1 打开随书光盘中的 "素材 \ch19\ 示例视频 .pptx" 文件，选择视频后，单击下方工具栏中的【播放 / 暂停】按钮，播放视频，如图 19-42 所示。

步骤 2 在【播放】选项卡中，单击【编辑】组中的【剪裁视频】按钮，如图 19-43 所示。

步骤 3 弹出【剪裁音频】对话框，将光标定位在最左侧的绿色标记上，当光标变为

双向箭头 ⬌ 状时，按住左键不放，拖动鼠标，即可修剪视频文件的开头部分，如图 19-44 所示。

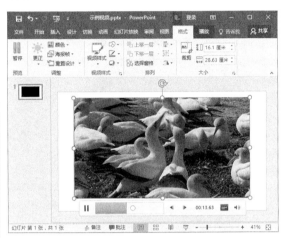

图 19-42　播放视频

图 19-43　单击【剪裁视频】按钮

图 19-44　修剪开头

步骤 4 将光标定位在最右侧的红色标记上，当光标变为双向箭头 ↔ 状时，按住左键不放，拖动鼠标，即可修剪视频文件的末尾部分，如图 19-45 所示。

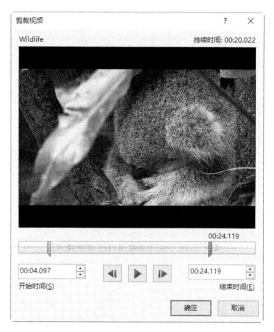

图 19-45 修剪末尾

步骤 5 若要进行更精确的剪裁，单击开头或末尾标记，选中后单击下方的【上一帧】按钮 ◀ 或【下一帧】按钮 ▶，或者直接在【开始时间】和【结束时间】微调框中输入具体的数值，即可剪裁出更为精确的视频文件，如图 19-46 所示。

步骤 6 剪裁完成后，单击【播放】按钮 ▶ 查看调整后的视频效果，如图 19-47 所示。

步骤 7 若结果符合需求，单击【确定】按钮，即完成剪裁视频的操作。

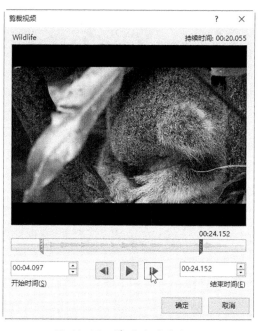

图 19-46 精确地剪裁视频

图 19-47 查看调整后的效果

19.2.6 删除视频

若要删除幻灯片中添加的视频文件，首先单击该文件，选中后按 Delete 键即可将该视频文件删除。

19.3 创建各类动画元素

PowerPoint 2016 为用户提供了多种动画元素，例如进入、强调、退出等。使用这些动画效果可以集中观众的注意力，提高幻灯片的趣味性。

19.3.1 创建进入动画

进入动画是指幻灯片对象从无到有出现在幻灯片中的动态过程。具体的操作步骤如下。

步骤 1 打开随书光盘中的"素材 \ch19\ 季度结果 .pptx"文件，在幻灯片中选中要创建进入动画效果的文字，如图 19-48 所示。

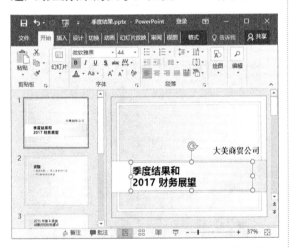

图 19-48 选中要创建进入动画效果的文字

步骤 2 在【动画】选项卡中，单击【动画】组中的【其他】按钮，在弹出的【进入】下拉列表中选择需要的效果，如图 19-49 所示。

步骤 3 此时可创建相应的进入动画效果，此时所选对象前将显示一个动画编号标记 ，如图 19-50 所示。

步骤 4 若【进入】列表中的动画效果不满足需求，用户可以在【动画】的下拉列表中选择【更多进入效果】选项，如图 19-51 所示。

图 19-49 选择需要的进入效果

图 19-50 创建进入动画效果

图 19-51 选择【更多进入效果】选项

步骤 5 弹出【更多进入效果】对话框，在其中可以选择更多的进入动画效果。单击选择完成后，单击【确定】按钮即可，如图 19-52 所示。

图 19-52 【添加进入效果】对话框

提示 添加动画效果后，在【动画】选项卡中单击【高级动画】组中的【添加动画】按钮，在弹出的下拉列表中也可以为对象添加多个动画效果，如图 19-53 所示。

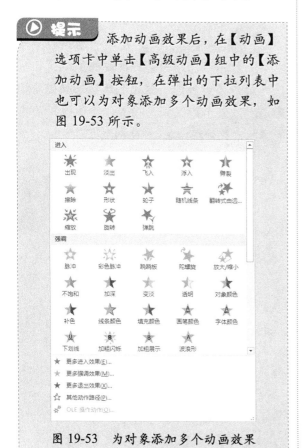

图 19-53 为对象添加多个动画效果

19.3.2 创建强调动画

强调动画主要用于突出强调某个幻灯片对象。具体的操作步骤如下。

步骤 1 在幻灯片中选中要创建动画效果的文字，如图 19-54 所示。

图 19-54 选中要创建动画效果的文字

步骤 2 在【动画】选项卡中，单击【动画】组中的【其他】按钮，在弹出的【强调】下拉列表中选择需要的效果，如图 19-55 所示。

图 19-55 选择需要的效果

步骤 3 此时即可创建相应的强调动画效果，此时所选对象前将显示一个动画编号标记 2 ，表示这是当前幻灯片中第 2 个动画元素，如图 19-56 所示。

图 19-56 创建强调动画效果

步骤 4 若【强调】下拉列表中的动画效果难以满足需求，用户可以在【动画】的下拉列表中选择【更多强调效果】选项，弹出【添加强调效果】对话框，在其中可以选择更多的强调动画效果，如图 19-57 所示。

图 19-57 【添加强调效果】对话框

19.3.3 创建退出动画

退出动画与进入动画相对应，是指幻灯片对象从有到无逐渐消失的动态过程。下面介绍创建退出动画的方法。

步骤 1 在【幻灯片】窗格中选中第 2 个幻灯片，然后在幻灯片中选中要创建动画效果的文字，如图 19-58 所示。

图 19-58 选中要创建动画效果的文字

步骤 2 在【动画】选项卡中单击【动画】

组中的【其他】按钮，在弹出的【退出】下拉列表中选择需要的效果，如图 19-59 所示。

图 19-59 选择需要的退出效果

步骤 3 此时即可创建相应的退出动画效果，如图 19-60 所示。

图 19-60 创建退出动画效果

步骤 4 若【退出】区域中的动画效果难以满足需求，用户可以在【动画】的下拉列表中选择【更多退出效果】选项，弹出【添加退出效果】对话框，在其中可以选择更多的退出动画效果，如图 19-61 所示。

图 19-61 【添加退出效果】对话框

19.3.4　创建路径动画

路径动画用于指定对象的路径轨迹，从而控制对象根据指定的路径运动。下面介绍创建路径动画的方法。

步骤 1 在幻灯片中选中要创建动画效果的文字，如图 19-62 所示。

图 19-62　选中要创建动画效果的文字

步骤 2 在【动画】选项卡中单击【动画】组中的【其他】按钮▼，在弹出的【动作路径】下拉列表中选择需要的路径。例如选择【形状】选项，如图 19-63 所示。

图 19-63　选择【形状】选项

步骤 3 此时即可创建相应的动作路径，此时所选对象前不仅显示了一个动画编号标记，还显示了具体的路径轨迹，如图 19-64 所示。

图 19-64　创建的动作路径

步骤 4 若【动作路径】下拉列表中的动画效果难以满足需求，用户可以在【动画】的

下拉列表中选择【其他动作路径】选项，如图 19-65 所示。

图 19-65　选择【其他动作路径】选项

步骤 5 弹出【添加动作路径】对话框，在其中可以选择更多的动作路径，选择完成后，单击【确定】按钮即可，如图 19-66 所示。

图 19-66　【添加动作路径】对话框

步骤 6 若要自定义动作路径，首先在幻灯片中选择要自定义路径的文字对象，如图 19-67 所示。

步骤 7 在【动画】选项卡中，单击【动画】组中的【其他】按钮▼，在弹出的【动作路径】下拉列表中选择【自定义路径】选项，如图 19-68 所示。

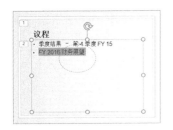

图 19-67　选择要自定义路径的文字对象

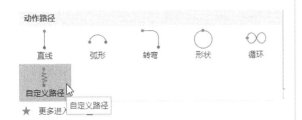

图 19-68　选择【自定义路径】选项

步骤 8 此时光标变为十字状，按住左键不放，拖动鼠标绘制路径，如图 19-69 所示。

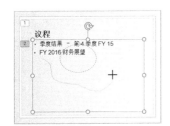

图 19-69　拖动鼠标绘制路径

步骤 9 绘制完成后，释放鼠标，即完成自定义动作路径的操作，如图 19-70 所示。

图 19-70　绘制自定义动作路径

> **提示** 通常情况下，路径轨迹的两端有两个箭头形状的标记。其中，绿色箭头表示动作路径的起点，红色箭头表示动作路径的终点。

步骤 10 若要修改路径轨迹，单击选中该路径，将光标定位在四周的小方块上，当光标变为箭头形状时，拖动鼠标即可修改路径轨迹，如图 19-71 所示。

图 19-71　修改路径轨迹

19.3.5 创建组合动画

用户不仅能为单个对象创建动画效果，还能将对象组合起来，为其创建动画效果。具体的操作步骤如下。

步骤 1 打开随书光盘中的"素材 \ch19\ 烹饪营养学 .pptx"文件，如图 19-72 所示。

图 19-72　打开"烹饪营养学 .pptx"文件

步骤 2 按住 Ctrl 键不放，单击选中两张图片，然后鼠标右键单击，在弹出的快捷菜单中选择【组合】→【组合】命令，如图 19-73 所示。

步骤 3 将两张图片组合后，在【动画】选项卡中，单击【动画】组中的【其他】按钮，在弹出的下拉列表中选择需要的动画效果，如图 19-74 所示。

图 19-73　选择【组合】命令

图 19-74　组合图片并创建动画效果

步骤 4 为两张图片创建的动画效果如图 19-75 所示。

图 19-75　为两张图片创建的动画效果

19.3.6　动画预览效果

在幻灯片中创建好动画效果后，用户可以预览创建的效果是否符合要求。打开含有动画效果的演示文稿，在【动画】选项卡中单击【预览】组中的【预览】按钮，即可以预览当前幻灯片中创建的动画效果，如图 19-76 所示。

图 19-76　单击【预览】按钮

另外，在【动画】选项卡中，单击【预览】组中【预览】的下三角按钮，选择【自动预览】选项，使其前面呈现勾选状态，这样在每次为对象创建动画后，可自动预览动画效果，如图 19-77 所示。

图 19-77　自动预览动画效果

19.4　高效办公技能实战

19.4.1　在演示文稿中插入多媒体素材

在 PowerPoint 文件中还可以插入 Swf 文件、Windows Media Player 播放器控件等多媒

素材。下面以插入 Windows Media Player 播放器控件为例，介绍如何在演示文稿中插入其他多媒体素材。

步骤 1 启动 PowerPoint 2016，新建一个空白演示文稿，如图 19-78 所示。

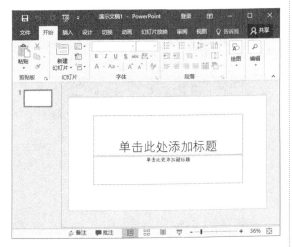

图 19-78　新建一个空白演示文稿

步骤 2 将光标定位在功能区中，鼠标右键单击，在弹出的快捷菜单中选择【自定义功能区】命令，如图 19-79 所示。

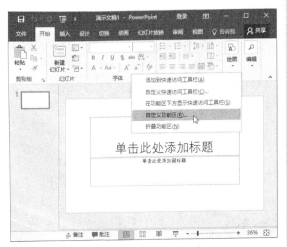

图 19-79　选择【自定义功能区】命令

步骤 3 弹出【PowerPoint 选项】对话框，在右侧【自定义功能区】列表框中选中【开

发工具】复选框，然后单击【确定】按钮，如图 19-80 所示。

图 19-80　选中【开发工具】复选框

步骤 4 此时在功能区中会出现【开发工具】选项卡。在该选项卡中，单击【控件】组中的【其他控件】按钮，如图 19-81 所示。

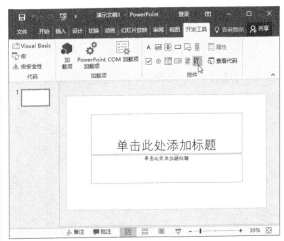

图 19-81　单击【其他控件】按钮

步骤 5 弹出【其他控件】对话框，在其中选择 Windows Media Player 选项，然后单击【确定】按钮，如图 19-82 所示。

步骤 6 此时光标变为十字状，按住左键不放，拖动鼠标绘制控制区域，如图 19-83 所示。

图 19-82　选择 Windows Media Player 选项

图 19-83　拖动鼠标绘制控制区域

步骤 **7** 释放鼠标，即可插入一个 Windows Media Player 控件，如图 19-84 所示。

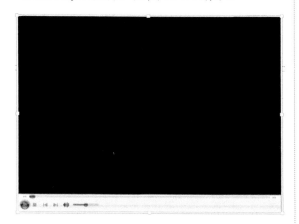

图 19-84　插入一个 Windows Media Player 控件

步骤 **8** 在插入的控件上鼠标右键单击，在弹出的快捷菜单中选择【属性表】命令，如图 19-85 所示。

步骤 **9** 弹出【属性】窗格，单击【自定义】栏右侧的省略号按钮，如图 19-86 所示。

图 19-85　选择【属性表】命令

图 19-86　单击【自定义】栏右侧的省略号按钮

步骤 **10** 弹出【Windows Media Player 属性】对话框，单击【浏览】按钮，如图 19-87 所示。

图 19-87　单击【浏览】按钮

步骤 11 弹出【打开】对话框，在计算机中选择要插入的视频文件，然后单击【打开】按钮，如图 19-88 所示。

步骤 12 返回到【Windows Media Player 属性】对话框，在【文件名或 URL】右侧文本框中可查看要插入的视频路径及名称，在【播放选项】区域中选中【自动启动】复选框，如图 19-89 所示。

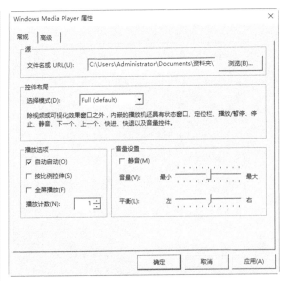

图 19-89 选中【自动启动】复选框

图 19-88 选择要插入的视频文件

步骤 13 设置完成后，单击【确定】按钮，返回到工作界面，然后按 F5 键放映演示文稿，即可在 Windows Media Player 控件中自动播放插入的多媒体文件，如图 19-90 所示。

图 19-90 在控件中播放插入的多媒体文件

19.4.2 在幻灯片中设置视频的海报帧

在幻灯片中插入视频后，在视频没有播放时，整个视频都是黑色的。通过设置视频的标牌框架，可以为视频添加播放前的显示图片，使其更加美观。该图片既可能来源于外部的图片，也可以是视频中某一帧的画面。具体的操作步骤如下。

步骤 1 打开随书光盘中的 "素材 \ch19\ 设置海报帧 .pptx" 文件，可以看到，当没有播放视频时，视频显示为黑色，如图 19-91 所示。

步骤 2 选中视频后，在工具栏的播放进度条中单击，选中要设置为海报帧的画面，如图 19-92 所示。

步骤 3 在【格式】选项卡中，单击【调整】组中的【海报帧】按钮，在弹出的下拉列表中选择【当前帧】选项，如图 19-93 所示。

步骤 4 停止播放视频，可以看到，此时选中的画面已被设置为未播放视频时显示的图片，如图 19-94 所示。

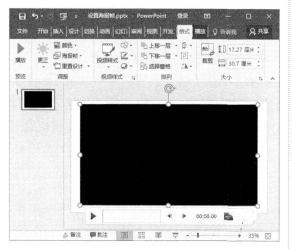

图 19-91　视频显示为黑色

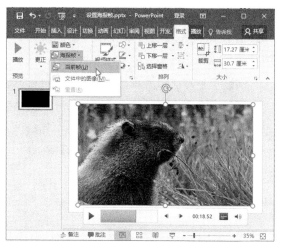

图 19-93　选择【当前帧】选项

图 19-92　选中要设置为海报帧的画面

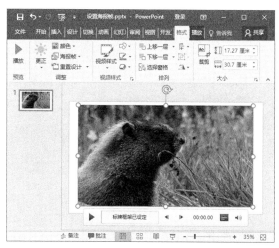

图 19-94　选中的画面已被设置为未播放视频时
显示的图片

> **提示**　在【海报帧】的下拉列表中选择【文件中的图像】选项，即可将外部的图片设置为视频的海报帧。

19.5　疑难问题解答

问题 1：在添加视频文件时，为什么有时系统会弹出提示对话框，提示"Powerpoint 无法从所选的文件中插入视频，验证此媒体格式所必需的编码解码器是否已安装，然后重试"？

解答：在插入视频文件时，如果用户未安装正确的编解码器文件，就会弹出提示对话框。用户可以自行安装运行多媒体所需的编解码器解决该问题，也可以下载第三方媒体解码器和编码器解决。

问题 2：对视频的样式、颜色等进行设置后，若不满意，如何取消这些设置？

解答：如果对视频的设置不满意，选中视频文件后，在【格式】选项卡中单击【调整】组中的【重置】按钮，即可取消对视频颜色和亮度的调整以及样式的设置等，使视频将恢复到初始状态。注意，若是对视频进行剪裁、添加书签等操作，单击【重置】按钮将不会取消这些操作。

第20章 放映输出——放映、打包和发布演示文稿

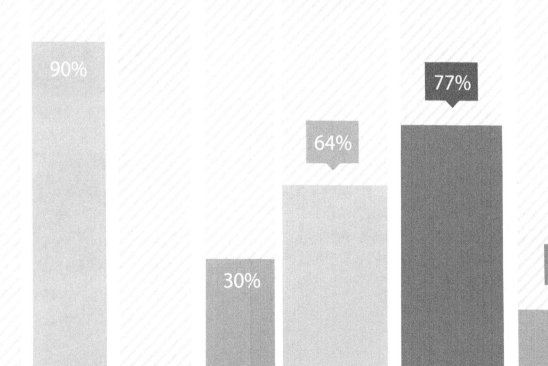

● **本章导读**

　　在日常办公中，用户通常把制作好的 PowerPoint 演示文稿放在电脑上放映，其实在放映过程中也可以设置放映效果。本章将为读者介绍放映、打包与发布演示文稿的方法。

● **学习目标**

◎ 掌握添加幻灯片切换效果的方法
◎ 掌握放映演示文稿的方法
◎ 掌握发布演示文稿的方法

20.1 添加幻灯片切换效果

当一个演示文稿完成后，就可以对其进行放映。在放映幻灯片时可根据需要设置幻灯片的切换效果。幻灯片切换时产生的类似动画效果可使演示文稿在放映时更加形象生动。

20.1.1 添加细微型切换效果

下面介绍如何为幻灯片添加细微型切换效果，具体的操作步骤如下。

步骤 1 打开随书光盘中的"素材\ch20\幸福的含义.pptx"文件，选中第1张幻灯片，如图20-1所示。

图 20-1 选中第1张幻灯片

步骤 2 在【切换】选项卡中单击【切换到此幻灯片】组中的【其他】按钮，在弹出的【细微型】下拉列表中选择效果。例如选择【随机线条】选项，如图20-2所示。

步骤 3 此时系统会自动播放"随机线条"效果，以供用户预览。图20-3是"随机线条"切换效果的部分截图。

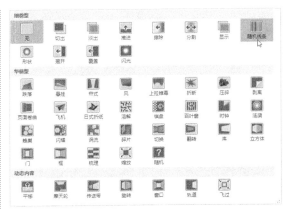

图 20-2 选择【随机线条】选项

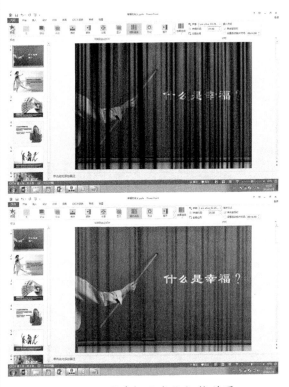

图 20-3 "随机线条"切换效果

20.1.2 添加华丽型切换效果

下面介绍如何为幻灯片添加华丽型切换效果，具体的操作步骤如下。

步骤 **1** 打开随书光盘中的"素材\ch20\幸福的含义.pptx"文件，在【幻灯片】窗格中选中第 2 张幻灯片，如图 20-4 所示。

图 20-4　选中第 2 张幻灯片

步骤 **2** 在【切换】选项卡中，单击【切换到此幻灯片】组中的【其他】按钮▾，在弹出的【华丽型】下拉列表中选择效果。例如选择【帘式】选项，如图 20-5 所示。

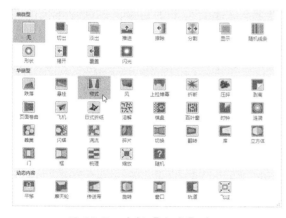

图 20-5　选择【帘式】选项

步骤 **3** 此时系统会自动播放"帘式"效果，以供用户预览。图 20-6 是"帘式"切换效果的部分截图。

提示　当由第 1 张幻灯片切换到第 2 张幻灯片时，即会应用"帘式"切换效果。

图 20-6　"帘式"切换效果

20.1.3 添加动态切换效果

下面介绍如何为幻灯片添加动态型切换效果，具体的操作步骤如下。

步骤 **1** 打开随书光盘中的"素材\ch20\幸福的含义.pptx"文件，在【幻灯片】窗格中选中第 3 张幻灯片，如图 20-7 所示。

步骤 **2** 在【切换】选项卡中，单击【切换到此幻灯片】组中的【其他】按钮▾，在弹出的【动态内容】下拉列表中选择效果。例如选择【旋转】选项，如图 20-8 所示。

步骤 **3** 此时系统会自动播放"旋转"效果，

以供用户预览。图 20-9 是"旋转"切换效果的部分截图。

图 20-7　选中第 3 幻灯片

图 20-8　选择【旋转】选项

图 20-9　"旋转"切换效果

20.1.4　全部应用切换效果

除了为每一张幻灯片设置不同的切换效果外，还可以把演示文稿中的所有幻灯片设置为同一种切换效果，具体操作如下。

步骤 1 打开随书光盘中的"素材 \ch20\ 幸福的含义 .pptx"文件，在【幻灯片】窗格中选中任意幻灯片，如图 20-10 所示。

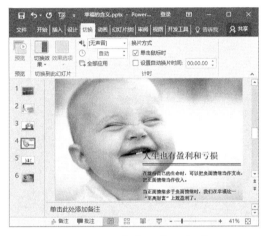

图 20-10　选中任意幻灯片

步骤 2 在【切换】选项卡中，单击【切换到此幻灯片】组中的【其他】按钮，在弹出的【细微型】下拉列表中选择【切出】选项，即可为当前幻灯片添加"切出"切换效果，如图 20-11 所示。

图 20-11　选择【切出】选项

步骤 3 在【切换】选项卡中单击【计时】

组中的【全部应用】按钮，即可将"切出"切换效果应用于所有的幻灯片中，如图 20-12 所示。

图 20-12　单击【全部应用】按钮

提示 单击【全部应用】按钮后，不仅是切换效果将应用于所有的幻灯片中，还包括设置的切换声音、持续时间、换片方式等都将应用于所有的幻灯片。

步骤 4 添加切换效果后，系统会自动播放"切出"效果，以供用户预览所选的效果

是否符合需求。

此外，在【切换】选项卡中单击【预览】组中的【预览】按钮，也可预览切换效果，如图 20-13 所示。注意，在预览效果时，【预览】按钮会变为 ⭐ 形状，如图 20-14 所示。

图 20-13　单击【预览】按钮

图 20-14　【预览】按钮变为 ⭐ 形状

20.2 放映幻灯片

默认情况下，幻灯片的放映方式为普通手动放映。读者可以根据实际需要设置幻灯片的放映方法，如自动放映、自定义放映和排列计时放映等。

20.2.1 从头开始放映

从头开始放映是指从演示文稿的第 1 张幻灯片开始放映。通常情况下，放映时都是从头开始放映的，具体的操作步骤如下。

步骤 1 打开随书光盘中的"素材 \ch20\ 低碳生活 .pptx"文件，选中任意幻灯片，如图 20-15 所示。

步骤 2 在【幻灯片放映】选项卡中单击【开始放映幻灯片】组中的【从头开始】按钮，如图 20-16 所示。

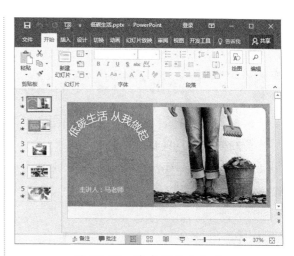

图 20-15　选中任意幻灯片

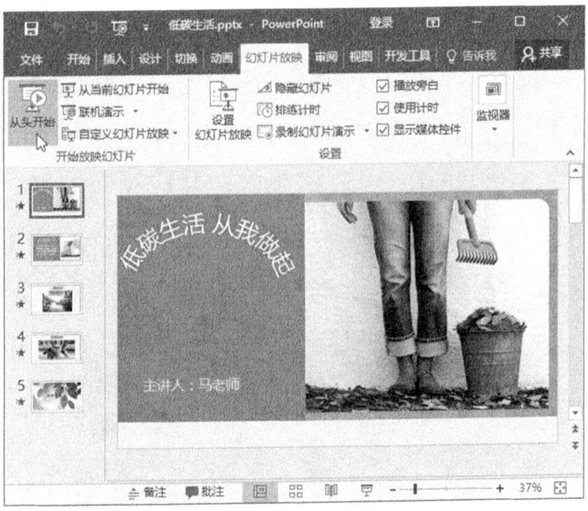

图 20-16　单击【从头开始】按钮

步骤 3 此时不管当前选中了第几张幻灯片，系统都将从第 1 张幻灯片开始播放，如图 20-17 所示。

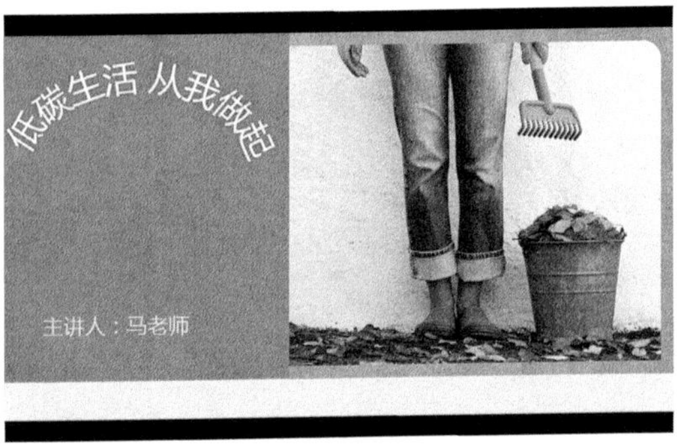

图 20-17　从第 1 张幻灯片开始播放

> **提示** 按 F5 键播放时，系统也会从第 1 张幻灯片开始播放。

20.2.2 从当前幻灯片开始放映

在放映幻灯片时，可以选择从当前的幻灯片开始播放，具体操作步骤如下。

步骤 1 打开随书光盘中的“素材\ch20\低碳生活.pptx”文件，选中第 4 张幻灯片，如图 20-18 所示。

步骤 2 在【幻灯片放映】选项卡中，单击【开始放映幻灯片】组中的【从当前幻灯片开始】按钮，如图 20-19 所示。

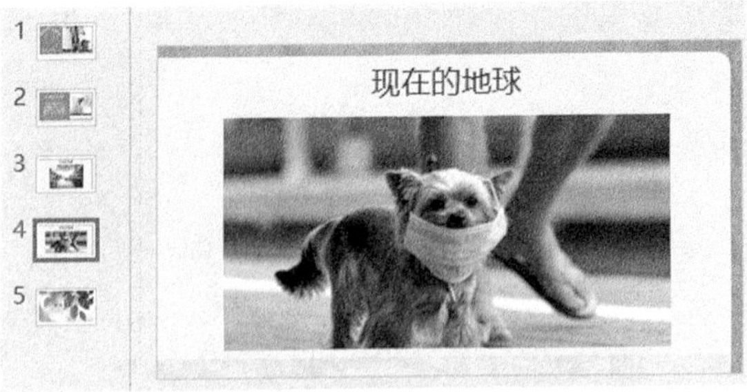

图 20-18　选中第 4 张幻灯片

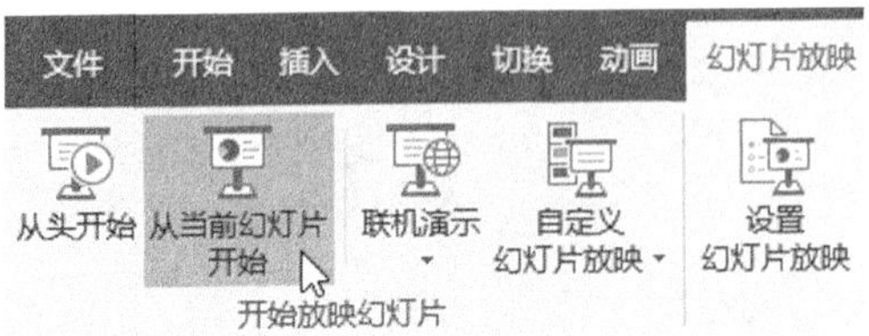

图 20-19　单击【从当前幻灯片开始】按钮

步骤 3 此时可从当前幻灯片开始播放，如图 20-20 所示。

> **提示** 单击底部状态栏中的【幻灯片放映】按钮 ，系统也会从当前幻灯片开始放映。

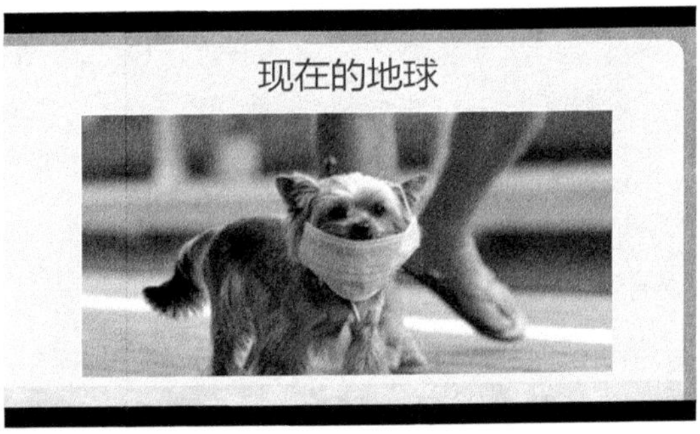

图 20-20　从当前幻灯片开始播放

20.2.3 自定义多种放映方式

利用 PowerPoint 的自定义幻灯片放映功能，用户从任意幻灯片开始放映，并且可以随意调整幻灯片的放映顺序。具体的操作步骤如下。

步骤 1 打开随书光盘中的"素材 \ch20\ 低碳生活 .pptx"文件，在【幻灯片放映】选项卡中，单击【开始放映幻灯片】组中的【自定义幻灯片放映】按钮，在弹出的下拉列表中，选择【自定义放映】选项，如图 20-21 所示。

图 20-21　选择【自定义放映】选项

步骤 2 弹出【自定义放映】对话框，在其中单击【新建】按钮，如图 20-22 所示。

图 20-22　单击【新建】按钮

步骤 3 弹出【定义自定义放映】对话框，在【幻灯片放映名称】文本框中输入自定义的名称，然后在【在演示文稿中的幻灯片】列表框中选中需要放映的幻灯片。例如选中第 1 张幻灯片前面的复选框，单击【添加】按钮，如图 20-23 所示。

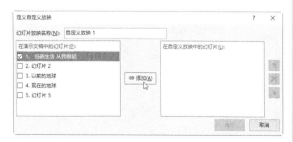

图 20-23　选中需要放映的幻灯片

步骤 4 此时可将第 1 张幻灯片添加到右

侧【在自定义放映中的幻灯片】列表框中，重复步骤 3 添加其他幻灯片，然后单击【确定】按钮，如图 20-24 所示。

图 20-24　添加其他幻灯片

提示 添加完成后，单击右侧的【上移】按钮、【删除】按钮及【下移】按钮，可调整幻灯片的顺序，还可删除选择的幻灯片。

步骤 5 返回到【自定义放映】对话框，在其中可以看到自定义的放映方式，单击【放映】按钮，如图 20-25 所示。

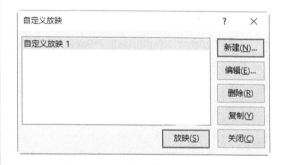

图 20-25　单击【放映】按钮

步骤 6 预览放映效果如图 20-26 所示。

图 20-26　预览放映效果

所示。

> **提示** 再次单击【开始放映幻灯片】
> 组中的【自定义幻灯片放映】按钮，
> 在弹出的下拉列表中可以看到自定义
> 的放映方式已添加到了该列表中。用
> 户只须选择该选项，即可以自定义
> 的方式开始放映幻灯片，如图 20-27
> 所示。

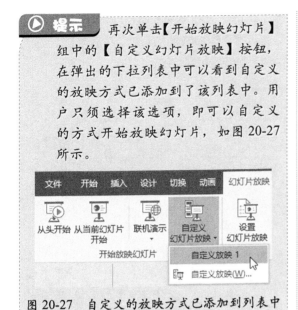

图 20-27　自定义的放映方式已添加到列表中

20.2.4 设置其他放映方式

在【设置放映方式】对话框中，用户可
以设置是否循环放映、换片方式以及放映哪
些幻灯片等内容，具体的操作步骤如下。

步骤 1 打开随书光盘中的"素材 \ch20\ 低
碳生活 .pptx"文件，在【幻灯片放映】选项
卡中，单击【设置】组中的【设置幻灯片放映】
按钮，如图 20-28 所示。

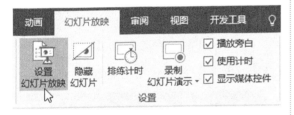

图 20-28　单击【设置幻灯片放映】按钮

步骤 2 弹出【设置放映方式】对话框，
在【放映选项】区域中可设置放映时是否
循环放映、是否添加旁白及动画、是否
禁用硬件图形加速等。例如选中【循环放
映，按 Esc 键终止】复选框，如图 20-29

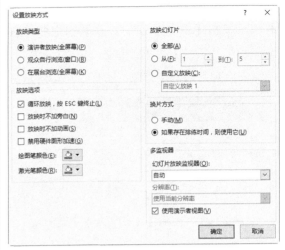

图 20-29　设置放映选项

> **提示** 【放映选项】区域中各选项
> 的作用如下。
>
> ☆ 【循环放映，按 ESC 键终止】：设
> 置在最后一张幻灯片放映结束后，
> 自动返回到第一张幻灯片继续放
> 映，直到按下键盘上的 Esc 键结束
> 放映。
>
> ☆ 【放映时不加旁白】：设置在放映时
> 不播放在幻灯片中添加的声音。
>
> ☆ 【放映时不加动画】：设置在放映时
> 将屏蔽动画效果。
>
> ☆ 【禁用硬件图形加速】：设置停用硬
> 件图形加速功能。
>
> ☆ 【绘图笔颜色】：设置在添加墨迹注
> 释时笔的颜色。
>
> ☆ 【激光笔颜色】：设置激光笔的颜色。

步骤 3 在【放映幻灯片】区域中可设置
是放映哪些幻灯片。例如选择【从】单选按
钮，在后面 2 个文本框分别输入"1"和"2"，
即表示只放映第 1 张到第 2 张幻灯片，如

图 20-30 所示。

图 20-30 设置放映哪些幻灯片

步骤 4 在【换片方式】区域中可设置是采用手动切换幻灯片，还是根据排练时间进行换片。例如选中【手动】单选按钮，如图 20-31 所示。

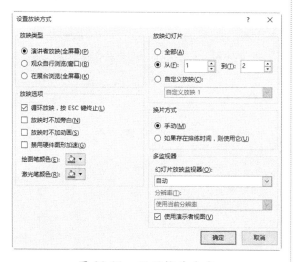

图 20-31 设置换片方式

💡 **提示**

【换片】区域中各选项的作用如下。

☆ 【手动】：设置必须手动切换幻灯片。

☆ 【如果存在排练时间，则使用它】：设置按照设定的"排练计时"来自动切换。

步骤 5 在【多监视器】区域中可设置是否使用演示者视图。例如取消已选中的【使用演示者视图】复选框，表示不使用演示者视图，如图 20-32 所示。

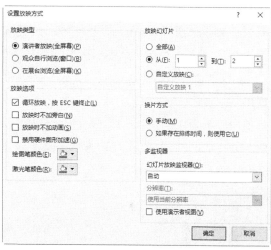

图 20-32 设置是否使用演示者视图

步骤 6 设置完成后，单击【确定】按钮，完成操作。按 F5 键放映幻灯片，此时只会放映第 1 张到第 2 张幻灯片，并且将一直循环放映，如图 20-33 所示。

图 20-33 预览效果

20.3 将幻灯片发布为其他格式

PowerPoint 2016 的导出功能可轻松地将演示文稿导出到其他类型的文件中，例如导出到 PDF 文件、Word 文档或视频文件等，还可以将演示文稿打包为 CD。

20.3.1 创建为 PDF

若用户只希望共享和打印演示文稿，又不想让其他人修改文稿，即可将演示文稿转换为 PDF 或 XPS 格式，具体的操作步骤如下。

步骤 1 打开随书光盘中的 "素材 \ch20\ 低碳生活 .pptx" 文件，选择【文件】选项卡，单击左侧列表中的【导出】命令，然后选择【创建 PDF/XPS 文档】选项，单击右侧的【创建 PDF/XPS】按钮，如图 20-34 所示。

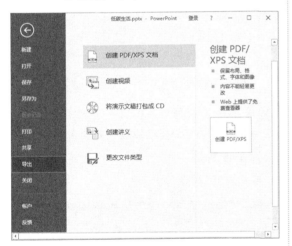

图 20-34 单击【创建 PDF/XPS】按钮

步骤 2 弹出【发布为 PDF 或 XPS】对话框，选择文件在计算机中的保存位置，然后在【文件名】文本框中输入文件名称，在【保存类型】右侧的下拉列表中选择【PDF（*.pdf）】选项，选中【发布后打开文件】复选框，单击右侧的【选项】按钮，如图 20-35 所示。

步骤 3 弹出【选项】对话框，在其中可设置发布的范围、发布内容和 PDF 选项等

参数，设置完成后，单击【确定】按钮，如图 20-36 所示。

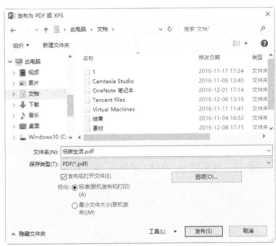

图 20-35 【发布为 PDF 或 XPS】对话框

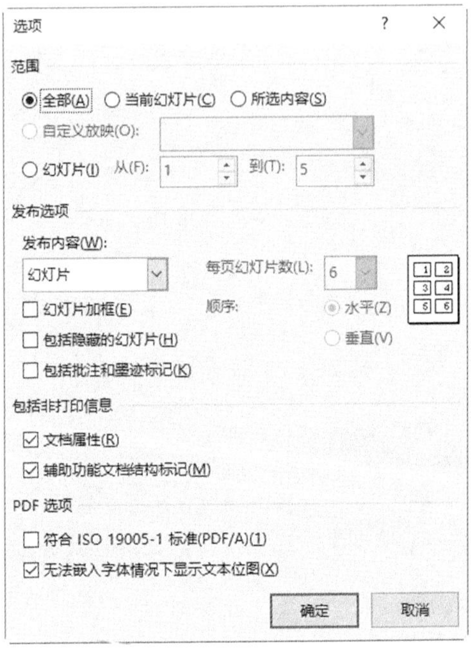

图 20-36 【选项】对话框

步骤 4 返回到【发布为 PDF 或者 XPS】对话框，单击【发布】按钮，弹出【正在发布】对话框，提示系统正在发布幻灯片文件，如图 20-37 所示。

图 20-37 【正在发布】对话框

步骤 5 发布完成后，系统将自动打开发布的 PDF 文件。至此，即完成发布为 PDF 文件的操作，如图 20-38 所示。

图 20-38 将演示文稿发布为 PDF 文件

> **提示** 除了系统提供的导出功能外，用户还可通过另存为的方法将演示文稿转换为其他类型的文件。切换到【文件】选项卡，选择左侧列表中的【另存为】命令，然后选择【计算机】选项并单击右侧的【浏览】按钮，即弹出【另存为】对话框，单击【保存类型】右侧的下拉按钮，在弹出的下拉列表中选择【PDF（*.pdf）】选项，即可将演示文稿转换为 PDF 文件，如图 20-39 所示。

图 20-39 选择【PDF（*.pdf）】选项

20.3.2 创建为视频

用户既可将 PowerPoint 文件转换为视频文件，还可设置每张幻灯片的放映时间，具体的操作步骤如下。

步骤 1 打开随书光盘中的"素材 \ch20\ 幸福的含义 .pptx"文件，切换到【文件】选项卡，选择左侧列表中的【导出】选项，然后选择【创建视频】选项，在右侧的【放映每张幻灯片的秒数】微调框中设置放映每张幻灯片的时间为 5 秒，单击下方的【创建视频】按钮，如图 20-40 所示。

图 20-40 单击【创建视频】按钮

步骤 2 弹出【另存为】对话框，选择文件在计算机中的保存位置，然后在【文件名】文本框中输入文件名称，在【保存类型】右侧的下拉列表，从中选择视频的保存类型，设置完成后，单击【保存】按钮，如图 20-41所示。

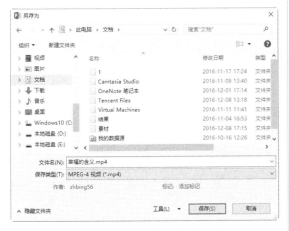

图 20-41 【另存为】对话框

步骤 3 此时在状态栏中已显示出视频的制作进度条，如图 20-42 所示。

步骤 4 制作完成后，找到并播放制作好的视频文件。至此，即完成发布为视频的操作，如图 20-43 所示。

图 20-42 状态栏中显示的制作进度条

图 20-43 将演示文稿发布为视频

20.4 高效办公技能实战

20.4.1 打包演示文稿为 CD

如果所使用的计算机没有安装 PowerPoint 软件，但仍希望打开演示文稿，此时可通过 PowerPoint 2016 提供的打包成 CD 功能来实现，打包演示文稿的具体操作如下。

步骤 1 打开随书光盘中的"素材 \ch20\ 低碳生活 .pptx"文件，切换到【文件】选项卡，选择左侧列表中的【导出】选项，然后选择【将演示文稿打包成 CD】选项，单击右侧的【打包成 CD】按钮，如图 20-44 所示。

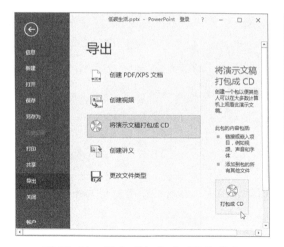

图 20-44 单击【打包成 CD】按钮

步骤 2 弹出【打包成CD】对话框,单击【选项】按钮,如图 20-45 所示。

图 20-45 单击【选项】按钮

步骤 3 弹出【选项】对话框,此时可以设置要打包文件的安全性。例如,在【打开每个演示文稿时所用密码】和【修改每个演示文稿时所用密码】文本框内分别输入密码,单击【确定】按钮,如图 20-46 所示。

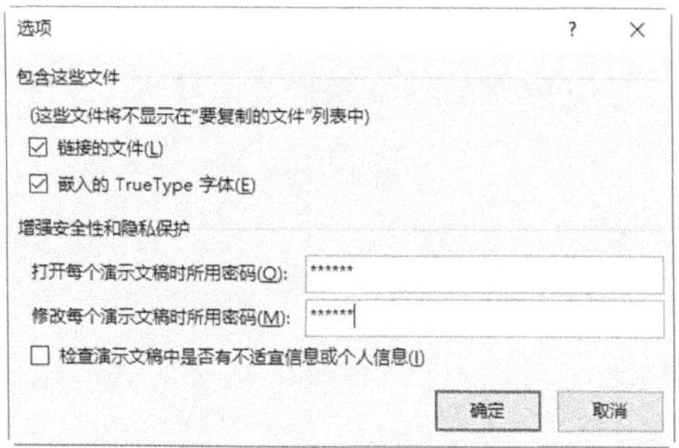

图 20-46 【选项】对话框

步骤 4 弹出确认打开权限密码对话框,在文本框中重新输入设置的打开密码,然后单击【确定】按钮,如图 20-47 所示。

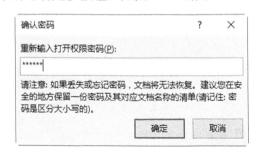

图 20-47 在文本框中重新输入设置的打开密码

步骤 5 弹出【确认密码】对话框,在文本框中重新输入设置的修改密码,然后单击【确定】按钮,如图 20-48 所示。

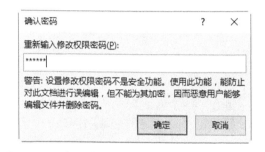

图 20-48 在文本框中重新输入设置的修改密码

步骤 6 返回到【打包成 CD】对话框,单击【复制到文件夹】按钮,如图 20-49 所示。

图 20-49 单击【复制到文件夹】按钮

步骤 7 弹出【复制到文件夹】对话框,在【文件夹名称】和【位置】文本框中分别设置文件夹名称和保存的位置,然后单击定】按钮，如图 20-50 所示。

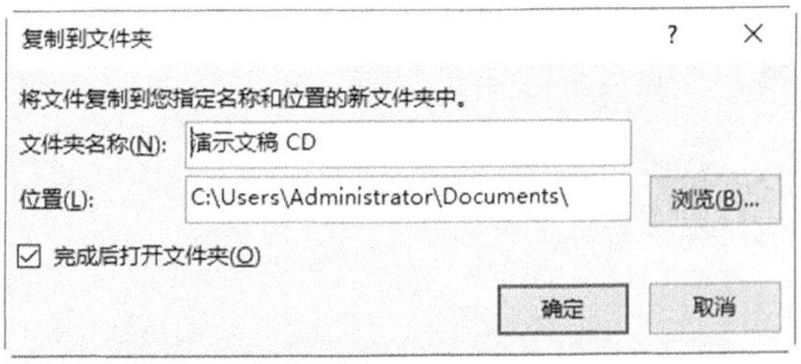

图 20-50　【复制到文件夹】对话框

步骤 8 弹出 Microsoft PowerPoint 对话框，单击【是】按钮，如图 20-51 所示。

图 20-51　Microsoft PowerPoint 对话框

步骤 9 弹出【正在将文件复制到文件夹】对话框，系统开始自动复制文件到文件夹，如图 20-52 所示。

步骤 10 复制完成后，系统自动打开生成的 CD 文件夹，此时在其中有一个名为"AUTORUN.INF"的文件，该文件具有自动播放功能。这样，即使计算机中没有安装 PowerPoint，只要插入 CD 即可自动播放幻灯片。至此，即完成将演示文稿打包成 CD 的操作，如图 20-53 所示。

图 20-52　【正在将文件复制到文件夹】对话框

图 20-53　CD 文件夹

20.4.2 发布演示文稿到幻灯片库

在 PowerPoint 2016 中创建完演示文稿后，用户可以直接将演示文稿中的幻灯片发布到幻灯片库中。这个幻灯片库可以是 SharePoint 网站，也可以是本地计算机上的文件夹，这样可使用户方便地重复使用这些幻灯片。将演示文稿中的幻灯片发布到幻灯片库中的具体操作方法如下。

步骤 1 打开随书光盘中的"素材 \ch20\ 幸福的含义 .pptx"文件，切换到【文件】选项卡，进入到【文件】界面，在该界面中选择【共享】选项，在弹出来的子菜单中选择【发布幻灯片】选项，如图 20-54 所示。

步骤 2 单击右侧的【发布幻灯片】按钮，弹出【发布幻灯片】对话框，在该对话框中单击【发布到】文本框后的【浏览】按钮，选择发布的路径，如图 20-55 所示。

步骤 3 单击该对话框中的【全选】按钮，然后单击【发布】按钮，即可将演示文稿中的幻灯片发布到本地计算机上的文件夹内，如图 20-56 所示。

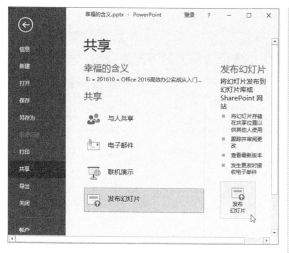

图 20-54　选择【发布幻灯片】选项

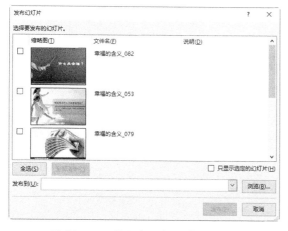

图 20-55　【发布幻灯片】对话框

步骤 **4**　根据发布的路径可以找到发布的幻灯片并查看幻灯片，如图 20-57 所示。

图 20-56　发布幻灯片

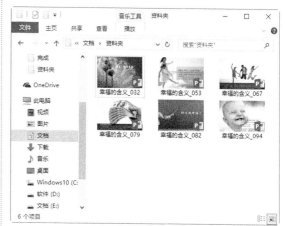

图 20-57　发布后的幻灯片

20.5 疑难问题解答

问题 1：当幻灯片放映结束后，屏幕总会显示为黑屏，怎样取消以黑屏来结束幻灯片的放映？

解答：在幻灯片工作界面中，切换到【文件】选项卡，进入文件操作界面，单击左侧列表中的【选项】命令，在弹出的【PowerPoint 选项】对话框的左侧选择【高级】选项，然后在右侧取消已选中的【幻灯片放映】区域中的【以黑幻灯片结束】复选框，并单击【确定】按钮，即可取消以黑屏来结束幻灯片的放映。

问题 2：如何取消 PowerPoint 文件中的保护密码？

解答：取消保护密码的操作与设置保护密码的操作类似。在打开的演示文稿中切换到【文件】选项卡，进入文件操作界面，单击右侧的【保护演示文稿】的下三角按钮，在弹出的下拉列表中选择【用密码进行加密】选项，即弹出【加密文档】对话框，在【密码】文本框中将原来设置的密码清空，单击【确定】按钮，即可取消保护密码。

第 5 篇

高效信息化办公

　　高效信息化办公是各个公司所追逐的目标和要求，也是对电脑办公人员最基本的技能要求。本篇将学习和探讨局域网办公的连接和设置、网络辅助办公、网络沟通和交流，以及 Word、Excel 和 PowerPoint 各个组件如何配合工作的知识。

第21章

电脑上网——办公局域网的连接与设置

● **本章导读**

　　网络影响着人们的生活和工作的方式，通过上网，我们可以和万里之外的人交流信息；通过上网，我们可以实现网络化办公。本章将为读者介绍办公局域网的连接与设置。

● **学习目标**

◎ 掌握电脑连接上网的方法

◎ 掌握组建有线局域网的方法

◎ 掌握组建无线局域网的方法

◎ 掌握管理路由器的方法

◎ 掌握电脑和手机共享上网的方法

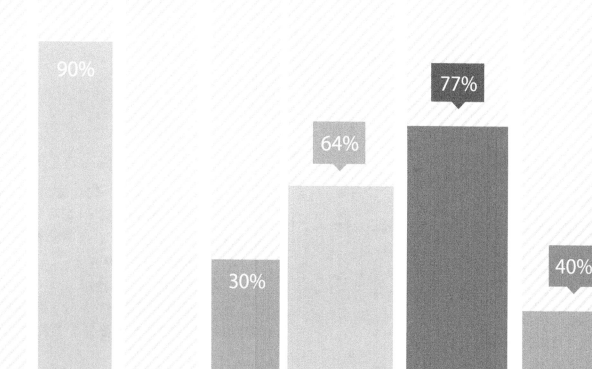

21.1 电脑连接上网

电脑上网的方式多种多样，主要的上网方式包括 ADSL 宽带上网、小区宽带上网、PLC 上网等，不同的上网方式带来的网络体验不尽相同。下面以 ADSL 宽带上网为例，介绍将电脑连接上网的方法。

21.1.1 开通上网业务

使用 ADSL 宽带上网，首先需要到宽带服务商那里申请开通上网业务。目前，常见的宽带服务商为电信和联通。申请开通宽带上网一般可以通过以下两种方法来实现。

（1）携带有效证件（个人用户携带电话机主身份证，单位用户携带公章），直接到受理 ADSL 业务的当地电信局申请。

（2）登录当地电信局推出的办理 ADSL 业务的网站进行在线申请。

21.1.2 设备的安装与配置

当申请 ADSL 服务后，当地 ISP 员工会主动上门安装 ADSL MODEM 并配置好上网设置，进而安装网络拨号程序，设置上网客户端。ADSL 的拨号软件有很多，但使用最多的还是 Windows 系统自带的拨号程序，其安装与配置客户端的具体操作步骤如下。

步骤 1 单击【开始】按钮，在打开的【开始】面板中选择【控制面板】选项，即可打开【控制面板】窗口，如图 21-1 所示。

步骤 2 单击【网络和 Internet】选项，即可打开【网络和 Internet】窗口，如图 21-2 所示。

步骤 3 选择【网络和共享中心】选项，即可打开【网络和共享中心】窗口，在其中用户可以查看本机系统的基本网络信息，如图 21-3 所示。

图 21-1 【控制面板】窗口

图 21-2 【网络和 Internet】窗口

步骤 4 在【更改网络设置】区域中单击【设置新的连接和网络】超级链接，即可打开【设置连接或网络】对话框，在其中选择【连接到 Internet】选项，如图 21-4 所示。

步骤 5 单击【下一步】按钮，即可打开【你想使用一个已有的连接吗？】对话框，在其中选中【否，创建新连接】单选按钮，如

图 21-5 所示。

图 21-3　【网络和共享中心】窗口

图 21-4　【设置连接或网络】对话框

图 21-5　【你想使用一个已有的连接吗？】对话框

步骤 6 单击【下一步】按钮，即可打开【你希望如何连接】对话框，如图 21-6 所示。

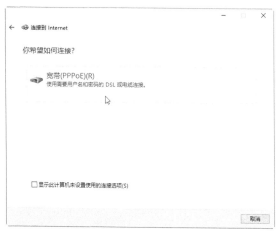

图 21-6　【你希望如何连接】对话框

步骤 7 单击【宽带（PPPoE）（R）】按钮，即可打开【键入您的 Internet 服务提供商（ISP）提供的信息】对话框，在【用户名】文本框中输入服务提供商的名字，在【密码】文本框中输入密码，如图 21-7 所示。

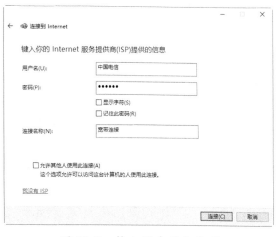

图 21-7　输入用户名与密码

步骤 8 单击【连接】按钮，即可打开【连接到 Internet】对话框，提示用户正在连接到宽带连接，并显示正在验证用户名和密码等信息，如图 21-8 所示。

步骤 9 等待验证用户名和密码完毕后，如果正确，则弹出【登录】对话框，在【用户名】和【密码】文本框中输入服务商提供的用户名和密码，如图 21-9 所示。

用户就可以随心所欲地进行网上冲浪了，如图 21-12 所示。

图 21-8　【连接到 Internet】对话框

图 21-10　【网络连接】窗口

图 21-9　【登录】对话框

步骤 10 单击【确定】按钮，即可成功连接，在【网络和共享中心】窗口中选择【更改适配器设置】选项，即可打开【网络连接】窗口。在其中可以看到【宽带连接】呈现已连接的状态，如图 21-10 所示。

步骤 11 在桌面上双击【IE 浏览器】图标，即可打开 IE 浏览器窗口，并打开当前设置的首页——百度首页，如图 21-11 所示。

步骤 12 在百度【搜索】文本框中输入需要搜索内容，如"新闻"，单击【百度一下】按钮，如果可打开搜索有关新闻的相关网页，则表明目前的计算机已经与外网联通。此时

图 21-11　IE 浏览器窗口

图 21-12　新闻的相关网页

21.2 组建有线局域网

通过将多个电脑和路由器连接起来，可以组建一个小型有线局域网，进而实现多台电脑同时共享上网。

21.2.1 搭建硬件环境

在组建有线局域网之前，要将硬件设备搭建好，搭建硬件环境需要 ADSL Modem、网线和路由器，如图 21-13 所示。

首先，通过网线将电脑与路由器相连接，将网线一端接入电脑主机后的网孔内，另一端接入路由器的任意一个 LAN 口内。

其次，通过网线将 ADSL Modem 与路由器相连接，将网线一端接入 ADSL Modem 的 LAN 口，另一端接入路由器的 WAN 口内。

最后，将路由器自带的电源插头与电源连接即可。此时，即完成了硬件搭建工作。

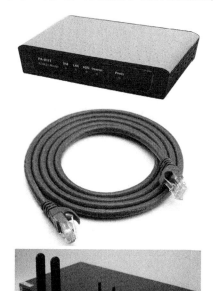

图 21-13 Modem、网线和路由器

21.2.2 配置路由器

一般市面上的路由器产品均提供基于 Web 的配置界面，用户只需在 IE 浏览器的地址栏输入"http://192.168.0.1"即可创建连接并弹出登录界面。在其中输入管理员用户名和密码，即可打开管理员模式窗口并弹出一个设置向导的界面，若没有自动弹出则可单击管理员模式中的【设置向导】选项，将其激活，然后就可以对路由器进行配置了。操作步骤如下。

步骤 1 在 IE 地址栏中输入路由器的 IP 地址"192.168.0.1"，打开【设置向导】工作界面，如图 21-14 所示。

图 21-14 【设置向导】工作界面

步骤 2 单击【下一步】按钮，打开【设置向导 - 上网方式】工作界面，在其中选择上网方式，如图 21-15 所示。

一般此时将显示最常用的 3 种上网方

式，用户可根据需要进行相应选择。

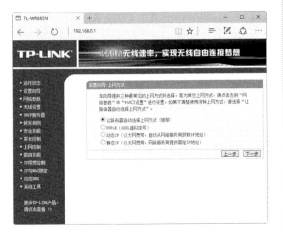

图 21-15 【设置向导 - 上网方式】工作界面

> **提示**
>
> ☆ PPPoE（ADSL 虚拟拨号）上网方式：
> 选中该方式后，用户需要分别输入
> ADSL 上网账号和口令，这些均由申
> 请上网业务时 ISP 服务商提供。
>
> ☆ 动态 IP 上网方式：该上网方式可自
> 动从网络服务商处获取 IP 地址。其
> 中如果启用【无线功能】，则接入本
> 无线网络的机器将可以访问有线网络
> 或 Internet。"SSID 号"是指无线局
> 域网用于身份验证的登录名，只有通
> 过身份验证的用户才可以访问本无线
> 网络。
>
> ☆ 静态 IP 上网方式：使用该上网方式
> 的用户必须拥有网络服务商提供的固
> 定 IP 地址，并根据提示填写"固定
> IP 地址、子网掩码、网关、DNS 服务器、
> 备用 DNS 服务器"等内容。

步骤 3 单击【下一步】按钮，打开【设置
向导 -PPPoE】工作界面，在其中输入上网账
号与上网口令。这里的上网账号与口令是从
网络运营商那里购买而来，如图 21-16 所示。

步骤 4 单击【下一步】按钮，打开【设置

向导 - 无线设置】工作界面，在其中设置对路
由器的无线功能进行设置，如图 21-17 所示。

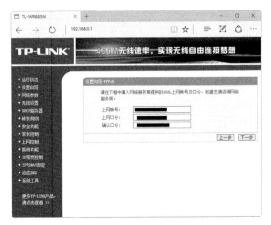

图 21-16 【设置向导 -PPPoE】工作界面

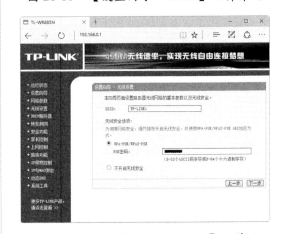

图 21-17 【设置向导 - 无线设置】工作界面

步骤 5 单击【下一步】按钮，打开【设
置向导】完成界面，如图 21-18 所示。

图 21-18 【设置向导】完成界面

步骤 **6** 单击【完成】按钮，即可完成路由器的设置，并显示当前路由器的运行状态，如图 21-19 所示。

图 21-19　路由器的运行状态

21.2.3　开始上网

路由器设置完成后，接下来需要设置电脑的网络配置，然后才能开始进行上网。不过，让电脑自动获取有线局域网中的 IP 地址，可使设置更简单。

具体操作步骤如下。

步骤 **1** 右击桌面上的【网络】图标，在弹出的快捷菜单中选择【属性】选项，弹出【网络和共享中心】窗口，如图 21-20 所示。

步骤 **2** 在左侧的窗格中选择【更改适配器设置】选项，即可打开【网络连接】窗口，如图 21-21 所示。

步骤 **3** 选中【以太网】图标，鼠标右击，在弹出的快捷菜单中选择【属性】选项，如图 21-22 所示。

步骤 **4** 打开【以太网 属性】对话框，在【此连接使用下列项目】列表框中选中【Internet 协议版本 4（TCP/IPv4）】选项，

如图 21-23 所示。

图 21-20　【网络和共享中心】窗口

图 21-21　【网络连接】窗口

图 21-22　选择【属性】选项

步骤 5 单击【属性】按钮，在弹出的对话框中选中【自动获得 IP 地址】单选按钮，单击【确定】按钮，保存设置，如图 21-24 所示。

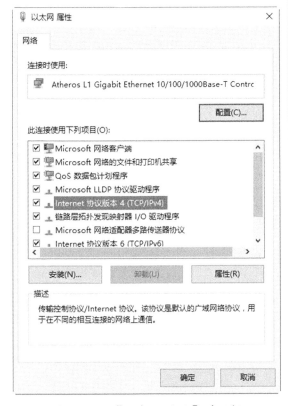

图 21-23 【以太网 属性】对话框

提示"网络已经连接"，如图 21-25 所示。

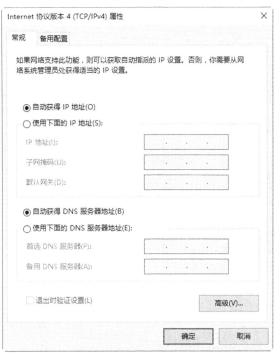

图 21-24 选中【自动获得 IP 地址】单选按钮

图 21-25 查看网络连接的状态

步骤 6 单击【状态栏】上网络图标按钮，在弹出的面板中可以看到网络连接的状态，

21.3 组建无线局域网

无线局域网络的搭建给家庭无线办公带来了很多方便，即使随意改变家庭里的办公位置也不会受束缚，大大满足了现代人的需求。

21.3.1 搭建无线网环境

建立无线局域网的操作比较简单，在有线网络到户后，用户只需连接一个具有无线 Wi-Fi 功能的路由器，然后让房间里的电脑、笔记本电脑、手机和 iPad 等设备利用无线网卡与路由器之间建立无线链接就可以了。图 21-26 是一个无线局域网连接示意图。

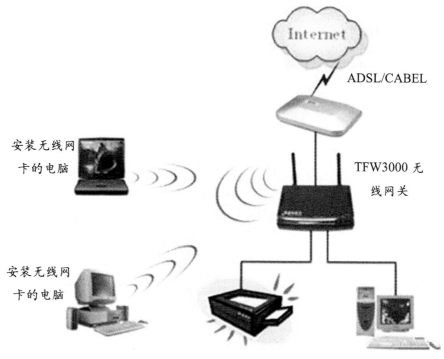

21-26　无线局域网示意图

21.3.2　配置无线局域网

建立无线局域网的第一步就是配置无线路由器。默认情况下，具有无线功能的路由器在没有开启无线功能时需要用户手动配置。在开启了路由器的无线功能后，下面就可以配置无线网了。

使用电脑配置无线网的操作步骤如下。

步骤 1 打开 IE 浏览器，在地址栏中输入路由器的网址。一般情况下路由器的默认网址为"192.168.0.1"，输入完毕后单击【转至】按钮，即可打开路由器的登录窗口，如图 21-27 所示。

步骤 2 在【请输入管理员密码】文本框中输入管理员的密码。默认情况下管理员的密码为"123456"，如图 21-28 所示。

步骤 3 单击【确认】按钮，即可进入路

由器的【运行状态】工作界面，在其中可以查看路由器的基本信息，如图 21-29 所示。

图 21-27　路由器的登录窗口

步骤 4 选择窗口左侧的【无线设置】选项，在打开的子选项中选择【基本信息】选项，即可在右侧的窗格中显示无线设置的基本功

能，选中【开始无线功能】和【开启SSID广播】复选框，如图21-30所示。

图 21-28　输入登录信息

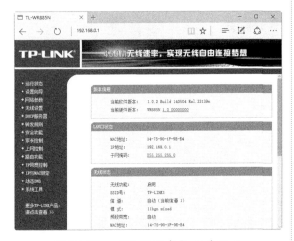

图 21-29　【运行状态】工作界面

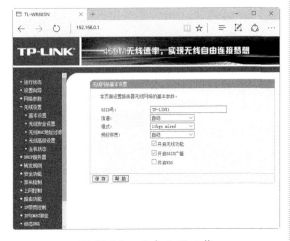

图 21-30　开启无线功能

步骤 5 选择【无线安全设置】选项，即可在右侧的窗格中设置无线网的相关安全参数，如图21-31所示。

图 21-31　选择【无线安全设置】选项

步骤 6 选择【无线MAC地址过滤】选项，在右侧的窗格中可以对无线网络的MAC地址进行过滤设置，如图21-32所示。

图 21-32　选择【无线MAC地址过滤】选项

步骤 7 选择【无线高级设置】选项，在右侧的窗格中可以对传输功率、是否开启VMM等选项进行设置，如图21-33所示。

步骤 8 选择【主机状态】选项，在右侧的窗格中可以查看无线网络的主机状态，如

图 21-34 所示。

图 21-33　选择【无线高级设置】选项

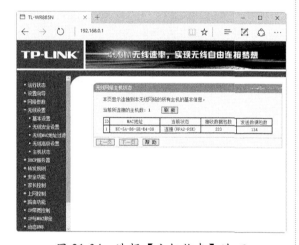

图 21-34　选择【主机状态】选项

 提示　当对路由器的无线功能设置完毕后，单击【保存】按钮进行保存，然后重新启动路由器，即可完成无线网的设置。这样，具有 Wi-Fi 功能的手机、电脑、IPad 等电子设备就可以与路由器进行无线连接，从而实现共享上网。

21.3.3　将电脑接入无线网

笔记本电脑具有无线接入功能，台式电脑要想接入无线网，需要购买相应的无线接收器。下面以笔记本电脑为例，介绍如何将电脑接入无线网的操作步骤。

步骤 1 双击笔记本电脑桌面右下角的无线连接图标，打开【网络和共享中心】窗口，在其中可以看到本台电脑的网络连接状态，如图 21-35 所示。

图 21-35　【网络和共享中心】窗口

步骤 2 单击笔记本电脑桌面右下角的无线连接图标，在打开的界面中显示了电脑自动搜索的无线设备和信号，如图 21-36 所示。

图 21-36　无线连接图标

步骤 3 单击任意无线连接设备，展开无线连接功能，选中【自动连接】复选框，如图 21-37 所示。

图 21-37　选中【自动连接】复选框

步骤 4 单击【连接】按钮，在打开的界面中输入无线连接设备的连接密码，如图 21-38 所示。

图 21-38　输入连接密码

步骤 5 单击【下一步】按钮，开始连接网络，如图 21-39 所示。

图 21-39　连接网络

步骤 6 连接到网络之后，桌面右下角的无线连接设备显示正常，并以弧线的方法给出信号的强弱，如图 21-40 所示。

图 21-40　无线连接设备显示正常

步骤 7 再次打开【网络和共享中心】窗口，可以看到这台电脑当前的连接状态，如图 21-41 所示。

图 21-41　【网络和共享中心】窗口

21.3.4　将手机接入 Wi-Fi

无线局域网配置完成后，用户可以将手机接入 Wi-Fi，从而实现无线上网。手机接入 Wi-Fi 的操作步骤如下。

步骤 1 在手机界面中用手指点【设置】图标，进入手机的【设置】界面，如图 21-42 所示。

步骤 2 用手指点 WLAN 右侧的【已关闭】，开启手机 WLAN 功能，并自动搜索周围可用的 WLAN，如图 21-43 所示。

步骤 3 用手指点下面可用的 WLAN，弹出连接界面，在其中输入相关密码，如图 21-44 所示。

步骤 4 点击【连接】按钮，即可将手机接入 Wi-Fi，并在下方显示【已连接】字样。这时手机已接入了 Wi-Fi，如图 21-45 所示。

图 21-42 【设置】界面 图 21-43 开启 WLAN 功能 图 21-44 输入相关密码 图 21-45 接入了 Wi-Fi

21.4 管理路由器

　　路由器是组建局域网中不可缺少的一个设备，尤其是在无线网络普遍应用的情况下，路由器的安全更是不可忽略。用户通过设置路由器管理员密码、修改路由器 WLAN 设备的名称、关闭路由器的无线广播功能等方式，可以提高局域网的安全性。

21.4.1 设置管理员密码

　　路由器的初始密码比较简单，为了保证局域网的安全，一般需要修改或设置管理员密码，具体的操作步骤如下。

步骤 1 打开路由器的 Web 后台设置界面，选择【系统工具】选项下的【修改登录密码】选项，打开【修改管理员密码】工作界面，如图 21-46 所示。

步骤 2 在【原密码】文本框中输入原来的密码，在【新密码】和【确认新密码】文本框中输入新设置的密码，最后单击【保存】

按钮即可，如图 21-47 所示。

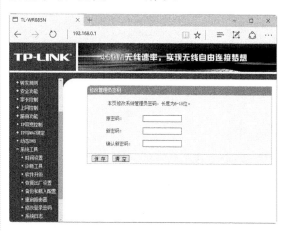

图 21-46 【修改管理员密码】工作界面

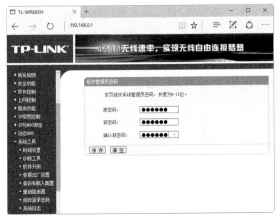

图 21-47 修改密码

21.4.2 修改 Wi-Fi 名称

　　Wi-Fi 的名称通常是指路由器当中 SSID 号的名称。该名称可以根据自己的需要进行修改，具体的操作步骤如下。

步骤 1 打开路由器的Web后台设置界面，选择【无线设置】选项下的【基本设置】选项，打开【无线网络基本设置】工作界面，如图 21-48 所示。

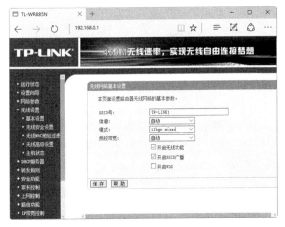

图 21-48 【无线网络基本设置】工作界面

步骤 2 将 SSID 号的名称由 "TP-LINK1" 修改为 "Wi-Fi"，最后单击【确定】按钮，即可保存 Wi-Fi 修改后的名称，如图 21-49

所示。

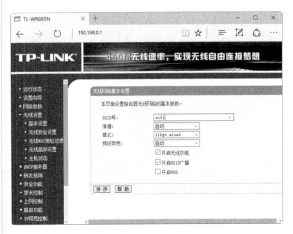

图 21-49 修改 Wi-Fi 名称

21.4.3 关闭无线广播

　　路由器的无线广播功能在给用户带来方便的同时，也给用户带来了安全隐患。因此，在不用无线功能的时候，要将路由器的无线功能关闭掉，具体的操作步骤如下。

步骤 1 打开无线路由器的 Web 后台设置界面，选择【无线设置】选项下的【基本设置】选项，即可在右侧的窗格中显示无线网络的基本设置信息，如图 21-50 所示。

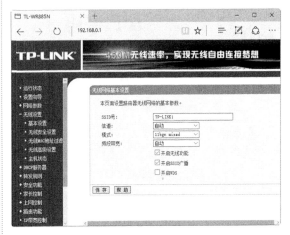

图 21-50 选择【基本设置】选项

步骤 2 取消【开启无线功能】和【开启 SSID 广播】两个复选框的选中状态，最后单击【保存】设置，即可关闭路由器的无线广播功能，如图 21-51 所示。

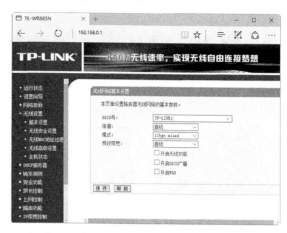

图 21-51　关闭无线广播功能

21.5 电脑和手机共享上网

目前，随着网络和手机上网的普及，电脑和手机的网络是可以互相共享的，这在一定程度上方便的用户。例如，如果手机共享电脑的网络，就可以节省手机的上网流量；如果自己的电脑不在有线网络环境中，就可以利用手机的流量进行电脑上网。

21.5.1 手机共享电脑的网络

电脑和手机网络的共享需要借助第三方软件，下面以借助 360 免费 Wi-Fi 软件为例进行介绍。

步骤 1 将电脑接入 Wi-Fi 环境当中，如图 21-52 所示。

图 21-52　【网络和共享中心】窗口

步骤 2 在电脑中安装 360 免费 Wi-Fi 软件，然后打开其工作界面，在其中设置 Wi-Fi 名称与密码，如图 21-53 所示。

图 21-53　360 免费 Wi-Fi

步骤 3 打开手机的 WLAN 搜索功能，可以看到搜索出来的 Wi-Fi 名称，例如"LB-LINK1"，如图 21-54 所示。

步骤 4 用手指点击 "LB-LINK1"，即可打开 Wi-Fi 连接界面，在其中输入密码，如图 21-55 所示。

步骤 5 点击【连接】按钮，手机就可以通过电脑发生出来的 Wi-Fi 信号进行上网了。如图 21-56 所示。

步骤 6 返回到电脑工作环境当中，在【360 免费 Wi-Fi】的工作界面中切换到【已经连接的手机】选项卡，在打开的界面中查看通过此电脑上网的手机信息，如图 21-57 所示。

图 21-54　WLAN 搜索功能　图 21-55　输入密码　图 21-56　连接无线网　图 21-57　选择已经连接的手机

21.5.2　电脑共享手机的网络

手机可以共享电脑的网络，电脑也可以共享手机的网络，具体的操作步骤如下。

步骤 1 打开手机，进入手机的设置界面，用手指点击【便携式 WLAN 热点】，开启手机的便携式 WLAN 热点功能，如图 21-58 所示。

步骤 2 返回到电脑的操作界面，单击右下角的无线连接图标，在打开的界面中显示了电脑自动搜索的无线设备和信号。此时可以看到手机的无线设备信息【HUAWEI C8815】，如图 21-59 所示。

步骤 3 单击手机无线设备，即可打开其连接界面，如图 21-60 所示。

图 21-58　选择【便携式 WLAN 热点】　图 21-59　搜索的无线设备　图 21-60　ADSL 连接界面

步骤 4 单击【连接】按钮，将电脑通过手机设备连接网络，如图 21-61 所示。

图 21-61　电脑通过手机设备连接网络

步骤 5 连接成功后，在手机设备下方显示【已连接、开放】信息，其中的"开放"表示该手机设备没有进行加密处理，如图 21-62 所示。

图 21-62　完成网络连接

至此，就完成了电脑通过手机上网的操作。

21.5.3 加密手机的 WLAN 热点功能

为保证手机的安全，一般需要给手机的 WLAN 热点功能添加密码，具体的操作步骤如下。

步骤 1 在手机的移动热点设置界面中，点击【配置 WLAN 热点】功能，在弹出的界面中点击【开放】选项，选择手机设备的加密方式，如图 21-63 所示。

步骤 2 选择好加密方式后，在下方显示密码输入框，在其中输入密码，然后单击【保存】按钮即可，如图 21-64 所示。

步骤 3 加密完成后，使用电脑再连接手机设备时，系统提示用户输入网络安全密钥，如图 21-65 所示。

图 21-63　移动热点设置界面

图 21-64　输入密码

图 21-65　完成加密操作

21.6 高效办公技能实战

21.6.1 控制设备的上网速度

在局域网中所有的终端设备都是通过路由器上网的，为了更好地管理各个终端设备的上网情况，管理员可以通过路由器控制上网设备的上网速度，具体的操作步骤如下。

步骤 1 打开路由器的 Web 后台设置界面，在其中选择【IP 宽带控制】选项，在右侧的窗格中可以查看相关的功能信息，如图 21-66 所示。

步骤 2 选中【开启 IP 宽带控制】复选框，即可在下方的设置区域中对设备的上行总宽带和下行总宽带数进行设置，进而控制终端设置的上网速度，如图 21-67 所示。

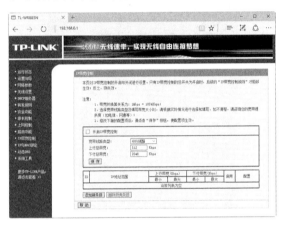

图 21-66 选择【IP 宽带控制】选项

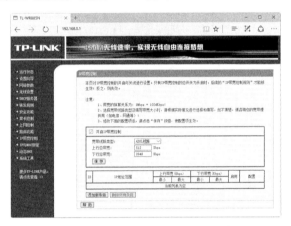

图 21-67 控制设备的上网速度

21.6.2 诊断和修复网络不通

当自己的电脑不能上网时，说明电脑与网络连接不通，这时就需要诊断和修复网络了，具体的操作步骤如下。

步骤 1 打开【网络连接】窗口，右击需要诊断的网络图标，在弹出的快捷菜单中选择【诊断】选项，弹出【Windows 网络诊断】窗口，并显示网络诊断的进度，如图 21-68 所示。

步骤 2 诊断完成后，将会在下方的窗格中显示诊断的结果，如图 21-69 所示。

步骤 3 单击【尝试以管理员身份进行这些修复】连接，即可开始对诊断出来的问题进行修复，如图 21-70 所示。

步骤 **4** 修复完毕后，会显示修复的结果，提示用户"**疑难解答已经完成**"，并在下方显示"已修复"信息，如图 21-71 所示。

图 21-68　【Windows 网络诊断】窗口

图 21-69　诊断的结果

图 21-70　修复连接

图 21-71　修复的结果

21.7　疑难问题解答

问题 1：什么是 Internet 服务提供商 (ISP)？

解答： Internet 服务提供商 (ISP) 是一家提供对 Internet 的访问权限的公司，通常需要付费。使用电话线（拨号）或宽带连接（电缆或 DSL）是连接到 ISP 最常见的方法。很多 ISP 还提供其他服务，如电子邮件账户、Web 浏览器以及用于创建网站的空间。

问题 2：什么是无线信号强度？

解答： 在可用的无线网络列表中，用户将看到显示每个网络无线信号强度的符号▦。方条越多，信号越强，强信号（5 根方条）通常意味着无线网络很近或没有干扰。为了获得最佳性能，需要将上网设备连接到信号最强的无线网络。但是，当不安全网络中的信号比启用了安全保护的网络中的信号更强时，为了数据更为安全，最好还是连接到启用了安全保护的网络。为了提高信号强度，可以将电脑或上网设备移动到距离无线路由器或访问点更近的位置，或者将路由器或访问点移动到远离干扰源（如砖墙或包含金属支撑梁的墙体）的位置。

走进网络——
网络协同化办公

● 本章导读

　　互联网正在强烈地影响着人们生活和工作的方式，用户在网上不仅可以和万里之外的人交流信息；还可以在网上查看信息、下载需要的资源、网上冲浪、借助外部网络进行辅助办公等。本章主要介绍用户如何使用网络协同办公的技巧。

● 学习目标

◎ 认识常用的浏览器

◎ 掌握 Microsoft Edge 浏览器的应用方法

◎ 掌握搜索并下载网络资源的方法

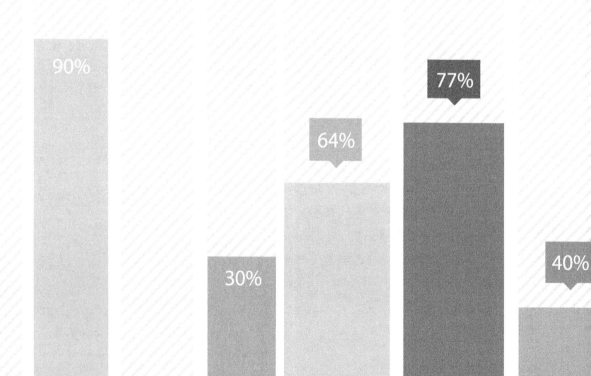

22.1 认识常用的浏览器

浏览器是用户进行网络搜索的重要工具，用来显示网络中的文字、图像及其他信息，本节就来介绍一下常用的浏览器。

22.1.1 Microsoft Edge 浏览器

Microsoft Edge 浏览器是 Windows 10 操作系统内置的浏览器。Edge 浏览器的一些功能细节包括：支持内置 Cortana 语音功能；内置了阅读器、笔记和分享功能；设计注重实用和极简主义。图 22-1 是 Microsoft Edge 浏览器的工作界面。

图 22-1　Microsoft Edge 浏览器

22.1.2 Interest Explorer 11 浏览器

Interest Explorer 11 浏览器是现在使用人数最多的浏览器，它是微软新版本的 Windows 操作系统的一个组成部分，在 Windows 操作系统安装时默认安装。双击桌面上的 IE 快捷方式图，或单击快速启动栏中的 IE 图标，都可以打开 Interest Explorer 11，其工作界面如图 22-2 所示。

图 22-2　Interest Explorer 11 浏览器

22.1.3 360 安全浏览器

360 安全浏览器是互联网上好用且安全的新一代浏览器，与 360 安全卫士、360 杀毒等软件等产品一同成为 360 安全中心的系列产品。360 安全浏览器采用恶意网址拦截技术，可自动拦截挂马、欺诈、网银仿冒等恶意网址。其独创沙箱技术，在隔离模式即使访问木马也不会感染。360 安全浏览器界面如图 22-3 所示。

图 22-3　360 安全浏览器

22.2 Microsoft Edge 浏览器的应用

通过 Microsoft Edge 浏览器用户不仅可以浏览网页，还可以根据自己的需要设置其他功能，例如在阅读视图模式下浏览网页、将网页添加到浏览器的收藏夹中、给网页做 Web 笔记等。

Microsoft Edge 基本操作

Microsoft Edge 基本操作包括启动、关闭与打开网页等，下面分别进行介绍。

1. 启动 Microsoft Edge 浏览器

启动 Microsoft Edge 浏览器，通常有以下三种方法。

（1）双击桌面上的 Microsoft Edge 快捷方式图标。

（2）单击快速启动栏中的 Microsoft Edge 图标。

（3）单击【开始】按钮，选择【所有程序】→ Microsoft Edge 选项，如图 22-4 所示。

图 22-4　选择 Microsoft Edge 选项

默认情况下，启动 Microsoft Edge 后将会打开用户设置的首页，它是用户进入 Internet 的起点。图 22-5 是用户设置的首页为百度搜索页面。

图 22-5　百度搜索页面

2. 使用 Microsoft Edge 浏览器打开网页

如果知道要访问网页的网址（即 URL），就可以直接在 Microsoft Edge 浏览器中的地址栏中输入该网址，然后按 Enter 键，即可打开该网页。例如，在地址栏中输入新浪网网址"http://www.sina.com.cn/"，按 Enter 键，即可进入该网站的首页，如图 22-6 所示。

另外，当打开多个网页后，单击地址栏中的下拉按钮，在弹出的下拉列表中可以看到曾经输入过的网址。当在地址栏中再次输入该地址时，只需要输入一个或几个字符，地址栏中将自动弹出一个下拉列表，其中列出了与输入部分相同的曾经访问过的所有网址，用户只需选择需要的网址即可进入相应的网页，如图 22-7 所示。

图 22-6　新浪网站的首页

图 22-7　选择需要的网址

3. 关闭 Microsoft Edge 浏览器

当用户浏览网页结束后，就需要关闭 Microsoft Edge 浏览器。同大多数 Windows 应用程序一样，关闭 Microsoft Edge 浏览器也有以下 3 种方法。

（1）单击【Microsoft Edge 浏览器】窗口右上角的【关闭】按钮 ✕。

（2）按下键盘上 Alt+F4 组合键。

（3）右击 Microsoft Edge 浏览器的标题栏，在弹出的快捷菜单中选择【关闭】选项。

为了方便起见，用户一般采用第一种方法来关闭 Microsoft Edge 浏览器，如图 22-8 所示。

图 22-8　关闭 Microsoft Edge 浏览器

22.2.2　使用阅读视图模式

Microsoft Edge 浏览器提供阅读视图模式，可以在没有干扰（没有广告，没有网页的头标题和尾标题等等，只有正文）的模式下看文章，还可以调整背景和文字大小。

具体的操作步骤如下。

步骤　1　在 Edge 浏览器中，打开具有一篇文章的网页，例如打开一篇有关"蜂蜜"介绍的网页，单击浏览器工具栏的【阅读视图】按钮 📖，如图 22-9 所示。

图 22-9　Microsoft Edge 浏览器

步骤　2　进入网页阅读视图模式，可以看到此模式下除了文章之外，网页上没有其他的东西，如图 22-10 所示。

图 22-10　阅读视图模式

> **提示**　再次单击【阅读视图】按钮，会退出阅读模式。

步骤 3 如果想调整阅读时的背景和字体大小，单击浏览器当中的【更多】按钮，在弹出的下拉列表中选择【设置】选项，如图 22-11 所示。

图 22-11　选择【设置】选项

步骤 4 打开设置界面，单击【阅读视图风格】下方的下拉按钮，在弹出的下拉列表中选择【亮】选项，如图 22-12 所示。

步骤 5 单击【阅读视图字号】下方的下拉按钮，在弹出的下拉列表中选择【超大】选项，如图 22-13 所示。

步骤 6 设置完毕后，返回到【阅读视图】界面，可以看到调整设置后的效果，如图 22-14 所示。

图 22-12　设置界面

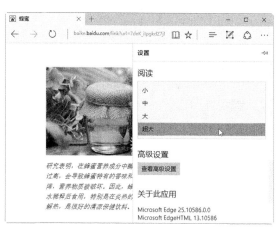

图 22-13　设置字号

图 22-14　调整后的效果

22.2.3 添加网址到收藏夹

Microsoft Edge 浏览器的收藏夹其实就是一个文件夹，其中存放着用户喜爱或经常访问的网站地址，如果能好好利用这一功能，将会使网上冲浪更加轻松惬意。

将网页添加到收藏夹的具体操作步骤如下。

步骤 1 打开一个需要将其添加到收藏夹的网页，例如新浪首页，如图 22-15 所示。

图 22-15　新浪首页

步骤 2 单击页面中的【添加到收藏夹或阅读列表】按钮，如图 22-16 所示。

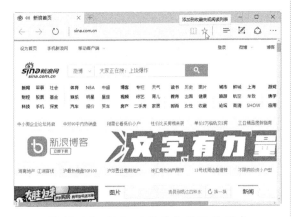

图 22-16　添加到收藏夹或阅读列表

步骤 3 打开【收藏夹或阅读列表】工作界面，在【名称】文本框中设置收藏网页的名称，在【保存位置】文本框中设置网页收藏时保存的位置，如图 22-17 所示。

图 22-17　【收藏夹或阅读列表】工作界面

步骤 4 单击【保存】按钮，即可将打开的网页收藏起来。单击页面中的【中心】按钮 可以打开【中心】设置界面，单击其中的【收藏夹】按钮，可以在下方的列表中查看收藏夹中已经收藏的网页信息，如图 22-18 所示。

图 22-18　查看收藏夹

22.2.4 做 Web 笔记

Web 笔记，顾名思义就是浏览网页时，如果想要保存一下当前网页的信息，可以通过 Web 笔记功能实现。使用 Web 笔记保存网页信息的操作步骤如下。

步骤 1 双击任务栏中的 Microsoft Edge 图

标，启动 Microsoft Edge 浏览器，如图 22-19 所示。

图 22-19 启动 Microsoft Edge 浏览器

步骤 2 单击 Microsoft Edge 浏览器页面中的【做 Web 笔记】按钮，如图 22-20 所示。

图 22-20 单击【做 Web 笔记】按钮

步骤 3 进入浏览器做 Web 笔记工作环境，如图 22-21 所示。

图 22-21 Web 笔记工作环境

步骤 4 单击页面左上角的【笔】按钮，在弹出的面板中设置做笔记时的笔触颜色，如图 22-22 所示。

图 22-22 设置笔触颜色

步骤 5 使用笔工具在页面中输入笔记内容，例如输入"大"字，如图 22-23 所示。

图 22-23 输入笔记内容

步骤 6 如果想清除输入的笔记内容，就单击【橡皮擦】按钮，在弹出的列表中选择【清除所有墨迹】选项，即可清除输入的笔记内容，如图 22-24 所示。

图 22-24 选择【清除所有墨迹】选项

步骤 7 单击【添加键入的笔记】按钮，如图 22-25 所示。

图 22-25　单击【添加键入的笔记】按钮

步骤 8 在页面中绘制一个文本框，然后在其中输入笔记内容，如图 22-26 所示。

图 22-26　输入笔记内容

步骤 9 单击【剪辑】按钮，进入剪辑状态，如图 22-27 所示。

图 22-27　进入剪辑状态

步骤 10 鼠标左键单击，拖动鼠标复制区域，如图 22-28 所示。

步骤 11 笔记做完之后，单击页面中的【保存 Web 笔记】按钮，如图 22-29 所示。

图 22-28　复制区域

图 22-29　单击【保存 Web 笔记】按钮

步骤 12 弹出笔记保存设置界面，单击【保存】按钮，即可将做的笔记保存起来，如图 22-30 所示。

图 22-30　保存笔记

步骤 13 如果想退出 Web 笔记工作模式，就单击【退出】按钮，如图 22-31 所示。

图 22-31 退出 Web 笔记工作模式

22.2.5 InPrivate 浏览

使用 InPrivate 浏览网页时，用户的浏览数据（如 Cookie、历史记录或临时文件）在用户浏览完后不会被保存在电脑上，也就是说，当关闭所有的 InPrivate 标签页后，Microsoft Edge 会从电脑中删除临时数据。使用 InPrivate 浏览网页的操作步骤如下。

步骤 1 双击任务栏中的 Microsoft Edge 图标，打开 Microsoft Edge 浏览工作界面，单击【更多】按钮，在弹出的下拉列表中选择【新InPrivate 窗口】选项，如图 22-32 所示。

图 22-32 选择【新 InPrivate 窗口】选项

步骤 2 打开 InPrivate 窗口，提示用户正在浏览 InPrivate，如图 22-33 所示。

图 22-33 InPrivate 窗口

步骤 3 在【搜索或输入网址】文本框中输入想要使用 InPrivate 浏览的网页网址，例如输入 "www.baidu.com"，如图 22-34 所示。

图 22-34 输入网址

步骤 4 单击→按钮，即可在 InPrivate 中打开百度网首页，进而浏览网页，如图 22-35 所示。

图 22-35 百度网首页

22.2.6 启用 SmartScreen 筛选

启用 SmartScreen 筛选功能可以保护用户的计算机免受不良网站和下载内容的威胁。启用 SmartScreen 筛选功能的操作步骤如下。

步骤 1 打开 Microsoft Edge 浏览器，单击窗口中的【更多】按钮，在弹出的下拉列表中选择【设置】选项，如图 22-36 所示。

图 22-36　选择【设置】选项

步骤 2 打开【设置】界面，在其中单击【查看高级设置】按钮，如图 22-37 所示。

步骤 3 打开【高级设置】工作界面，将【启用 SmartScreen 筛选，保护我的计算机免受不

良网站和下载内容的威胁】下方的【开/关】按钮设置为"开"，即可启用 SmartScreen 筛选功能，如图 22-38 所示。

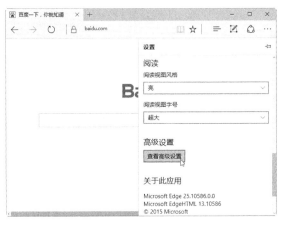

图 22-37　【设置】界面

图 22-38　【高级设置】工作界面

22.3 搜索并下载网络资源

网络就像一个虚拟的世界，在网络中用户可以搜索到几乎所有的资源。当自己想要保存数据时，就需要将其从网络下载到自己的电脑硬盘之中。

22.3.1 认识搜索引擎

目前常见的搜索引擎有很多种，常用的有百度搜索、Google 搜索、搜狗等，下面分别进行介绍。

 1.　百度搜索

百度是最大的中文搜索引擎，在百度网

站中可以搜索页面、图片、新闻、mp3 音乐、百科知识、专业文档等内容，如图 22-39 所示。

图 22-39　百度搜索引擎首页

2. Google 搜索

Google 搜索引擎成立于 1997 年，是世界上最大的搜索引擎之一，Google 通过对 70 多亿网页的整理，为世界各地的用户提供搜索，属于全文搜索引擎，而且搜索速度非常快。Google 搜索引擎分为"网站"、"新闻"、"网页目录"、"图像"等搜索类别，如图 22-40 所示。

图 22-40　Google 搜索引擎首页

22.3.2 搜索网页

搜索网页可以说是搜索引擎最基本的功能，下面以在百度中搜索网页为例，介绍搜索网页的方法。

步骤 1 打开 IE 11 浏览器，在地址栏中输入百度搜索网址 "http://www.baidu.com"，按下 Enter 键，即可打开百度首页，如图 22-41 所示。

图 22-41　百度首页

步骤 2 在百度搜索文本框中输入想要搜索网页的关键字，例如输入"蜂蜜"，即可进入【蜂蜜 - 百度搜索】页面，如图 22-42 所示。

图 22-42　输入搜索网页的关键字

步骤 3 单击需要查看的网页，例如单击【蜂蜜 百度百科】超链接，即可打开【蜂蜜 百度百科】页面，在其中可以查看有关"蜂蜜"的详细信息，如图 22-43 所示。

图 22-43　打开【蜂蜜 百度百科】页面

22.3.3　搜索图片

使用百度搜索引擎搜索图片的具体操作步骤如下。

步骤 1 打开百度首页，将鼠标放置在【更多产品】按钮之上，在弹出的下拉列表中选择【图片】选项，如图 22-44 所示。

图 22-44　选择【图片】选项

步骤 2 进入图片搜索页面，在【百度搜索】文本框中输入想要搜索图片的关键字，例如输入"玫瑰"，如图 22-45 所示。

步骤 3 单击【百度一下】按钮，即可打开有关"玫瑰"的图片搜索结果，如图 22-46 所示。

步骤 4 单击自己喜欢的玫瑰图片，就会以大图的方式显示该图片，如图 22-47 所示。

图 22-45　图片搜索页面

图 22-46　图片搜索结果

图 22-47　以大图的方式显示该图片

22.3.4　下载网络资源

用 IE 浏览器直接下载是最普通的一种下载方式，但是这种下载方式不支持断点续传。一般情况下只在下载小文件的情况下才使用，对于下载大文件就不大适用。

一般网上的文件以 .rar、.zip 等后缀名存在，使用 IE 浏览器下载后缀名为 .rar 文件的具体操作步骤如下。

步骤 1 以在百度云网盘中下载为例，打开要下载的文件所在的页面，单击需要下载的链接，例如单击【下载】按钮，如图 22-48 所示。

图 22-48　百度云网盘页面

步骤 2 打开【文件下载】对话框，如图 22-49 所示。

图 22-49　【文件下载】对话框

步骤 3 单击【普通下载】按钮，在页面的下方显示下载信息提示对话框，提示用户是否运行或保存此文件，如图 22-50 所示。

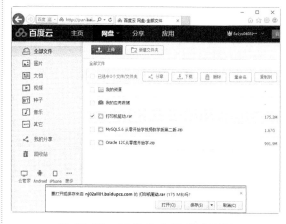

图 22-50　下载信息提示对话框

步骤 4 单击【保存】按钮右侧的下三角按钮，在弹出的下拉列表中选择【另存为】选项，如图 22-51 所示。

图 22-51　选择【另存为】选项

> **提示** 在单击网页上的链接时，会根据链接的不同而执行不同的操作，如果单击的链接指向的是一个网页，则会打开该网页，当链接为一个文件时，才会打开【文件下载】对话框。

步骤 5 打开【另存为】对话框，并选择保存文件的位置，如图 22-52 所示。

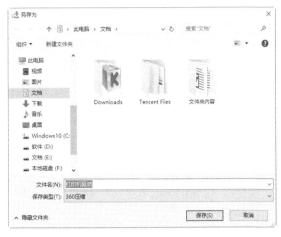

图 22-52 【另存为】对话框

步骤 6 单击【保存】按钮，开始下载文件，如图 22-53 所示。

图 22-53 开始下载文件

步骤 7 下载完成后，出现【下载完毕】

对话框，如图 22-54 所示。

图 22-54 【下载完毕】对话框

步骤 8 单击【打开文件夹】按钮，打开下载文件所在的位置，单击【运行】按钮，即可执行程序的安装操作，如图 22-55 所示。

图 22-55 查看下载的文件

22.4 高效办公技能实战

22.4.1 屏蔽网页广告弹窗

　　Interest Explorer 11 浏览器具有屏蔽网页广告弹窗的功能，使用该功能屏蔽网页广告弹窗的操作步骤如下。

步骤 1 在 IE 11 浏览器的工作界面中选择【工具】栏下的【启用弹出窗口阻止程序】命令，

如图 22-56 所示。

图 22-56　选择【启用弹出窗口阻止程序】命令

步骤 2 打开【弹出窗口阻止程序】对话框，提示用户是否确实要启用 Interest Explorer 弹出窗口阻止程序，如图 22-57 所示。

图 22-57　【弹出窗口阻止程序】对话框

步骤 3 单击【是】按钮，即可启用该功能，然后选择【工具】→【弹出窗口阻止程序设置】命令，如图 22-58 所示。

图 22-58　选择【弹出窗口阻止程序设置】命令

步骤 4 打开【弹出窗口阻止程序设置】对话框，在【要允许的网站地址】文本框中输入允许的网站地址，如图 22-59 所示。

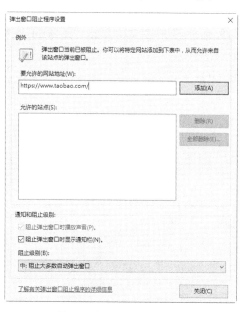

图 22-59　【弹出窗口阻止程序设置】对话框

步骤 5 单击【添加】按钮，即可将输入的网站网址添加到【允许的站点】列表中。单击【关闭】按钮，即可完成弹出窗口阻止程序的设置操作，如图 22-60 所示。

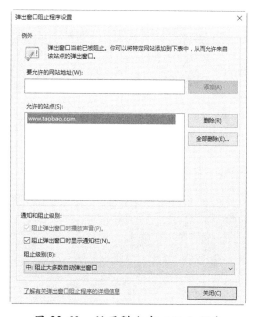

图 22-60　设置弹出窗口阻止程序

22.4.2 将电脑收藏夹网址同步到手机

使用 360 安全浏览器可以将电脑收藏夹中的网址同步到手机当中，其中 360 安全浏览器的版本要求在 7.0 以上，具体的操作步骤如下。

步骤 1 在电脑中打开 360 安全浏览器 8.1，如图 22-61 所示。

图 22-61　360 安全浏览器

步骤 2 单击工作界面左上角的浏览器标志，在弹出的界面中单击【登录账号】按钮，如图 22-62 所示。

图 22-62　单击【登录账号】按钮

步骤 3 弹出【登录 360 账号】对话框，

在其中输入账号与密码。如图 22-63 所示。

图 22-63　输入账号与密码

提示 如果没有账号，就单击【免费注册】按钮，在打开的界面中输入账号与密码进行注册，如图 22-64 所示。

图 22-64　注册账号页面

步骤 4 输入完毕后，单击【登录】按钮，即可以会员的方式登录到 360 安全浏览器中，单击浏览器左上角的图标，在弹出的下拉列表中单击【手动同步】按钮，如图 22-65 所示。

图 22-65　360 安全浏览器

步骤 5 此时已将电脑中的收藏夹进行同步操作，如图 22-66 所示。

图 22-66　同步操作

步骤 6 进入手机操作环境，点击 360 手机浏览器图标，进入手机 360 浏览器工作界面，如图 22-67 所示。

步骤 7 点击页面下方的【三】按钮，打开手机 360 浏览器的设置界面，如图 22-68 所示。

步骤 8 点击【收藏夹】图标，进入手机 360 浏览器的收藏夹界面，如图 22-69 所示。

图 22-67　浏览器工作界面

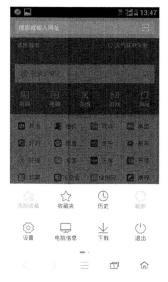

图 22-68　设置界面

图 22-69　收藏夹界面

步骤 9 点击【同步】按钮，打开【账号登录】界面，如图 22-70 所示。

步骤 10 在登录界面中输入账号与密码。需要注意的是手机登录的账号与密码与电脑登录的账户与密码必须一致，如图 22-71 所示。

步骤 11 单击【立即登录】按钮，即可以会员的方式登录到手机 360 浏览器中，在打开的界面中可以看到【电脑收藏夹】选项，如图 22-72 所示。

图 22-70 【账号登录】界面　　图 22-71 输入账号与密码　　图 22-72 【电脑收藏夹】选项

步骤 12 点击【电脑收藏夹】选项，即可打开【电脑收藏夹】操作界面，在其中可以看到电脑中的收藏夹的网址信息出现在了手机浏览器的收藏夹中，这说明收藏夹同步操作已完成，如图 22-73 所示。

图 22-73 【电脑收藏夹】操作界面

22.5 疑难问题解答

问题 1：有时，电脑用户会遇到不能上网的情况，在检测问题时常常需要检测该电脑是否与外网相连，该如何检测？

解答：使用"ping 服务器域名"命令，即可检查电脑是否能连接到外网。具体的操作方式是：在【命令提示符】窗口中输入命令"ping 服务器域名"，例如输入"ping www.baidu.com"，然后按 Enter 键，即可显示检测结果。

问题 2：打开的网页显示不正常怎么办？

解答：使用 IE 浏览器打开网页时，遇到页面打开不正常，这时用户单击地址栏右侧的【刷新】按钮就可以刷新页面，重新显示。

办公通信——
网络沟通和交流

● 本章导读

　　通过网络不仅可以帮助用户搜索资源，还可以方便同事、合作伙伴之间的交流互动，提高办公效率。本章将为读者介绍收发邮件、使用 QQ 等协同办公的方法。

● 学习目标

◎ 掌握收发电子邮件的方法

◎ 掌握使用网页邮箱收发邮件的方法

◎ 掌握使用 QQ 协同办公的方法

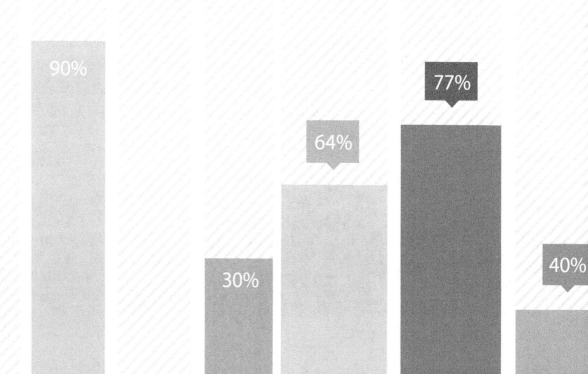

23.1 收发电子邮件

电子邮件是一种用电子手段提供信息交换的通信方式，是互联网应用最广的服务。电子邮件有文字、图像、声音等多种形式，能为用户提供大量免费的新闻、专题邮件，并实现信息搜索。

23.1.1 配置邮件账户

Windows 10系统支持多种电子邮件地址，在使用电子邮件之前，用户需要配置一个属于自己的 Windows 10 电子邮件账户，具体操作步骤如下。

步骤 1 选择桌面左下角【开始】→【所有应用】→【邮件】选项，如图 23-1 所示。

图 23-1　选择【邮件】选项

步骤 2 打开邮件的欢迎界面，如图 23-2 所示。

图 23-2　邮件欢迎界面

步骤 3 单击【开始使用】按钮打开账户窗口，如果用户没有登录 Microsoft 账户，则需要添加账户。这里单击【添加账户】按钮，如图 23-3 所示。

图 23-3　邮件账户界面

步骤 4 如果用户有 Microsoft 账户，就选择 outlook.com 选项登录自己的账户。如果用户没有 Microsoft 账户，就打开 outlook.com 选项注册。这里单击【其他账户】选项，如图 23-4 所示。

> **提示**
> 如果是 Microsoft 账户，就选择第一个 Outlook.com 选项。如果是企业账户，一般可以选择 Exchange 选项。如果是 Gmail，就选择 Google 选项。如果是 Apple，就选择 iCloud 选项。如果是 QQ、163 等邮箱，就选择 PoP、IMAP。

图 23-4　选择其他账户

步骤 5 打开【其他账户】对话框，在其中输入电子邮件地址和密码，如图 23-5 所示。

图 23-5　输入邮件地址与密码

步骤 6 单击【登录】按钮，配置完成，单击【完成】按钮退出，如图 23-6 所示。

图 23-6　账户设置完成

23.1.2　发送邮件

通过网络的电子邮件系统，用户可以与世界上任何一个角落的网络用户联系。发送电子邮件的操作步骤如下。

步骤 1 选择桌面左下角【开始】→【所有应用】→【邮件】选项，如图 23-7 所示。

图 23-7　选择【邮件】选项

步骤 2 打开【邮件】主界面，系统会默认进入电子邮件的收件箱，如图 23-8 所示。

图 23-8　【邮件】窗口

步骤 3 单击【邮件】窗口上方的【新邮件】按钮，即可进入新邮件详细信息窗口。用户输入需要发送的内容，填写收件人的地址并发送电子邮件，如图 23-9 所示。

步骤 4 如果用户需要给多位收件人发送同一邮件，就直接在收件人地址中加上其他收件人的电子邮件地址，中间用逗号隔开，邮件写完后，单击【发送】按钮即可，如

图 23-10 所示。

所示。

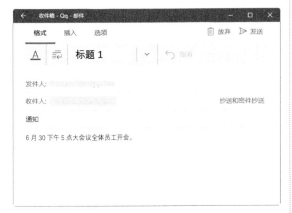

图 23-9　输入邮件详细内容

图 23-11　【插入】选项卡

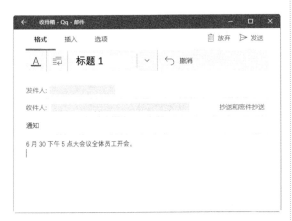

图 23-10　输入多个收件人邮件地址

图 23-12　【打开】对话框

23.1.3　添加附件

附件可以添加多种格式的文件，添加附件的具体操作步骤如下。

步骤 1 在写邮件的界面选择【插入】选项卡，如图 23-11 所示。

步骤 2 单击【插入】选项卡下的【文件】按钮，打开【打开】对话框，选择需要上传的文件，如图 23-12 所示。

步骤 3 单击【打开】按钮，开始附件的上传，上传完成，单击【发送】按钮，如图 23-13

图 23-13　添加附件文件

步骤 4 如果想在邮件中插入图片，就单击【图片】按钮，在打开的【打开】对话框中选中要插入的图片即可，如图 23-14 所示。

> **提示** 除添加附件文件和图片外，用户还可以在邮件中插入表格、链接等。

图 23-14　单击【图片】按钮

23.2 使用网页邮箱收发邮件

除了 Outlook 邮箱外，使用网易邮箱、QQ 邮箱、新浪邮箱、搜狐邮箱等其他电子邮箱也可以收发邮件。

23.2.1 使用网易邮箱

网易邮箱是中国的主流电子邮箱之一，它包括 163、126、yeah、专业企业邮等邮箱品牌，其中使用较为广泛的是 163 免费邮和 126 免费邮，其操作方法基本相同。下面以 163 免费邮为例，介绍其使用方法。

步骤 1 在 IE 浏览器的地址栏中输入 163 邮箱的网址"http://mail.163.com/"，按 Enter 键，或单击【转至】按钮，即可打开 163 邮箱的登录页面。在【邮箱地址账号】和【密码】文本框中输入已拥有的 163 邮箱账号和密码，如图 23-15 所示。

步骤 2 单击【登录】按钮，进入到邮箱页面，如图 23-16 所示。

步骤 3 登录到自己的电子邮箱后，单击左侧列表中的【写信】按钮，即可进入到电

子邮箱的编辑窗口，如图 23-17 所示。

图 23-15　输入账户与密码

步骤 4 在【收件人】文本框中输入收件人的电子邮箱地址、在【主题】文本框中输入电子邮件的主题，相当于电子邮件的名字，

最好能让收信人迅速知道邮件的大致内容，然后在下面的空白文本框中输入邮件的内容，如图 23-18 所示。

图 23-16　邮箱页面

图 23-17　电子邮件编辑窗口

步骤 5 单击【发送】按钮，即可开始发送电子邮件。在发送的过程中为了防止垃圾邮件泛滥，需要输入验证信息，如图 23-19 所示。

步骤 6 输入姓名后，单击【保存并发送】按钮，发送电子邮件，发送成功后，窗口中将出现【发送成功】的提示信息，如图 23-20 所示。

图 23-18　输入电子邮件内容

图 23-19　输入姓名

图 23-20　邮件发送成功

23.2.2　使用 QQ 邮箱

QQ 邮箱是腾讯公司推出的邮箱产品，如

果用户拥有 QQ 号，就不需要单独注册邮箱。下面介绍 QQ 邮箱的使用方法。

步骤 1 登录 QQ，在 QQ 面板中单击【QQ 邮箱】图标，如图 23-21 所示。

图 23-21 单击【QQ 邮箱】图标

步骤 2 打开并登录 QQ 邮箱，如图 23-22 所示。

图 23-22 QQ 邮箱界面

> **提示** 用户也可以进入 QQ 登录页面（mail.qq.com），输入 QQ 账号和密码登录邮箱。

步骤 3 单击【写信】超链接，即可进入邮件编辑界面，添加收件人、主题、编辑正文内容。如果收件人是 QQ 好友，就在右侧【通讯录】下方选择 QQ 好友，将其添加到收件人栏中，如图 23-23 所示。

步骤 4 如果要添加附件、照片、文档等，单击主题下方对应的按钮，或单击【格式】按钮，如图 23-24 所示。

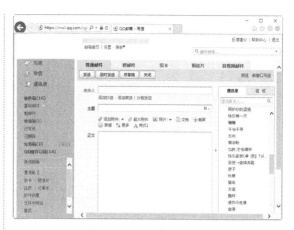

图 23-23 写邮件界面

图 23-24 设置邮件格式

步骤 5 邮件编辑完成后，单击【发送】按钮；或单击【定时发送】按钮，设置发送时间；或单击【存草稿】按钮，将当前邮件存入草稿箱；或单击【关闭】按钮，关闭当前页面，如图 23-25 所示。

图 23-25 发送邮件设置功能区

步骤 6 发送完成后，即会提示"您的邮件已发送"的信息。单击左侧的【查看此邮件】超链接，可以查看已发送的邮件，如图 23-26 所示。

图 23-26 发送邮件成功

23.3 使用 QQ 协同办公

腾讯 QQ 是一款即时寻呼聊天软件，支持显示朋友在线信息、即时传送信息、即时交谈、即时传输文件。另外，QQ 还具有发送离线文件、超级文件、共享文件、QQ 邮箱、游戏等功能。

23.3.1 即时互传重要文档

QQ 支持文件的在线传输和离线发送功能，在日常办公中常被用户用来发送文件。

 在线发送文件

在线发送文件的前提是双方都在线。在线发送文件的具体步骤如下。

步骤 1 打开聊天对话框，将要发送的文件拖曳到信息输入框中，即可看到文件显示在发送列表中，等待对方的接收，如图 23-27 所示。

图 23-27　QQ 聊天对话框

步骤 2 此时文件接收方的桌面右下角会弹出一个信息提示对话框，单击【接收】选项，直接接收该文件；单击【另存为】选项可将文件接收并保存到指定位置，如图 23-28 所示。

向您发送离线文件

幸福的含义_032....

接收　另存为　收藏　取消

图 23-28　信息提示对话框

步骤 3 如果接收文件方，与对方的 QQ 聊天窗口处于打开状态，窗口右侧则显示传送文件列表，如图 23-29 所示。

图 23-29　QQ 聊天对话框

步骤 4 接收完毕后，选择【打开】选项，可打开该文件；选择【打开文件夹】选项，可以打开该文件所保存位置的文件夹；选择【转发】选项，可将其转发给其他好友，如图 23-30 所示。

图 23-30　成功接收文档

2. 离线发送文件

离线发送文件，通过服务器中转的形式发送给好友，不管其是否在线，都可以完成文件发送。离线发送文件的方法有以下两种。

（1）在线传送时，单击【转离线发送】链接，如图 23-31 所示。

图 23-31　单击【转离线发送】链接

（2）选择【传送文件】列表中的【发送离线文件】选项，即可发送离线文件，如图 23-32 所示。

图 23-32　【发送离线文件】选项

23.3.2　加入公司内部沟通群

群是为 QQ 用户中拥有共性的小群体建立的一个即时通讯平台，如"老乡会"和"我的同学"、"同事"等群。下面以同事群为例，介绍使用群进行沟通与交流的方法。

步骤 **1** 在 QQ 面板中单击【查找】按钮，如图 23-33 所示。

图 23-33　QQ 面板

步骤 **2** 弹出【查找】对话框，切换到【找群】选项卡，在下面的文本框中输入公司内部沟通群号码，如图 23-34 所示。

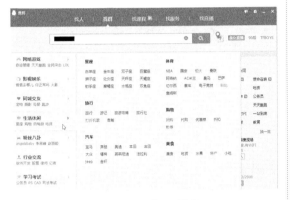

图 23-34　输入群号

步骤 3 单击【查找】按钮，即可在网络上查找需要的群，如图 23-35 所示。

图 23-35　查找群

步骤 4 单击【加群】按钮，弹出【添加群】对话框，在验证信息文本框中输入相应的内容，如图 23-36 所示。

图 23-36　【添加群】对话框

步骤 5 单击【下一步】按钮，即可将申请加入群的请求发送给该群的群主，如图 23-37 所示。

图 23-37　发送添加请求

步骤 6 成功加入群后会弹出一个信息提示对话框，如图 23-38 所示。

图 23-38　信息提示对话框

步骤 7 单击信息提示对话框，即可打开群聊天窗口，此时就可以聊天了，如图 23-39 所示。

图 23-39　群聊天窗口

步骤 8 在消息发送界面输入文字信息，单击【发送】按钮，即可聊天，如图 23-40 所示。

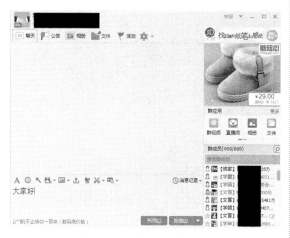

图 23-40 输入文字信息

步骤 9 如果用户想和群中的某个 QQ 好友私聊，可以在【群成员】列表中选中 QQ 好友的头像，右击并在弹出的快捷菜单中选择【发送消息】命令，如图 23-41 所示。

图 23-41 选择【发送消息】命令

步骤 10 在弹出的【聊天】对话框中，输入相关文字信息，单击【发送】按钮，即可进行私聊。私聊的信息其他的群成员是看不到的，如图 23-42 所示。

图 23-42 群单人聊天窗口

23.3.3 召开多人在线视频会议

与讨论组、群等相比，虽然二者可以方便多人的交流与沟通，但是视频会议更加生动逼真，它增加了参与成员的互动性。目前，网络中支持视频会议的软件有很多，但 QQ 对于一般从业者或中小型公司而言，具有更好的可行性。

步骤 1 单击 QQ 面板最下方的【打开应用管理器】图标，如图 23-43 所示。

图 23-43 QQ 面板

步骤 2 打开【应用管理器】窗口，单击【打开视频会话】图标，如图 23-44 所示。

步骤 3 弹出【邀请好友】对话框，选择要添加参与视频通话的好友，单击【确定】按钮，如图 23-45 所示。

步骤 4 此时弹出视频通话界面，左侧为视频显示区域，右侧可以文字聊天，如图 23-46 所示。

图 23-44 【应用管理器】窗口

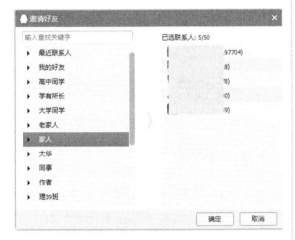

图 23-45 邀请好友

图 23-46 视频聊天窗口

另外，用户也可以使用 QQ 群中的【群视频】功能，召开多人在线会议，具体步骤如下。

步骤 1 打开 QQ 群聊天窗口，单击窗口右

侧的【群视频】图标，如图 23-47 所示。

图 23-47 单击【群视频】按钮

步骤 2 在打开的群通话对话框中单击【上台】按钮，即可显示讲话人的视频界面，类似于直播的形式。该页面也支持屏幕分享、文档演示等功能，如图 23-48 所示。

图 23-48 群视频界面

23.3.4 远程演示文档

通过演示文档将电脑上的文档演示给对方看，这极大地方便了办公工作中的交流。下面介绍使用QQ远程演示文档的操作方法。

步骤 1 打开聊天窗口，单击【远程演示】图标，在弹出的选项中选择【演示文档】图标，如图 23-49 所示。

步骤 2 在弹出的【打开】对话框中选择要演示的文档，单击【打开】按钮，如图 23-50 所示。

图 23-49 单击【演示文档】图标   图 23-50 【打开】对话框

> **提示**
> 演示文档支持的文档类型包括：Word 文档（.doc、.docx）、Excel 工作簿（.xls、.xlsx）、PDF 文档（.pdf）、XML 文档（.xml）、网页格式（.htm、.html）和记事本（.txt）。目前不支持 PowerPoint 演示文稿，如果要演示 PowerPoint 文稿，可选择分享屏幕，在电脑中放映幻灯片分享给对方。

步骤 3 此时已发送邀请，待对方加入，如图 23-51 所示。

步骤 4 对方接受邀请后，单击【全屏】按钮，可全屏操作演示给对方，或通过语音或视频与对方对话，如图 23-52 所示。

图 23-51 邀请对方加入

图 23-52 全屏显示

23.4 高效办公技能实战

23.4.1 使用手机收发邮件

使用手机收发邮件需要在手机中安装具有收发邮件功能的第三方软件。下面以"WPS Office"办公软件为例介绍使用手机收发邮件的操作步骤与方法。

步骤 1 在手机中打开"WPS Office"办公软件，将要发送的文件显示在屏幕上，点击屏幕上方的邮件图标✉，在弹出的列表中点击【邮件发送】按钮，如图 23-53 所示。

步骤 2 弹出如图 23-54 所示提示，选择【电子邮件】选项。

图 23-53　点击邮件图标

图 23-54　选择【电子邮件】选项

步骤 3 输入邮箱账号和密码，点击【登录】按钮，如图 23-55 所示。

步骤 4 输入收件人的邮箱，并对要发送的邮件进行编辑，例如输入主题等，点击右上角的【发送】按钮即可将其发送至对方邮箱，如图 23-56 所示。

图 23-55　输入账户信息

图 23-56　发送邮件

23.4.2　一键锁定 QQ

当自己离开电脑时，为了避免别人看到自己的 QQ 聊天信息，除了关闭 QQ 外，还可以采用锁定 QQ 的方法，具体的操作步骤如下。

步骤 **1** 打开 QQ 界面，按 Ctrl+Alt+L 组合键，即可锁定 QQ，如图 23-57 所示。

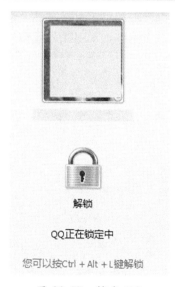

图 23-57　锁定 QQ

步骤 2 在锁定状态下，QQ 不会弹出新消息，用户需要单击【解锁】图标或按 Ctrl+Alt+L 组合键进行解锁，在密码框中输入解锁密码，按 Enter 键即可解锁，如图 23-58 所示。

解锁密码：

| 确定 | 取消 |

图 23-58　解锁界面

23.5 疑难问题解答

问题 1：为什么 QQ 号码会受到登录保护且需要激活？

解答：当 QQ 后台服务器检测到 QQ 号码出现异常登录现象时，就认为 QQ 密码可能已经泄露，为了提高 QQ 号码的安全性，于是采用了"暂时限制登录"的方式来保护用户 QQ 号码的安全。此时 QQ 用户必须进行"号码激活"，然后才能正常登录。

问题 2：如果正在使用的邮箱突然不能使用了，或已经由于好久不用而把邮箱密码给忘记了，此时应该怎么办？

解答：经常上网的用户可能都面临过遗失邮箱密码的情况，为了让用户能找回密码并继续使用自己的邮箱，大多数 Web-Mail 系统都会向用户提供邮箱密码恢复机制，让用户回答一系列问题，如果答案都正确，就会让用户恢复自己的邮箱密码。

第24章

协同办公——Office 组件之间的协作办公

● **本章导读**

　　Office 组件之间的协同办公主要包括 Word 与 Excel 之间的协作、Word 与 PowerPoint 之间的协作、Excel 与 PowerPoint 之间的协作以及 Outlook 与其他组件之间的协作等。

● **学习目标**

◎ 掌握 Word 与其他组件之间的协作
◎ 掌握 Word 与其他组件之间的协作
◎ 掌握 Excel 与其他组件之间的协作
◎ 掌握 Outlook 与其他组件之间的协作

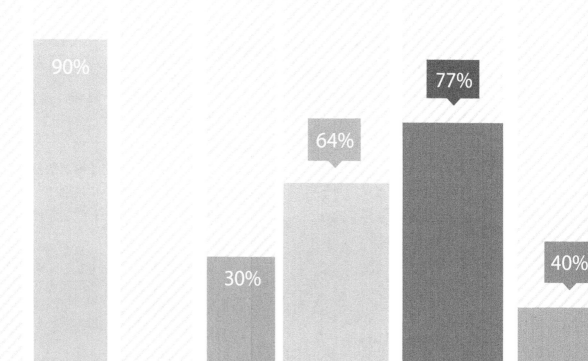

24.1 Word 与其他组件之间的协作

Word 与 Excel 都是现代化办公必不可少的工具，熟练掌握 Word 与 Excel 的协同办公技能是每个办公人员所必须的。

24.1.1 在 Word 文档中创建 Excel 工作表

Office 2016 的 Word 组件提供了创建 Excel 工作表的功能，这样就不用在两个软件之间切换工作了。

在 Word 文档中创建 Excel 工作表的具体操作步骤如下。

步骤 1 在 Word 2016 的工作界面中切换到【插入】选项卡，在打开的功能界面中单击【文本】选项组中的【对象】按钮 ▢对象 ▾，如图 24-1 所示。

图 24-1　单击【对象】按钮

步骤 2 弹出【对象】对话框，在【对象类型】列表框中选择 Microsoft Excel Worksheet 选项，如图 24-2 所示。

图 24-2　【对象】对话框

步骤 3 单击【确定】按钮，文档中就会出现 Excel 工作表的状态，同时当前窗口最上方的功能区显示的是Excel软件的功能区，然后直接在工作表中输入需要的数据并对数据进行编辑即可，如图 24-3 所示。

图 24-3　在 Word 中创建 Excel

24.1.2 在 Word 中调用 PowerPoint 演示文稿

将 PowerPoint 演示文稿插入到 Word 中进行编辑及放映的具体操作步骤如下。

步骤 1 打开 Word 软件，单击【插入】选项卡【文本】选项组中的【对象】按钮，在弹出的【对象】对话框中切换到【由文件创建】选项卡，单击【浏览】按钮，如图 24-4 所示。

步骤 2 打开【浏览】对话框，选中需要插入的 PowerPoint 文件，然后单击【插入】按钮，如图 24-5 所示。

图 24-4 【对象】对话框

图 24-5 【浏览】对话框

步骤 3 返回【对象】对话框,单击【确定】按钮,即可在文档中插入选中的演示文稿,

如图 24-6 所示。

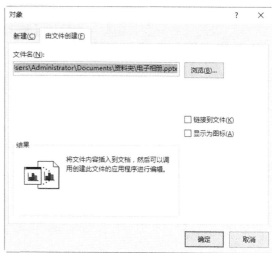

图 24-6 【对象】对话框

步骤 4 插入 PowerPoint 演示文稿以后,通过演示文稿四周的控制点可以调整演示文稿的位置及大小,如图 24-7 所示。

图 24-7 在 Word 中调用演示文稿

24.2 Excel 与其他组件之间的协作

在 Excel 工作簿中可以调用 Word 文档、PowerPoint 演示文稿以及其他文本数据。

24.2.1 在 Excel 中调用 PowerPoint 演示文稿

在 Excel 2016 中调用 PowerPoint 演示文稿的具体操作步骤如下。

步骤 1 新建一个 Excel 工作表，单击【插入】选项卡下【文本】选项组中的【对象】按钮 。弹出【对象】对话框，切换到【由文件创建】选项卡，如图 24-8 所示。

图 24-8 【对象】对话框

步骤 2 单击【浏览】按钮，在打开的【浏览】对话框中选择将要插入的 PowerPoint 演示文稿，如图 24-9 所示。

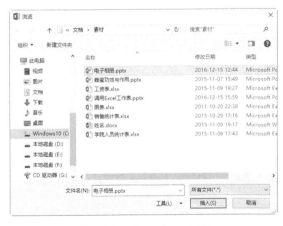

图 24-9 选择演示文稿

步骤 3 单击【插入】按钮，返回【对象】对话框，如图 24-10 所示。

步骤 4 单击【确定】按钮，此时就在工作表中插入了选中的演示文稿。插入 PowerPoint 演示文稿后，还可以调整演示文稿的位置和大小，如图 24-11 所示。

图 24-10 【对象】对话框

图 24-11 在 Excel 中调用演示文稿

提示 双击插入的演示文稿，即可放映插入的演示文稿。

24.2.2 在 Excel 中导入 Access 数据库

在 Excel 中导入 Access 数据库的具体的操作步骤如下。

步骤 1 打开 Excel 表格，切换到【数据】选项卡，单击【获取外部数据】组的【自 Access】按钮，弹出【选取数据源】对话框，选择需要导入的数据库文件"图书管理 .accdb"，然后单击【打开】按钮，如图 24-12 所示。

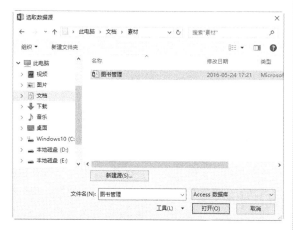

图 24-12 【选取数据源】对话框

步骤 2 弹出【选择表格】对话框，选择需要导入的表格，单击【确定】按钮，如图 24-13 所示。

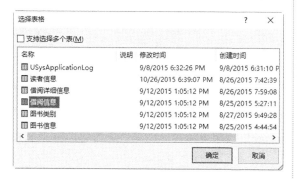

图 24-13 【选择表格】对话框

步骤 3 弹出【导入数据】对话框，单击【确定】按钮，如图 24-14 所示。

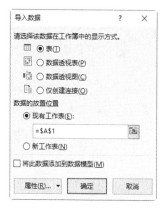

图 24-14 【导入数据】对话框

步骤 4 此时 Access 数据库中的"借阅信息"表已经成功地导入到了当前的 Excel 工作表中，如图 24-15 所示。

图 24-15 成功导入 Access 数据库中的数据表

> **提示** 使用同样的方法，用户还可导入网站、txt、XML 等类型的数据，这里不再赘述。

24.3 PowerPoint 2016 与其他组件的协同

在 PowerPoint 2016 中不仅可以调用 Word、Excel 等组件，还可以将 PowerPoint 演示文稿转化为 Word 文档。

24.3.1 在 PowerPoint 中调用 Excel 工作表

直接将 Excel 工作表调用到 PowerPoint 软件中进行放映的具体操作步骤如下。

步骤 1 打开随书光盘中的 "素材 \ch20\ 调用 Excel 工作表 .pptx" 文件，选中第 2 张幻灯片，如图 24-16 所示。

图 24-16　选择幻灯片

步骤 2 单击【插入】选项卡下【文本】组中的【对象】按钮，弹出【插入对象】对话框，选中【由文件创建】单选按钮，单击【浏览】按钮，在弹出的【浏览】对话框中选中需要调用的 Excel 文件，如图 24-17 所示。

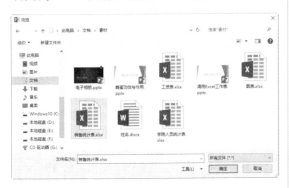

图 24-17　选中要插入的 Excel 工作表

步骤 3 单击【确定】按钮，返回【插入对象】

对话框，如图 24-18 所示。

图 24-18　【插入对象】对话框

步骤 4 单击【确定】按钮，此时已在演示文稿中插入了 Excel 表。双击 Excel 表，进入 Excel 表的编辑状态，如图 24-19 所示。

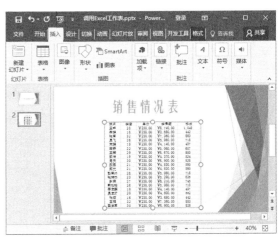

图 24-19　在 PowerPoint 中调用工作表

24.3.2 将 PowerPoint 转换为 Word 文档

将演示文稿发布为 Word 文档是指将演示文稿转换为可以在 Word 文档中编辑和设置格式的文件。注意，要转换的演示文稿必须是用 PowerPoint 内置的幻灯片版式制作的幻灯片。具体的操作步骤如下。

步骤 1 打开随书光盘中的 "素材 \ch20\ 幸

福的含义 .pptx"文件，切换到【文件】选项卡，选择左侧列表中的【导出】选项，然后选择【创建讲义】选项，单击右侧的【创建讲义】按钮，如图 24-20 所示。

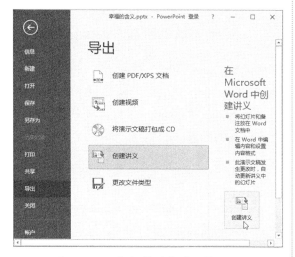

图 24-20　单击【创建讲义】按钮

步骤 2 弹出【发送到 Microsoft Word】对话框，在【Microsoft Word 使用的版式】区域中选中【备注在幻灯片旁】单选按钮，然后单击【确定】按钮，如图 24-21 所示。

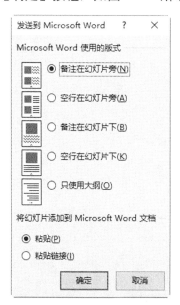

图 24-21　【发送到 Microsoft Word】对话框

步骤 3 此时已将整个演示文稿转换到了 Word 文档中，如图 24-22 所示。

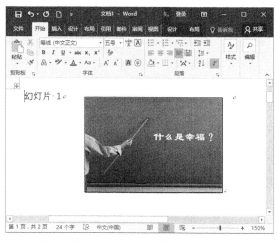

图 24-22　将整个演示文稿转换到 Word 文档中

提示　在步骤 2 的对话框中若选中【只使用大纲】单选按钮，然后单击【确定】按钮，即可将演示文稿中的文本内容转换到 Word 文档中，如图 24-23 所示。

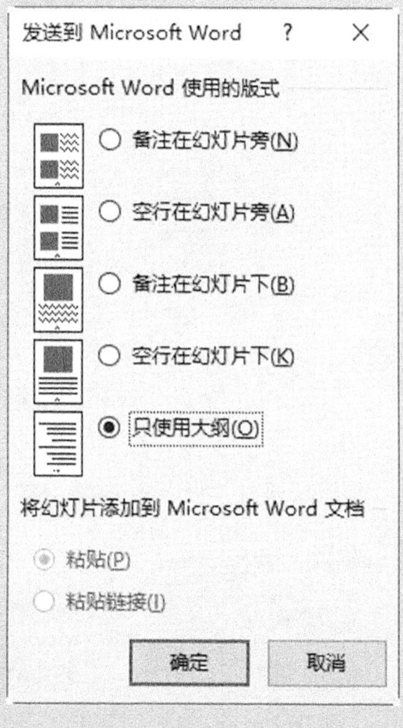

图 24-23　选中【只使用大纲】单选按钮

24.4 Outlook 与其他组件之间的协作

Outlook 与 Word 之间的联系非常紧密。Outlook 与 Word 之间最常用的就是使用 Outlook 通讯簿查找地址。

Outlook 与 Word 之间的协同操作如下。

步骤 1 打开 Word 2016，单击【邮件】选项卡【创建】选项组中的【信封】按钮，如图 24-24 所示。

图 24-24 【邮件】选项卡

步骤 2 弹出【信封和标签】对话框，在【收信人地址】列表框中输入对方的邮箱地址，如图 24-25 所示。

图 24-25 【信封和标签】对话框

步骤 3 单击【通讯簿】按钮，即可打开【选择姓名】对话框，从 Outlook 中查找对方的

邮箱地址，如图 24-26 所示。

步骤 4 查找完毕后，选中找到的邮箱地址单击【确定】按钮，即可在收信人地址栏中添加邮箱地址，如图 24-27 所示。

图 24-26 【选择姓名】对话框

图 24-27 添加的邮箱地址

24.5　高效办公技能实战

24.5.1　使用 Word 和 Excel 逐个打印工资条

作为公司财务人员，能够熟练并快速打印工资表是一项基本技能，本实例介绍如何使用 Word 和 Excel 组合逐个打印工资条。具体的操作步骤如下。

步骤 1 打开随书光盘中的"素材 \ch20\ 工资表 .xlsx"文件，如图 24-28 所示。

步骤 2 新建一个 Word，并按"工资表 .xlsx"文件格式创建表格，如图 24-29 所示。

图 24-28　打开素材文件　　　　　　图 24-29　创建表格

步骤 3 单击 Word 文档中的【邮件】选项卡下【开始邮件合并】组中的【开始邮件合并】按钮，在弹出的下拉列表中选择【邮件合并分布向导】选项，如图 24-30 所示。

步骤 4 在窗口的右侧弹出【邮件合并】对话框，选择文档类型为【信函】选项，如图 24-31 所示。

步骤 5 单击【下一步：开始文档】按钮，进入邮件合并第 2 步，保持默认选项，如图 24-32 所示。

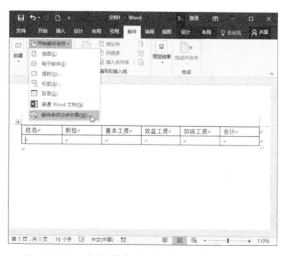

图 24-30　选择【邮件合并分步向导】选项

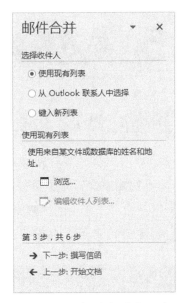

图 24-31　【邮件合并】对话框

图 24-33　邮件合并第 3 步

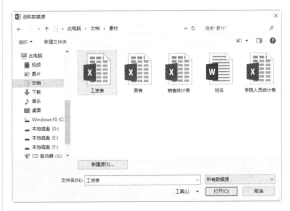

图 24-34　【选取数据源】对话框

图 24-32　邮件合并第 2 步

图 24-35　【选择表格】对话框

步骤 6 单击【下一步：选择收件人】按钮，在 "第 3 步，共 6 步" 对话框中，单击【浏览】超链接，如图 24-33 所示。

步骤 7 打开【选取数据源】对话框，选择 "工资表 .xlsx" 文件，如图 24-34 所示。

步骤 8 单击【打开】按钮，弹出【选择】表格对话框，选中步骤 1 中打开的工作表，如图 24-35 所示。

步骤 9 单击【确定】按钮，弹出【邮件合并收件人】对话框，保持默认，单击【确定】按钮，如图 24-36 所示。

步骤 10 返回【邮件合并】对话框，连续单

击【下一步】链接直至最后一步，如图 24-37
所示。

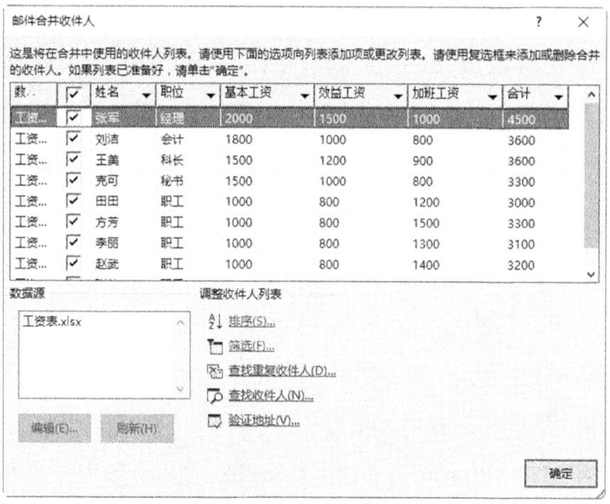

图 24-36 【邮件合并收件人】对话框

图 24-37 邮件合并第 3 步

步骤 11 单击【邮件】选项卡下【编写和
插入域】组中的【插入合并域】按钮，如图
24-38 所示。

步骤 12 根据表格标题设计，依次将第 1
条"工资表.xlsx"文件中的数据填充至表格中，
如图 24-39 所示。

步骤 13 单击【邮件合并】对话框中的【编
辑单个信函】超链接，如图 24-40 所示。

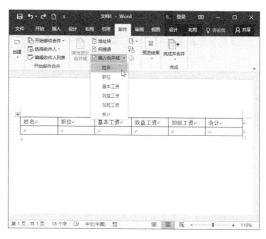

图 24-38 单击【插入合并域】按钮

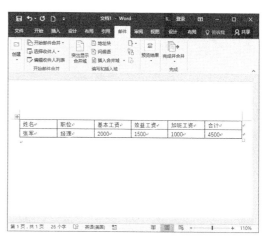

图 24-39 插入合并域的其他内容

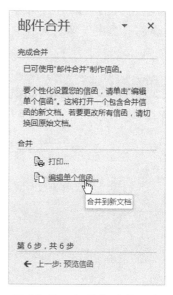

图 24-40 邮件合并第 6 步

步骤 14 打开【合并到新文档】对话框，选中【全部】单选按钮，如图 24-41 所示。

图 24-41 【合并到新文档】对话框

步骤 15 单击【确定】按钮，将生成一个信函文档，该文档对每一个员工的工资分页显示，如图 24-42 所示。

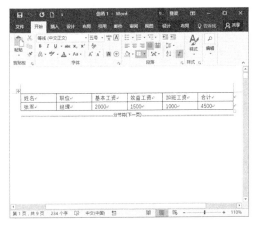

图 24-42 生成的信函文件

步骤 16 删除文档中的分页符号，将员工工资条放置在一页中，然后保存并打印，如图 24-43 所示。

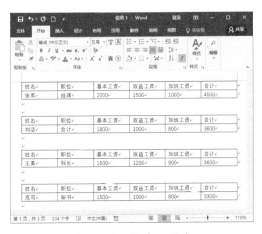

图 24-43 保存工资条

24.5.2 将 Access 文件导出为 Excel 表格

利用 Access 的导出功能，可将 Access 数据库中的对象导出到 Excel 电子表格中。这样用户既可以在 Access 数据库中存储数据，又可以使用 Excel 来分析数据。

具体操作步骤如下。

步骤 1 启动 Access 2016，打开随书光盘中的"素材 \ch20\ 人事管理 .accdb"文件，选择【部门】数据表，切换到【外部数据】选项卡，选择【导出】组的 Excel 选项，如图 24-44 所示。

图 24-44 打开素材文件

步骤 2 弹出【导出 -Excel 电子表格】对话框，单击【浏览】按钮，如图 24-45 所示。

图 24-45 【导出 -Excel 电子表格】对话框

步骤 3 弹出【保存文件】对话框，设置将表对象导出后的存储位置，在【文件名】文本框中输入导出后的表格名称。操作完成后，单击【保存】按钮，如图 24-46 所示。

步骤 4 返回到【导出 -Excel 电子表格】对话框，选中【导出数据时包含格式和布局】和【完成导出操作后打开目标文件】复选框，然后单击【确定】按钮，如图 24-47 所示。

图 24-46　【保存文件】对话框

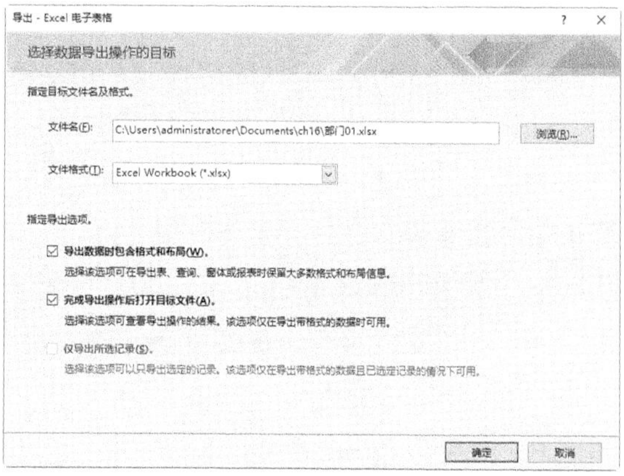

图 24-47　【导出 -Excel 电子表格】对话框

步骤 5 弹出是否保存导出步骤对话框，单击【关闭】按钮，如图 24-48 所示。

步骤 6 操作完成后，系统自动以 Excel 表的形式打开"部门 01"表，如图 24-49 所示。

图 24-48　【保存导出步骤】对话框

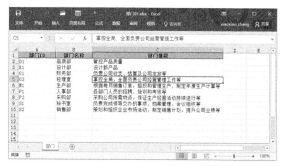

图 24-49　导出 Access 文件为 Excel 表格

24.6　疑难问题解答

问题 1：如何才能使表格具有相同风格的外观？

解答：使表格统一为具有相同风格的外观的方法是：先复制设置好的单元格，然后右击需要设置外观的单元格，在弹出的快捷菜单中选择【选择性粘贴】选项，即可打开【选择性粘贴】对话框，选中【格式】单选按钮，单击【确定】按钮即可将表格设置为统一的外观。另外还可以使用格式刷使表格的外观风格统一。

问题 2：如何在低版本的 Excel 中打开 Excel 2016 文件？

解答：Excel 2016 制作的文件后缀名为"xlsx"，而以前版本的 Excel 文件后缀名为"xls"，用 Excel 2016 做的文件在以前版本的 Excel 中是打不开的。那么怎样实现这一功能呢？其具体的操作方法是：在 Excel 2016 中切换到【文件】选项卡，从打开的界面中选择【选项】选项，打开【Excel 选项】对话框，在左侧窗格中切换到【保存】选项，切换到【保存】面板中，在【保存工作簿】选项组中单击【将文件保存为此格式】复选框右边的下三角按钮，从其下拉列表中选择【Excel 97-2003 工作簿（*.xls）】选项，单击【确定】按钮，这样以后用 Excel 2016 做的文件就能在低版本的 Excel 中打开了。

第6篇
高手秘笈篇

随着互联网的发展，保护办公数据和维护电脑安全，成为办公人员必须掌握的技能。本篇将重点深入学习办公数据的安全与共享、办公电脑的优化与维护等知识。

△ 第 25 章　保护数据——办公数据的安全与共享
△ 第 26 章　安全优化——办公电脑的优化与维护

第25章

保护数据——办公数据的安全与共享

● **本章导读**

　　对于使用电脑来办公的人员来说，保护数据是一项很重要的工作。在实际工作中，办公人员应该养成对重要数据进行保护的好习惯，以免带来不必要的损失。本章将为读者介绍办公数据的安全与共享。

● **学习目标**

◎　掌握办公文件共享的方法
◎　掌握办公文件加密的方法

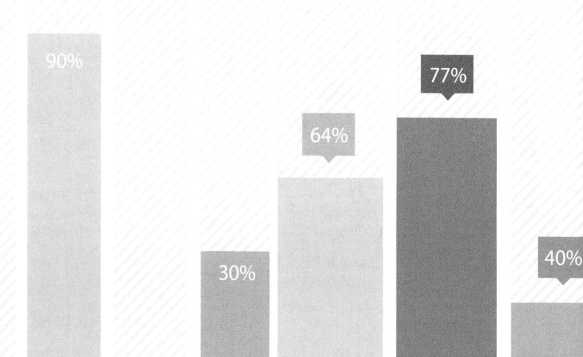

25.1 办公文件的共享

Office组件为用户提供了多种共享数据的方法，使用这些方法，用户可以将Word文档、Excel数据、演示文稿等办公文件保存到云端OneDrive、通过电子邮件共享、在局域网中共享等。

25.1.1 将文档保存到云端

云端OneDrive是由微软公司推出的一项云存储服务，用户通过登录自己的Microsoft账户，可以上传自己的图片、文档等。无论身在何处，用户都能访问OneDrive上的所有内容。

将文档保存到云端OneDrive的具体操作步骤如下。

步骤 1 打开需要保存到云端OneDrive的工作簿。切换到【文件】选项卡，在打开的列表中选择【另存为】选项，在【另存为】区域选择OneDrive选项，如图25-1所示。

图 25-1 【另存为】工作界面

步骤 2 单击【登录】按钮，弹出【登录】对话框，输入与Excel一起使用的账户的电子邮箱地址，单击【下一步】按钮，如图25-2所示。

图 25-2 输入电子邮件地址

步骤 3 在弹出的【登录】对话框中输入电子邮箱地址的密码，如图25-3所示。

图 25-3 输入密码

步骤 4 单击【登录】按钮，即可登录账号，在 Excel 的右上角显示登录的账号名，在【另存为】区域选择【OneDrive- 个人】选项，如图 25-4 所示。

图 25-4　选择【OneDrive- 个人】选项

步骤 5 单击【浏览】按钮，弹出【另存为】对话框，在对话框中选择文件要保存的位置。这里选择并打开【文档】文件夹，如图 25-5 所示。

图 25-5　【另存为】对话框

步骤 6 单击【保存】按钮，在其他电脑上打开 Excel 2016，单击【文件】→【打开】→【OneDrive- 个人】→【浏览】选项，如图 25-6 所示。

步骤 7 等软件从系统获取信息后，弹出【打开】对话框，即可选择存在 OneDrive 端

的工作簿，如图 25-7 所示。

图 25-6　单击【浏览】按钮

图 25-7　【打开】对话框

25.1.2　通过电子邮件共享

Excel 2016 发送到电子邮件的方式主要有作为附件发送、发送链接、以 PDF 形式发送、以 XPS 形式发送和以 Internet 传真形式发送 5 种。下面介绍以附件形式发送邮件的方法。具体的操作步骤如下。

步骤 1 打开需要通过电子邮件共享的工作簿。切换到【文件】选项卡，在打开的列表中选择【共享】选项，在【共享】区域选择【电子邮件】选项，然后单击【作为附件发送】按钮，如图 25-8 所示。

步骤 2 系统将自动打开电脑中的邮件客户端，弹出【员工基本资料表 .xlsx- 写邮件】工作界面，在界面中可以看到添加的附件，

在【收件人】文本框中输入收件人的邮箱，单击【发送】按钮即可将文档作为附件发送，如图 25-9 所示。

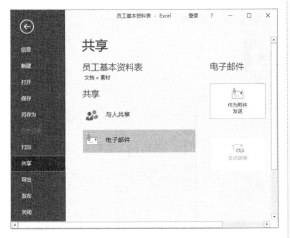

图 25-8　选择【电子邮件】选项

图 25-9　【员工基本资料表 .xlsx- 写邮件】工作界面

25.1.3　向存储设备中传输

将 Office 2016 文档传输到存储设备中的具体操作步骤如下。

步骤 1　将存储设备 U 盘插入电脑的 USB 接口，打开需要向存储设备中传输的工作簿。切换到【文件】选项卡，在打开的列表中选择【另存为】选项，在【另存为】区域选择【这台电脑】选项，然后单击【浏览】按钮，

如图 25-10 所示。

图 25-10　选择【这台电脑】选项

步骤 2　弹出【另存为】对话框，选择文档的存储位置为存储设备，这里选择【U 启动 U 盘】选项，单击【保存】按钮，如图 25-11 所示。

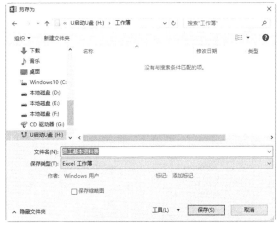

图 25-11　选择【U 启动 U 盘】选项

提示　将存储设备插入电脑的 USB 接口后单击桌面上的【此电脑】图标，在弹出的【此电脑】窗口中可以看到插入的存储设备。本例中存储设备的名称为【U 启动 U 盘】，如图 25-12 所示。

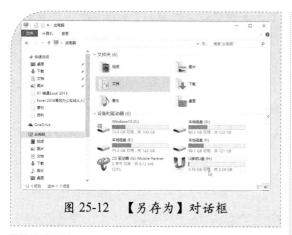

图 25-12　【另存为】对话框

步骤 3 打开存储设备，即可看到保存的文档，如图 25-13 所示。

图 25-13　可移动存储盘

> **提示** 另外复制该文档，然后打开存储设备进行粘贴，也可以将文档传输到存储设备中。在本例中的存储设备为 U 盘，如果使用其他存储设备，操作过程类似，这里不再赘述。

25.1.4　局域网中共享工作簿

局域网是在一个局部的范围内（如一个学校、公司和机关内）将各种计算机、外部设备和数据库等互相连接起来组成的计算机通信网。局域网可以实现文件管理、应用软件共享、打印机共享、扫描仪共享、工作组内的日程安排、电子邮件和传真通信服务等

功能。

步骤 1 打开需要在局域网中共享的工作簿，单击【审阅】选项卡下【更改】选项组中的【共享工作簿】按钮，如图 25-14 所示。

图 25-14　单击【共享工作簿】按钮

步骤 2 弹出【共享工作簿】对话框，在对话框中选中【允许多用户同时编辑，同时允许工作簿合并】复选框，单击【确定】按钮，如图 25-15 所示。

图 25-15　【共享工作簿】对话框

步骤 3 弹出提示对话框，单击【确定】按钮，如图 25-16 所示。

图 25-16　提示对话框

步骤　4 此时工作簿即处于在局域网中共享的状态，其上方显示有"共享"字样，如图 25-17 所示。

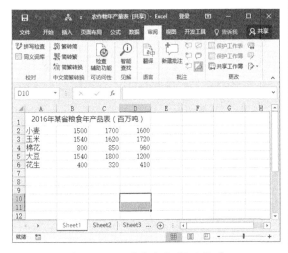

图 25-17　"共享"提示信息

步骤　5 切换到【文件】选项卡，在弹出

的列表中选择【另存为】选项，单击【浏览】按钮，即可弹出【另存为】对话框。在对话框的地址栏中输入该文件在局域网中的位置，如图 25-18 所示。单击【保存】按钮，即可将该工作簿共享给网络中的其他用户。

图 25-18　【另存为】对话框

> **提示** 将文件的所在位置通过电子邮件发送给共享该工作簿的用户，用户通过该文件在局域网中的位置即可找到该文件。在共享文件时，局域网必须处于可共享状态。

25.2　保护办公文档

如果用户不希望制作好的办公文件被别人看到或修改，那么可以将文件保护起来。常用的保护文档的方法有标记为最终状态、用密码进行加密等。

25.2.1　标记为最终状态

"标记为最终状态"命令可将文档设置为只读，以防止审阅者或读者无意中更改文档。在将文档标记为最终状态后，键入、编辑命令以及校对标记都会处于禁用或关闭状态，文档的"状态"属性会被设置为"最终"。具体的操作步骤如下。

步骤　1 打开需要标记为最终状态的工作簿。切换到【文件】选项卡，在打开的列表中选择

【信息】选项，在【信息】区域单击【保护工作簿】按钮，在弹出的下拉菜单中选择【标记为最终状态】选项，如图 25-19 所示。

图 25-22　只读形式显示

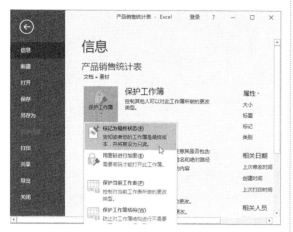

图 25-19　选择【标记为最终状态】选项

步骤 2 弹出 Microsoft Excel 对话框，单击【确定】按钮，如图 25-20 所示。

图 25-20　Microsoft Excel 对话框

步骤 3 弹出 Microsoft Excel 提示框，单击【确定】按钮，如图 25-21 所示。

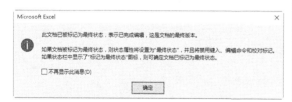

图 25-21　Microsoft Excel 提示框

步骤 4 返回 Excel 页面，该文档已被标记为最终状态，以只读形式显示，如图 25-22 所示。

提示　单击页面上方的【仍然编辑】按钮，可以对文档进行编辑。

25.2.2　用密码进行加密

用密码加密工作簿的具体步骤如下。

步骤 1 打开需要密码进行加密的工作簿。切换到【文件】选项卡，在打开的列表中选择【信息】选项，在【信息】区域单击【保护工作簿】按钮，在弹出的下拉菜单中选择【用密码进行加密】选项，如图 25-23 所示。

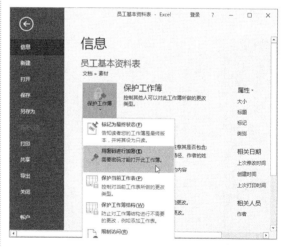

图 25-23　选择【用密码进行加密】选项

步骤 2 弹出【加密文档】对话框，输入密码，单击【确定】按钮，如图 25-24 所示。

步骤 3 弹出【确认密码】对话框，再次输入密码，单击【确定】按钮，如图 25-25

所示。

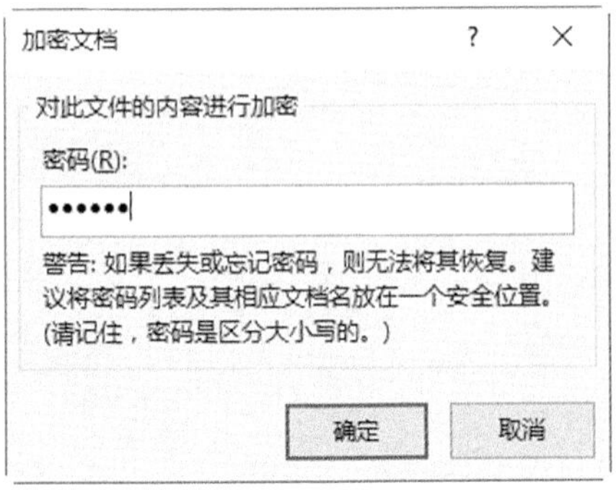

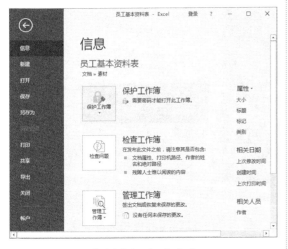

图 25-24　【加密文档】对话框

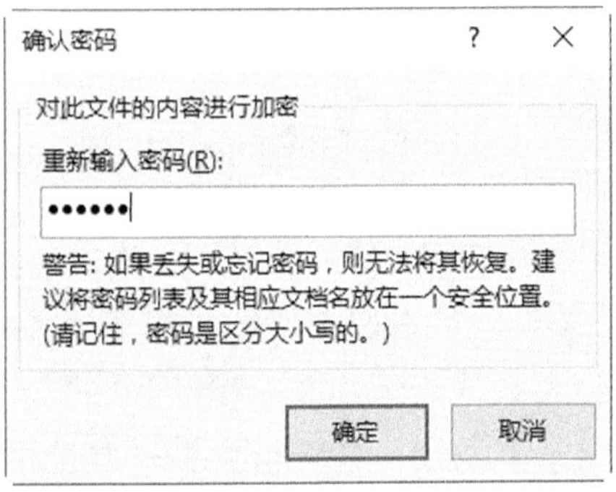

图 25-25　输入密码

步骤 4 此时在【信息】区域内显示已加密，如图 25-26 所示。

图 25-26　加密完成

步骤 5 双击文档，将弹出【密码】对话框，输入密码后单击【确定】按钮，即可打开工作簿，如图 25-27 所示。

图 25-27　【密码】对话框

步骤 6 如果要取消加密，就在【信息】区域单击【保护工作簿】按钮，在弹出的下拉菜单中选择【用密码进行加密】选项，弹出【加密文档】对话框，清除文本框中的密码，单击【确定】按钮，即可取消工作簿的加密，如图 25-28 所示。

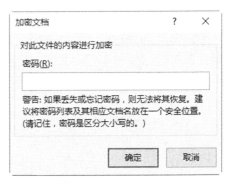

图 25-28　取消密码

25.2.3　保护当前工作表

除了对工作簿加密，用户还可以对工作簿中的工作表进行保护，防止其他用户对其进行操作。其具体操作步骤如下。

步骤 1 打开需要保护当前工作表的工作簿，切换到【文件】选项卡，在打开的列表中选择【信息】选项，在【信息】区域单击【保护工作簿】按钮，在弹出的下拉菜单中选择【保护当前工作表】选项，如图 25-29 所示。

步骤 2 弹出【保护工作表】对话框，系统默认选中【保护工作表及锁定的单元格内容】，根据需要，用户可以在【允许此工作表的所有用户进行】列表中选择允许修改的选项，如图 25-30 所示。

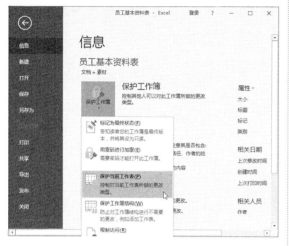

图 25-29　选择【保护当前工作表】选项

图 25-30　【保护工作表】对话框

步骤 3 弹出【确认密码】对话框，在此输入密码，单击【确定】按钮，如图 25-31 所示。

步骤 4 返回 Excel 工作表中，双击任一单元格进行数据修改，都会弹出如图 25-32 所示的提示对话框。

步骤 5 如果要取消对工作表的保护，就

切换到【信息】选项卡，然后在【保护工作簿】选项中单击【取消保护】超链接，如图 25-33 所示。

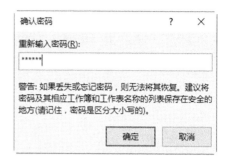

图 25-31　确认密码

图 25-32　信息提示对话框

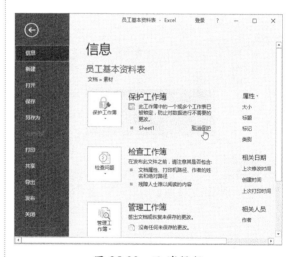

图 25-33　取消保护

步骤 6 在弹出的【撤消工作表保护】对话框中，输入设置的密码，单击【确定】按钮即可取消保护，如图 25-34 所示。

图 25-34　输入密码

25.2.4 不允许在单元格中输入内容

保护单元格的实质就是保护不允许在保护的单元格中输入数据，具体的操作步骤如下。

步骤 1 选定要保护的单元格，右击，在弹出的快捷菜单中选择【设置单元格格式】选项，弹出【设置单元格格式】对话框，如图 25-35 所示。

图 25-35 【设置单元格格式】对话框

步骤 2 在【保护】选项卡中选中【锁定】复选框，单击【确定】按钮，如图 25-36 所示。

图 25-36 【保护】选项卡

步骤 3 单击【审阅】选项卡【更改】选项组中的【保护工作表】按钮，弹出【保护工作表】对话框，在其中进行相关参数的设置，如图 25-37 所示。

图 25-37 【保护工作表】对话框

步骤 4 单击【确定】按钮即可。当用户在受保护的单元格区域中输入数据时，就会弹出如图 25-38 所示的提示。

图 25-38 信息提示对话框

步骤 5 单击【审阅】选项卡【更改】选项组中的【撤消工作表保护】按钮，即可撤销保护，然后就可以在这些单元格中输入数据了。

25.2.5 不允许插入或删除工作表

通过保护工作簿的方式可以防止其他人修改工作表，具体的操作步骤如下。

步骤 1 单击【审阅】选项卡【更改】选项组中的【保护工作簿】按钮，弹出【保护结构和窗口】对话框，选中【结构】复选框，如图 25-39 所示。

图 25-39 【保护结构和窗口】对话框

步骤 2 单击【确定】按钮，保护结构。在工作表标签上右击，在弹出的菜单中大部分菜单项是灰色的，即不能对工作表进行操作，如图 25-40 所示。

图 25-40 右键菜单

25.2.6 限制访问工作簿

限制访问指通过使用 Microsoft Excel 2016 中提供的信息权限管理（IRM）来限制对文档、工作簿和演示文稿中内容的访问权限，包括编辑、复制和打印能力。

设置限制访问的方法是：切换到【文件】选项卡，在打开的列表中选择【信息】选项，在【信息】区域单击【保护工作簿】按钮，在弹出的下拉菜单中选择【限制访问】选项，如图 25-41 所示。

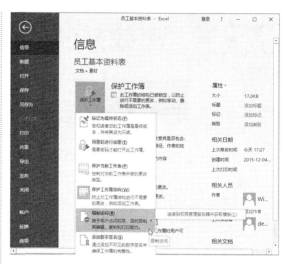

图 25-41 选择【限制访问】选项

25.2.7 添加数字签名

数字签名是一种经过加密的电子身份验证戳。添加数字签名可以确保文档的完整性，从而进一步保证文档的安全。

添加数字签名的方法是：切换到【文件】选项卡，在打开的列表中选择【信息】选项，在【信息】区域单击【保护工作簿】按钮，在弹出的下拉菜单中选择【数字添加签名】选项，如图 25-42 所示。

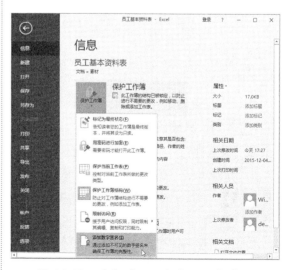

图 25-42 选择【添加数字签名】选项

25.3 高效办公技能实战

25.3.1 检查文档的兼容性

Excel 2016 中的部分元素在早期的版本中是不兼容的，比如新的图表样式等。在保存工作簿时可以先检查文档的兼容性，具体的操作步骤如下。

步骤 1 切换到【文件】选项卡，在下拉列表中选择【信息】选项，在中间区域单击【检查问题】按钮，在弹出的下拉菜单中选择【检查兼容性】选项，如图 25-43 所示。

步骤 2 在打开的【Microsoft Excel-兼容性检查器】对话框中显示了兼容性检查的结果，如图 25-44 所示。

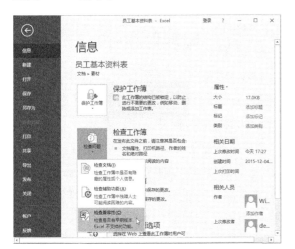
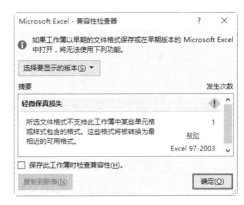

图 25-43　选择【检查兼容性】选项　　图 25-44　【Microsoft Excel-兼容性检查器】对话框

25.3.2 恢复未保存的工作簿

Excel 有自动保存的功能，每隔一段时间就会自动保存信息，用户可以利用自动保存功能恢复工作簿。具体的操作步骤如下。

步骤 1 切换到【文件】选项卡，在下拉列表中选择【信息】选项，在中间区域单击【管理版本】按钮，在弹出的下拉菜单中选择【恢复未保存的工作簿】选项，如图 25-45 所示。

步骤 2 在弹出的【打开】对话框中选择自动保存的文件，如图 25-46 所示。

步骤 3 单击【打开】按钮，即可恢复未保存的文件，然后单击【另存为】按钮，将恢复的文件保存起来即可，如图 25-47 所示。

步骤 4 在【Excel 选项】对话框中的【保存】选项中设置自动保存时间间隔，如图 25-48 所示。

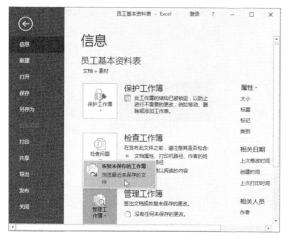

图 25-45　恢复未保存的工作簿

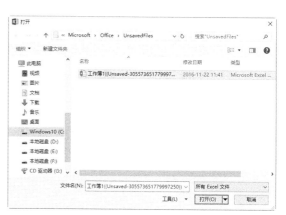

图 25-46　【打开】对话框

图 25-47　恢复未保存的文件

图 25-48　【Excel 选项】对话框

25.4 疑难问题解答

问题 1：为什么有时打开局域网共享文件夹中的工作簿后却不能改写里面的数据？

解答：局域网中的共享文件夹应为可更改模式，否则其中的工作簿用户只能读取而不能对其进行更改。

问题 2：当多人对共享的工作簿进行了编辑后，需要显示修订的信息时为什么只能在原工作表中显示，却不能在"历史记录"工作表中显示呢？

　　解答：解决这个问题的方法其实很简单，只需要在【突出显示修订】对话框中进行其他设置后，同时选中【在屏幕上突出显示修订】和【在新工作表上显示修订】复选框即可。

第26章

安全优化——办公电脑的优化与维护

● **本章导读**

随着电脑的不断使用，很多空间被浪费，用户需要及时优化和管理系统，包括电脑进程的管理和优化、电脑磁盘的管理与优化、清除系统垃圾文件、查杀病毒等，从而提高电脑的性能。本章将为读者介绍电脑系统安全与优化的方法。

● **学习目标**

◎ 掌握系统安全防护的方法
◎ 掌握查杀木马病毒的方法
◎ 掌握系统速度优化的方法

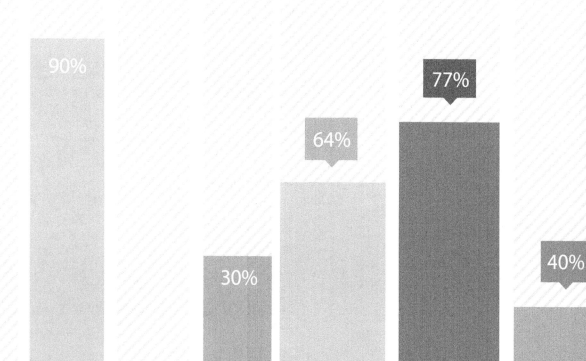

26.1 系统安全防护

电脑安全问题已经是电脑使用者面临的最大问题，而且电脑病毒不断出现，迅速蔓延，这就要求用户要做好系统安全的防护，并及时优化系统，从而提高电脑的性能。

26.1.1 使用 Windows 更新

Windows 更新是系统自带的用于检测系统版本的工具，使用 Windows 更新系统的具体操作步骤如下。

步骤 1 单击【开始】按钮，在打开的【开始屏幕】中选择【设置】选项，如图 26-1 所示。

图 26-1　选择【设置】选项

步骤 2 打开【设置】窗口，在其中可以看到有关系统设置的相关功能，如图 26-2 所示。

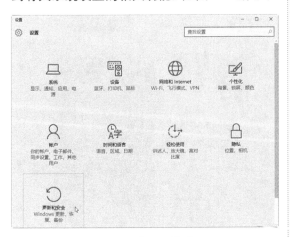

图 26-2　【设置】窗口

步骤 3 单击【更新和安全】图标，打开【更新和安全】窗口，在其中选择【Windows 更新】选项，如图 26-3 所示。

图 26-3　【更新和安全】窗口

步骤 4 单击【检查更新】按钮，即可开始检查网上是否有新文件，如图 26-4 所示。

图 26-4　检查更新

步骤 5 检查完毕后，如果有新文件，就会弹出如图 26-5 所示的信息提示，并自动开始下载新文件。

图 26-5　下载更新

步骤 6 下载完毕后，系统会自动安装文件，安装完毕后，会弹出如图 26-6 所示的信息提示对话框。

图 26-7　完成更新

步骤 7 单击【立即重新启动】按钮，启动完毕后，打开【Windows 更新】窗口，在其中可以看到"你的设备已安装最新的更新"提示信息，如图 26-7 所示。

步骤 8 单击【高级选项】超链接，打开【高级选项】设置工作界面，设置更新的安装方式，如图 26-8 所示。

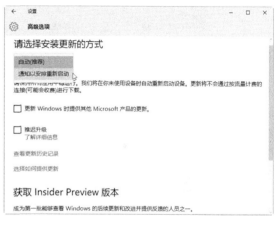

图 26-8　设置安装方式

26.1.2　修复系统漏洞

使用软件修复系统漏洞是常用的优化系统的方式之一。目前，网络上存在多种软件都能对系统漏洞进行修复，如优化大师、360 安全卫士等。下面以 360 安全卫士为例，介绍修复系统漏洞的操作步骤。

步骤 1 双击桌面上的 360 安全卫士图标，打开【360 安全卫士】工作界面，如图 26-9 所示。

步骤 2 单击【查找修复】按钮，打开如图 26-10 所示的工作界面。

步骤 3 单击【漏洞修复】按钮，打开【漏洞修复】工作界面，软件已开始扫描系统中存在的漏洞，如图 26-11 所示。

图 26-9　360 安全位置工作界面

图 26-10　单击【查找修复】按钮

图 26-11　扫描系统存在的漏洞

步骤 4 如果存在漏洞，用户按照软件指示进行修复即可。如果没有系统漏洞，就会弹出如图 26-12 所示的工作界面。

图 26-12　修复系统漏洞

26.1.3　使用 Windows Defender

　　Windows Defender 是 Windows 10 的一项功能，主要用于帮助用户抵御间谍软件和其他潜在的有害软件的攻击，但在系统默认情况下，该功能是不开启的。下面介绍如何开启 Windows Defender 功能。

　　具体的操作步骤如下。

步骤 1 单击【开始】按钮，从弹出的快捷菜单中选择【控制面板】选项，即可打开【控制面板】窗口，如图 26-13 所示。

图 26-13　【控制面板】窗口

步骤 2 单击 Windows Defender 超链接，即可打开 Windows Defender 窗口，提示用户该应用已经关闭，如图 26-14 所示。

步骤 3 在【控制面板】窗口中单击【安

全性与维护】超链接，打开【安全性与维护】窗口，如图 26-15 所示。

图 26-14　Windows Defender 窗口

图 26-15　【安全性与维护】窗口

步骤 4 单击【间谍软件和垃圾软件防护】后面的【立即启用】按钮，弹出如图 26-16 所示对话框。

图 26-16　【安全性与维护】对话框

步骤 5 单击【是，我信任这个发布者，希望运行此应用】超链接，即可启用 Windows Defender 服务。

26.1.4　启用系统防火墙

Windows 操作系统自带的防火墙做了进一步的调整，更改了高级设置的访问方式，增加了更多的网络选项，支持多种防火墙策略，让防火墙更加便于用户使用。

启用防火墙的操作步骤如下。

步骤 1 单击【开始】按钮，从弹出的快捷菜单中选择【控制面板】选项，即可打开【控制面板】窗口，如图 26-17 所示。

图 26-17　【控制面板】窗口

步骤 2 单击【Windows 防火墙】选项，即可打开【防火墙】窗口，在左侧窗格中可以看到允许程序或功能通过 Windows 防火墙、更改通知设置、打开或关闭 Windows 防火墙、高级设置和还原默认设置等链接，如图 26-18 所示。

图 26-18　【防火墙】窗口

步骤 3 单击【打开或关闭 Windows 防火墙】链接，均可打开【自定义各类网络的设置】窗口。其中有专用网络设置和公用网络设置两个设置区域，用户可以根据需要设置 Windows 防火墙的打开、关闭以及 Windows 防火墙阻止新程序时是否通知我等属性，如图 26-19 所示。

图 26-19　开启防火墙

步骤 4 一般情况下，系统默认选中【Windows 防火墙阻止新应用时通知我】复选框，这样防火墙发现可信任列表以外的程序访问用户电脑时，就会弹出【Windows 防火墙已经阻止此应用的部分功能】对话框，如图 26-20 所示。

图 26-20　信息提示对话框

步骤 5 如果用户知道该程序是一个可信任的程序，那么根据使用情况选择【专用网络】和【公用网络】选项，然后单击【允许访问】按钮，就可以把这个程序添加到防火墙的可信任程序列表中了，如图 26-21 所示。

图 26-21　【允许的应用】窗口

步骤 6 如果电脑用户希望防火墙阻止所有的程序，就选中【阻止所有传入连接，包括位于允许应用列表中的应用】复选框，此时 Windows 防火墙会阻止包括可信任程序在内的大多数程序，如图 26-22 所示。

图 26-22　【自定义设置】窗口

> **提示** 有时即使同时选中【Windows 防火墙阻止新应用时通知我】复选框，操作系统也不会给出任何提示。不过，即使操作系统的防火墙处于这种状态，用户仍然可以浏览大部分网页、收发电子邮件以及查阅即时消息等。

26.2 木马病毒查杀

信息化社会面临的电脑安全问题越来越严重，如系统漏洞、木马病毒等。使用杀毒软件可以保护电脑系统安全，可以说杀毒软件是电脑安全必备的软件。

26.2.1 使用安全卫士查杀

使用 360 安全卫士查杀木马的操作步骤如下。

步骤 1 在 360 安全卫士的工作界面中单击【查杀修复】按钮，进入 360 安全卫士查杀修复工作界面，在其中可以看到 360 安全卫士为用户提供了三种查杀方式，如图 26-23 所示。

图 26-23 查看查杀方式

步骤 2 单击【快速扫描】按钮，开始快速扫描系统关键位置，如图 26-24 所示。

图 26-24 扫描木马病毒

步骤 3 扫描完成后会给出扫描结果，对于扫描出来的危险项，用户根据实际情况自行清理，或者直接单击【一键处理】按钮，如图 26-25 所示。

图 26-25 扫描结果

步骤 4 单击【一键处理】按钮，开始处理扫描出来的危险项，处理完成后，弹出【360 木马查杀】对话框，提示用户处理成功，如图 26-26 所示。

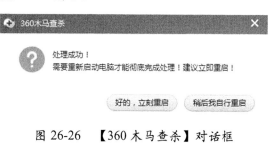

图 26-26 【360 木马查杀】对话框

26.2.2 使用杀毒软件查杀

如果发现电脑运行不正常，用户首先要分析原因，然后利用杀毒软件进行杀毒操作。

下面以"360杀毒"查杀病毒为例讲解如何利用杀毒软件杀毒。

步骤 **1** 在【病毒查杀】选项卡中360杀毒为用户提供了3个查杀病毒的方式，即快速扫描、全盘扫描和自定义扫描，如图26-27所示。

图 26-27 【360杀毒】窗口

步骤 **2** 选择快速扫描方式，单击【360杀毒】工作界面中的【快速扫描】按钮，即可开始扫描系统中的病毒文件，如图26-28所示。

步骤 **3** 在扫描的过程中如果发现木马病毒，就会在下面的列表框中显示扫描出来的木马病毒，并列出其威胁对象、威胁类型、处理状态等，如图26-29所示。

步骤 **4** 扫描完成后，选中【系统异常项】复选框，单击【立即处理】按钮，即可删除扫描出来的木马病毒或安全威胁对象，如图26-30所示。

图 26-28 开始扫描

图 26-29 扫描结果

图 26-30 处理扫描结果

26.3 系统速度优化

对电脑速度进行优化是系统安全优化的一个方面，用户可以通过清理系统盘临时文件、清理磁盘碎片、禁用开机启动项、清理系统垃圾、清理系统插件等方式来实现。

26.3.1　系统盘瘦身

在没有安装专业的清理垃圾的软件前，用户可以手动清理磁盘垃圾临时文件，为系统盘瘦身。具体操作步骤如下。

步骤 1 选择【开始】→【所有应用】→【Window 系统】→【运行】命令，在【打开】文本框中输入 "cleanmgr" 命令，按 Enter 键确认，如图 26-31 所示。

图 26-31　【运行】对话框

步骤 2 弹出【磁盘清理：驱动器选择】对话框，单击【驱动器】下面的向下按钮，在弹出的下拉菜单中选择需要清理临时文件的磁盘分区，如图 26-32 所示。

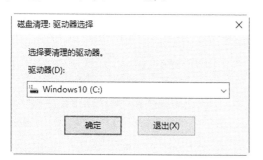

图 26-32　【磁盘清理：驱动器选择】对话框

步骤 3 单击【确定】按钮，弹出【磁盘清理】对话框，开始自动计算清理磁盘垃圾，如图 26-33 所示。

步骤 4 弹出【Windows10 的磁盘清理】对话框，在【要删除的文件】列表中显示扫描出的垃圾文件和大小，选中需要清理的临

时文件，单击【清理系统文件】按钮，如图 26-34 所示。

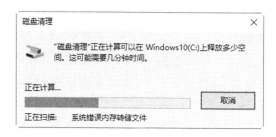

图 26-33　【磁盘清理】对话框

图 26-34　扫描结果

步骤 5 系统开始自动清理磁盘中的垃圾文件，并显示清理的进度，如图 26-35 所示。

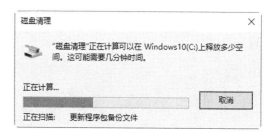

图 26-35　清理临时文件

26.3.2 整理磁盘碎片

随着时间的推移，用户在保存、更改或删除文件时，卷上会产生碎片。磁盘碎片整理程序是重新排列卷上的数据并重新合并碎片数据。在 Windows10 操作系统中，磁盘碎片整理程序既可以按计划自动运行，也可以手动运行该程序或更改该程序使用的计划。

具体操作步骤如下。

步骤 1 选择【开始】→【所有应用】→【Windows 管理工具】→【碎片整理和优化驱动器】选项，如图 26-36 所示。

图 26-36　选择【碎片整理和优化驱动器】选项

步骤 2 弹出【优化驱动器】对话框，在其中选择需要整理碎片的磁盘，单击【分析】按钮，如图 26-37 所示。

图 26-37　【优化驱动器】窗口

步骤 3 系统先分析磁盘碎片的多少，然后自动整理磁盘碎片，磁盘碎片整理完成后，单击【关闭】按钮即可，如图 26-38 所示。

图 26-38　整理磁盘碎片

步骤 4 单击【启用】按钮，打开【优化驱动器】对话框，设置优化驱动器的相关参数，如频率、日期、时间和驱动器等，最后单击【确定】按钮，系统会根据预先设置好的计划自动整理磁盘碎片并优化驱动器，如图 26-39 所示。

图 26-39　设置优化计划

26.3.3 禁用开机启动项

在电脑启动的过程中，自动运行的程序叫做开机启动项。开机启动程序会浪费大量的内存空间，并减慢系统启动速度。因此，要想加快开关机速度，就必须禁用一部分开机启动项。

具体的操作步骤如下。

步骤 1 按下键盘上的 Ctrl+Alt+Del 组合键，打开【任务管理器】界面，如图 26-40 所示。

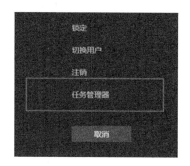

图 26-40　【任务管理器】界面

步骤 2 单击【任务管理器】选项，打开【任务管理器】窗口，如图 26-41 所示。

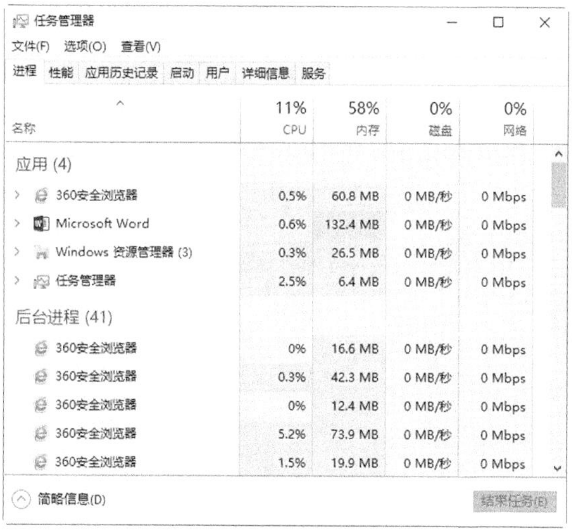

图 26-41　【任务管理器】窗口

步骤 3 切换到【启动】选项卡，进入【启动】界面，如图 26-42 所示。

步骤 4 选择开机启动项列表框中需要禁用的启动项，单击【禁用】按钮，即可禁用该启动项，如图 26-43 所示。

图 26-42　【启动】界面

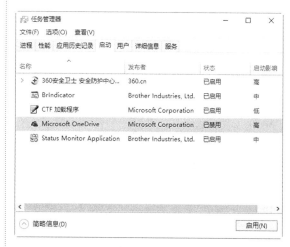

图 26-43　选择需要禁用的启动项

26.3.4　清理系统垃圾

使用 360 安全卫士清理系统垃圾的操作步骤如下。

步骤 1 双击桌面上的 360 安全卫士快捷图标，打开 360 安全卫士界面，如图 26-44 所示。

步骤 2 在 360 安全卫士工作界面的左下角有三个按钮，分别是查杀修复、电脑清理、优化加速，单击【电脑清理】按钮，进入电脑清理工作界面，如图 26-45 所示。

图 26-44　360 安全卫士界面

图 26-45　清理工作界面

步骤 3 在电脑清理工作界面中包括多个清理类型，这里单击【一键扫描】按钮选择所有的清理类型，开始扫描电脑系统中的垃圾文件，如图 26-46 所示。

图 26-46　正在扫描垃圾

步骤 4 扫描完成后，在电脑清理工作界面中显示扫描的结果，如图 26-47 所示。

步骤 5 单击【一键清理】按钮，开始清理系统垃圾，清理完成后，在电脑清理工作界面中给出清理完成的提示，如图 26-48 所示。

图 26-47　显示扫描结果

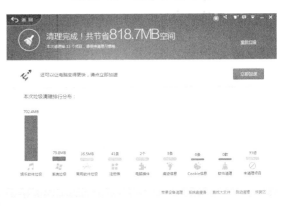

图 26-48　清理系统垃圾

步骤 6 单击工作界面右下角的【自动清理】按钮，打开【自动清理设置】对话框，开启自动清理功能，并设置自动清理的时间和清理内容，最后单击【确定】按钮即可，如图 26-49 所示。

图 26-49　【自动清理设置】对话框

26.4 高效办公技能实战

26.4.1 管理鼠标的右键菜单

电脑在长期使用的过程中，鼠标的右键菜单会越来越长，占据大半个屏幕，看起来不美观、不简洁，这是由于安装软件时附带的添加右键菜单功能而造成的。那么怎么管理右键菜单呢？使用 360 安全卫士的右键管理功能可以轻松管理鼠标的右键菜单，具体的操作步骤如下。

图 26-50 单击【右键管理】图标

步骤 1 在 360 安全卫士的【全部工具】操作界面中单击【右键管理】图标，如图 26-50 所示。

步骤 2 打开【右键菜单管理】窗口，如图 26-51 所示。

图 26-51 【右键菜单管理】窗口

步骤 3 单击【开始扫描】按钮，开始扫描右键菜单，扫描完毕后，在【右键菜单管理】窗口中显示出扫描的结果，如图 26-52 所示。

步骤 4 选中需要删除的右键菜单前面的复选框，如图 26-53 所示。

图 26-52　扫描右键菜单

图 26-53　选中要删除的右键菜单

步骤 5 单击【删除】按钮，打开信息提示框，提示用户是否确定要删除已经选择的右键菜单，如图 26-54 所示。

图 26-54　信息提示框

步骤 6 单击【是】按钮，即可将选中的右键菜单删除，如图 26-55 所示。

图 26-55　删除选中的右键菜单

26.4.2 启用和关闭快速启动功能

使用系统中的"启用快速启动"功能，可以加快系统的开机启动速度。启用和关闭快速启动功能的操作步骤如下。

步骤 1 单击【开始】按钮，在打开的【开始屏幕】中选择【控制面板】选项，打开【所有控制面板项】窗口，如图 26-56 所示。

图 26-56　【所有控制面板项】窗口

步骤 2 单击【电源选项】图标，打开【电源选项】窗口，如图 26-57 所示。

图 26-57　【电源选项】窗口

步骤 3 单击【选择电源按钮的功能】超链接，打开【系统设置】窗口，在【关机设置】区域中选中【启用快速启动（推荐）】复选框，单击【保存修改】按钮，即可启用快速启动功能，如图 26-58 所示。

图 26-58　【系统设置】窗口

步骤 4 如果想关闭快速启动功能，就取

消【启用快速启动（推荐）】复选框的选中状态，然后单击【保存修改】按钮即可，如图 26-59 所示。

图 26-59　关闭快速启动功能

26.5　疑难问题解答

问题 1：如果突然发现保存在硬盘上的数据丢失了，应该如何处理？

解答：当出现这种情况时，应该立刻停止一切不必要的操作。如果是误删除、误格式化造成的数据丢失，最好不要再往硬盘中写入数据；如果是硬盘出现坏道读不出数据，最好不要继续反复读盘；如果是硬盘摔坏的情况，最好不要再加电。要想进行数据恢复工作，就要请教数据恢复专家了。

问题 2：手动清理电脑系统垃圾有哪些弊端？

解答：对于初学计算机的用户，自己清理系统垃圾是非常危险的，弄不好会删除一些系统文件，造成系统瘫痪。因此，最好不要手工清理系统垃圾，建议利用清理工具来清理系统中的垃圾文件。